地球物理测井学

第六卷 核测井【上册】

张　锋　刘军涛　张泉滢　等编著

石油工业出版社

内容提要

本书介绍了核测井物理基础、自然伽马能谱测井、散射伽马能谱测井、同位素中子源中子测井、脉冲中子测井等内容。

本书可作为高等院校地球物理及相关专业教学用书，也可供从事石油、固体矿产等领域的科研人员学习参考。

图书在版编目（CIP）数据

地球物理测井学.第六卷.核测井.上册/张锋等编著. -- 北京：石油工业出版社，2025.1 -- ISBN 978-7-5183-6904-1

Ⅰ. P631.8

中国国家版本馆 CIP 数据核字第 2024UB4448 号

责任编辑：葛智军　王长会
责任校对：张　磊
装帧设计：李　欣　周　彦

出版发行：石油工业出版社
　　　　（北京安定门外安华里 2 区 1 号　100011）
　　网　　址：www.petropub.com
　　编辑部：（010）64523693　图书营销中心：（010）64523633
经　　销：全国新华书店
印　　刷：北京中石油彩色印刷有限责任公司

2025 年 1 月第 1 版　2025 年 1 月第 1 次印刷
787×1092 毫米　开本：1/16　印张：15.75
字数：384 千字

定价：120.00 元

（如出现印装质量问题，我社图书营销中心负责调换）
版权所有，翻印必究

《地球物理测井学》

编 委 会

主　编： 李　宁

副主编： 焦方正　何江川　江同文　卢　涛　李国欣　窦立荣
　　　　　雷　平　金明权　吴柏志

委　员：（按姓氏笔画排序）

　　　　王　兵　王才志　王克文　王泽丹　王贵文　王雪松
　　　　石玉江　田中元　刘向君　江如意　汤　彬　苏学斌
　　　　李　军　李安宗　李俊军　杨立强　肖立志　肖承文
　　　　宋　永　张　锋　陈　宝　陈　锋　武宏亮　范宜仁
　　　　尚　捷　周　军　庞奇伟　胡启月　胡英杰　袁　超
　　　　高　杰　郭海敏　赫志兵　谭茂金

《核测井（上册）》

编 写 组

组　长：张　锋

副组长：刘军涛　张泉滢

成　员：（按姓氏笔画排序）

　　　　牛云飞　邢广俊　刘国斌　赵海华

审　稿：王祝文　刘瑞林

序

经过中国测井界学人的共同努力,总计 14 卷 26 个分册的《地球物理测井学》终于问世了!这不仅是对推动测井学科进步做出的重大贡献,更是对测井先哲未竟事业和治学精神的赓续与弘扬。

地球物理测井是石油工业十大学科之一,被誉为洞察地下油气藏的"眼睛"。地球物理测井诞生于 1927 年。1939 年,翁文波院士在中国大陆首次成功测井,开创了我国的测井事业,成为中国测井第一人。但长期以来,由于地球物理测井一直被称为"测井技术",应有的学术地位没有得到充分体现,因而大大影响了测井学科的高质量发展。令人尊敬的测井前辈谭廷栋先生是喊出"测井学"的第一人。谭先生一生投身测井,60 岁后更是为测井学正名而大声疾呼。这里之所以用"正名"而不用"倡导"或其他,是因为谭先生从来就认为测井是一门"学",而不只是一门"技术"。他多次提到,"Reservoir Geophysics"(矿场地球物理学)一词中有"学",在 20 世纪 50 年代翻译时出了问题,才变成了现在这个"技术"的叫法。谭先生还多次由衷感激地提到中国石油勘探开发研究院秦同洛教授,说他在国家科委确定石油工业十大学科的会议上能仗义执言:"如果集声电核于一身的测井都不是学,石油上还有哪个敢说自己是学?"测井入选石油工业十大学科后,谭先生更是逢人便说、遇会便讲此中原委,且声情并茂、手舞足蹈,令与会者为之动容。于是,在他的亲自带领下,经过测井界同仁一起努力,1998 年第一部《测井学》终于问世了,这是测井发展史上的一个重要里程碑。从 1939 年到 1998 年,历经 60 年姗姗来迟的这部《测井学》了却了谭先生最大的一桩心愿。两年后,他安详地阖上了双眼……当时参加先生追悼会的超过了 300 人,除了在京院所和有关司局的领导外,各大油田测井公司的主要负责同志差不多都到了。大家共同追思这位杰出的地球物理测井学家。我代表谭先生培养的所有硕士、博士毕业生题挽联一副:"测井学先哲英灵永存,悼我师晚辈再写春秋。"

作为翁文波院士和谭廷栋先生的学生,我不仅忠实地继承了导师的遗志,尽全力推动测井学的发展,而且还努力从中国测井行业战略发展的高度出发,大力倡导"学科大发展,方有大作为"的理念。我认为,只有从国家、人民群众和专业人士这三个层面的需求出发撰写出版三类图书,即大百科全书、科普图书和专业著作,才能全方位确立、展现并提升测井学科的学术地位。于是，我从 2015 年起，用 6 年时间牵头遴选编撰测井条目，使地球物理测井第一次以一个完整学科定位写入《中国大百科全书》；从 2020 年起，我用 3 年时间组织编写出版了大型科普丛书《走进石油（第二版）》之测井分册《洞察地下油气藏：石油地球物理测井》，同时走进中国科技馆大讲堂，以《万米特深地球物理测井：一项极具挑战的"反向探月"工程》为题，向全国观众普及测井知识；从 2021 年起，我领衔担任主编，带领全国测井界知名专家学者精心编著这部《地球物理测井学》，旨在进一步提升测井学科的影响力。

令人骄傲和兴奋的是，在中国石油、中国石化、中国海油、延长石油、相关高校和科研院所各路专家学者的通力合作下，《地球物理测井学》如期面世了！这套书系统阐述了 90 多年来测井学科发展的理论技术成果，系统总结了各类测井方法在油气勘探开发实践中的应用效果。正如中国石油勘探开发研究院窦立荣院长所说："此次李宁院士领衔主编的《地球物理测井学》不仅保留和传承了 1998 年版《测井学》专著的经典内容，更重要的是立足当前非常规油气和深地深海等复杂油气藏测井理论技术挑战，融入了 30 年来我国测井领域取得的最新理论技术成果和海外推广应用的成功案例，必将为推动我国测井学科发展、技术进步和行业壮大产生重大而深远的影响。"

这套书的第一大特点是论述系统全面、内容丰富详实，涵盖了从测井解释、测井软件、测井装备、电法测井、声波测井、核测井、核磁共振测井、工程测井、油气井射孔、生产测井、测井岩石物理、测井地质应用、测井人工智能到测井简史等测井学科的各个分支。正因如此，我国测井界百余位知名教授、长江学者和现场技术专家都参与其中。著作内容的系统、全面还体现在首次将测井简史作为测井学不可或缺的一部分，分两册单独成卷。我国自主研制的渗透率测井仪原型机于 2024 年 3 月 3 日在华北油田任 91 井测试成功，即将在深地塔科 1 井实施世界首次万米特深井渗透率测井作业，一举实现从 0 到 1 的重大技术突破，为百年地球物理测井史再添辉煌一笔。

这套书的第二大特点是突出学术性，尤其强调对学科基础理论的阐述，特别是首次引入了中国学者导出的理论公式和提出的方法原理，不但丰富发展了测井基本理论，而且有助于推动建立中国在国际地球物理学界的地位和声望。例如，一直以来石油院校教材中测井饱和度计算的经典内容是美国学者阿奇提出的经验公式，以及翻译照搬苏联教材中的分层各向均匀体积模型，而在这套书中介绍的饱和度一般形式（通解方程），则是由中国学者针对复杂岩性给出的非均质各向异性模型导出，并详细证明了以往教材中的那些公式都是一般形式在给定条件下的特例（均为通解方程的特解）；又如，过去测井数据处理的主要方法和工业软件都是国外引进的，而现在《测井软件》一卷的核心内容则是中国学者提出的广义测井曲线理论和中国科研团队研发的目前装机量最大、年处理井数最多的大型国产测井工业处理软件 CIFLog。

这套书的第三大特点是首次把每一测井分支领域的理论方法、技术系列和现场应用以卷为单位有机统一起来。根据统一的顶层设计，每卷的第一分册论述该卷所涉及的测井细分领域的理论基础，用作高校教材，其读者主要是在校大学生和研究生等；第二分册论述该细分领域的技术方法，其读者主要是工程师和做毕业论文的研究生及博士后研究人员等；第三或第四分册提供该细分领域理论技术的典型应用实例，其读者主要是现场工程技术人员和现场实习的高校毕业生等。以第一卷《测井解释》为例，它的第一至第四分册分别为《测井解释：理论方法》《测井解释：储层评价》《测井解释：国内实例》《测井解释：国外实例》。作为一个分支领域的理论基础，每卷的第一分册相对独立和完备，应在较长时间内保持稳定；而它之后的各分册则应经常再版更新，及时补充最新的技术进展和最新的现场应用成果。

这套书的第四大特点是首创用微信扫描书中测井图件的二维码，就能在 CIFLog 测井软件中立即打开这幅测井图件并对其进行修改和二次处理。通过这一功能，学生可以看到处理相应井的方法、公式和参数，观摩学习并掌握要领；老师可以更方便地备课；现场工程技术人员可以参考所用方法，方便改写添加自己的处理公式和参数，从而大大缩短调整处理方案的时间，节省精力。同时，利用 CIFLog 智能助手，可以通过输入一段描述文字，快速推荐书中的相关案例图件。

总之，《地球物理测井学》定位明确，编写起点高，是目前国内地球物理测井领域最具理论性、系统性、创新性和权威性的一部著作。即便从国际测井发展史上来看，能集中如此多的行业专家学者精心编著这样大体量的学科专著也是绝无仅有的。2024 年，这套书入选国家出版基金资助项目，这在中国测井界也是第一次。衷心希望广大读者能够从中获益。

最后，特别感谢中国石油天然气集团有限公司原副总经理焦方正教授、中国石油科技管理部两任总经理匡立春教授和江同文教授在这套书出版立项过程中给予的鼎力支持。特别感谢中国石油勘探开发研究院各位领导、专家给予的全力协助与配合。

中国工程院院士

2024 年 12 月　于北京海淀

《地球物理测井学》
分卷册目录

卷次	分册名	卷次	分册名
第一卷	测井解释：理论方法	第六卷	核测井（上册）
	测井解释：储层评价		核测井（下册）
	测井解释：国内实例	第七卷	核磁共振测井
	测井解释：国外实例	第八卷	工程测井
第二卷	测井软件（上册）	第九卷	油气井射孔（上册）
	测井软件（中册）		油气井射孔（下册）
	测井软件（下册）	第十卷	生产测井（上册）
第三卷	测井装备（上册）		生产测井（下册）
	测井装备（下册）	第十一卷	测井岩石物理
第四卷	电法测井（上册）	第十二卷	测井地质应用
	电法测井（下册）	第十三卷	测井人工智能
第五卷	声波测井（上册）	第十四卷	测井简史：国内油气
	声波测井（下册）		测井简史：固体矿产

前　言

作为石油工业十大学科之一，地球物理测井是发现工业油气的关键手段，被誉为洞察地下油气藏的"眼睛"。1939年12月20日，著名地球物理学家翁文波先生在我国首次开展测井，他被称为中国测井之父；作为我国复杂油气层测井评价的主要奠基人之一，谭廷栋先生于1998年主编了我国第一部全面介绍测井技术的图书——《测井学》。此次我国测井界同仁齐心协力，编写了《地球物理测井学》。该套书系统凝练和阐述了21世纪以来我国测井基础理论、仪器装备、关键技术、软件研发等方面最新成果，为我国自主研发世界领先的技术装备提供完整的测井基础理论，为推动我国测井学科发展、技术进步和行业壮大产生重大而深远的影响。

地下蕴藏着丰富的煤、金属、稀土、石油和天然气等资源，按照一定地质成藏和富集规律分布于百米到几千米深的地层中。岩石矿物、油气水、金属和稀土等资源元素组成和含量不同，密度、电阻率、声波速度等物理性质也不同。但可以通过井下仪器测量这些资源的物理性质进而识别和评价岩石和油气等资源。核测井作为地球物理测井基本方法之一，主要任务是在井孔中测量基于中子或伽马射线与岩石作用后散射的中子或伽马射线信息，确定岩石矿物成分和含量，计算中子孔隙度和密度等参数，尤其在裸眼井和套管井中可定量评价含油气饱和度。核测井是油气田勘探开发全过程中最重要的技术之一。

1896年，A. H. 贝可勒尔（A. H.Becquerel）发现了天然矿物的自然放射性。在此基础上，出现了自然伽马测井，可以用来划分储层。这是当时唯一的核测井方法。1932年J. 恰德维克（J.Chadwick）发现了中子后，中子与物质作用机制和分析方法也被引入石油工业中，产生了一系列中子测井方法。20世纪60年代，基于D-T聚变反应的脉冲中子发生器用于井下，采用NaI、BGO和GSO等闪烁体晶体探测器记录中子与地层元素原子核作用产生的非弹性散射伽马射线和俘获伽马射线能谱，通过伽马能谱分析确定下套管后的地层含油饱和度。历经60多年仪器设备的不断改进和数据处理算法的提升，这种方法仍在套管井中广泛应用。随着核电子学、核探测器和射线源技术的发展，基于D-D/D-T源中子测井和X射线源密度测井等技术也飞速发展，从电缆中子密度测井到随钻多功能核参数测井，从自然伽马测井和自然伽马能谱测井到方位伽马和方位密度成像测井系列，从单探测器测井到多探测器、多模式和多功能核测井技术系列，这些技术为常规储层和页岩油气等非常规储层勘探开发过程中地层参数评价提供了技术支撑。

  本书系统总结了核测井的物理基础及其相关技术方法。全书共五章，第一章介绍核测井物理基础；第二章主要阐述自然伽马能谱测井原理、方法和应用；第三章介绍散射伽马能谱测井，主要包括伽马—伽马密度测井及其应用；第四章介绍超热中子孔隙度测井和地层元素能谱测井等内容；第五章介绍脉冲中子测井，涵盖碳氧比能谱测井、中子寿命测井、脉冲中子孔隙度测井和快中子散射截面测井等内容。

  全书由张锋统筹编写，刘军涛和张泉滢编写各章节部分插图，研究生赵海华、邢广俊、刘国斌和牛飞云做了资料收集、文字整理等工作。本书经吉林大学王祝文教授和长江大学刘瑞林教授审阅，在编写过程中还参考了国内外一些专家的论著，在此致以诚挚的谢意！

  由于笔者水平有限，书中难免存在不足，敬请广大读者批评指正。

目 录

第一章 核测井物理基础 ... 1
- 第一节 放射性与放射性衰变 ... 1
- 第二节 原子核反应 ... 8
- 第三节 伽马射线与物质的作用 ... 11
- 第四节 中子与物质的作用 ... 27

第二章 自然伽马能谱测井 ... 40
- 第一节 岩石的自然放射性 ... 40
- 第二节 地层中的自然伽马辐射场 ... 52
- 第三节 自然伽马测井能谱原理 ... 59
- 第四节 自然伽马能谱测井影响因素 ... 71
- 第五节 自然伽马能谱测井应用 ... 74

第三章 散射伽马能谱测井 ... 85
- 第一节 岩石的电子密度指数和光电吸收截面指数 ... 85
- 第二节 伽马射线在介质中的透射和散射规律 ... 91
- 第三节 散射伽马能谱测井原理 ... 98
- 第四节 数据采集与处理方法 ... 102
- 第五节 散射伽马能谱测井应用 ... 114

第四章 同位素中子源中子测井 ... 120
- 第一节 中子输运过程及岩石的中子属性参数 ... 120
- 第二节 中子和伽马射线通量的空间分布 ... 127
- 第三节 超热中子孔隙度测井 ... 130

第四节 补偿中子孔隙度测井 140
第五节 地层元素能谱测井 156

第五章 脉冲中子测井 174

第一节 中子和伽马射线通量的空间和时间分布 174
第二节 碳氧比能谱测井 180
第三节 中子寿命测井 199
第四节 脉冲中子孔隙度测井 220
第五节 快中子散射截面测井 225

参考文献 239

二维码目录

二维码使用说明

图 4-5-4 162
图 5-5-12 237
图 5-5-13 238

第一章 核测井物理基础

核测井是利用钻孔中伽马射线、中子与物质的相互作用机理,通过探测不同射线的辐射来获取地下储层油气参数的技术手段。放射源的类型不同,产生的粒子与地层岩石的作用过程不同,既有伽马射线与岩石介质的光电效应、康普顿效应等,又有中子与原子核的非弹性散射、弹性散射、辐射俘获和活化反应等。核测井利用探测器来记录射线与岩石作用过程后的伽马射线或中子能谱、时间谱或空间分布,进而评价地层特性。本章主要介绍核测井方法的物理基础,内容包括放射性衰变、原子核反应以及伽马射线、中子与物质的相互作用。

第一节 放射性与放射性衰变

自然界中所有物质都是由元素组成的,其中天然存在的元素有 94 种、人工合成的元素有 24 种。一种元素可包含多种质子数相同而中子数不同的核素。原子核根据稳定性又分为稳定核素和放射性核素,那么这些放射性核素的质子数和中子数存在什么关系,在发生变化时会放出什么样的射线,放出射线的快慢以及质量变化关系如何,这些知识对于了解和掌握地下岩石的放射性至关重要。

一、放射性和核射线

1. 放射性

1896 年,法国物理学家贝可勒尔在研究铀矿石的荧光时,发现铀放射出一种看不见的射线,其穿透力很强并能使照相底片感光。这就是人类第一次观察到的放射性现象。原子核自发发射各种射线的性质统称放射性,原子核能自发发生变化的核素称为放射性核素,不能自发发生变化的核素是稳定核素。在氢的同位素中,$^{1}_{1}H$ 和 $^{2}_{1}H$ 是稳定核素,$^{3}_{1}H$ 是放射性核素。那么核素和元素有什么不同呢?

原子核由质子和中子(统称为核子)组成。质子和中子都能以自由状态存在,质子带有单位正电荷,实际上就是氢原子核,其质量为 1.00758u(u 为原子质量单位,1u=1.66×10^{-27}kg)。中子是不带电的中性粒子,其质量为 1.00887u。

核素是指原子核的质子数和中子数都相等并处于同一能态的同一类原子。核素的符号为 $^{A}_{Z}X$,其中 X 为元素符号,A 和 Z 分别表示质量数和质子数。例如氚($^{3}_{1}H$)是一种核素,原子核中有一个质子和两个中子。元素通常是由几种质子数(原子序数)相同的核素组成的,这几种核素称为该种元素的同位素。例如氢(H)元素由氢($^{1}_{1}H$)、氘($^{2}_{1}H$)和氚($^{3}_{1}H$)三种核素组成。

某种核素在其天然同位素混合物中所占的原子核数目的百分比称为该核素的丰度,

如 $_1^1H$ 的丰度是 99.9844%，$_{92}^{235}U$ 的丰度是 0.72%。一种元素的核物理性质是由该元素中包含的所有核素的核物理性质及其丰度决定的。

2. 核射线

放射性物质发射的射线有三种，即 α、β 和伽马射线。这三种射线的特性各不相同，在核测井中有不同的用途。

（1）α 射线（α 粒子）是高速运动的氦原子核，穿透能力最低，但电离能力最强。

核测井中利用 α 粒子与某些原子核的相互作用可制造中子源，如常用的 Am-Be 中子源。

（2）β 射线是高速运动的电子流，穿透能力较 α 射线强，但电离能力较 α 射线弱。

在核测井中，能发射 β 粒子的某些核素（如 $_1^3H$）可用于井间监测的示踪剂。

（3）伽马射线是波长很短的电磁波，贯穿能力最强，但电离能力最弱。

伽马射线能穿透几十厘米厚的地层、水泥环、套管和下井仪器的外壁而被探测器接收到，是核测井的主要探测对象。

对核测井来说，能发射核射线的矿物和岩石及人工制造产生伽马射线和中子的装置都称为放射源。而在其他核技术领域，放射源只指人工制造的核射线辐射装置。

二、放射性衰变

1. α 衰变和 α 源

原子核自发发射 α 粒子（^{4}He 核）转变成另一种原子核的放射性现象称为 α 衰变。α 衰变过程可表示为：

$$_Z^AX \longrightarrow {_{Z-2}^{A-4}}Y + {_2^4}He \quad (1-1-1)$$

式中：$_Z^AX$ 为母核；$_{Z-2}^{A-4}Y$ 为子核；$_2^4He$ 为发射出的 α 粒子。

例如岩石中天然存在的放射性原子核 $_{90}^{228}Th$，就能通过自然发射出 α 粒子而变成 $_{88}^{224}Rn$，其衰变过程可表示为：

$$_{90}^{228}Th \longrightarrow {_{88}^{224}}Rn + {_2^4}He \quad (1-1-2)$$

核衰变过程前后所有原子核的总质量发生变化，根据爱因斯坦质能关系，衰变后原子核的质量变化会释放出一定的能量，这个能量就称为衰变能，记为 E_d，与发射出的 α 粒子的能量 E_α 有下列关系：

$$E_d = \left(1 + \frac{m_\alpha}{m_Y}\right)E_\alpha \quad (1-1-3)$$

式中：m_α 为 α 粒子的质量；m_Y 为子核的质量。

大多数发生 α 衰变的原子核的质量数 A 大于 200，通常称为重核，重核的衰变能常有几兆电子伏特（MeV），而 α 粒子几乎带走所有的衰变能，所以有足够的能量与 ^{9}Be 等轻原子核发生核反应而发射出中子，如 $_{84}^{210}Po$、$_{88}^{226}Ra$、$_{94}^{239}Pu$ 和 $_{95}^{241}Am$ 等核素都是能用作制造中子源的 α 发射体。

由 α 衰变产生的子核可处于不同的分立能级，它既可处于基态，也可处于较高能级的激发态，处于激发态的原子核会通过放出伽马光子再回到基态。子核的激发能越高，对应的 α 粒子的能量越低，子核退激时放出的伽马光子的能量就越高。如 $^{228}_{90}$Th 原子核经过 α 衰变后生成 $^{224}_{88}$Rn 原子核，可处于基态、第一激发态、第二激发态和第三激发态等几个不同的能级，退激时可产生 6 组能量不同的伽马射线。

2. β 衰变和中微子

原子核自发地放射出负电子和正电子或俘获一个轨道电子所发生的转变，统称为 β 衰变。可分别称为 β⁻ 衰变、β⁺ 衰变和轨道电子俘获。

1）β⁻ 衰变

β⁻ 衰变就是原子核自发放射出负电子所发生的转变，同时伴随产生一个反中微子。母核 ^A_ZX 经 β⁻ 衰变为子核 $^A_{Z+1}$Y 过程可表示为：

$$^A_Z X \longrightarrow ^A_{Z+1} Y + e^- + \bar{\nu} \qquad (1-1-4)$$

其净过程为：

$$n \longrightarrow p + e^- + \bar{\nu} \qquad (1-1-5)$$

式中：$\bar{\nu}$ 是反中微子（ν 是中微子），它是质量几乎等于零的中性粒子，并以光速运动。由于有中微子参与，β⁻ 粒子的能量谱是连续的。

β⁻ 衰变的本质是原子核中的一个中子转变成质子。当母核原子质量大于子核原子质量时，可以发生 β⁻ 衰变。例如 $^3_1$H（氚）的 β⁻ 衰变可表示为：

$$^3_1 H \longrightarrow ^4_2 He + e^- + \bar{\nu} \qquad (1-1-6)$$

氚是氢的同位素，化学性质与氢相同，可通过 ^{6}Li（n，α）^{3}H 核反应获得，半衰期为 12.33a。在核测井及环保、安全和辐照等领域，氚是常用中子发生器的重要原料，通过氘和氚的聚变反应产生中子。另外，氚也可作为油田注入水的标记或示踪核素，从注水井注入含氚示踪剂，在采油井采样检测氚的 β 放射性，可判断注水井和采油井之间地层的连通性和注入水的推进速度，并能估算水淹等级和剩余油分布。

$^{14}_6$C 也具有 β⁻ 放射性，半衰期为 5730a，放出的粒子能量 0.01861MeV。由于其半衰期比地球年龄短得多，因此天然核素中不存在 $^{14}_6$C，在考古中通常采用测量 $^{14}_6$C 含量的方法来估算年代，原因是高能宇宙射线中的中子会与地球上层大气中的 $^{14}_7$N 发生以下核反应：

$$^{14}_7 N + n \longrightarrow ^{14}_6 C + p \qquad (1-1-7)$$

在大气中，这种反应会连续发生，原子核 ^{14}C 的产生率与衰变率之间会建立起动态平衡，并以 $^{14}CO_2$ 的化合物形态参与生物体的新陈代谢，也达到动态平衡。生物活体中的 $^{14}_6$C 原子核与 $^{12}_6$C 原子核之比与大气中相同，等于 1:7.7×10¹¹。生物体死亡之后，不再与大气交换 CO_2，生物残骸中的 ^{14}C 得不到补充，仅以半衰期 5730a 的速率减少，生物活体中每克碳的 β 衰变数约为 15 次/min，则考古中测量生物残骸中 $^{14}_6$C 的 β 放射性活度，即算出生物体死亡时距今的时间。

2）β⁺衰变

β⁺衰变就是原子核自发放射出正电子所发生的转变，同时伴随产生一个中微子。母核 $_Z^A X$ 经 β⁺ 衰变为子核 $_{Z-1}^A Y$ 过程可表示为：

$$_Z^A X \longrightarrow {_{Z-1}^A Y} + e^+ + \nu \tag{1-1-8}$$

β⁺衰变是原子核中的一个质子转变成中子，其净过程为：

$$p \longrightarrow n + e^+ + \nu \tag{1-1-9}$$

只有当母核和子核原子质量之差大于电子质量两倍时，才可发生 β⁺ 衰变。

例如，碳的同位素 $_6^{11}C$ 就会发生 β⁺ 衰变，其过程为：

$$_6^{11}C \longrightarrow {_5^{11}B} + e^+ + \nu \tag{1-1-10}$$

3）轨道电子俘获

母核与子核原子静止能量之差大于壳层电子结合能时，可发生轨道电子俘获，衰变式为：

$$_Z^A X + e^- \longrightarrow {_{Z-1}^A Y} + \nu \tag{1-1-11}$$

过程的实质是核内的一个质子俘获一个轨道电子而转变成中子：

$$p + e^- \longrightarrow n + \nu \tag{1-1-12}$$

例如，⁴⁰K 可发生 K 层电子俘获，生成激发态的氩，再放出一个能量为 1.46MeV 的伽马光子而回到基态，核衰变式为：

$$_{19}^{40}K + e_K^- \longrightarrow {_{18}^{40}Ar^m}, \quad {_{18}^{40}Ar^m} \longrightarrow {_{18}^{40}Ar} + \gamma \tag{1-1-13}$$

它还能通过 β⁻ 衰变生成基态的 ⁴⁰Ca，衰变式为：

$$_{19}^{40}K \longrightarrow {_{18}^{40}Ca} + e^- + \bar{\nu} \tag{1-1-14}$$

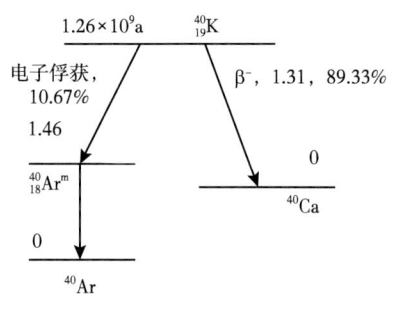

图 1-1-1　$_{19}^{40}K$ 衰变图

图 1-1-1 是 ⁴⁰K 的核衰变图。式（1-1-13）表示的衰变方式能产生光子，衰变的分支比为 10.67%，这意味着若有 100 个 $_{19}^{40}K$ 核衰变，大约只有 11 个能发生 K 层电子俘获并发射伽马射线。$_{19}^{40}K$ 发射的能量为 1.46MeV 的伽马射线，是自然伽马能谱测井的测量对象，可用于勘探钾盐、研究黏土矿物和沉积环境以及评价地层的敏感性。

轨道电子俘获产生的原子，内层电子缺少了一个。例如 K 层有一个电子被俘获，邻近的 L 层或 M 层电子就会有一个跳到 K 层来填补空位，多余的能量将以特征 X 射线的形式发射出来。具有这种特性的辐射源可作为双能光子源，若半衰期和强度合适，则可用伽马射线测量流体的密度，而用 X 射线测量流体的成分。

3. 伽马跃迁和伽马源

1）伽马跃迁

原子核经 α 衰变和 β 衰变产生的子核往往处于激发态，而后可通过发射伽马射线或内转换电子释放多余的能量而退激到基态。激发态的原子核通过发射伽马射线退激到较低能级或基态的过程，称为伽马跃迁，或称伽马衰变。而激发态的原子核退激时，若将能量传递给某个壳层电子（如 K 壳层电子）使电子（内转换电子）发射出去，则这个过程称为内转换。

伽马射线、X 射线和可见光具有相同的本质，都是波长不同的电磁波。伽马射线比 X 射线和可见光的波长要短得多，能量为 1MeV 的伽马射线，波长 λ=1239fm，是 1keV 的 X 射线波长的 1/1000。

2）伽马源

在核测井中，用于产生伽马射线的装置称为伽马源。如散射伽马能谱测井中常用的 $^{137}_{55}Cs$ 放射性核素就是伽马源，$^{137}_{55}Cs$ 经过 β^- 衰变转变成 $^{137}_{56}Ba^m$，分支比为 93.5%，$^{137}_{56}Ba^m$ 发射能量为 662keV 的伽马射线退激到基态。因此 $^{137}_{55}Cs$ 伽马源放出的 662keV 的伽马射线用于测量地层密度和岩性。此外常用的伽马源还有 $^{60}_{27}Co$ 源、$^{22}_{11}Na$ 源、$^{152}_{63}Eu$ 源、$^{241}_{95}Am$ 源和 $^{133}_{56}Ba$ 源，根据其产生伽马射线能量、强度和半衰期等特性用于不同领域。

4. 放射性衰变

1）衰变规律

单一核素原子核的衰变规律可简述如下。若用 $N(t)$ 表示时刻 t 存在的原子核数，那么在时刻 t 到 $t+dt$ 之间发生衰变的原子核数 $-dN(t)$ 满足关系式：

$$-dN(t) = \lambda N(t)dt \quad (1-1-15)$$

式中：λ 为衰变常数，s^{-1}，即一个原子核在单位时间内发生衰变的概率。

积分形式是：

$$N(t) = N_0 e^{-\lambda t} \quad (1-1-16)$$

式中：N_0 为 t=0 时的原子核数。

2）半衰期和活度

衰变常数为 λ 的放射性原子核数经衰变减少一半所经过的时间，称为该种核素的半衰期，用 $T_{1/2}$ 表示，等于 $0.693/\lambda$。原子核的平均寿命 $\tau=1/\lambda$。

一个放射源在单位时间内发生衰变的原子核数称为它的放射性活度（或称衰变率）。放射性活度的国际单位是贝可勒尔（Becquerel），简称贝可（Bq），其定义为：

$$1Bq = 1s^{-1} \quad (1-1-17)$$

即放射源每秒产生一次衰变为 1Bq。它和原有的放射性活度单位居里（Ci）的关系为：

$$1Ci = 3.7 \times 10^{10} Bq \quad (1-1-18)$$

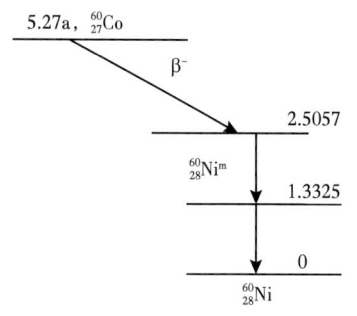

图 1-1-2 $_{27}^{60}\text{Co}$ 衰变图

若两种放射源活度相同，只表明在单位时间内它们的核衰变数相同，并不表明在单位时间里它们发射的粒子（α、β、γ）数也相同。例如，每个 $_{27}^{60}\text{Co}$ 原子核衰变时（图 1-1-2）发射一个 β 粒子和两个 γ 光子，而每个 $_{1}^{3}\text{H}$ 原子核衰变时只发射一个 β⁻ 粒子。

3）级联衰变

有很多放射性核素会一个接一个地连续发生衰变，一般可表示为：

$$A \longrightarrow B \longrightarrow C \longrightarrow \cdots \tag{1-1-19}$$

即放射性核素 A 经衰变生成核素 B，核素 B 也是放射性核素，经衰变生成核素 C，…，最后生成稳定核素。

为讨论方便，设某一放射性衰变序列只有两个环节，即 $A \longrightarrow B \longrightarrow C$，其中放射性核素 B 不断从 A 产生又不断转变为 C，而 C 是稳定核素。称 A 为母体，称 B 为子体，它们的衰变常数和半衰期分别为 λ_1、T_1 和 λ_2、T_2。母体 A 的原子核数 N_1 将按式（1-1-16）的规律衰减，即：

$$N_1(t) = N_{10} e^{-\lambda_1 t} \tag{1-1-20}$$

式中：N_{10} 为 $t=0$ 时母体 A 的原子核数。

A 核将以 $\lambda_1 N_1$ 的速率转变为 B 核；而子体 B 的原子核数的变化，既取决于由 A 核衰变为 B 核的速率 $\lambda_1 N_1$，又取决于由 B 核衰变为 C 核的速率 $\lambda_2 N_2$，即：

$$\frac{dN_2}{dt} = \lambda_1 N_1 - \lambda_2 N_2 \tag{1-1-21}$$

将式（1-1-20）代入式（1-1-21）得：

$$\frac{dN_2}{dt} + \lambda_2 N_2 = \lambda_1 N_{10} e^{-\lambda_1 t} \tag{1-1-22}$$

积分式（1-1-22），并利用初始条件：$t=0$ 时 $N_2=0$，可得：

$$N_2(t) = \frac{\lambda_1}{\lambda_2 - \lambda_1} N_{10} \left(e^{-\lambda_1 t} - e^{-\lambda_2 t} \right) \tag{1-1-23}$$

式（1-1-23）表示 B 核素原子核数 $N_2(t)$ 随时间变化的规律。

为讨论放射性核素连续衰变序列的放射性平衡条件，现将式（1-1-23）改写为：

$$N_2(t) = \frac{\lambda_1}{\lambda_2 - \lambda_1} N_{10} e^{-\lambda_1 t} \left[1 - e^{-(\lambda_2 - \lambda_1)t} \right] \tag{1-1-24}$$

由式（1-1-24）可以看出，母体和子体的平衡关系是由 λ_1 和 λ_2 的相对大小确定的，并可分为以下三种情况。

（1）不平衡（$\lambda_1 > \lambda_2$）。

若 $\lambda_1 > \lambda_2$，即母体比子体衰变得快，式（1-1-24）可改写为：

$$N_2(t) = \frac{\lambda_1}{\lambda_1 - \lambda_2} N_{10} \left(e^{-\lambda_2 t} - e^{-\lambda_1 t} \right) \tag{1-1-25}$$

当 $t=0$ 时，子体的数量为零，而后随着母体的衰变而逐渐增加，在某一特定的时间达到极大值，以后就会越来越小。当 t 足够大时，必然会有：

$$e^{-\lambda_2 t} \gg e^{-\lambda_1 t} \tag{1-1-26}$$

此时将式（1-1-25）等号右侧括号中的第二项略掉，得：

$$N_2(t) = \frac{\lambda_1}{\lambda_1 - \lambda_2} N_{10} e^{-\lambda_2 t} \tag{1-1-27}$$

可见，当时间足够长时，子核将按它单独存在时的规律衰减，母体和子体不可能实现任何平衡。

（2）暂时平衡（$\lambda_1 < \lambda_2$）。

若 $\lambda_1 < \lambda_2$，母体比子体衰变得慢，但如果 λ_1 还不够小，就只能建立暂时平衡。当 t 足够长时，有：

$$e^{-\lambda_1 t} \gg e^{-\lambda_2 t} \tag{1-1-28}$$

此时：

$$N_2(t) = \frac{\lambda_1}{\lambda_2 - \lambda_1} N_{10} e^{-\lambda_1 t} \tag{1-1-29}$$

式（1-2-29）表明，子核素将按母核素的衰变率衰减，且子体与母体核数比为一常数，这种现象称为暂时平衡。

由式（1-1-22）可导出，子体活度 $\lambda_2 N_2$ 达到最大时满足：

$$\frac{d[\lambda_2 N_2(t)]}{dt} = \frac{\lambda_1 \lambda_2}{\lambda_2 - \lambda_1} N_{10} \left(-\lambda_1 e^{-\lambda_1 t} + \lambda_2 e^{-\lambda_2 t} \right) = 0 \tag{1-1-30}$$

则时间为：

$$t = \frac{1}{\lambda_2 - \lambda_1} \ln \frac{\lambda_2}{\lambda_1} \tag{1-1-31}$$

（3）长期平衡（$\lambda_1 \approx 0$，$\lambda_1 \ll \lambda_2$）。

当 $\lambda_1 \approx 0$ 且 $\lambda_1 \ll \lambda_2$ 时，式（1-1-24）可简化为：

$$N_2(t) = \frac{\lambda_1}{\lambda_2} N_{10} \left(1 - e^{-\lambda_2 t}\right) \quad (1-1-32)$$

当 t 足够长时，有：

$$N_2(t) = \frac{\lambda_1}{\lambda_2} N_{10} \quad (1-1-33)$$

此后子核数不再随时间变化，子体的放射性活度恒等于母体的初始放射性活度，即：

$$\lambda_2 N_2(t) = \lambda_1 N_{10} \quad (1-1-34)$$

这种情况称为长期平衡。

对于多代子体的放射性系列，只要母体 A 是长寿命核，当时间足够长时，整个放射系都会达到长期平衡，这时各子体的原子核数都不再随时间变化，放射性活度将彼此相等，即：

$$\lambda_1 N_1 = \lambda_2 N_2 = \cdots = \lambda_n N_n \quad (1-1-35)$$

第二节 原子核反应

原子核衰变现象是不稳定的原子核自发地发生转变，最后变成稳定的原子核，但核衰变只涉及不稳定核素到稳定核素的转变，大量存在的稳定核素都不会发生衰变；核衰变是自发过程，不涉及核与核、核与其他粒子的相互作用，且只涉及低激发能级，通常在 3~4MeV 以下。各种核测井方法既涉及中子源的产生机理，又涉及中子与地层元素原子核不同作用过程，本节从核反应的产生机制和反应概率来介绍核反应。

一、核反应及实现核反应的途径

1. 核反应的概念

原子核与原子核或原子核与其他粒子（例如中子、质子、伽马光子等）之间的相互作用所引起的各种变化叫作核反应。因此核反应是产生不稳定原子核的最基本途径。

不稳定核素到稳定核素的转变，通过核衰变来实现；而稳定核素到不稳定核素的转变，则通过核反应的方式来实现。

2. 实现核反应的途径

要使核反应能够发生，原子核或其他粒子必须足够接近另一原子核，一般需要达到核力作用范围之内。可以通过以下三种途径实现这个条件。

1）利用放射源产生的高速粒子去轰击原子核

1919 年卢瑟福实现的历史上第一个核反应，就是利用放射源 ^{210}Po 放出的能量为 7.68MeV 的 α 粒子作为枪弹，去轰击氮气，结果发现有五万分之一的概率发生了如下核反应：

$$^{14}_{7}N + ^{4}_{2}He \longrightarrow ^{17}_{8}O + ^{1}_{1}H \qquad (1\text{-}2\text{-}1)$$

式（1-2-1）表示 α 粒子 $^{4}_{2}He$ 打在氮原子核 $^{14}_{7}N$ 上，使 $^{14}_{7}N$ 变成 $^{17}_{8}O$，同时放出一个质子 p（即氢核 $^{1}_{1}H$），这里 α 粒子为入射粒子，$^{14}_{7}N$ 为靶核，$^{17}_{8}O$ 和质子 p 为反应产物，其中质量较大者 $^{17}_{8}O$ 为剩余核，质量较小者 p 为出射粒子。这是人类历史上第一个人工核反应。

用放射源提供入射粒子来研究核反应，入射粒子种类很少，强度不大，能量不高，而且不能连续可调，目前已经很少应用。

目前中子测井中所用同位素中子源的核反应原理为：

$$^{9}_{4}Be + ^{4}_{2}He \longrightarrow ^{12}_{6}C + n \qquad (1\text{-}2\text{-}2)$$

2）利用宇宙射线来进行核反应

宇宙射线是指来自宇宙空间的高能粒子，一般能量很高，最高可达 $10^{21}eV$，作为入射粒子研究高能核反应可能发现一些新现象。但是利用宇宙射线的缺点是强度很弱，观察到核反应的机会很少。

3）利用带电粒子加速器或者反应堆来进行核反应

这是实现人工核反应的最主要手段。带电粒子加速器的特点是可以加速所有带电粒子，控制方便、易于调节，并且可以得到各种能量的高速粒子；而反应堆能提供强度很大的中子束，可以研究中子引起的核反应。第一个在加速器上实现的核反应是1932 年英国人考克拉夫和瓦尔顿发明高压倍加器，并把质子加速到 500keV，实现如下核反应：

$$^{7}_{3}Li + p \longrightarrow ^{4}_{2}He + ^{4}_{2}He \qquad (1\text{-}2\text{-}3)$$

即 $^{7}_{3}Li(p, \alpha)^{4}_{2}He$，释放的每个粒子具有动能为 8.9MeV，而输入能量为 0.5MeV，因此是释放核能的一个例子，这也是第一个在加速器上实现的核反应。

脉冲中子测井常采用（D，T）和（D，D）中子源，其发生的核反应分别为：

$$^{2}_{1}H + d \longrightarrow ^{3}_{2}He + n \qquad (1\text{-}2\text{-}4)$$

$$^{3}_{1}H + d \longrightarrow ^{4}_{2}He + n \qquad (1\text{-}2\text{-}5)$$

二、核反应过程的表示及分类

一般情况下，核反应可以表示为（假定反应后仍为两个粒子）：

$$A + a \longrightarrow B + b \qquad (1\text{-}2\text{-}6)$$

式中：A 和 a 分别表示靶核和入射粒子；B 和 b 表示剩余核和出射粒子。

式（1-2-6）可以简写为 A(a, b)B。

1. 按照出射粒子划分

1）核散射

出射粒子与入射粒子相同的核反应称为核散射，又分为弹性散射和非弹性散射。弹性散射是指散射前后系统总动能相等，仅动能分配发生变化，而原子核内部能量状态不发生变化，表示为 A+a ⟶ A+a。

如中子和铅核相互作用，发生弹性散射，表示为：

$$^{208}_{82}\text{Pb} + n \longrightarrow {}^{208}_{82}\text{Pb} + n \tag{1-2-7}$$

非弹性散射是指散射前后系统总动能不再相等，原子核内部能量状态发生了变化，靶核被激发，表示为 A+a ⟶ A*+a′。

例如中子与碳原子核发生散射，散射后的碳核处于激发态时，此反应为非弹性散射，表示为：

$$^{12}_{6}\text{C} + n \longrightarrow {}^{12}_{6}\text{C}^{*} + n' \tag{1-2-8}$$

2）核转变

出射粒子和入射粒子不同的核反应称为核转变，如式（1-2-6）所示，入射粒子为 a，出射粒子为 b，入射粒子和出射粒子是两种不同类型的粒子。例如利用 α 粒子轰击 ^{9}Be 原子核产生中子的过程，核反应过程表示为：

$$^{9}_{4}\text{Be} + \alpha \longrightarrow {}^{12}_{6}\text{C} + n \tag{1-2-9}$$

式中：α 粒子是入射粒子，而出射粒子是中子，显然常见的中子活化反应、辐射俘获反应都属于核转变过程。

2. 按照入射粒子划分

1）中子核反应

由中子引起的核反应，包括中子的弹性散射（n, n）、中子的非弹性散射（n, n′）以及（n, p）、（n, α）、（n, 2n）和（n, γ）等。在中子进入地层后，与元素原子核发生非弹性散射、弹性散射、辐射俘获反应和活化反应都属于中子核反应，只是源中子能量不同，发生的作用过程不同，出射的粒子也不同，正是根据这种中子的反应机制来探测中子的减速或者俘获能力进而评价地层属性参数。

2）带电粒子核反应

由带电粒子入射引起的核反应，如质子引起的核反应（p, p）、（p, n）和（p, α）等，α 粒子引起的核反应（α, n）和（α, p），氘核引起的核反应（d, n）和（d, p），重离子引起的核反应 $^{249}_{98}\text{Cf}({}^{12}_{6}\text{C}, 4n){}^{257}_{104}\text{Rf}$ 等。前面提到的同位素中子源和加速器中子源产生中子的核反应都属于带电粒子核反应。

3）光核反应

能量大一些的光子能将原子核激发到更高的能级，放出中子、质子、α 粒子或引起重核的光致裂变，这种由伽马光子引起的核反应称为光核反应，如 $^{9}_{4}\text{Be}(\gamma, n){}^{8}_{4}\text{Be}$ 等。

三、核反应截面

1. 定义

一定能量的入射粒子轰击靶核时，可以发生各种类型的核反应，如快中子与原子核作用，可以发生（n, n）、（n, n'）、（n, p）、（n, α）、（n, 2n）和（n, γ）等反应，每种反应都有一定的概率。为了描述核反应发生的概率，引进一个物理量——反应截面，用 σ 表示。

当一入射粒子通过薄靶（靶厚足够小）时，可以认为入射粒子的能量不变，设单位时间内入射的粒子数，即入射粒子的强度为 I，假设靶中单位体积的靶核数为 N_V，则单位面积上的靶核数为：

$$N_S = \frac{N}{S} = \frac{N_V S x}{S} = N_V x \quad (1\text{-}2\text{-}10)$$

式中：x 为薄靶的厚度，cm。

显然，单位时间内与单位面积上靶核发生的反应数 N' 应与入射粒子的强度 I 和单位面积上靶核数 N_S 成正比，即：

$$N' \propto I N_S \quad (1\text{-}2\text{-}11)$$

引入比例常数 σ，则定义反应截面为：

$$\sigma = \frac{N'}{I N_S} \quad (1\text{-}2\text{-}12)$$

即核反应截面等于单位时间内发生的核反应数目与单位时间入射粒子和单位面积上靶核数乘积的比值，其物理意义表示一个入射粒子与靶上一个靶核发生核反应的概率或一个粒子入射到单位面积内只含一个靶核的靶上所发生的反应概率。

2. 单位

从定义可知，核反应截面的量纲为面积，单位用靶恩（barn）表示，简称靶，记作 b。$1b=10^{-24}cm^2$，表示一个入射粒子入射到 $1cm^2$ 面积内只含有一个靶核的反应概率为 10^{-24}。如核测井中原子核俘获热中子的能力不同，$_1^1H$ 核的热中子俘获反应截面为 0.332b，而 $_{17}^{35}Cl$ 核的热中子俘获截面为 43.5b。

此外核反应截面还有其他单位，分别是毫靶（mb）和微靶（μb），换算关系为：$1mb=10^{-27}cm^2$，$1μb=10^{-30}cm^2$。

对于一定的入射粒子和靶核，往往存在若干反应道，各反应道的截面称为分截面 σ_i，各种分截面之和称为总截面，记作 σ_t，则总截面与分截面的关系为：

$$\sigma_t = \sum_i \sigma_i \quad (1\text{-}2\text{-}13)$$

第三节 伽马射线与物质的作用

伽马射线不带电，与物质的作用机制显然不同于带电粒子，与物质中的原子只要发生一次碰撞就要损失相当大一部分能量或者全部能量而被吸收。当伽马射线的能量低于

30MeV 时，它与物质的相互作用主要有光电效应、康普顿效应和电子对效应（生成电子对）。核测井测量的伽马射线能量均在 10MeV 以下，它与地层的相互作用主要是通过这三种效应进行的。

一、光电效应

1. 定义

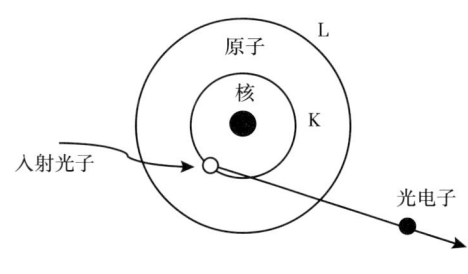

图 1-3-1 光电效应示意图

当伽马光子与物质原子发生电磁作用时，光子把全部能量转移给某个束缚电子，使之发射出去，而光子本身消失，这种过程称为光电效应，如图 1-3-1 所示，由光电效应发射出来的电子叫光电子。光子从原子的 K 壳层打出光电子的概率最大，如果入射光子的能量超过 K 层电子的结合能，则大约 80% 的光电吸收发生在 K 壳层。

发生光电效应时，若从内壳层上打出电子，在此壳层上就留下空位，外层电子补空时，多余的能量将以特征 X 射线形式发射出来，或转给外层电子并使其发射出去，发射出的电子称为俄歇电子。

2. 光电子能量

由能量守恒定律可知，光电子获得的动能为：

$$E_e = h\nu - E_i \tag{1-3-1}$$

式中：$h\nu$ 为入射光子的能量；E_i 为第 i 层电子的结合能。

各壳层电子的结合能数值计算近似公式如下：

K 层 $$E_K = R_\infty (Z-1)^2 \tag{1-3-2}$$

L 层 $$E_L = \frac{1}{4} R_\infty (Z-5)^2 \tag{1-3-3}$$

M 层 $$E_M = \frac{1}{9} R_\infty (Z-13)^2 \tag{1-3-4}$$

式中：R_∞ 是以能量为单位的里德伯常数，13.60eV。

原子各壳层电子的结合能一般来说比放射性核素发射的伽马光子的能量小得多，如碘化钠晶体中碘的 K 层结合能为 E_K=33keV。

3. 光电效应截面

发生光电效应的截面与伽马光子能量有关。当光子能量 $h\nu \ll m_0 c^2$，即比电子的静止质量对应的能量 $m_0 c^2$=0.511MeV 小得多时，K 层的光电截面为：

$$\sigma_K \approx Z^5 \frac{1}{h\nu} \tag{1-3-5}$$

而原子的光电效应总截面为：

$$\sigma_{ph} = \frac{5}{4}\sigma_K \quad (1-3-6)$$

由式（1-3-5）可知，原子的光电效应总截面近似与原子序数的 5 次方成正比，而与伽马射线的能量成反比。

不同吸收物质的光电截面 σ_{ph} 与光子能量 $E=h\nu$ 的关系有以下特点：（1）σ_{ph} 随入射伽马射线的能量增高而减小；（2）在 $h\nu < 100\text{keV}$ 时，光电效应截面显示出特征性的锯齿状结构，对于重元素尤为明显，这将在光电吸收系数与光子能量的关系曲线中反映出来；（3）Z 增大时，原子的光电效应截面急剧增大。

二、康普顿效应

1. 定义

伽马光子与原子的核外电子发生非弹性碰撞，一部分能量转移给电子，使它脱离原子成为反冲电子，而散射光子的能量和运动方向发生变化，如图 1-3-2 所示，这种过程称为康普顿效应。

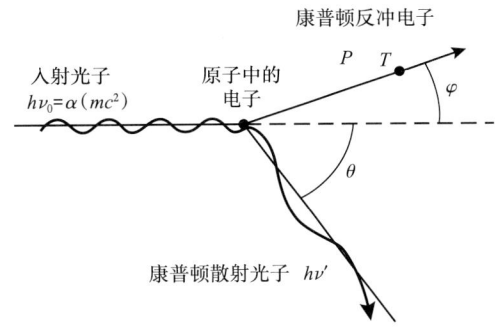

图 1-3-2 康普顿效应示意图

2. 散射光子和反冲电子的能量

散射光子和反冲电子的能量与散射角有关，假定 $h\nu$ 和 $h\nu'$ 分别为入射和散射光子的能量；θ 为入射光子和散射光子方向间的夹角，称为散射角；φ 为反冲电子的反冲角，用相对论的能量和动量守恒定律，可推得散射光子的能量为：

$$E_{\gamma'} = \frac{E_\gamma}{1 + \frac{E_\gamma}{m_0 c^2}(1-\cos\theta)} \quad (1-3-7)$$

式中：E_γ 为入射光子的能量；$E_{\gamma'}$ 为散射光子的能量。

反冲电子的动能为：

$$E_e = \frac{E_\gamma^2(1-\cos\theta)}{m_0 c^2 + E_\gamma(1-\cos\theta)} \quad (1-3-8)$$

θ 和 φ 之间的关系是：

$$\cot\varphi = \left(1 + \frac{E_\gamma}{m_0 c^2}\right)\tan\frac{\theta}{2} \quad (1-3-9)$$

由式（1-3-7）至式（1-3-9）可知：

（1）当散射角 $\theta=0°$ 时，散射光子能量 $E_{\gamma'} = E_\gamma$，达到最大值，这时反冲电子的能量 $E_e=0$，光子能量没有损失。

（2）当 $\theta=180°$ 时，入射光子与电子对心碰撞后，沿相反方向散射回来，而反冲电子则沿入射光子方向飞出，这种情况称为反散射。此时散射光子能量最小，有：

$$E_{\gamma'}^{\min} = \frac{E_\gamma}{1 + \dfrac{2E_\gamma}{m_0 c^2}} \quad（1-3-10）$$

而反冲电子的动能达到其最大值：

$$E_e^{\max} = \frac{2E_\gamma^2}{m_0 c^2 + 2E_\gamma} \approx \frac{E_\gamma}{\dfrac{1}{4E_\gamma} + 1} \quad（1-3-11）$$

计算表明，即使入射光子的能量有较大变化，由式（1-3-10）决定的反散射光子的能量都在 200keV 左右，因而测量时很容易观察到反散射峰。

（3）由式（1-3-9）可知，入射光子的能量确定时，对于某个确定的 θ 角，就有与之对应的 φ 角，同时也就由式（1-3-7）和式（1-3-8）确定了散射光子和反冲电子的能量。反冲电子只能在 $0° \leq \varphi < 90°$ 之间出现。

3．康普顿散射截面

原子的康普顿散射截面是核外轨道电子散射截面之和，即：

$$\sigma_c = Z\sigma_{c,e} \quad（1-3-12）$$

电子的散射截面 $\sigma_{c,e}$ 随入射光子能量的上升而缓慢降低。

当入射光子能量很低（$h\nu \ll m_0 c^2$）时，有：

$$\sigma_c = \frac{8}{3}\pi Z r_0^2 \quad（1-3-13）$$

式中：r_0 为经典电子半径，$r_0 = \dfrac{e^2}{m_0 c^2} = 2.8 \times 10^{-13}\,\text{cm}$。

当入射光子能量较高（$h\nu \gg m_0 c^2$）时，有：

$$\sigma_c = Z\pi r_0^2 \frac{m_0 c^2}{h\nu}\left(\ln\frac{2h\nu}{m_0 c^2} + \frac{1}{2}\right) \quad（1-3-14）$$

此时康普顿散射截面与原子序数 Z 成正比，近似地与能量成反比。与光电效应截面相比，随能量增高，康普顿散射截面下降要慢得多。

三、电子对效应

1．定义

当伽马光子从原子核旁经过时，在原子核的库仑场作用下，伽马光子转变为一个正电子和一个负电子，这种过程称为电子对效应。根据能量守恒定律，只有当伽马光子的能量大于 $2m_0 c^2$ 即 1.02MeV 时，才能发生电子对效应。

入射光子的能量除一部分转变为正—负电子对的静止能量（1.02MeV）外，其余能量以电子对动能的形式存在。其关系式为：

$$hv = E_{e^+} + E_{e^-} + 2m_0c^2 \qquad (1\text{-}3\text{-}15)$$

式中：E_{e^+} 为正电子的动能，MeV；E_{e^-} 为负电子的动能，MeV。

从式（1-3-15）可以看出，对于一定能量的入射光子，电子对效应产生的正电子和负电子的动能之和为常数。但就正电子或负电子中每一种粒子而言，它的动能从零到 $hv - m_0c^2$ 都是可能的，正电子和负电子之间的动量分配是任意的。正电子和负电子都在吸收介质中通过电离损失和辐射损失消耗能量。

2. 电子对效应截面

原子的电子对效应截面 σ_p 可由理论计算得到。当 hv 稍大于 $2m_0c^2$ 但又不太大时，有：

$$\sigma_p \propto Z^2 E_\gamma \qquad (1\text{-}3\text{-}16)$$

当 $hv \gg m_0c^2$ 时，有：

$$\sigma_p \propto Z^2 \ln E_\gamma \qquad (1\text{-}3\text{-}17)$$

由此可见，当能量较低时，σ_p 随光子能量线性增加；当能量较高时，σ_p 随光子能量增加要缓慢些。

式（1-3-16）和式（1-3-17）都表明，电子对效应截面与 Z^2 成正比。与康普顿效应相比，能量高时，电子对效应占优势。

四、伽马射线的吸收

当伽马光子穿过物质时，通过上述三种效应转移能量。这些相互作用中的任一种一旦发生，保持原来入射方向和初始能量的光子就消失，或者光子本身消失，或者经散射能量改变并偏离原来的入射方向，使射线束强度降低。这三种效应对于吸收物质的原子序数和入射光子能量有程度不同的依赖关系。

1. 三种效应的对比

对于不同的吸收物质和能量区域，每种效应的相对重要性是不同的，如图1-3-3所示。

对于低能伽马射线和原子序数高的吸收物质，光电效应占优势；对于中能伽马射线和原子序数较低的吸收物质，康普顿效应占优势；对于高能伽马射线和原子序数高的吸收物质，电子对效应占优势。在核测井方法研究和仪器设计时，可根据这些特点选择工作区，以利用特定的效应和获得所需的参数。

2. 伽马射线衰减规律

强度为 I 的准直单能伽马射线束，沿水平方向垂直通过吸收物质，吸收物质单位体

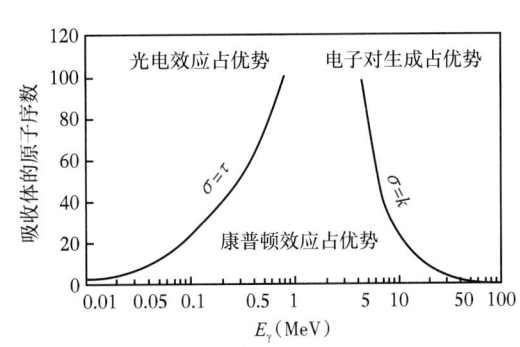

图1-3-3 光子三种效应的优势区

积中的原子数为 N，密度为 ρ，在 $x=0$ 处，伽马射线强度为 I_0。伽马射线通过吸收层时，要发生上述三种效应，其强度将减弱，因此伽马射线束在物质中穿过路程 x，满足指数衰减规律：

$$I = I_0 e^{-\mu x} \qquad (1\text{-}3\text{-}18)$$

式中：I 为伽马射线穿过物质后的强度；μ 称为线性衰减系数，cm^{-1}。

μ 实际上就是单位体积该种物质与光子相互作用的总截面，即宏观截面，或者说 μ 是单位路程上光子与物质发生三种相互作用的总概率。若分别考虑每一种效应，则有：

$$\mu = \mu_{ph} + \mu_c + \mu_p \qquad (1\text{-}3\text{-}19)$$

式中：μ_{ph} 为光电吸收系数；μ_c 为康普顿吸收（或称减弱）系数；μ_p 为电子对吸收系数。

单位质量物质的三种效应总截面称为质量吸收系数，表示为 $\mu_m=\mu/\rho$，单位为 cm^2/g；其中 ρ 表示物质的密度，单位为 g/cm^3。

图 1-3-4 是根据 XCOM 程序（Vishwanath et al., 2014）计算得到铅的质量吸收系数与光子能量的关系。当入射伽马射线的能量分别达到原子 K、L、M 层电子的结合能时，光电截面发生突变，光电吸收曲线显示为明显的锯齿状结构，这些尖锐的突变称为吸收限。铅的 K、L_1、L_2 和 L_3 层的吸收限分别为 88.3keV、15.91keV、15.26keV 和 13.06keV。

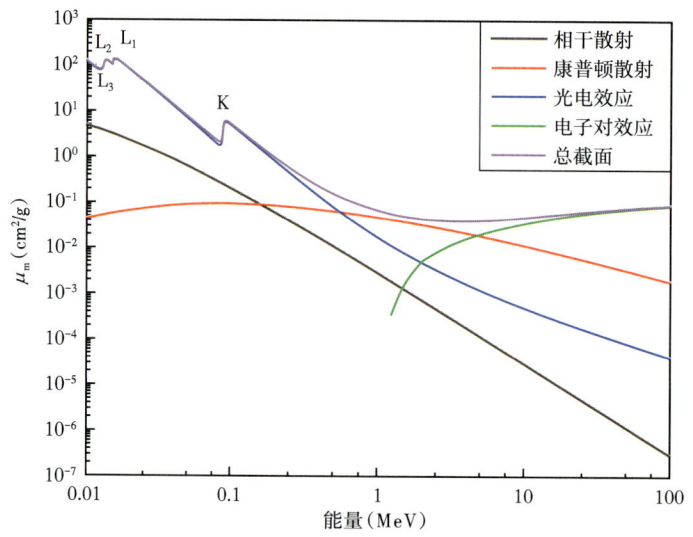

图 1-3-4 铅的质量吸收系数与光子能量的关系

实际中常用伽马射线吸收限光电截面出现突变的现象来识别重金属，这种方法称为选择伽马—伽马测井，就是利用低能伽马源和对低能伽马射线灵敏的接收装置，来探测伽马射线在介质中传播发生的光电效应，测量结果主要取决于岩石中原子序数高的物质含量，因此可用来探测岩石中少量重金属矿物的含量。

五、伽马射线探测器

1. 常用闪烁体晶体的光子作用截面

入射光子与探测器物质作用包括三种效应，每种作用发生的概率与伽马射线能量及探测器物质有关，而伽马射线与探测器物质作用后，次级电子所携带的能量可以认为被物质完全吸收，沉积在物质中，通常用能量转移截面来描述作用过程中的能量转移性质。一般情况下，在入射光子能量较低时，能量转移截面比较小，且随着入射光子能量增加而增加；当入射光子能量约为500keV时，能量转移截面达到最大，然后随着入射光子能量增加而减小。

核辐射探测中常用伽马探测器有NaI（Tl）（碘化钠）、BGO（锗酸铋）、LaBr$_3$（Ce）（溴化镧）和YAP（Ce）（铝酸钇）等，同样计算出的光子作用截面与能量关系如图1-3-5至图1-3-8所示，μ_m为质量吸收系数。不同种类的闪烁晶体探测器物质组成和密度不同，伽马射线的光电吸收、相干散射、康普顿散射和电子对效应及总作用截面也不同，在一定程度上决定了探测器的探测效率和探测器响应能谱形状。

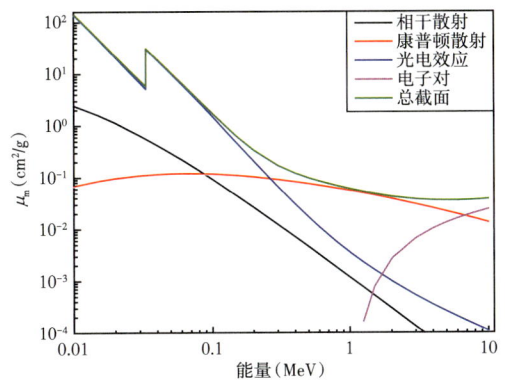

图1-3-5 NaI（Tl）探测器晶体光子作用截面

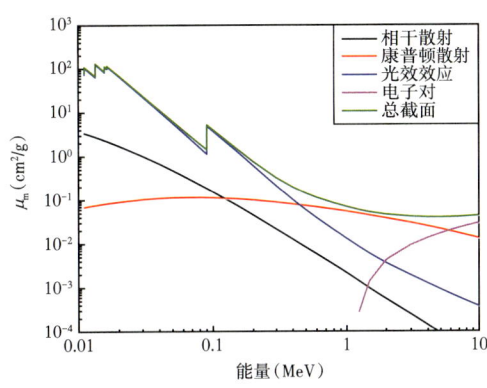

图1-3-6 BGO探测器晶体光子作用截面

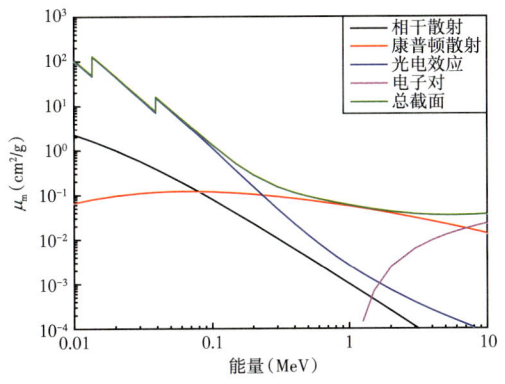

图1-3-7 LaBr$_3$（Ce）探测器晶体光子作用截面

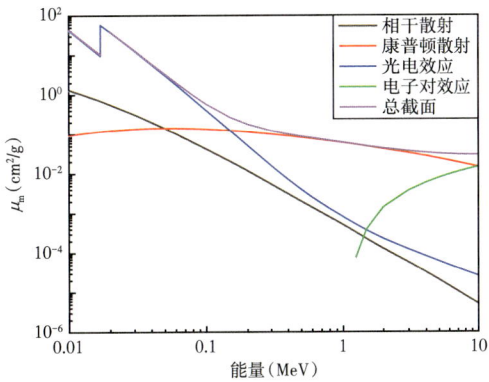

图1-3-8 YAP探测器晶体光子作用截面

由不同探测器作用截面对比可以看出，单位体积密度的BGO探测器物质光子作用截面最大。以能量为1MeV的伽马光子为例，BGO晶体的总质量吸收系数为0.068cm^2/g，LaBr$_3$（Ce）和NaI（Tl）晶体的光电质量吸收系数分别为0.059cm^2/g和0.057cm^2/g，YAP晶体的光电质量吸收系数分别为0.060cm^2/g。显然同体积的BGO晶体探测效率最高，YAP和LaBr$_3$（Ce）探测器次之，而NaI（Tl）探测器最低。此外，探测器的体积探测效率还与探测器晶体物质密度、形状等其他因素有关。

2.伽马射线探测器分类及探测原理

核辐射探测利用辐射在气体、液体或固体物质中引起的电离、激发效应或其他物理、化学变化来进行辐射探测,探测器产生信号的过程一般包括几个过程:首先,辐射粒子射入探测器物质的灵敏体积;其次,入射粒子与探测器的工作介质发生相互作用,在介质中沉积能量引起电离与激发过程;最后,探测器通过自身特有的工作机制将沉积的能量转变为电信号,并在输出回路中形成可测量的输出信号。伽马探测器按探测介质及作用机制包括三种主要类型,即气体探测器、闪烁体探测器及半导体探测器。

1)气体探测器

气体探测器以气体为探测介质,利用伽马射线在气体中电离现象来探测辐射强度,常用的气体探测器有电离室、正比计数器和G-M计数管等,包括一个金属圆柱体,且有一根穿过金属圆柱体并与其绝缘的轴向金属丝,如图1-3-9所示。

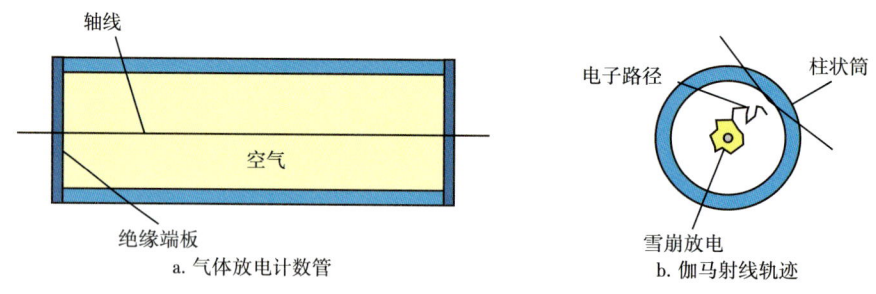

图1-3-9 气体正比计数管示意图

当入射伽马光子通过气体时,与气体分子或单原子气体发生非弹性碰撞而逐渐损失其能量,导致气体分子电离或激发。电离产生的电子和离子在电场作用下定向运动,就会使气体探测器输出信号。

即使商用管子内气体压力相当高,气体密度中等,但发生电离的有用气体原子数仍然相对较低,也就是说伽马射线直接与气体作用的概率低,致使这类探测器的探测效率不高。通过用导电的高原子序数的伽马射线吸收材料如银作为圆筒的内衬,可以改进其探测效率。实际过程中这类探测器由于效率低下,且没有能量分辨率,在核地球物理测井很少使用。但由于气体计数管的优点是结构简单、坚固,在恶劣测井环境中测量可靠,最近在随钻测井中被很好地应用。

2)闪烁体探测器

闪烁体探测器是利用电离辐射在某些物质中产生的闪光来探测电离辐射的,是目前应用最多、最广泛的电离辐射探测器之一,前面所提到的NaI(Tl)、BGO、LaBr$_3$(Ce)和YAP(Ce)等都属于闪烁体探测器。当伽马射线进入闪烁体后与之发生相互作用,闪烁体吸收伽马射线能量,使闪烁体分子发生电离和激发,受激原子、分子退激时发射荧光光子。利用包在闪烁体周围的反射物质和光导,将闪烁光子尽可能多地收集到光电倍增管的光阴极上。由于光电效应,光子在光阴极上打出光电子,实现光电转换。光电子在光电倍增管中倍增,数量由一个增加到$10^4 \sim 10^9$个,电子流在阳极负载上产生电信号。

闪烁体探测器主要由闪烁体、光电转换器件及相应的电子学系统三部分组成。一般情况下，闪烁体产生的闪烁光子数正比于入射粒子损耗在闪烁体中的能量，当入射粒子能量全部损失在闪烁体内时，测量输出信号的大小可以得到入射粒子的能量。

（1）闪烁探测器工作原理。

闪烁体探测器主要是利用荧光作用实现的，入射辐射在闪烁体内损耗并沉积能量，引起闪烁体中原子（或离子、分子）的电离激发，之后受激粒子退激放出波长接近于可见光的闪烁光子，作用原理如图1-3-10所示，然后利用光电倍增管将光信号转换为电信号。闪烁体探测器可以分为无机闪烁体和有机闪烁体两种。

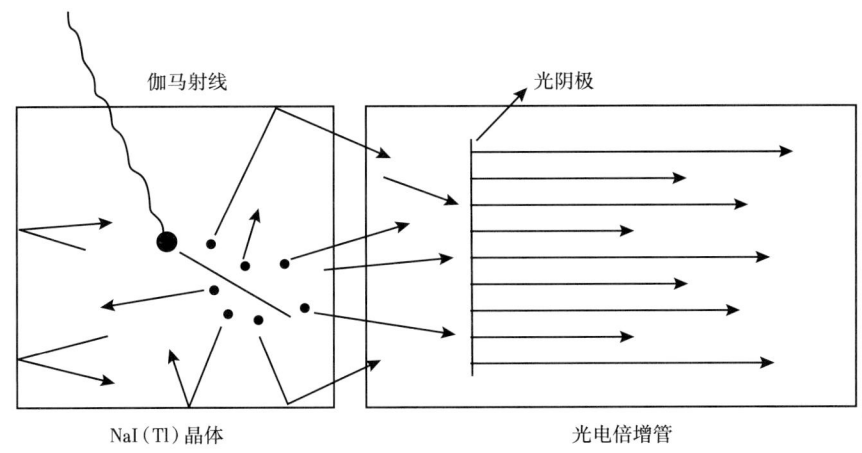

图1-3-10 闪烁体探测器工作原理示意图

（2）闪烁体探测器性能。

伽马射线与闪烁体探测器晶体作用产生脉冲信号，最终通过单道或多道分析器输出之后，可以给出射线总计数或伽马能谱。下面对闪烁体探测器的性能指标进行介绍。

①发光效率。

发光效率是指闪烁体将所吸收的射线能量转变为光的比例，可以用光能产额、绝对闪烁效率及相对发光效率来描述，其中最常用的是光能产额。

光能产额是指伽马射线在闪烁体内损失单位能量时所产生的光子数。如果伽马射线在闪烁体内损失能量 E，产生的总光子数为 n_{ph}，则光能产额为：

$$Y_{pn} = \frac{n_{ph}}{E} \tag{1-3-20}$$

常用的闪烁体探测器中，BGO晶体的光能产额为8200ph/MeV（ph代表光子数），$LaBr_3(Ce)$晶体的光能产额为63000ph/MeV，$LaBr_3(Ce)$晶体的发光效率远远大于BGO晶体。

②发光时间。

闪烁体发光时间由闪烁脉冲的上升时间和衰减时间两部分组成，上升时间主要由闪烁体电子激发时间及带电粒子在闪烁体内耗尽能量所需时间决定。

闪烁体被激发后，电子退激发光一般服从指数衰减规律。单位时间发出的光子数，即发光强度为：

$$I(t) = \frac{\mathrm{d}n(t)}{\mathrm{d}t} = \frac{n}{\tau_0} e^{-t/\tau_0} \quad (1-3-21)$$

当经过 τ_0 时间后，脉冲数下降到最大值的 $1/e$，t 称为闪烁体的发光衰减时间，τ_0 称为衰减常数。对高强度测量或用于时间测量的闪烁体，应该要求有尽可能短的衰减时间。

闪烁探测器系统的分辨时间取决于闪烁体的衰减时间、电子在光电倍增管的渡越时间及其涨落以及输出回路时间常数。

③能量分辨率。

理想条件下，入射伽马射线能量相同，且能量完全沉积在探测器中时，在测量能谱上表现为一条直线，但由于探测器自身特性及测量电路等因素影响，测量结果显示为高斯分布的能峰。图 1-3-11 是能量为 H_0 入射伽马射线的探测器响应能谱图。能量分辨率就是描述探测器区分相近能量谱线的能力，能量分辨率越高，区分相近能量伽马射线的能力越强。

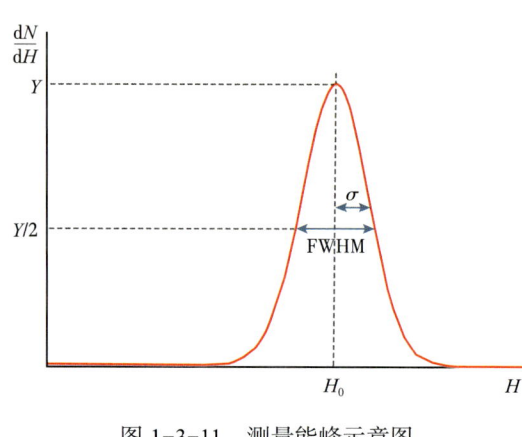

图 1-3-11　测量能峰示意图

定义能峰分布的半高宽（FWHM）与入射伽马射线能量的比值为能量分辨率，用 η 表示。探测器的能量分辨率与伽马射线能量有关。随着射线能量的增加，能量分辨率越来越好，能量分辨率的对数与能量的对数具有线性关系：

$$\ln \eta = -\frac{1}{2} \ln E_\gamma + C \quad (1-3-22)$$

式中：η 为探测器能量分辨率；E_γ 为入射伽马射线能量，MeV；C 为常数。

图 1-3-12 是能量在 100keV 到 1.5MeV 间的不同伽马源测量得到的 LaBr_3（Ce）闪烁体探测器能量分辨率，是入射伽马射线能量的函数。伽马射线能量越高，探测器能量分辨率越好，当伽马射线能量为 662keV 时，其能量分辨率值达到 2.8%。

④探测效率。

对伽马射线探测器而言，只有伽马射线在闪烁体内产生次级电子，才可能被探测到，探测效率由伽马射线与闪烁体的相互作用截面、闪烁体的大小和形状、源与闪烁体的几何位置等因素决定。描述探测器对伽马射线的探测效率包括源探测效率和本征探测效率两大类。源探测效率，也称为绝对探测效率，定义为：

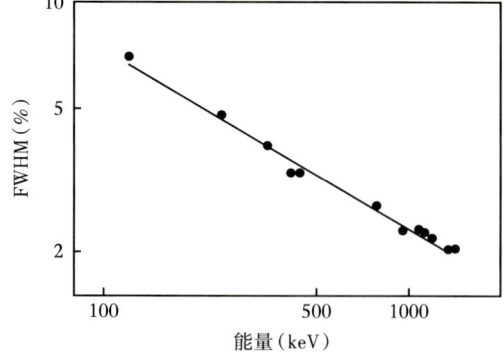

图 1-3-12　LaBr_3（Ce）探测器分辨率与入射能量关系（据 Nicolini et al., 2007）

$$\varepsilon_s = \frac{记录脉冲数}{放射源发射的粒子数} \quad (1-3-23)$$

源探测效率与测量系统的几何条件、作用概率及计数效率等因素有关。为了描述探测器本身性质，定义本征探测效率或本征效率：

$$\varepsilon_{in} = \frac{记录脉冲数}{射到探测器灵敏体积内的粒子数} \quad (1-3-24)$$

探测效率也可以用总效率和峰探测效率来描述。全部脉冲的探测效率称为总效率；去掉物质对伽马射线散射引起的计数及噪声干扰，只考虑全能峰计数贡献，称为峰探测效率，可表示为：

$$\varepsilon_{inp} = \frac{全能峰计数}{到达探测器灵敏体积伽马计数} \quad (1-3-25)$$

对于尺寸为 1in×1in 的 $LaBr_3$（Ce）晶体探测器，利用 ^{60}Co 源测得能量为 1.173MeV 伽马射线的相对效率为 7.3%。图 1-3-13 是利用 GEANT4 软件（Lemrani et al., 2006）模拟不同尺寸 $LaBr_3$（Ce）晶体探测器对伽马射线的全能峰探测效率，模拟时，点伽马源放在距晶体表面 30cm 处，只考虑晶体物质的作用，没有考虑晶体外壳的反射和吸收作用。对于一定能量伽马射线来说，其相对探测效率几乎与探测器晶体尺寸呈线性变化关系。

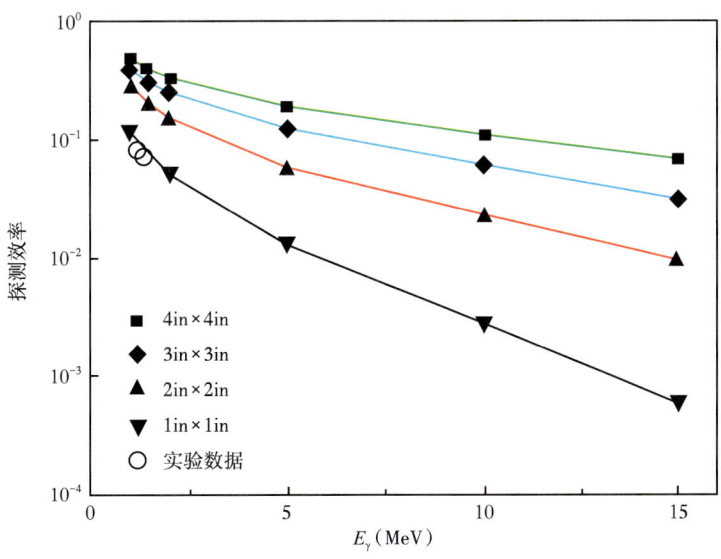

图 1-3-13 $LaBr_3$（Ce）全能峰探测效率与入射能量关系（据 Nicolini et al., 2007）

另外，探测效率还可以用峰总比和峰康比来表示。峰总比定义为伽马谱全能峰的计数与全谱总计数的比值，与伽马射线能量、探测器的种类、形状、大小和源与探测器的几何位置有关。在核地球物理测井中，伽马能谱包括多种能量的伽马射线，高能伽马射线的康普顿计数会叠加在低能伽马射线的全能峰上，给能谱分析造成困难，定义单能伽马谱中全能峰的最大计数同康普顿坪的最大计数之比为峰康比,峰康比越大,越有利于能谱分析。

表 1-3-1 中列出几种闪烁晶体探测器的性能参数,其中 LaBr$_3$(Ce)晶体的衰减时间较小,只有 16ns。

表 1-3-1 常用闪烁体探测器性质对比

晶体	密度（g/cm^3）	能量（662keV）分辨率（%）	衰减时间（ns）	光产额（ph/keV）
BGO	7.13	10	300	9
LaBr$_3$(Ce)	5.08	2.6	16	63
CeBr$_3$	5.1	3.8	19	60
NaI(Tl)	3.67	7	250	38
CsI(Tl)	4.51	12	1000	54
LYSO	7.10	8.0	36	33
YAP	5.37	10.4	27	18
CLLB	4.2	<4	180	43

常用伽马探测器 NaI(Tl)是铊激活的碘化钠闪烁晶体。它具有较好的伽马射线吸收特性,闪烁效率很高,且衰减时间只有 0.25μs,具有较高的计数率,最大的缺点是晶体易潮解。BGO 晶体密度为 7.13g/cm^3,密度大约是 NaI(Tl)的两倍,对伽马射线的探测效率很高,但闪烁晶体衰减时间略长,大约是 0.3μs,发光效率较低,在室温条件下大约是 NaI(Tl)的 8%~20%,且随着温度增加快速下降。BGO 晶体适用于对伽马射线的探测效率高而对能量分辨率要求比较宽容的场合。

随着探测器技术的进步,LaBr$_3$(Ce)和 YAP(Ce)闪烁体探测器在核测井技术中得到应用。LaBr$_3$(Ce)晶体物质密度为 5.08g/cm^3,光产额大约是 NaI(Tl)探测器的 1.66 倍,且具有较短的衰减时间(16ns),其密度大减少了晶体的厚度,提高了空间分辨率,缺点是 LaBr$_3$(Ce)探测闪烁体本身具有放射性,天然镧中同位素 ^{138}La 丰度可达 0.09%,半衰期为 $1.06×10^{11}$a,会产生能量为 788.7keV(强度 34%)和能量为 1435.8keV(强度 66%)的伽马射线,对能量低于 100keV 的伽马射线能量分辨率比 NaI(Tl)探测器要差。YAP(Ce)闪烁晶体是铈激活的铝酸钇晶体 YAlO$_3$(Ce),密度较大,发光衰减时间较短,但有效原子序数低,偏向于低能伽马射线探测和 X 射线探测。另外,YAP 晶体的优点在于光输出随温度变化非常小,使得在石油测井中有比较广阔的应用前景。此外,冰晶石 CLYC(Cs$_2$LiYCl$_6$)双粒子探测器能同时探测伽马射线和中子,在核测井技术中具有广阔的前景。

⑤闪烁体的温度效应。

大多数闪烁体的闪光效率,也就是闪烁体的光输出温度是变化的,温差较大时,闪烁体效率的差别可以很大,如 NaI(Tl)晶体在 150℃时的闪烁效率大约是室温时的 70%;BGO 晶体的闪烁效率随温度升高而下降的趋势比其他闪烁体大得多,在 50℃时闪烁效率已降为室温时的 60% 左右，到 100℃ 时其闪烁效率更是低至室温时的约 20%，温度效应限制了 BGO 晶体在环境温度较高条件下的应用。在核地球物理测井中，由于井孔中的温度可高至 150℃ 以上，甚至在深层和超深层温度可达 200℃ 以上，必须给 BGO 晶体探测器加保温瓶才能应用。

闪烁体的衰减时间也随着温度发生变化。NaI（Tl）晶体的衰减时间随着温度增加逐渐降低，通常所说的衰减时间指的是室温下的数值。在能谱测量时，衰减时间会影响输出电流的形状，因此需要稳谱处理。

（3）光电倍增管。

光电倍增管是由玻璃封装的真空装置，其内包含光电阴极（photocathode）、几个倍增极（dynode）和一个阳极。入射光子撞击光电阴极发生光电效应，产生的光电子被聚焦到倍增极。在此过程中，电子被加速在倍增极上产生多个二次电子，通常每个倍增极的电位差为 100~200V。二次电子流像瀑布一般，经过一连串的倍增极使得电子倍增，最后到达阳极。一般光电倍增管的倍增极是分离式的，而电子倍增管的倍增极是连续式的，作用原理如图 1-3-14 所示。

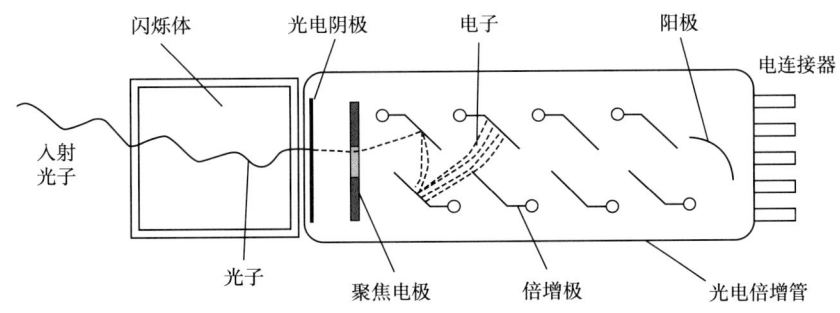

图 1-3-14　光电倍增管示意图

用光耦合剂将闪烁体与光电倍增管耦合，装成探头，配上电子仪器，就构成了闪烁体探测器。为了提高脉冲输出幅度，可选用发光效率高体积大的闪烁体；选择反射系数大的反射层和性能良好的光导系统；调整好光电倍增管前面几级的分压电阻；选择与闪烁体能实现良好匹配的光电倍增管。

（4）闪烁体探测器响应能谱。

在闪烁体中，伽马射线通过与闪烁体发生相互作用产生不同能量的次级电子，然后在闪烁体内沉积能量产生荧光光子而被探测到，得到的探测器响应能谱实际上就是伽马射线在闪烁体中产生的次级电子能谱，其谱形和探测器闪烁体的尺寸、材料及周围材料等因素都有关。

①光电峰和逃逸峰。

部分被吸收的伽马光子发生光电效应、康普顿效应和电子对效应的次级电子在闪烁体中射程很短，其能量都能全部损耗在闪烁体内，将只出现对应伽马射线能量的单一能峰，称为全能峰或光电峰。若伽马射线能量足够高，将会和晶体物质发生电子对效应，引起次级电磁辐射，发生正电子湮没，在彼此相反的方向放出两个 511keV 光子。若一个或两个 511keV 湮没光子没有和探测器发生作用而逃逸，将会在探测能谱上出现所谓的第一逃逸峰和第二逃逸峰。

图1-3-15是探测器出现光电峰和双逃逸峰的谱图，只有当伽马射线高于电子对阈值，相应才会出现一个或两个511keV湮灭光子的逃逸峰。测量的线性伽马能谱展宽主要由探测器能量分辨率决定，观察到的线性伽马射线宽度是伽马射线能量、晶体尺寸、晶体和光电倍增管的光耦合及光电倍增管特性的函数。

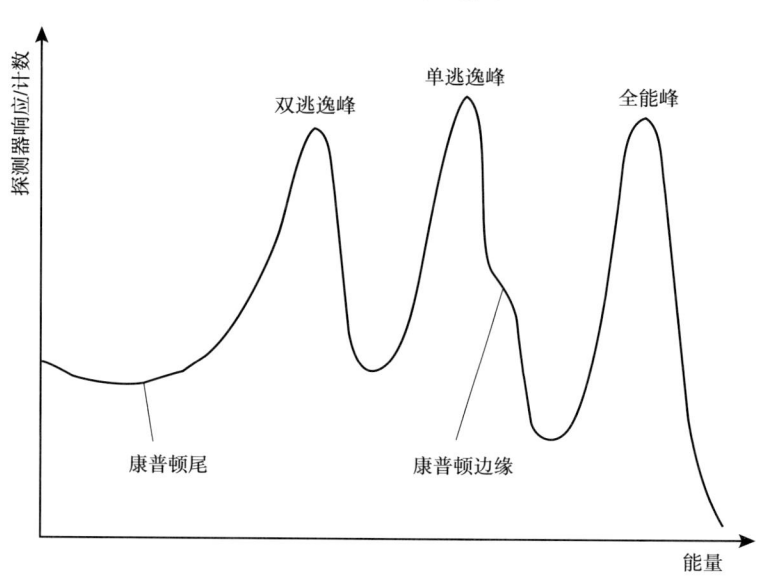

图1-3-15　光电峰和双逃逸峰的探测器响应谱示意图

②探测器的能谱响应特性。

不同能量的伽马射线照射到闪烁晶体上，测量到的响应能谱特性不同。为了对比不同探测器的光电峰和逃逸峰分布，利用蒙特卡罗方法（GEANT4）模拟了能量为2MeV、4MeV和6MeV的伽马射线在BGO和$LaBr_3$（Ce）晶体探测器响应能谱，如图1-3-16所示，BGO和$LaBr_3$（Ce）晶体尺寸相同，能量分辨率分别为15%和3.5%。

由图1-3-16可以看出，不同能量伽马射线的BGO和$LaBr_3$（Ce）晶体探测器响应能谱形状不同，BGO晶体探测器能峰明显比$LaBr_3$（Ce）晶体宽得多，这是其能量分辨率比$LaBr_3$（Ce）晶体差引起的；单能伽马射线在两种探测器响应能谱都出现康普顿平台，且$LaBr_3$（Ce）晶体探测器在光电峰和逃逸峰之间的散射平台清晰，而BGO晶体光电峰和逃逸峰连接在一起。能量为2 MeV的伽马射线在两种晶体探测器响应能谱中光电峰占主要优势，第一和第二逃逸峰很弱；随着伽马射线能量的增加，光电峰的贡献在减弱，逃逸峰的贡献在增强。当能量达到4MeV时，$LaBr_3$（Ce）晶体探测器的第一和第二逃逸峰计数贡献增加，光电峰和逃逸峰贡献相当，而BGO探测器第二逃逸峰较弱；当能量达到6MeV时，BGO晶体探测器光电峰和第一逃逸峰起主要作用，$LaBr_3$（Ce）晶体探测器的第一逃逸峰最强，光电峰和第二逃逸峰贡献相当。

同样利用GEANT4软件模拟不同能量伽马射线的响应能谱，计算总探测效率和光电峰探测效率与能量的关系，示于图1-3-17和图1-3-18。

由图1-3-17和图1-3-18可知，随着伽马射线能量的增加，伽马射线总计探测率先快速下降，达到3MeV时开始变化平缓，其中BGO探测器略有增加；而光电峰计数效率随着伽马射线能量增加始终下降。对于能量相同的伽马射线，BGO晶体探测器总计数效率较大。从探测效率角度看，BGO 晶体探测器对伽马射线测量具有优势，但 LaBr$_3$（Ce）晶体探测器能量分辨率高，对多种特征能量伽马射线探测区分度更高。

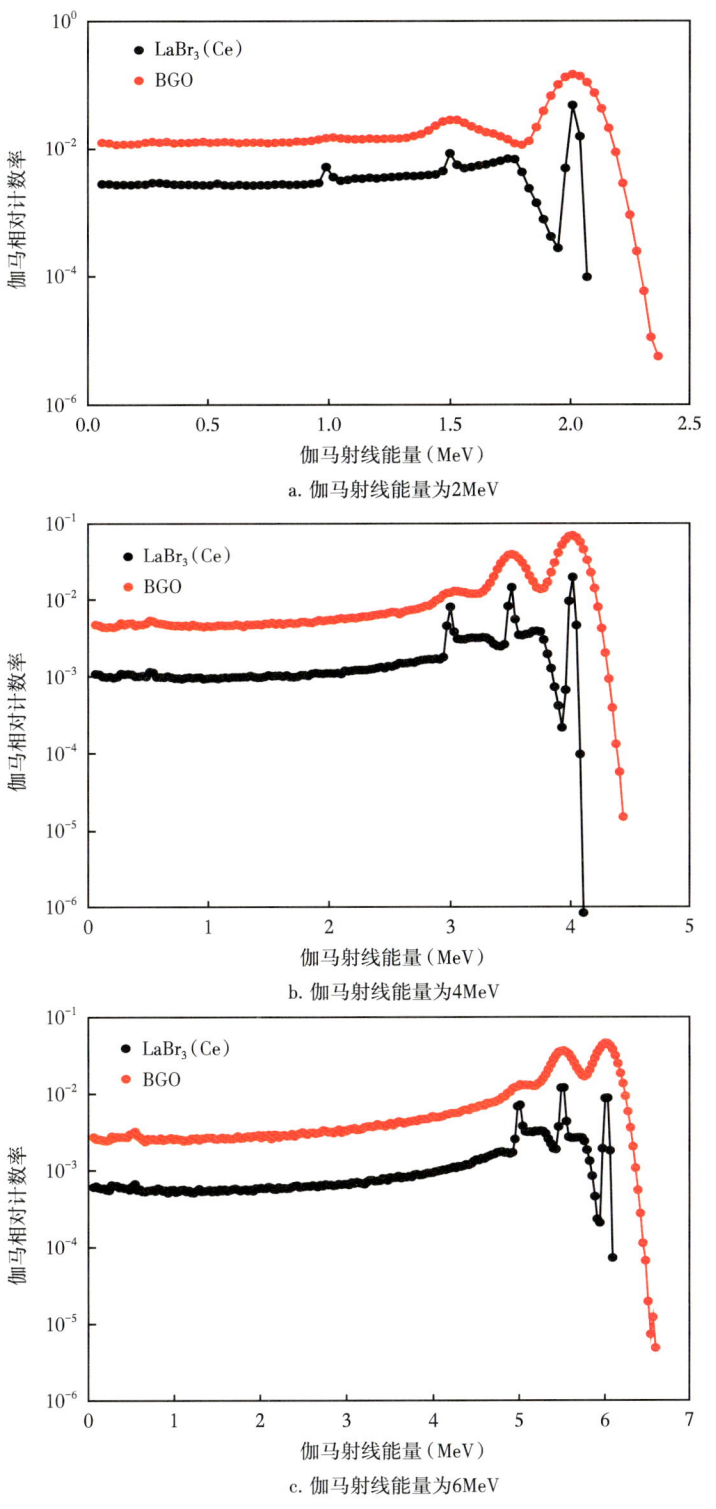

图 1-3-16　不同能量伽马射线的探测器响应谱

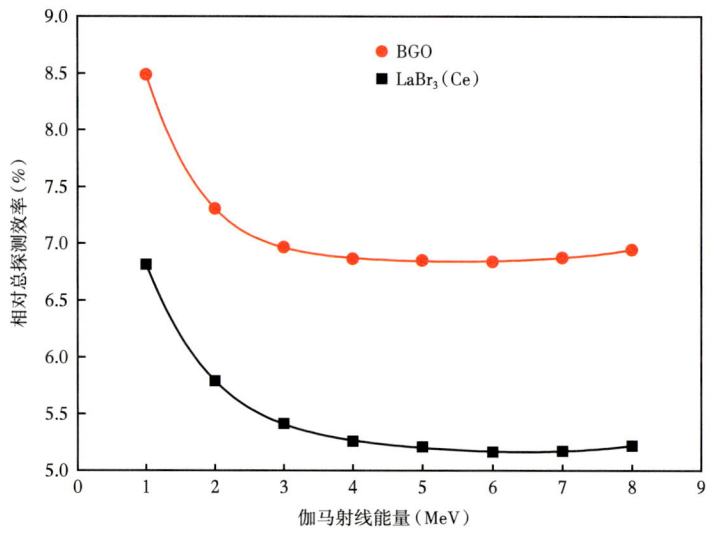

图 1-3-17 总效率与伽马射线能量的关系

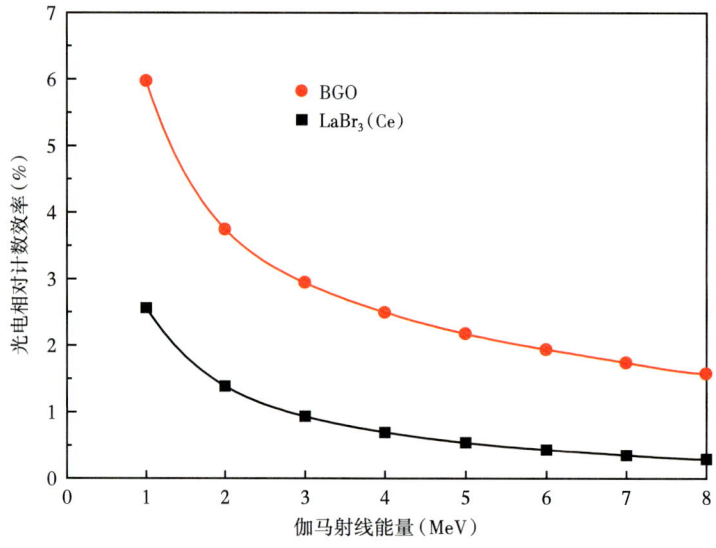

图 1-3-18 探测器全能峰效率与伽马射线能量的关系

3）半导体探测器

半导体探测器是用半导体材料作为探测介质的一种辐射探测器，与闪烁体探测器一样属于固体介质探测器，具有比气体大得多的密度，对高能电子尤其是伽马射线具有高的探测效率，又能达到很高的能量分辨率。它的工作原理类似于气体电离探测器，半导体材料电离产生电子—空穴对，通称为载流子，在外加电场作用下，分别向两个电极漂移运动，在收集电极上感应出电荷，在输出电路上形成输出电信号。

半导体探测器在核地球物理测井中比较有前途的是高纯锗探测器和锗锂漂移探测器，与闪烁探测器相比，其主要优点是能量分辨率高，在很宽的能量范围内脉冲幅度与粒子能量呈良好的正比关系；而缺点是输出幅度小，受强辐射后性能变坏，需要在低温条件下工作。高纯锗探测器（HPGe）利用纯度很高的锗制成 PN 结，耗尽层随反向偏压的增加而增厚；当偏压很高时，整块晶体都成了耗尽层。高纯锗探测器易制备成大灵敏体积的探测器，可在室温下储存，在低温（170K）下工作，性能好。图1-3-19为不同温度条件下高纯锗探测器能量分辨率与温度的关系。

通常HPGe探测器的能量分辨率指标是指液氮温度条件下对^{60}Co的1332keV伽马射线测量结果，用能量分辨半高宽表示，目前可达1.8keV以下，甚至达到1.3keV。HPGe探测器对伽马射线的探测效率取决于Ge对伽马射线的吸收系数及探测器的灵敏体积，通常是指对于^{60}Co的1332keV的伽马射线，在放射源与探测器相距25cm条件下HPGe探测器与ϕ7.62cm×7.62cm的NaI（Tl）闪烁晶体的源峰效率百分比，体积为100cm^{3}的HPGe探测器相对峰效率为25%，且在100keV以上，探测效率随着伽马射线能量增加而减小，在一定能量范围内呈双对数线性变化。

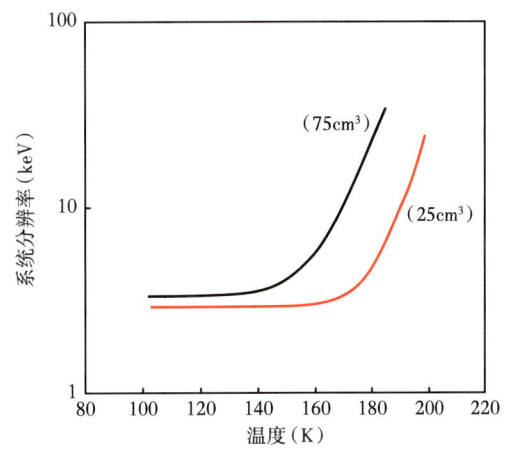

图1-3-19　高纯锗探测器分辨率能量与温度关系

由于具有高的探测效率和好的能量分辨率，HPGe探测器在探测伽马射线能谱测量中表现出明显的优势，已广泛应用于固体矿产中子活化在线分析系统、水样分析和环境自然伽马能谱测量等领域，大大促进了伽马能谱学的发展和应用。而国内外都有少量下井仪器采用半导体探测器，但远不及闪烁探测器使用广泛。但随着井下探测的需求，基于X射线的前视成像和套管、水泥环成像技术需要半导体探测器进行探测，因此需要继续提升探测器性能，以满足苛刻的测井条件。

第四节　中子与物质的作用

1938年，德国物理学家奥托·哈恩和弗里茨·施特拉斯曼发现中子引起核裂变，开拓了核物理学的新时代，核裂变也成为一种极其强大的能量来源。中子引起的链式反应已广泛应用于军事和非军事领域。除核能和核武器外，中子应用还有两个方面：其一是中子技术已成为当前材料科学、生命科学以及天体物理等基础学科前沿研究的重要手段；其二是中子技术已广泛应用于工业、农业和医学等许多重要领域，直接造福于人类。中子测井也在石油勘探和开发过程中发挥了巨大作用，其主要物理基础就是中子与地层物质的相互作用过程。中子源类型、作用过程和探测粒子不同，就形成了不同的中子测井方法。

一、中子分类和中子源

当中子与原子相互作用时，和核外电子几乎没有库仑力作用，而直接和原子核碰撞。中子的静止质量比质子略重，半衰期为$T_{1/2}$=（11.7±0.3）min，由于半衰期不够长，自然界几乎不存在自由中子。天然放射性核素衰变时不发射中子，不产生中子本底。

1. 中子分类

不同能量段的中子与原子核相互作用的类型不同，中子按动能分类见表1-4-1。

表1-4-1 中子按动能的分类

能量（eV）	分类名称
<0.025	超冷中子、冷中子
0.025	热中子
0.1~1	超热中子
1~10^3	慢中子
10^3~$5×10^5$	中能中子
$5×10^5$~10^7	快中子
10^7~$5×10^7$	特快中子
$5×10^7$~10^{10}	超快中子
>10^{10}	相对论中子

2. 中子源

用能量足够高的α粒子、伽马光子、质子（p）、氘离子（d）和氚离子（t）等轰击如^{9}Be和^{7}Li等某些靶物质，靶核获得足够的能量使中子发射出来，即发生（α,n）、（γ,n）、（p,n）、（d,n）和（t,n）的核反应，这样的装置称为中子源。

1）中子源的特性参数

（1）中子源的强度，指的是中子源每秒钟发射的中子数，记作n/s，也称中子发射率。对于同位素放射性中子源，习惯上用源的发射带电粒子的放射性物质的活度表示源强，单位用Bq或Ci，其中子产额为单位时间、单位居里的源放出的中子数，单位为10^6n/s·Ci，如18Ci的Am-Be中子源，其中子产额约为$4×10^7$n/s；而对于加速器中子源，通常把单位强度束流（μA）在靶上产生的中子数称为产额，一般在发生器在靶极电压100kV附近运行时，D-T中子源的产额约为10^8n/s，而D-D和D-Li中子源的产额约为10^6n/s（Badruzzaman et al.，2019）。

（2）中子能量分布，即中子能谱及其单色性。中子的能量不同，与物质相互作用的特点不同，形成了各具特色的中子测井方法。同位素中子源中子能量是连续的，能量主值在2~6MeV之间；而加速器中子源发射的中子能量具有良好的单色性，如（d,n）反应产生的中子能量为14MeV。

（3）伽马辐射强度，即中子源在中子发射的同时，伴生的伽马辐射的强度。同位素中子源在产生中子的整个过程中有几个环节可能发生伽马辐射，通过选择发射α粒子的核素，可使伽马辐射降到可以忽略的低水平。加速器中子源不存在这一问题。

2）放射性中子源

利用放射性核素衰变时发射的具有较高能量的粒子轰击某些靶物质，实现发射中子的核反应，这样的源称为放射性中子源或同位素中子源。放射性中子源制备简单，成本低，体积小，使用方便，故在测井中得到广泛应用。

放射性中子源包括（α，n）和（γ，n）中子源，常选用 ^{241}Am（镅）和 ^{238}Pu（钚）等核素衰变时发射的 α 射线来制造（α，n）中子源，由于所有的轻核素中 ^{9}Be 的中子产额最高，几乎全用铍（Be）制作靶材料（表 1-4-2）。测井中最常用的就是 Am-Be 中子源和 Pu-Be 或 Po-Be 中子源，如 5700 系列补偿中子孔隙度测井仪 2446 采用 Am-Be 中子源，俄罗斯宽能域（SNGK-SH）—氯能谱（SNGK-CL）测井仪采用 Pu-Be 或 Po-Be 中子源。

表 1-4-2　靶核的中子产额

厚靶材料	^{9}Be	^{6}Li	^{10}B	^{12}C	^{25}Mg	^{27}Al
产额（n/10^6α）	76	3.5	2.2	0.1	1.4	0.7

以镅—铍中子源为例，其产生中子的过程就是用氧化镅（AmO$_2$）和金属铍的粉末混合压制封装，发生（α，n）核反应产生中子。^{241}Am 是 ^{241}Pu 的 β 衰变产物，其 α 衰变半衰期为 $T_{1/2}$=432.6a，伴生伽马射线能量和强度也较低，衰变式为：

$$^{241}_{95}\text{Am} \longrightarrow {}^{237}_{93}\text{Np} + \alpha + \gamma \tag{1-4-1}$$

反应生成的 α 粒子和伽马射线的能量和强度分别为 E_{α_1}=5.486MeV（84.8%）、E_{α_2}=5.443MeV（13.1%）和 E_γ=0.059MeV（35.9%）。

用 α 射线轰击 $^9_4$Be 靶，反应式为：

$$^9_4\text{Be} + \alpha \longrightarrow {}^{12}_6\text{C} + n \tag{1-4-2}$$

同样，Po-Be 源和 Pu-Be 源等都通过发生（α，n）核反应产生中子。除此之外还有自发裂变中子源，最理想的是 ^{252}Cf 中子源，通过 ^{252}Cf 自发裂变时产生裂变中子，是最有前景的放射性核素中子源，自发裂变半衰期为 85.5a，α 衰变半衰期为 2.731a，中子产额非常高，中子平均能量为 2.158 MeV，在中子活化测井可选用此源，其缺点是半衰期短。表 1-4-3 为几种常用的放射性同位素中子源及其特性，图 1-4-1a~d 是几种源的中子能谱。可以看出，几种同位素中子源能谱分布、平均能量和半衰期都存在差异，^{241}Am-Be 中子源相对半衰期长，产额较稳定，常用于补偿中子孔隙度测井或者元素俘获能谱测井。

3）加速器中子源

测井用的井下中子发生器是一种小型加速器中子源。加速器是用人工方法使带电粒子获得较高能量的装置，它的原理是用加速到一定能量的带电粒子轰击某些靶材料，可以引起发射中子的核反应。中子发生器是指利用直流高压使带电粒子加速到能量在 1MeV 以下的小型加速器，这类小型加速器大都加速气核，用（d，n）反应产生中子。与放射性中子源相比，加速器中子源具有如下优点：（1）强度高；（2）可在广阔能区获得单色中子；（3）可产生脉冲中子；（4）不运行时没有强放射性。

表 1-4-3　常用放射性中子源及其特性（据吴治华等，1997）

源	$T_{1/2}$	中子源平均能量（MeV）	中子产额（10^6n/s·Ci）
^{210}Po-Be	138.4d	4.2	2.3~3.0
^{226}Ra-Be	1600a	3.9~4.7	~13
^{238}Pu-Be	88a	5.0	~2.2
^{241}Am-Be	432.6a	5.0	~2.2
^{252}Cf	2.646a	2.348	~1.39×10^5

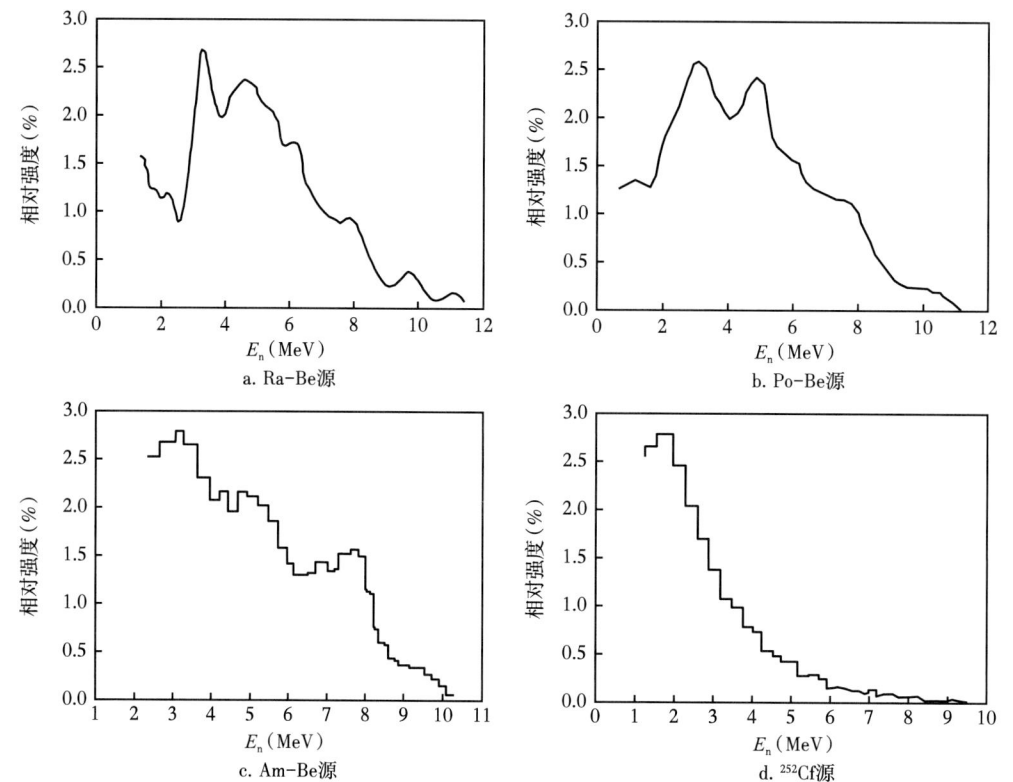

图 1-4-1　几种中子源的中子能谱（据吴治华等，1997）

常用加速器中子源产生中子的核反应主要有以下两种：

$$^2_1d + {}^2_1H \longrightarrow {}^3_2He + n + 3.26MeV \tag{1-4-3}$$

$$^2_1d + {}^3_1H \longrightarrow {}^4_2He + n + 17.6MeV \tag{1-4-4}$$

式（1-4-3）、式（1-4-4）都是放热反应，但后一个核反应中子产额和能量高，作为现有核测井领域技术发展的重要组成部分，反应式（1-4-4）简写为 ^{3}H（d,n）^{4}He 核反应。

由式（1-4-3）和式（1-4-4）可以看出，井下中子发生器的核心部件是由氚靶（^{3}H）、氘（d）离子源和离子加速系统组成的，将这些核心部件封装成一个小型管状物，称为中子管。中子管和相应的供电、控制系统组成中子发生器。

出射中子能量可用式（1-4-5）计算：

$$E_{\mathrm{n}} = \frac{2E_{\mathrm{d}}}{(1+A_{\mathrm{B}})^2}\cos\theta + \sqrt{\cos^2\theta + \frac{A_{\mathrm{B}}(1+A_{\mathrm{B}})}{2}\left[\frac{Q}{E_{\mathrm{d}}}+\left(1+\frac{2}{A_{\mathrm{B}}}\right)\right]} \qquad (1-4-5)$$

式中：A_{B}为生成核的质量数；E_{d}为入射氘粒子的能量，MeV；θ为中子的出射角；Q表示核反应能，为17.6MeV。

图1-4-2为^{3}H（d，n）^{4}He反应出射中子的能量与出射角和氘离子能量的关系。图中显示，当入射粒子能量接近于零时，出射中子的能量为14MeV；当E_{d}=0.126MeV时，中子能量为14.1MeV。

中子管的工作寿命主要取决于靶的寿命。氚靶有气体靶和吸附靶两种，测井用的中子管采用吸附靶，即用锆或钛吸附氚原子制成的锆氚靶或钛氚靶。靶的寿命由式（1-4-6）决定：

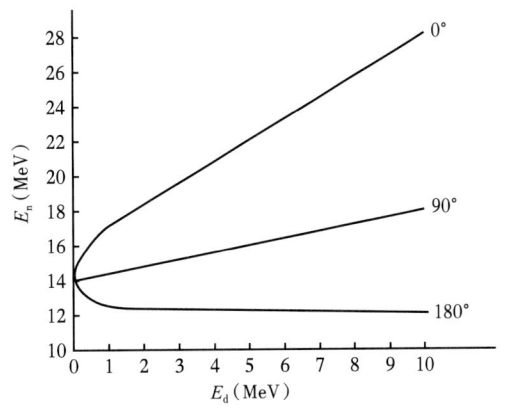

图1-4-2 ^{3}H（d，n）^{4}He反应出射中子的能量与出射角和氘离子能量的关系

$$靶寿命 = \frac{离子流强度(\mathrm{mA})\times 中子产额降至原来一半的时间(\mathrm{h})}{靶面积(\mathrm{cm}^2)} \qquad (1-4-6)$$

钛氚靶的寿命约为2.7mA·h/cm^2，高的可达4mA·h/cm^2。中子管的工作寿命一般只有几百个小时或更短；而放射性中子源可使用几十年或几百年。工作寿命短和造价高是加速器中子源的主要缺点，但国外公司在中子管寿命已获得突破，如法国Sodern公司研发了用于脉冲中子测井的D-T中子管，工作寿命为1000h。

二、中子与原子核的相互作用

1. 中子与原子核的作用类型

岩石的中子特性取决于岩石中各种原子核与中子相互作用的特点。核物理中按质量数A的大小把核素分为三类：$A<30$为轻核；$30 \leqslant A \leqslant 90$为中量核；$A>90$为重核。表1-4-4给出各个能量段的中子与这三类原子核相互作用的主要类型，与测井有关的主要是（n，n'）、（n，n）和（n，γ）反应。

表1-4-4 中子与原子核相互作用类型

原子核分类	慢中子 （0~1keV）	中能中子 （1~500keV）	快中子 （0.5~10MeV）	特快中子 （10~50MeV）
轻核（$A<30$）	（n，n）	（n，n）	（n，n）（n，p） （n，α）	（n，n'）（n，p）（n，n） （n，np）（n，γp）
中量核（$30 \leqslant A \leqslant 90$）	（n，n）（n，γ）	（n，n）（n，γ）	（n，n）（n，n'） （n，p）（n，α）	（n，2n）（n，n'）（n，n） （n，p）（n，pn）（n，2p）（n，α）
重核（$A>90$）	（n，γ）（n，n）	（n，n）（n，γ）	（n，n）（n，n'） （n，p）（n，γ）	（n，2n）（n，n'）（n，p） （n，pn）（n，2p）（n，α）

2. 快中子与原子核的非弹性散射

快中子先被靶核吸收形成复核，而后再放出一个能量较低的中子，靶核仍处于激发态，即处于较高的能级。这些处于激发态的核，常常以发射伽马射线的方式释放出激发能而回到基态。这种作用过程中子与靶核碰撞前后系统的总动能不守恒，故称为非弹性散射，或称（n，n'）核反应。由此产生的伽马射线在核测井中称为快中子非弹性散射伽马射线。其反应式可表示为：

$$_{Z}^{A}X + n \longrightarrow {_{Z}^{A}X^{m}} + n' \quad (1\text{-}4\text{-}7)$$

$$_{Z}^{A}X^{m} \longrightarrow {_{Z}^{A}X} + \gamma \quad (1\text{-}4\text{-}8)$$

式中：$_{Z}^{A}X$ 为靶核；$_{Z}^{A}X^{m}$ 为激发核；n 和 n' 分别为入射中子和出射中子。

例如，^{12}C 和 ^{16}O 都能与 14MeV 的中子发生非弹性散射而激发出伽马射线，这是碳氧比能谱测井的基础。

原子核的能级是非连续的，只有当入射中子的能量至少大于靶核的第一激发能级时，才有可能发生非弹性散射。非弹性散射的阈能可用下式计算：

$$E_{th} = E_1 \frac{M+m}{M} \quad (1\text{-}4\text{-}9)$$

式中：E_{th} 为反应阈能；E_1 为第一激发能，即原子核由第一激发态回到基态时释放的伽马光子的能量；M 为反冲核的质量；m 为中子的质量。

若用质量数 A 和 1 代替 M 和 m，则得：

$$E_{th} = E_1 \frac{A+1}{A} \quad (1\text{-}4\text{-}10)$$

要使第一个能级参与反应，中子的能量 E_n 也必须大于 E_{th}，即：

$$E_n > E_1 \frac{A+1}{A} \quad (1\text{-}4\text{-}11)$$

例如，^{12}C 的第一激发能是 4.43MeV，与中子发生非弹性散射的阈能是：

$$E_{th} = E_1 \frac{A+1}{A} = 4.43 \times \frac{13}{12} = 4.78(\text{MeV}) \quad (1\text{-}4\text{-}12)$$

对 ^{16}O 来说，发生非弹性散射时中子能量必须满足：

$$E_n > E_1 \frac{A+1}{A} = 6.13 \times \frac{17}{16} = 6.51(\text{MeV}) \quad (1\text{-}4\text{-}13)$$

由式（1-4-13）可见，当 A 很大时，阈能和第一激发能几乎相等。轻核的第一激发能级高且能级间距大；重核的第一激发能级低且能级间距小，因而质量数大的核比较容易被激发。但若第一激发能级太低，发射的伽马射线能量太低，在复杂能谱的背景中就难以识别。当中子能量超过更高的能级时，参与反应的就不只是第一能级，而还有第二甚至更高的能级。要使第 i 个能级参与反应，中子的能量 E_n 必须满足：

$$E_n > E_i \frac{A+1}{A} \qquad (1\text{-}4\text{-}14)$$

中子能量高且靶核质量大时，发生非弹性散射的总截面较大。

放射性中子源发射的中子能量低，超过阈能的中子少，非弹性散射的贡献可忽略不计。欲利用中子非弹性散射，必须采用加速器中子源，即井下中子发生器。当能量为 14MeV 的中子射入地层后，在最初的 $10^{-8} \sim 10^{-6}$s 时间间隔内，中子的非弹性散射占支配地位。

2. 快中子与原子核的弹性散射

所谓弹性散射，是指中子与原子核发生碰撞后，系统的总动能不变，中子所损失的动能全部转变为反冲核的动能，而反冲核仍处于基态。由加速器中子源发射的能量为 14MeV 的中子射入地层后，再经一两次非弹性散射损失了大部分能量，就进入了以弹性散射为主的相互作用阶段。弹性散射主要发生在中子发射后的 $10^{-6} \sim 10^{-3}$s 之间。至于同位素中子源，中子的初始能量比较低，从一开始就以弹性散射为主。

设靶核的质量数为 A，散射前后的中子能量分别为 E_1 及 E_2，在质心坐标系中用 θ_c 表示散射角，有：

$$\frac{E_2}{E_1} = \frac{A^2 + 2A\cos\theta_c + 1}{(A+1)^2} \qquad (1\text{-}4\text{-}15)$$

令 $\alpha = \left(\frac{A-1}{A+1}\right)^2$，则有：$\frac{E_2}{E_1} = \frac{1+\alpha}{2} + \frac{1-\alpha}{2}\cos\theta_c$。

当 $\theta_c = 0°$ 时，中子没有损失能量，E_2 最大，$E_2 = E_{2\max} = E_1$。

当 $\theta_c = 180°$ 即发生正碰撞时，中子损失的能量最大，E_2 最小：

$$E_2 = E_{2\min} = \alpha E_1 \qquad (1\text{-}4\text{-}16)$$

一次弹性碰撞中子可能的最大能量损失为：

$$\Delta E_{\max} = E_1 - E_{2\min} = (1-\alpha)E_1 \qquad (1\text{-}4\text{-}17)$$

表 1-4-5 给出 4 种核素与快中子发生弹性散射时，中子与原子核一次碰撞可能发生的最大能量损失。

表 1-4-5　中子与原子核一次碰撞可能的最大能量损失

核素	质量数 A	α	(E_2/E_1) 平均值	$\Delta E_{\max}/E_1$
^{1}H	1	0	0.50	1
^{12}C	12	0.7159	0.86	0.284
^{16}O	16	0.7785	0.89	0.221
^{238}U	238	0.9833	0.99	0.017

从表1-4-5中看出：（1）中子与氢核一次碰撞有可能损失全部能量；（2）质量数增大，一次碰撞可能最大能量损失急剧减小。

还可用数学方法推得，中子经过一次散射后的平均能量为：

$$\overline{E_2} = \frac{1+\alpha}{2} E_1 \qquad (1-4-18)$$

中子在每次弹性碰撞时平均的能量损失为：

$$\overline{\Delta E} = \overline{E_1 - E_2} = \frac{1-\alpha}{2} E_1 \qquad (1-4-19)$$

当中子与氢核发生弹性碰撞时，$\alpha=0$，每次碰撞平均损失一半能量；而与碳碰撞时每次只损失14%的能量。

由前面的讨论可以得出一个重要结论：地层常见元素中，氢是最强的中子减速剂，其次是碳；含氢高的地层对快中子的减速能力强。

3. 辐射俘获核反应

靶核俘获一个热中子而变为激发态的复核，然后复核放出一个或几个光子，回到基态。这就是辐射俘获核反应。辐射俘获截面随中子能量的变化，遵守$1/v$定律，其中v是中子速度。由表1-4-6最后一列的数据可知，轻核的辐射俘获截面很小，在研究慢化过程时，它对总截面的贡献可以忽略。但是，在考虑中子测井技术时，辐射俘获核反应是中子伽马能谱测井的基础。如氢俘获一个热中子后转变为激发态的氘核，此激发核放出一个能量为2.21MeV的伽马光子后回到基态。即：

$$^1_1H + ^1_0n \longrightarrow ^2_1H + \gamma \qquad (1-4-20)$$

该反应截面为0.332b，由于^1_1H的丰度高且发射的伽马射线能量比较大，很容易观察到。

表1-4-6 轻核的慢中子截面

靶核	截面不变能区（eV）	全截面（b）	热中子辐射俘获截面（b）
^1H	$1\sim3\times10^3$	20.0	3.32×10^{-1}
^2H	$1\sim1\times10^5$	3.4	5.30×10^{-4}
^9Be	$1\sim1\times10^4$	6.1	9.2×10^{-3}
^{12}C	$1\sim1\times10^5$	4.6	3.4×10^{-3}
^{16}O	$1\sim2\times10^5$	3.8	1.78×10^{-4}

4. 中子活化

中子通过（n，α）、（n，p）和（n，γ）反应，能使某些稳定核素转变为放射性核素，即发生了中子活化核反应。

快中子引起的活化如用脉冲中子源照射井眼流体中的^{16}O可发生如下核反应：

$$^{16}_{8}O + ^{1}_{0}n \longrightarrow ^{16}_{7}N + ^{1}_{1}H \qquad (1\text{-}4\text{-}21)$$

反应产物 $^{16}_{7}N$ 是放射性核素，可通过 β^- 衰变又转变为 $^{16}_{8}O$，并发射能量为 6.13MeV 和 7.12MeV 的伽马射线，其半衰期为 7.13s，这是脉冲中子氧活化水流测井的核物理基础。快中子还能使硅活化，如：

$$^{28}_{14}Si + ^{1}_{0}n \longrightarrow ^{28}_{13}Al + ^{1}_{1}H \qquad (1\text{-}4\text{-}22)$$

即通过（n，p）反应产生了放射性核素 ^{28}Al，它将按下式衰变：

$$^{28}_{13}Al \longrightarrow ^{28}_{14}Si + \beta + \gamma \qquad (1\text{-}4\text{-}23)$$

式（1-4-23）的半衰期为 2.3min，伽马射线的能量和强度为 1.782MeV（100%），这个反应过程可用以识别含硅矿物。

快中子还可以使铝活化，如：

$$^{27}_{13}Al + ^{1}_{0}n \longrightarrow ^{27}_{12}Mg + ^{1}_{1}H \qquad (1\text{-}4\text{-}24)$$

即通过（n，p）反应产生了放射性核素 $^{27}_{12}Mg$，它将按下式衰变：

$$^{27}_{12}Mg \longrightarrow ^{27}_{13}Al + \beta + \gamma \qquad (1\text{-}4\text{-}25)$$

式（1-4-25）的半衰期为 9.458min，衰变后产生的伽马射线能量和强度为 843.76keV（71.8%）和 1014.5keV（28.2%）。

另外，热中子通过（n，γ）反应，能使某些稳定核素活化，如：

$$^{27}_{13}Al + ^{1}_{0}n \longrightarrow ^{28}_{14}Al + \gamma \qquad (1\text{-}4\text{-}26)$$

铝活化测井可研究黏土岩。

四、中子探测方法和常用探测器

1. 中子探测原理

中子探测本质是探测中子与原子核相互作用中产生的带电粒子，其过程分两步：第一步，利用中子与物质作用产生成带电粒子或光子；第二步，利用产生粒子的电离特性进行测量。在核物理中，探测中子的方法主要有核反冲法、核反应法、核裂变法和核活化法等。中子探测器一般由靶材料及常规探测器两部分组成，主要有气体电离探测器、闪烁体探测器、半导体探测器、热释光探测器、径迹探测器和自给能探测器。由于不同材料的俘获截面与中子能量相关，相应有不同的测量技术。在核地球物理测井应用中主要探测热中子和超热中子，因此常用核反应法来测量热中子。

用于中子探测的核反应具有中子反应截面大、靶核核素在天然元素中的同位素丰度高和反应能大特点。常用的核反应有：

$$n + ^{10}B \longrightarrow \alpha + ^{7}Li + 2.792MeV, \quad \sigma_0 = 3837b \qquad (1\text{-}4\text{-}27)$$

$$n + ^{6}Li \longrightarrow \alpha + ^{3}T + 4.786MeV, \quad \sigma_0 = 940b \qquad (1\text{-}4\text{-}28)$$

$$n + {}^3He \longrightarrow p + {}^3T + 0.765 MeV, \sigma_0 = 5333b \tag{1-4-29}$$

式中：σ_0 为反应截面，表示中子与靶材料原子核发生作用的概率。

一般要求靶材料有足够大的中子作用截面，越有利于中子的探测。常见的靶材料有 ^{10}B、^6Li 和 ^3He，前两种主要利用了（n, α）反应，后者利用了（n, p）反应，其反应截面在很宽的能区内随中子能量增加，与 $1/v$（v 是中子的运动速度）成正比，中子探测效率将以相同的规律变化。常用中子探测的几种核反应截面与中子能量的关系，如图 1-4-3 所示。

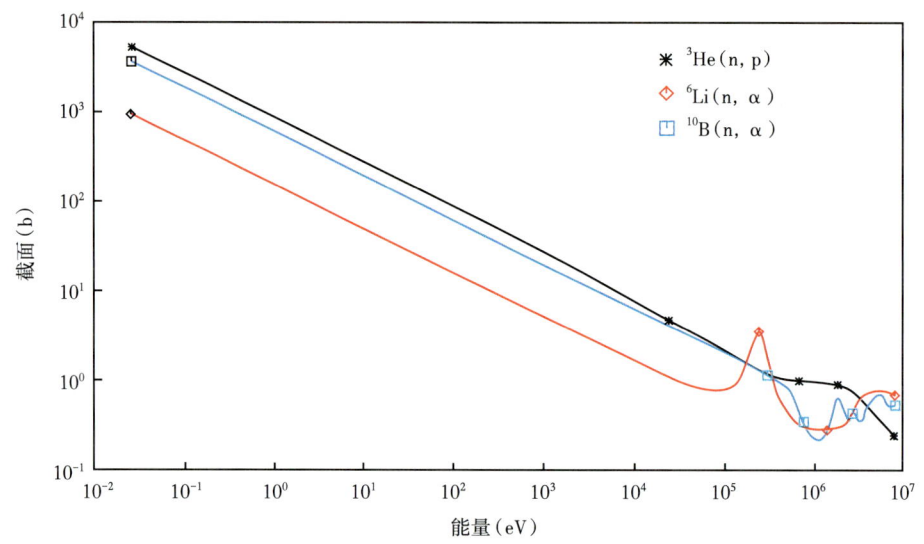

图 1-4-3 中子探测器物质作用截面（据汲长松，2014）

2. 常用中子探测器

1）含硼气体计数管

利用（n, α）反应的中子探测器主要是 BF_3 正比计数管，由中子引起核反应产生的带电 α 粒子，在探测器工作气体介质中引起的电离被电极收集，形成脉冲信号的中子探测器，管内充介质是 BF_3 气体。中子和 ^{10}B 核发生核反应有两个分支，即：

$$^{10}_{5}B + {}^1_0n \longrightarrow {}^7_3Li + \alpha + 2.792 MeV \tag{1-4-30}$$

$$^{10}_{5}B + {}^1_0n \longrightarrow {}^{7m}_{3}Li + \alpha + 2.310 MeV \tag{1-4-31}$$

在热中子核反应中，反应道的分支比分别为 6.1% 和 93.9%。测量中子最常用的是三氟化硼正比计数管，其结构几乎和测量伽马射线的 G-M 管一样，只是管内填充 BF_3 气体。当中子入射至计数管时，热中子通过（n, α）反应在计数管内产生 α 与 ^7Li 原子核离子对，反应放出的能量转化为 α 粒子与 ^7Li 核的动能，这两种粒子产生的电离作用是相近的，若射程都在计数管有效体积内，粒子能量全部沉积在计数管工作气体内，产生的离子对形成脉冲电压变化，输出相应的脉冲幅度。常见气体探测器结构如图 1-4-4 所示。

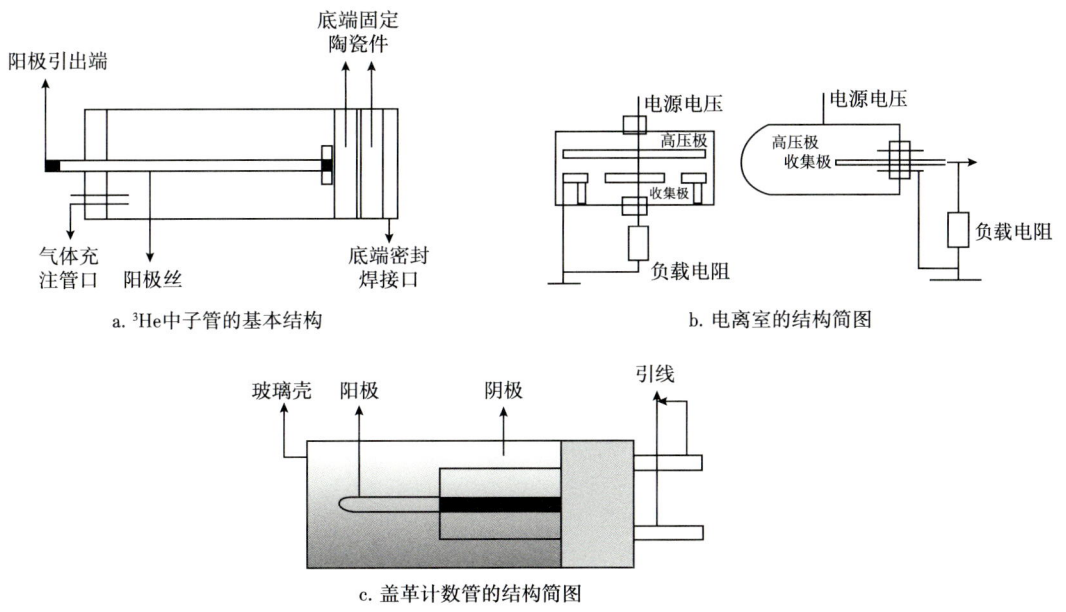

图 1-4-4 气体探测器结构示意图

2）³He 正比计数管

³He 正比计数管是中子测井中常用的一种探测器。³He 气体与中子通过式（1-4-29）相互作用，产生次级带电粒子来间接实现对中子的测量。利用多道幅度分析器测量热中子与 ³He 作用产生的脉冲幅度谱，如图 1-4-5 所示，其分布的幅度谱主峰能量为 765keV，释放能量转化为 ³H 和 ¹H 的动能，分别是 191keV 和 574keV。当探测的热中子反应发生在探测器外壳附近时，产生的一种粒子可能被外壳吸收，另外的粒子能量沉积在气体当中，此时的脉冲幅度呈两个台阶状，这种效应称为"壁效应"。

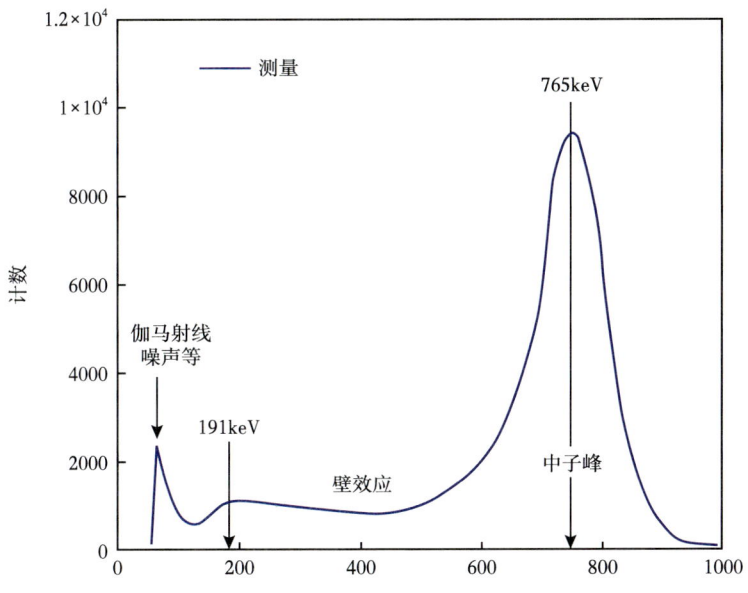

图 1-4-5 ³He 气体探测器热中子脉冲幅度谱

-37-

^{3}He 核与热中子的作用截面大,中子探测效率高。随着充气压的升高,^{3}He 正比计数管计数率升高,但探测热中子效率不随充气压的增高而线性上升。对于一定直径的 ^{3}He 管,充气压保持相当窄的范围内,气压再升高,对热中子探测效率的提高是有限的。由于 ^{3}He 正比计数管具有不用低温保存、低伽马射线灵敏度、结构简单和性能稳定等特点,已广泛应用于核科学与技术领域,也是核测井中探测中子最常用的探测器。国外学者曾在高气压 ^{3}He 探测器内加入气体预放大装置,不仅探测效率高,而且空间分辨率好,可作为位置灵敏探测器。

用 ^{3}He 探测器也可以来测量超热中子通量,这时要求对热中子响应不敏感,通常在探测器周围包裹一种吸收截面很大的热中子屏蔽材料,如 Cd 和一层聚乙烯等慢化材料,先把热中子经过 Cd 片吸收,超热中子透过 Cd 片后再经过慢化材料减速成热中子而被 ^{3}He 管探测到。图 1-4-6 给出超热中子探测器的工作机制。

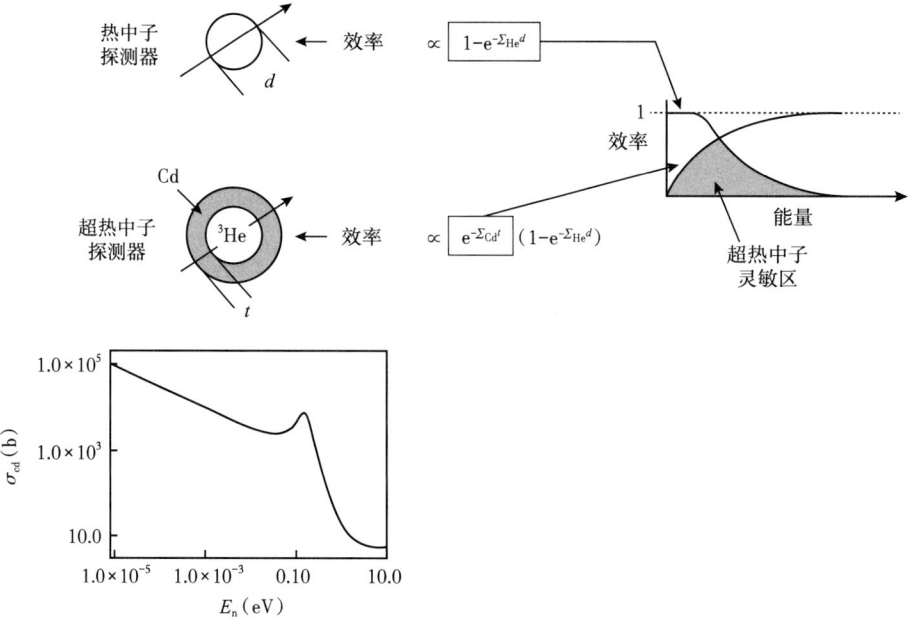

图 1-4-6 包有 Cd 片的 ^{3}He 超热中子探测器示意图

^{3}He 探测器的热中子探测效率可以表示为 $1-e^{-\Sigma_{He}l}$(其中 l 表示计数管灵敏长度),在中子能量较低时几乎接近定值,在高能时急剧下降。截面 Σ_{He} 取决于能量和中子探测器的气压。探测超热中子时,由于 Cd 的高俘获截面,热中子完全被吸收,高能的超热中子能够穿透屏蔽材料而被探测到,通常探测效率会降低。

3)闪烁体探测器

玻璃闪烁体是 20 世纪 50 年代初期开始研制的一类核辐射闪烁探测器件。随着闪烁体探测器技术的发展,中子探测也开始使用闪烁体,其特点是效率高、时间响应快,对提高探测效率和增加计数十分有利。锂玻璃闪烁体成分是 $LiO_2 \cdot 2SiO_2$(Ce),含有 6.04% 的锂,而 ^{6}Li 的丰度为 90% 以上,其探测中子原理利用了式(1-4-28)的核反应。锂玻璃闪烁体对热中子产生的谱峰有一定的分辨能力,图 1-4-7 是锂玻璃闪烁体在热中子及 ^{60}Co 辐照下产生的脉冲幅度谱。由于探测中子的核反应能太高,脉冲幅度分辨较差，⁶Li 玻璃闪烁体不能直接用作中子能谱测量探测器。当伽马射线能量较低时，利用简单的甄别法可以将伽马射线去除，但在核测井过程中，中子会和地层元素原子核发生非弹性散射和辐射俘获，相应会产生较高能量的伽马射线，进而影响中子计数，因此在核测井仪器中很少利用锂玻璃闪烁体探测器。在本章第三节中曾经提到类似 CLYC 双粒子探测器，既可以探测伽马射线，同时还可以探测热中子和快中子，这就对核测井仪器的发展具有重要意义。

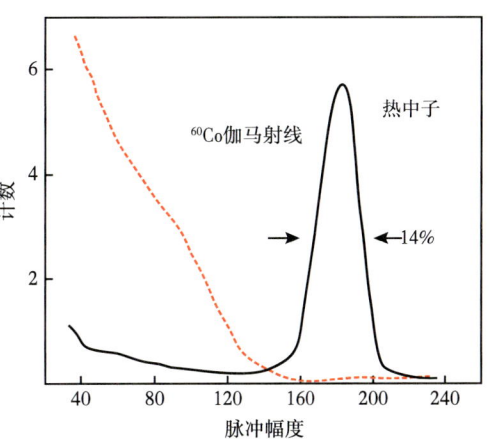

图 1-4-7　锂玻璃闪烁体热中子及伽马射线脉冲幅度

3. 中子探测器的主要技术特性

1）探测器效率

探测器效率是探测器探测到的中子数与在同一时间间隔内入射到探测器上的中子数比值。对于 BF_3 正比计数管，若中子入射方向垂直于计数管轴线，在管内气体压强为 80kPa、半径为 2.0cm 的计数管对热中子的探测效率约为 5%。如果采用 ¹⁰B 丰度为 96% 的 BF_3 气体，可以使效率提高 5 倍以上。若中子沿计数管轴线入射，一支长 30cm、¹⁰B 丰度为 96%、充气压 80kPa 的 BF_3 正比计数管对热中子的探测效率可达 91.5%。对于慢中子，核反应截面要小得多，探测器效率还要低，上述 BF_3 正比计数管对 100keV 的慢中子探测效率下降至 3.8%。

与 BF_3 正比计数管相比，³He 正比计数管可以在较高气压下维持正常的气体放大效应，因此中子探测效率高。对于管灵敏体积长度为 15.24cm、直径为 2.54cm 的 ³He 正比计数管，充气压为 1 个大气压时，探测效率约为 34.0%。

锂玻璃闪烁体热中子探测效率与闪烁体厚度有关，随闪烁体厚度增加而增加，如国产 ST-602 型锂玻璃闪烁体，在样品厚度为 0.1cm 时的热中子探测效率为 55.8%，样品厚度为 0.3cm 时探测效率为 89.3%。随中子能量增大，探测器效率按 $1/v$（v 为中子的速度）规律减小。

2）脉冲幅度分辨率与能量分辨

脉冲幅度峰分辨率是探测器的中子脉冲幅度谱中的峰半高宽与峰幅度的比值，以百分数来表示。当中子探测器的输出脉冲幅度与被探测中子的能量之间有一定的对应关系时，探测器的脉冲幅度微分谱中对应单能入射中子的脉冲幅度峰的峰幅度分辨率，称为该探测器相对该中子能量的能量分辨率，以 R 来表示。BF_3 正比计数管输出的脉冲幅度谱，不能提供关于入射中子能量分布的任何信息，只与计数管几何尺寸及几何形状有关。同样 ³He 正比计数管的脉冲幅度谱也不能直接提供关于被探测中子能量的信息，其脉冲的时间分散较大，限定了获得某一能量分辨率的中子能量的上限，如能量为 720keV 的能量分辨率约为 35%。NE-905 ϕ111mm×25.4mm 锂玻璃闪烁体脉冲的半高宽分辨率为 35%，其峰的脉冲幅度随闪烁体的温度不同而不同。

第二章　自然伽马能谱测井

组成地壳的各类元素中有 180 余种天然放射性核素，不同岩石含有的放射性核素种类和丰度不同，其衰变形成的伽马辐射场分布规律不同。地下蕴藏着丰富的石油、天然气、煤、稀土元素及各种金属矿产，发育的地质条件不同，岩石组分及天然伽马辐射场也存在很大的差异，通过测量伽马辐射场的空间和能量分布，就可以进行矿产勘查和油气藏探测。1935 年，阿特拉斯（Atlas）公司的前身 Well Surveys Inc. 用电流型电离室首次实现了对井下岩石天然放射性的测量，自然伽马测井就此问世，同时也标志着一个崭新的科学技术领域——原子核地球物理学的诞生。

自然伽马测井是核测井中第一个提供服务并到今天仍在广泛应用的测井方法，但它只测量和利用自然伽马射线的总强度。随着油气勘探的不断深入，需要确定黏土矿物的类型、含量及总有机碳含量（TOC），出现了自然伽马能谱测井技术。该技术不仅能测量总强度，而且还能分析伽马能谱确定放射性核素类型。获取的信息量扩大了这一技术的应用范围。自然伽马测井和自然伽马能谱测井都以天然伽马辐射场为基础，本书将自然伽马测井归入自然伽马能谱测井。

第一节　岩石的自然放射性

自然界的元素有 92 种，已发现的天然核素约有 330 多种，其中有 273 种为稳定核素，其余为放射性核素。自然界存在的铀、钍、锕三个放射系，除各系最后一个衰变产物为稳定核素外，各系中其他核素都是放射性核素。还有一些不成系的天然放射性核素，其中最重要的是钾的放射性同位素 ^{40}K。

一、天然放射系

放射性原子核连续衰变时所构成的系列称为放射系。地壳中存在的一些重的天然放射性核素形成三个放射系，即钍系、铀系和锕系。这三个放射系的第一代核素都具有很长的半衰期，和地球年龄 $4.5×10^9a$ 相近或更长，因而经过漫长的地质年代后还能保存下来。这些核素经过一系列放射性衰变，最后形成稳定的核素，在衰变中其成员大部分是 α 放射性，很少一部分具有 β 放射性，一般都伴有伽马辐射，且没有一个经过 $β^+$ 或电子俘获。每个放射系从母体开始，都经过至少十次连续衰变，最后形成稳定的铅同位素（高杰等，2022；楚泽涵等，2007）。

1. 钍系

钍有两个长寿命同位素和四个短寿命同位素，其中 ^{232}Th 的丰度几乎为 100%。钍系是从 ^{232}Th 开始的，它的半衰期为 $1.41×10^{10}a$，大约是地球年龄的 6 倍，这样长的半衰期使得

^{232}Th 及其衰变产物能够遗留在地壳中。^{232}Th 及其各代子体之间的衰变关系见图 2-1-1。图中的横坐标代表原子序数 Z，纵坐标代表质量数 A。^{232}Th 及其衰变产物在图中用实线的圆圈表示，圆圈中的符号是这种核素的名称。各核素间的衰变关系在图中用实线表示。发生 α 衰变时，电荷数减 2，质量数减 4，所以箭头指向左下方；发生 β$^-$ 衰变时，电荷数增加 1，而质量数不变，箭头就水平地指向右。实线旁的数字是该种核素的半衰期。

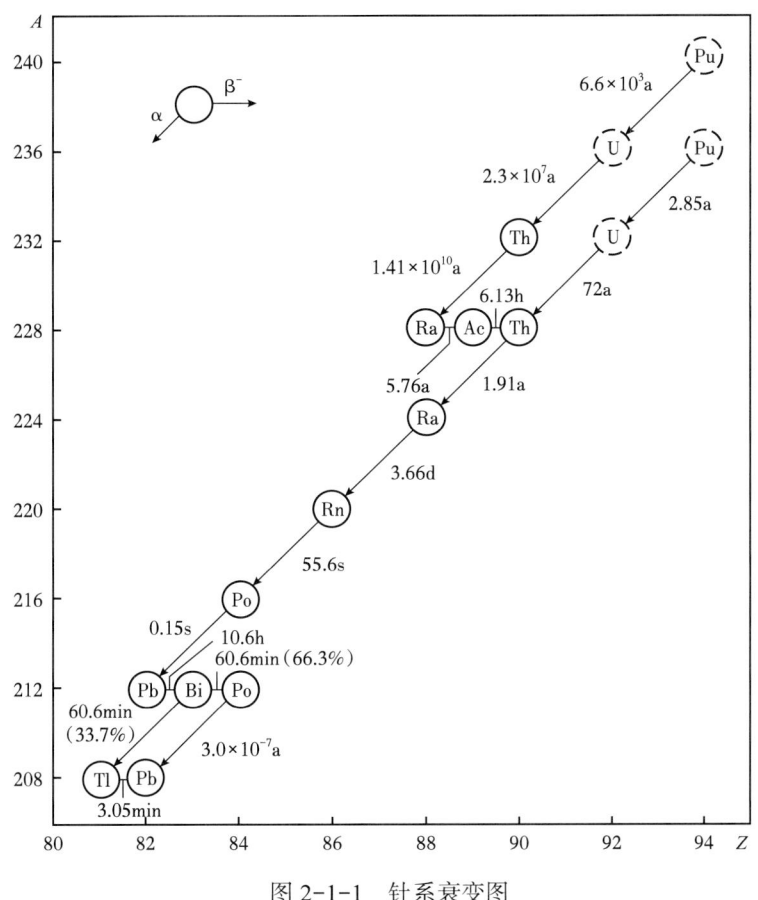

图 2-1-1 钍系衰变图

表 2-1-1 中列出了钍系的伽马辐射体，用表中的数据可绘出平衡钍系伽马初始能谱（图 2-1-2）。在此能谱图中，未考虑样品的自散射和光子与环境介质及探测元件之间的作用，只表示各核素发射的伽马射线的初始能量，故称初始谱。

表 2-1-1 钍系伽马辐射体

核素	光子能量（keV）	强度（%）	核素	光子能量（keV）	强度（%）
^{212}Bi	39.87	1.10	^{212}Bi	727.17	6.66
^{228}Th	84.40	16.00	^{228}Ac	755.20	1.14
^{228}Ac	99.50	1.41	^{228}Ac	772.10	1.68
^{228}Ac	129.10	3.08	^{212}Bi	785.46	1.11

续表

核素	光子能量（keV）	强度（%）	核素	光子能量（keV）	强度（%）
^{228}Ac	154.20	1.02	^{228}Ac	794.80	5.01
^{228}Ac	209.40	4.71	^{228}Ac	835.60	1.88
^{212}Pb	238.63	44.60	^{228}Ac	840.20	1.02
^{224}Ra	240.98	3.70	^{208}Tl	860.47	4.32
^{228}Ac	270.30	3.90	^{228}Ac	911.10	30.00
^{208}Tl	277.36	2.34	^{228}Ac	964.60	5.64
^{212}Pb	300.11	3.42	^{228}Ac	968.90	18.10
^{228}Ac	328.00	3.48	^{228}Ac	1459.20	1.09
^{228}Ac	338.40	12.40	^{228}Ac	1495.80	1.09
^{228}Ac	409.40	2.31	^{228}Ac	1587.90	3.84
^{228}Ac	463.00	4.80	^{212}Bi	1620.62	1.51
^{208}Tl	510.72	8.10	^{228}Ac	1630.40	2.02
^{228}Ac	562.30	1.02	^{208}Tl	2614.47	36.00
^{208}Tl	583.14	31.00	—	—	—

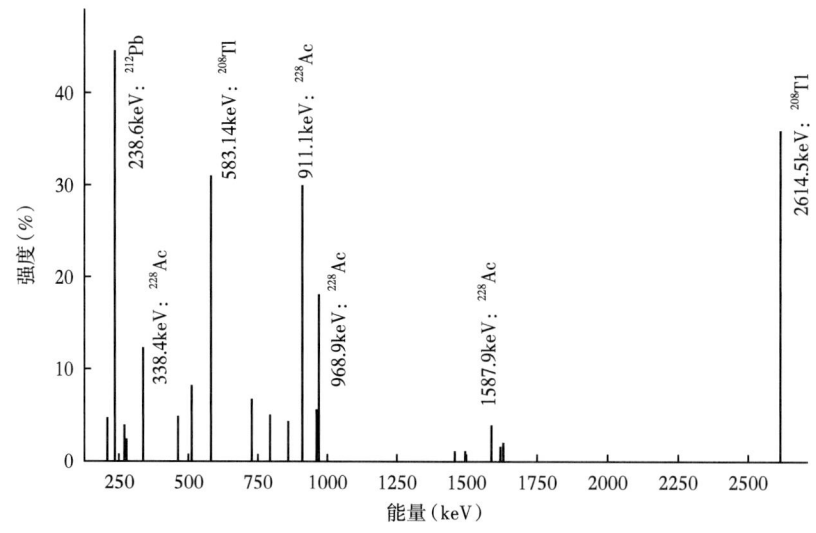

图 2-1-2 平衡钍系伽马初始谱

钍系中主要特征伽马射线谱线的能量分别为 0.239MeV、0.583MeV、0.911MeV、0.969MeV 和 2.62MeV。能量在 1MeV 以下的伽马光子占总数的 85% 和总能量的 50%；能量在 1~2MeV 之间的占总数的 7% 和总能量的 4%；能量大于 2.0MeV 的占总数的 8% 和总能量的 46%。

钍系中最重要的伽马辐射体是 ^{208}Tl，其次是 ^{238}Ac。这两个核素发射的伽马射线的总能量约占钍系发射的伽马射线总能量的 85%，而其辐射强度约占钍系总强度的 71%。^{208}Tl 发射的能量为 2.62MeV 的伽马射线，是钍系中能量最高、强度最大的伽马谱线。自然伽马能谱测井就是根据 ^{208}Tl 发射的特征伽马射线强度测定地层中钍的含量。

2. 铀系

铀有三种天然同位素，即 ^{238}U、^{235}U 和 ^{234}U，其丰度分别为 99.27%、0.01% 和 0.72%。其中 ^{238}U 的半衰期为 $4.5×10^9$a，放射系从 ^{238}U 开始，到 ^{206}Pb 结束，各代子体之间的衰变关系见图 2-1-3，这一系列核素的质量数是 $4n+2$。铀的化学性质活泼，是典型的亲氧元素，在化合物中呈正四价和正六价，U^{6+} 和 U^{4+} 相互转化是自然界中铀的地球化学主要特征。

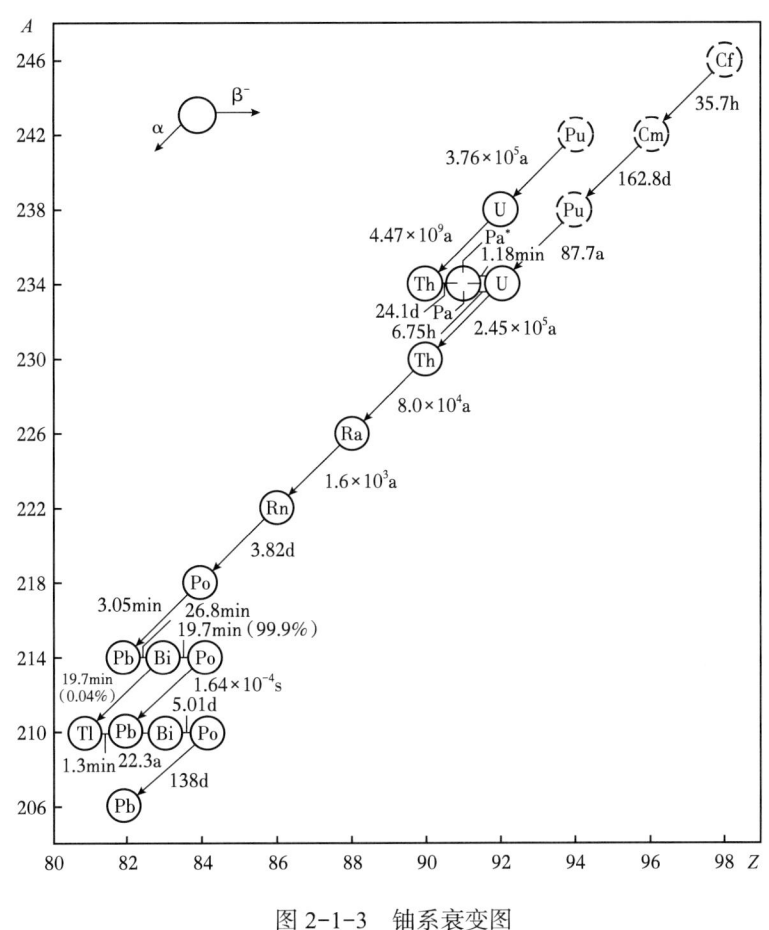

图 2-1-3 铀系衰变图

铀系中能发射伽马射线的重要核素及其射线的能量和强度列于表 2-1-2，图 2-1-4 为相应的能谱。

根据铀系核素的地球化学特征，可将它们划分为铀组核素和镭组核素。按衰变顺序，铀组包括从 ^{238}U 至 ^{230}Th 之间的核素，而镭组包括 ^{226}Ra 以后的所有核素。铀组的伽马谱主要有 ^{238}U 发射的 0.0465MeV 和 ^{234}Th 发射的 0.0633MeV 两条谱线；镭组核素的谱线多且强度大，主要有 ^{214}Pb 发射的 0.352MeV 和 ^{214}Bi 发射的 0.609MeV、1.12MeV、1.765MeV、2.204MeV 等能量的谱线。

表 2-1-2 铀系伽马辐射体

核素	光子能量（keV）	强度（%）	核素	光子能量（keV）	强度（%）
^{210}Pb	46.52	4.10	^{214}Bi	1120.40	15.00
^{210}Pb	53.23	2.20	^{214}Bi	1155.30	1.70
^{234}Th	63.30	5.69	^{214}Bi	1238.20	6.10
^{234}Th	92.30	3.15	^{214}Bi	1281.00	1.50
^{234}Th	92.80	3.55	^{214}Bi	1377.70	4.30
^{266}Ra	186.00	3.90	^{214}Bi	1408.00	2.60
^{210}Pb	241.92	7.60	^{214}Bi	1509.30	2.20
^{210}Pb	295.22	18.90	^{214}Bi	1661.40	1.16
^{210}Pb	351.99	36.30	^{214}Bi	1729.80	3.20
^{214}Bi	609.37	42.80	^{214}Bi	1764.60	16.70
^{214}Bi	665.60	1.40	^{214}Bi	1847.60	2.30
^{214}Bi	768.40	4.80	^{214}Bi	2118.70	1.30
^{214}Bi	806.20	1.10	^{214}Bi	2204.30	5.30
^{214}Bi	934.00	3.10	^{214}Bi	2448.00	1.65

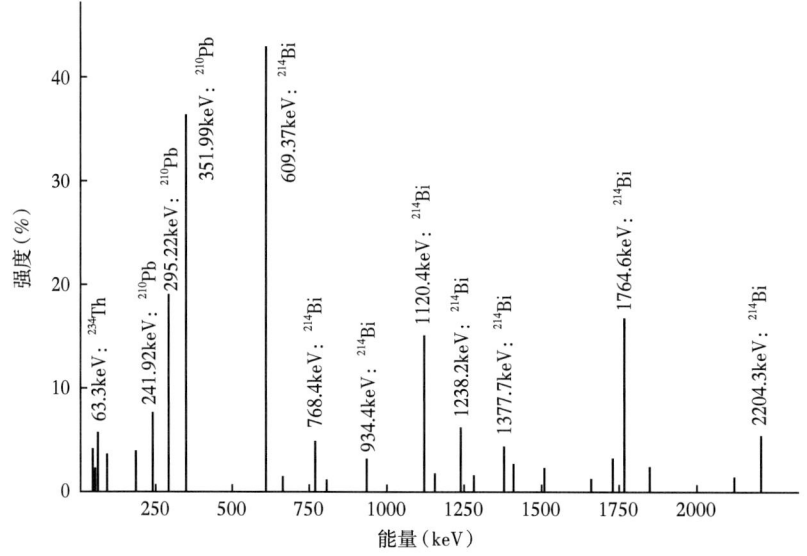

图 2-1-4 平衡铀系伽马谱

铀系一次衰变发射的镭组伽马辐射在铀组核素中的贡献仅占 2%。铀系一次衰变发射的伽马射线总数（指对应于 ^{238}U 一次衰变，平衡铀系所有核素发射的伽马射线总数）平均为 2.658 个，总能量为 1.84MeV。其中镭组核素一次衰变发射的伽马射线数平均为 2.184 个，总能量为 1.80MeV，约占 98%；铀组核素一次衰变发射的伽马射线总数平均为 0.474 个。伽马射线谱主要分布在 0.5~2.0MeV 的能量范围内，大于 1.0MeV 的伽马射线强度约占铀系总强度的 50%，而大于 2.0MeV 的伽马射线强度仅占铀系总强度的 10.7%（黄隆基，1985）。

铀系中最重要的伽马辐射体是 ^{214}Bi，其次是 ^{214}Pb。在铀系的伽马射线谱线中，大于 1MeV 的伽马射线都是由 ^{214}Bi 发射的。^{214}Bi 一次衰变的伽马射线总能量为 1.574MeV，约占铀系总能量的 85.6%，^{214}Pb 占 12.4%。这两种核素的伽马辐射强度占铀系总强度的 85%。自然伽马能谱测井是根据 ^{214}Bi 的特征伽马射线的强度测定地层中铀的含量。

3. 不成系核素

自然界不成系的放射性核素有 180 多种，在地球常见元素中只有 8 种元素含量达到 1% 或者更大，钾和镁的含量均可以达到 1% 存在，地层放射性的最大来源是钾。钾有 ^{39}K、^{40}K 和 ^{41}K 三个天然同位素，其中 ^{40}K 是放射性同位素，丰度为 0.0117%，半衰期为 $1.277 \times 10^9 a$，放出的伽马光子能量为 1.46MeV，是单能射线源。

二、铀、钍和钾在岩石中的分布

有的岩石自身含有放射性核素，有的能够吸附放射性物质，由于矿物中含有或吸附放射性核素的量不同，岩石中的铀、钍和钾分布不同。沉积地层中含钾矿物众多，其中钾长石在沉积岩中含量可超过 10%；含钍和铀的矿物很少。在测井应用中，铀主要分布在含铀矿物或吸附铀的黏土矿物中，在氧化和还原条件下，铀离子会溶解运移或沉积。钍常与重矿物（如独居石或锆石）有关，也被称为电阻矿物。下面先介绍含放射性元素矿物，再分别讨论岩浆岩、沉积岩和变质岩中的自然放射性。在石油核测井中，铀和钍含量常用 μg/g 或 g/t 为单位；而钾含量用 mg/g 为单位，记作 %。

1. 含放射性元素矿物

1）含铀矿物

含铀矿物主要有晶质铀矿、沥青铀矿、铀黑、钛铀矿、硅钙铀矿、钡钾铀矿、铜铀云母、钙铀云母等 9 种类型。这些矿物通常呈粉末状、土状集合体，为黑色、灰黑色或深灰色、黄褐色、淡绿色或黄绿色，硬度一般在 1~5 之间，有树脂光泽、珍珠光泽、玻璃光泽至半金属光泽。这些矿物由于含铀多，放射性都很强。

在一定地质过程作用下，形成于地壳中某种特定地质环境内的铀矿物和（或）含铀物质集合体形成铀矿床，分为花岗岩型、火山岩型、碳硅泥岩型和砂岩型四种类型。表 2-1-3 给出部分铀矿物和含铀矿物中的铀含量。

表 2-1-3　一些常见矿物中钍和铀的含量（据美国斯伦贝谢测井公司，1998）

矿物名称	组成	U 含量（%）
钙铀云母	$Ca(UO_2)_2(PO_4)_2 \cdot 10\sim12H_2O$	48
深黄铀矿	$CaO \cdot 6UO_3 \cdot 11H_2O$	70~76
钒钾铀矿	$K_2(UO_2)_2(VO_4)_2 \cdot 1\sim3H_2O$	52.8~55
柱铀矿	$4UO_3 \cdot 9H_2O$	68~74
铌钛铀矿	$(U,Ca)(Nb,Ta,Ti)_3O_9 \cdot nH_2O$	16~25
钛铀矿	$(U,Ca,Fe,Y,Th)_3Ti_5O_{16}$	40
铜铀云母	$CuO \cdot 2UO_3 \cdot P_2O_5 \cdot 8\sim12H_2O$	47~51
硅钙铀矿	$CaO \cdot 2UO_3 \cdot 2SiO_2 \cdot 6\sim7H_2O$	53~56
沥青铀矿	$U_3O_8\sim UO_2$	70~71.5

2）含钍矿物

钍主要产生于酸性或基性火成岩石中，如花岗岩、结晶花岗岩、正长岩和霞石正长岩等，在碎屑岩中的黏土中钍常被吸附于矿物表面，另外在一些重矿物中通常也会含有钍。表2-1-4给出一些钍矿物和含钍矿物中的钍含量。

表2-1-4 钍和含钍矿物（据美国斯伦贝谢测井公司，1998）

矿物名称	组成	ThO_2含量（%）
高钍独居石	$(Th, Ca, Ce)(PO_4SiO_4)$	30（可变）
斜钍矿	$ThSiO_4$	81.5（理想情况）
硅铀铅钍矿	$ThO_2 \cdot UO_3 \cdot PbO \cdot 2SiO_2 \cdot 4H_2O$	31（可变）
方钍石	ThO_2	与UO_2为同质级
钍石	$ThSiO_4$	25到63~81.5（理想情况）
脂铅钍铀矿		24~58及以上
褐帘石	$(Ca, Ce, Th)_2(Al, Fe, Mg)_3Si_3O_{12}(OH)$	0~3左右
氟碳铈矿	$(Ce, La)Co_3F$	小于1
铌钛铀矿	$(U, CaNb, Ta, Ti)_3O_9nH_2O$	0~1左右
钛铀矿	$(U, Ca, Fe, Th, Y)_3Ti_5O_{16}$	0~12
黑稀金矿	$(Y, Ca, Ce, U, Th)(Nb, Ta, Ti)_2O_6$	0~5左右
易解岩	$(Ce, Ca, Fe, Th)(Ti, Nb)_2O_6$	0~17
褐钇铌矿	$(Y, Er, Ce, U, Fe, Th)(Nb, Ta, Ti)O_4$	0~5左右
独居石	$(Ce, Y, La, Th)PO_4$	0~30左右；通常为4~12
铌钇矿	$(Y, Er, Ce, U, Fe, Th)(Nb, Ta)_2O_6$	0~4左右
方铀矿	含有Ce、Y、Pb、Th等的UO_2（理想状态）	0~14
钛钇钍矿	$[Y, Th, U, Ca(2Ti, Fe, W)_4]O_{11}$	0~9
锆石	$ZrSiO_4$	通常小于1

3）含钾矿物

沉积地层中含钾的矿物种类众多。表2-1-5列出了许多富钾的蒸发岩，最常见的是钾盐。长石是砂岩中含量最丰富的矿物，仅次于石英；作为沉积地层普遍存在的黏土矿物，云母中常有钾作为部分晶格结构，测井解释中云母通常指对黏土体积没有贡献的矿物质，这类黏土矿物阳离子交换能力低，对电测量影响最小。

4）稀土矿物

铌钇矿、磷钇矿、硅铍钇矿、褐钇铌矿、铌钙矿和复稀金矿等稀土矿物，硬度比各类铀矿高，一般在4~7之间，颜色较深，为黑色、绿黑色、暗褐色、黄褐色、灰色、红色等，有松脂、玻璃光泽至树脂光泽，或玻璃或半金属光泽。这些矿物由于放射性元素含量不同，放射性强弱不等，如硅铍钇矿中 Y_2O_3 含量可达 51.8%，具有较强放射性，而铌钙矿的成分 $CaNb_2O_6$，具有弱放射性。

表 2-1-5 含钾矿物（据美国斯伦贝谢测井公司，1998）

种类	组成物质	K（%）
钾盐	KCl	52.44
无水钾镁矾	$K_2SO_4(MgSO_4)_2$	18.84
钾镁矾	$MgSO_4 \cdot KCl(H_2O)_3$	15.7
光卤石	$MgCl \cdot KCl(H_2O)_6$	14.07
杂卤石	$K_2SO_4 \cdot MgSO_4(CaSO_4)_2(H_2O)_2$	13.4
钾芒硝	$(KNa)_2SO_4$	24.7
正长石	$KAlSi_3O_8$	10.5
微斜长石	$KAlSi_3O_8$	12.5
透长石	$(K, Na)AlSi_3O_8$	4.0
斜长石	$Na_{0.946}Al_{1.02}Si_{2.99}Mg_{0.003}K_{0.007}O_8$	0.3
白云母	$K_2Al_4[(Si_6Al_2)O_{20}](F, OH)_4$	8.7
黑云母	$K_2(Mg, Fe)_{6-4}(Fe, Al, Ti)_{0-2}[(Si_{6-5}Al_{2-3})O_{20-22}](F, OH)_{4-2}$	6.95
方沸石	$NaAlSi_2O_7H_2$	1.0
浊沸石	$Ca(Al_2Si_4O_{12}) \cdot 4H_2O$	0.15

2. 常见岩石的铀、钍和钾分布

根据铀、钍和钾在地层中的含量分布，在石油测井中可以确定泥质含量、识别黏土矿物、研究生油层及沉积环境等。岩石按成因来分主要有岩浆岩、变质岩和沉积岩。这里只讨论铀、钍和钾在岩浆岩、沉积岩、变质岩中的分布。

1）岩浆岩

表 2-1-6 给出了各种岩浆岩中的铀、钍和钾含量，其中酸性岩的铀、钍含量最高，大约比中性岩高一倍，比基性岩高 6 倍，比超基性岩高 1000 倍；酸性岩和中性岩中的钾含量比基性岩、超基性岩高。总体而言，岩浆岩中铀的含量随 Na、K 和 Si 的含量增高而增高；花岗岩富含铀，碱性岩则相对富含钍。在氧化环境中，酸性岩浆岩中的四价铀矿物被风化，在蚀变和淋滤过程中，不溶于水的四价铀矿物转化为可溶于水的六价铀盐，通常以络阳离子 $(UO_2)^{2+}$ 的形式存在，并以溶液方式运移。在还原环境中，六价铀又转化为四价铀而沉积。一部分铀因铁、镁沉淀剂作用形成钛铀矿、钍铀矿、晶质铀矿等显微包裹体分散在多种造岩矿物（如黑云母、角闪石）中，而大部分铀则呈类质同象混入物的形式进入到副矿物（如锆石、榍石、褐帘石、独居石、烧绿石等）中。造岩矿物和副矿物按铀含量的范围可分为 4 级：（1）石英、长石（铀含量 1~2g/t）；（2）黑云母、角闪石、磁铁矿、石榴子石（铀含量 3~10g/t）；（3）磷灰石、榍石（铀含量 10~100g/t）；（4）褐帘石、烧绿石、独居石、钍石、磷钇矿、锆石（铀含量 100~10000g/t）。

表 2-1-6　岩浆岩中铀、钍、钾含量和钍铀比

岩石	铀（g/t）	钍（g/t）	钾（%）	钍铀比
酸性岩（花岗岩、花岗闪长岩、流纹岩）	3.5	18.0	3.34	5.1
中性岩（闪长岩、安山岩、正长岩）	1.8	7.0	2.31	3.9
基性岩（玄武岩、辉长岩、辉绿岩）	0.5	3.0	0.83	6.0
超基性岩（橄榄岩、辉石岩、纯橄榄岩）	0.003	0.005	0.03	1.7

蚀变岩石与未蚀变岩石相比，通常近矿蚀变围岩中的铀含量会普遍升高（表 2-1-7），蚀变岩石中活性铀含量也高于未蚀变岩石。不同时代或不同地区的同一种岩性的岩石，铀、钍和钾含量也有差异。一般来说，时代越新的岩石铀含量也越高。

表 2-1-7　蚀变和未蚀变花岗岩中铀、钍含量

岩石	铀（g/t）	钍（g/t）
粗粒黑云母花岗岩	6.1	23
钠化黑云母花岗岩	21.8~34.1	17
中粒黑云母花岗岩	8.6	2.7

2）沉积岩

对于黏土岩、碎屑岩和化学岩等三大类沉积岩，铀、钍和钾的分布特征不同。铀的沉积均与吸附、还原及有机物作用有关，在沉积岩中，处于还原环境的富含有机质的黏土岩铀含量最高。钍的化合物性质稳定，运移以机械风化迁移为主，黏土矿物对钍的选择性吸附以及钍在稳定矿物中的存在，是控制沉积岩中钍的分布的主要因素。含钾的硅酸岩矿物岩石风化后，一部分钾被带入河流、湖泊、海洋和地下水中，由于离子半径较大，极化率高，易于被黏土矿物所吸收。

在油气测井常遇地层中，黏土岩铀、钍和钾含量最高。各种黏土矿物铀、钍和钾含量不同（表 2-1-8），对黏土岩自然放射性的贡献也不同。

表 2-1-8　各种黏土矿物铀、钍和钾含量

矿物	钾（%）	铀（g/t）	钍（g/t）
铝土矿		3~30	10~130
海绿石	5.08~5.3		3~10
膨润土	<0.5	1~20	6~50
蒙脱石	0.16	2~5	6~44
高岭石	0.42	1.0~5	7~47
伊利石	4.5	1.5	10~25
黑云母	6.7~8.3		<0.01
白云母	7.9~9.8		<0.01
绿泥石	<0.05		3~5
绿帘石			

蒙脱石又称胶岭石或微晶高岭石，它的分子中不含放射性核素，但其比表面积很大（269m²/g），阳离子交换能力强，对放射性物质吸附能力强，故铀和钍含量都高，对黏土岩的放射性贡献最大。

高岭石本身不含放射性核素，且比表面积小（19m²/g），阳离子交换能力和吸附能力均不如蒙脱石，铀和钍含量都较低，对黏土岩的放射性贡献较小。

水白云母对铀、钍吸附能力差，但它本身含钾，具有放射性，对黏土岩的放射性有贡献。

绿泥石本身不含放射性核素，阳离子交换能力和对放射性物质吸附能力都低，对黏土岩的放射性贡献甚微。

生油黏土岩中的黏土矿物以蒙脱石和高岭石为主，且富含有机质，所以放射性物质含量高，尤其铀含量明显高于其他黏土岩。

碎屑岩的常见碎屑成分是石英、长石、岩屑和重矿物，常见的胶结物有泥质、钙质（方解石）、铁质（赤铁矿和褐铁矿）和硅质（石髓、石英），其放射性由正长石（含钾）、白云母（含钾）、重矿物和泥质含量所决定，一般随泥质含量上升而增高。纯石英砂岩的石英含量达80%以上，含放射性核素的矿物很少，自然放射性很低。

对于石灰岩、白云岩、石膏、硬石膏、岩盐和钾盐等化学岩，除钾盐本身具有放射性外，其他各类纯的化学岩自然放射性都特别低，但随泥质含量上升，自然放射性略有增高。自然放射性的高低还和成岩作用及地层水的活动有关。

沉积岩铀、钍、钾含量见表2-1-9。

表2-1-9 沉积岩铀、钍和钾含量

岩石	铀（g/t）	钍（g/t）	钾（%）
砂岩	0.2~0.6	0.7~6.7	0.7~3.8
石英砂岩	0.45		
杂砂岩	2.1		
长石砂岩	1.5		
页岩	3.7	10~13	
黑色页岩	8	10~13	
铝土矿	11.4	48.9	
斑脱岩	5.0	24	
碳酸盐岩	0.1~9.0	0.1~7.0	0.0~2.0
石灰岩	2.2	0.05~2.4	
白云岩	0.03~2		
磷酸盐		1~5	
海相磷块岩	30~50		
蒸发岩	<1		

续表

岩石		铀（g/t）	钍（g/t）	钾（%）
现代海洋沉积物	砂	3.0	1.2	
	泥	2.3~3.7	1~2.7	
	黑泥	36~48		
	远海黏土	1.5~4.0	3.1~11	
	抱球虫软泥	0.74~1	5.1~5.5	
	锰结核		24~124	
有机质	煤	20~80		
	石油	（0.17~1.0）×10^{-1}		
	石油灰分	5~77		

注：空白处缺少数据。

3）变质岩

变质岩中放射性矿物含量较高的岩石具有较高的自然伽马放射性。石油测井很少遇到变质岩，但在变质矿物勘探、地球科学及工程研究中，变质岩具有重要地位。

表2-1-10列出一些常见矿物的铀、钍、钾含量和自然伽马测井值，其中API具体规定在后续内容中介绍。

表2-1-10 常见矿物铀、钍、钾的含量和伽马测井API强度

矿物	铀（g/t）	钍（g/t）	钾（%）	自然伽马（API）
石英	0.1~5.0	0.5~10.0		＜5
石英（花岗岩）	2.2~2.4			
黑云母	1.0~40	0.5~50	5.42~8.1	
黑云母（花岗岩）	26~48			
白云母	2.0~8.0	20.0~25.0	6.78~9.8	
白云母（花岗岩）	0.2~3.0			
正长石	0.2~3.0	3.0~7.0	6.74~14.07	235~275
钾长石	1.2~2.6			
钾长石（花岗岩）	0.2~5.0	0.5~3.0		
斜长石	1.9~6.0		0.0~1.6	
斜长石（花岗岩）	0.01~40.0			
钠长石	0.2~5.0	0.5~3.0	0.3~1.6	3.6~56.8
普通辉石	0.01~40.0	2.0~25.0	0.25	10~420
角闪石	1.0~40.0	5.0~50	0.54~1.03	28.0~445.0
橄榄石	0.01	0.02		≤10
叶蛇纹石				≤10

续表

矿 物	铀（g/t）	钍（g/t）	钾（%）	自然伽马（API）
褐帘石（副矿物）	30.0~700.0	500.0~5000.0		
褐帘石（花岗岩）	540.0	1000.0~20000.0		
褐帘石（伟晶岩）	~100.0			
磷灰石	20000	20.0~150.0	~4.0	
磷灰石（副矿物）	5.0~150.0	20.0~250.0		
磷灰石（花岗岩）	47.0~62.0	50.0~250.0		
磷灰石（集合岩）	10.0~50.0	50.0~500.0		
绿帘石				≤5
榍石	20.0~50.0	2500		10000
石榴子石（花岗岩）	5.0~75.0			≤10
白榴石			17.477~17.914	290
钛铁矿				
磁铁矿	1.0~30.0	0.3~20.0		10.0~320.0
独居石	500.0~3000.0	12500~49700		饱和
榍石	100.0~700.0	510		
普通辉石	0.01~40.0	225.0	0.25	420
磷钇矿	500.0~3500.0			
磷钇矿（花岗岩）	360.0~12700.0	560		
锆石	15000	21000		2800~饱和
锆石（副矿物）	300.0~3000.0	100.0~2500.0		
锆石（花岗岩）	1450.0~4600.0	300.0~3000.0		
锆石（伟晶岩）	100.0~6000.0	50.0~4000.0		
硬石膏	0.2~0.45			1.5~6.0
石膏				≤10
重晶石				≤5
无烟煤				≤10
烟煤				不定
光卤石			14.071	225~230
岩盐				≤10
钾岩			52.443	830~850
泥炭		有时吸附		≤10
褐煤				10~25
方解石				≤10
白云石				≤10

注：空白处缺少数据。

4）岩石的放射性与核素含量关系

岩石的自然放射性主要是由铀、钍两个放射系和钾的放射性同位素 ^{40}K 决定的。岩性、地质年代和沉积环境不同的地层，铀、钍和钾的含量和比值不同，形成各具特色的多核素复合伽马源，利用测量伽马射线强度或能谱可以确定铀、钍和钾的含量。

通常铀和钍的半衰期都很大，放射系达到长期平衡时，有：

$$\lambda_m N_m = \lambda_1 N_1 \tag{2-1-1}$$

即母核素与任一子核素的衰变率都相等。

根据 $N = \dfrac{M}{A} N_A$，有：

$$\lambda_m \dfrac{M_m}{A_m} = \lambda_1 \dfrac{M_1}{A_1} \tag{2-1-2}$$

$$M_1 = \dfrac{\lambda_m A_1}{\lambda_1 A_m} M_m \tag{2-1-3}$$

式中：A_m、A_1 分别为子核素和母核素的质量数。

由式（2-1-3）可看出，若能测出衰变系中任一子体的质量，则可求得系中第一个母核素 ^{238}U 和 ^{232}Th 的质量。利用 ^{214}Bi 的特征伽马射线的强度测定地层中铀含量的前提是铀系的平衡状态未被破坏，若铀—镭平衡被破坏，用 ^{214}Bi 的特征伽马放射射线强度只能测定镭的含量，而推测的铀含量将有较大误差。

第二节 地层中的自然伽马辐射场

地层中放射性核素通过多次级联衰变产生伽马射线，进而在地层中形成伽马辐射场，其伽马射线通量的空间和能量分布与放射性核素类型和含量有关。不同岩石中铀、钍、钾的含量不同，其产生的伽马射线能谱不同。这些含有铀、钍、钾的岩石样品就是一种分布在有限空间中的伽马源，其分布还会受岩石自散射和自吸收的影响。通过自然伽马总强度和能谱测量获取铀、钍和钾含量，可进行地下铀矿、石油天然气、金属固体矿产等资源勘查。

一、天然伽马源

地层中的自然伽马射线主要是由 ^{238}U 放射系和 ^{232}Th 放射系的放射性核素及 ^{40}K 衰变产生的，不同系中子体放出伽马射线能量和强度不同。

1. 伽马辐射体

由表 2-1-1 中钍系中发射伽马射线的重要核素及其射线的能量和强度可看出，最重要的伽马辐射体是 ^{208}Tl，其次是 ^{228}Ac，主要特征伽马射线的能量分别为 0.239MeV、0.583MeV、0.911MeV、0.969MeV 和 2.62MeV，其中 ^{208}Tl 发射的能量为 2.62MeV 的伽马射线是钍系中能量最高、强度最大的伽马射线。同样，由表 2-1-2 铀系中发射伽马射线的重要核素及其射线的能量和强度还可看出，最重要的伽马辐射体是 ^{214}Bi，其次是

^{214}Pb，主要特征伽马射线为 0.609MeV、1.12MeV、1.76MeV 和 2.204MeV，其中 ^{214}Bi 发射的能量为 1.76MeV 的伽马射线是铀系中能量最高、强度最大的伽马射线。

表 2-2-1 给出了铀系、钍系和钾衰变放出的伽马射线能量及强度，根据表中铀、钍和钾的能谱分布数据可以看出，每次衰变时放出的伽马射线能量、光子数和相对强度不同，岩石中含有的铀、钍和钾含量不同，放出的伽马射线能量和强度不同，形成的伽马能谱也就不同。

表 2-2-1 铀系、钍系和钾的能谱

能量间隔（MeV）	铀系		钍系		钾	
	每次衰变光子数	相对强度（%）	每次衰变光子数	相对强度（%）	每次衰变光子数	相对强度（%）
0.1~0.3	0.38	17	0.61	21	—	—
0.3~0.5	0.43	19	0.27	11	—	—
0.5~0.7	0.52	23	0.39	16	—	—
0.7~0.9	0.12	5	0.23	9	—	—
0.9~1.1	0.06	3	0.38	15	—	—
1.1~1.3	0.28	13	—	—	—	—
1.3~1.5	0.09	4	0.03	1	0.11	100
1.5~1.7	0.05	2	0.21	9	—	—
1.7~1.9	0.22	10	0.03	1	—	—
1.9~2.1	—	—	—	—	—	—
2.1~2.3	0.07	3	—	—	—	—
2.3~2.5	0.02	1	—	—	—	—
2.5~2.7	—	—	0.35	14	—	—
总计	2.24	100	2.50	97	0.11	100

2. 源强密度和伽马能谱

1）源强密度

地层中伽马辐射场的源用单位时间内发射的光子总数（平均数）来表示强弱，称为源强，而单位时间内单位体积介质发射的光子总数称为源强密度。为了讨论问题方便，假设岩石中只有一种发射单能光子的放射性核素（如钾），地层的密度为 ρ（单位为 g/cm^3），每克岩石中含 q 克该种放射性核素，每克该种放射性核素每秒钟平均发射 a 个光子，则其源强密度为：

$$A = aq\rho \qquad (2-2-1)$$

表 2-2-2 中给出每克铀、钍、钾和镭每秒钟平均发射的光子数。

表 2-2-2 每克铀、钍、钾和镭每秒钟平均发射的光子数

元素	衰变次数	每次衰变光子数	光子数	平均光子能量（MeV）
U	1.28×10^4	2.24	2.8×10^4	0.80
Th	4.02×10^3	2.51	1.0×10^4	0.93
K	31.3	0.11	3.4	1.46
Ra	3.63×10^{10}	2.20	8.0×10^{10}	0.81

当放射性核素（如平衡铀或钍，并包括放射系中的所有核素）能发射多种能量的伽马光子时，则源强密度为：

$$A = q\rho \sum_{i=1}^{m} a_i \quad (i=1, 2, \cdots, m) \tag{2-2-2}$$

式中：a_i 为单位质量该种元素在单位时间内发射的第 i 种能量（E_i）的光子数。

当岩石中含有铀、钍、钾三种放射性核素时，总源强密度为：

$$A = \sum_{j=1}^{3} A_j = \rho \sum_{j=1}^{3} q_j \sum_{i=1}^{m_j} a_{ij} \quad (i=1, 2, \cdots, m_j) \tag{2-2-3}$$

式中：q_j 为单位体积岩石中含有第 j 种放射性核素的质量，g；a_{ij} 为单位质量第 j 种放射性核素在单位时间内发射的第 i 种能量（E_{ij}）的光子数。

2）自然伽马能谱

岩石中所有放射性核素放出的 i 种能量（E_i）的总光子数 $\rho \sum_{j=1}^{3} q_j a_{ij}$ 与能量 E_i 的关系图就是岩石自然伽马源的能谱图。

图 2-2-1 给出的是岩石中同时含有铀、钍、钾三种放射性核素时的伽马能谱图，图中实线表示铀系的伽马谱线，点线表示钍系的伽马谱线，而 1460keV 处是钾的单能谱线。

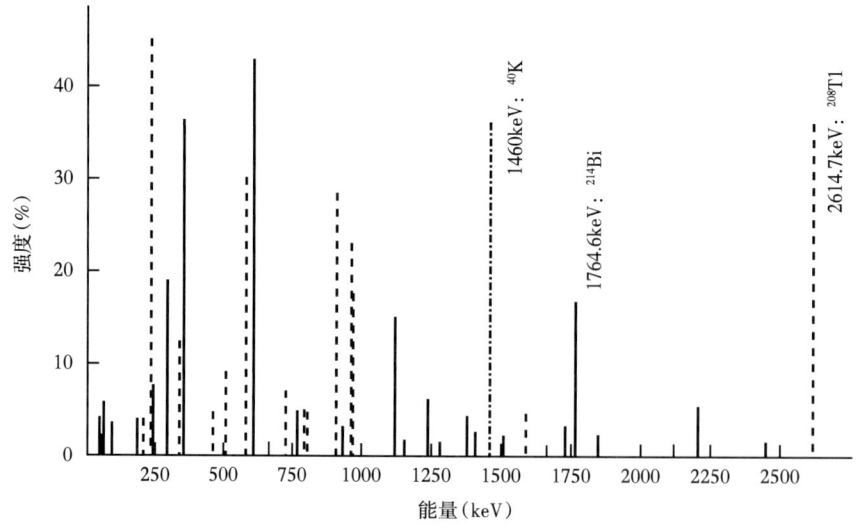

图 2-2-1 铀、钍、钾伽马能谱

实际测量得到的是包含着铀、钍和钾的贡献,由多种核素的伽马射线能谱组成的混合谱如图 2-2-2 所示。

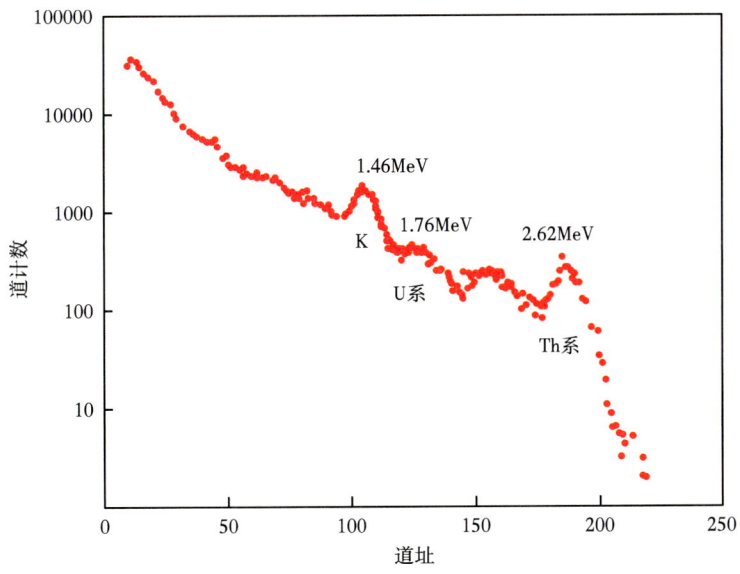

图 2-2-2　铀、钍、钾混合地层的伽马混合能谱

二、放射性地层的伽马场分布

1. 无限均匀放射性地层

描述自然伽马辐射场的主要参数是通量密度,用 Φ_γ 表示,即单位时间内通过单位截面积的光子数,用公式表示为:

$$\Phi_\gamma = N/St \tag{2-2-4}$$

式中:S 为过球心的横截面积,cm^2;N 为时间 t 内进入球体的光子数。

对于平行射线束,单位时间内通过与射线方向垂直的单位截面的光子数称为伽马射线的强度;对于非平行射线,也可将式(2-2-4)定义的通量密度称为强度。

假定无限均匀地层中源强密度仍为 $A=aq\rho$,地层对光子的吸收系数为 μ,建立球坐标系,根据伽马射线吸收规律,讨论球体内所有放射性核素放出的伽马射线到达球心点的情况。体积元 dV 中伽马源产生的伽马射线经过距离 r 到达球心处,其伽马光子通量密度为:

$$d\Phi_\gamma = \frac{aq\rho dV}{4\pi r^2} e^{-\mu r} = \frac{aq\rho}{4\pi r^2} \sin\theta e^{-\mu r} d\theta d\varphi dr \tag{2-2-5}$$

对半径为 r 的球体,求积分得:

$$\Phi_\gamma = \frac{aq\rho}{\mu}(1-e^{-\mu r}) = \frac{A}{\mu}(1-e^{-\mu r}) \tag{2-2-6}$$

对于无限大均匀地层,则有:

$$\Phi_{\gamma 0} = \frac{A}{\mu} = \frac{aq\rho}{\mu_m \rho} = \frac{aq}{\mu_m} \quad (2\text{-}2\text{-}7)$$

式中：$\Phi_{\gamma 0}$ 为上述无限介质中任意点的仍保持初始能量光子的通量密度，n/cm²；μ_m 为质量衰减系数，随光子的能量增加而减小，cm²/g。

沉积岩中的主要矿物 μ_m 变化较小，例如当伽马光子能量为 1.5MeV 时，纯水、石英、方解石的质量衰减系数分别为 0.0575cm²/g、0.0545cm²/g 和 0.0518cm²/g，混凝土的 μ_m 是 0.0519cm²/g。对常遇地层可认为某一位置的光子通量密度 Φ_0 与岩石中核素的含量 q 成正比，因而可以通过测量指定能量范围内的光子通量以决定某种核素的含量。

利用式（2-2-6）和式（2-2-7）可以估计自然伽马测井的探测范围。根据公式：

$$\frac{\Phi_\gamma}{\Phi_{\gamma 0}} = 1 - e^{-\mu r} \quad (2\text{-}2\text{-}8)$$

假定一定范围内的伽马光子数达到无限大均匀地层光子通量的 99% 时，对应的球半径可以估计探测范围，若 μ 分别取 0.10cm⁻¹ 和 0.15cm⁻¹，则相应的球半径分别为 46.05cm 和 30.7cm。可以认为，自然伽马测井对地层的探测范围大约是一个直径小于 1m 的球体，在它的球心几乎观测不到超出这一范围的伽马辐射体的初始能量伽马射线。

实际地层中的铀、钍和钾放出多种能量的伽马射线，伽马光子从发射点到达球心的过程中，要经受地层的散射和吸收，散射部分的光子能量低于初始能量。观测到的光子包括未经受散射直接到达的光子，保持着初始能量；经受一次或多次散射，能量降低，但最后到达球心的光子，能谱是连续的。与观测点距离不同的源光子，对总的伽马射线通量和能谱的贡献不同，离球心越远，对高能伽马的相对贡献越小。

2. 无限平面放射性地层

若将源强密度均匀的无限平面单色伽马源作为单位脉冲信号，那么在井轴上的自然伽马通量密度就是它的响应。设将无限平面单色伽马源嵌入一无限均匀各向同性地层，且与井轴垂直，如图 2-2-3a 所示。图中井眼半径为 r_0，对伽马射线的线性吸收系数为 μ_0，井内介质没有放射性；地层的吸收系数为 μ，地层本身不含放射性物质。

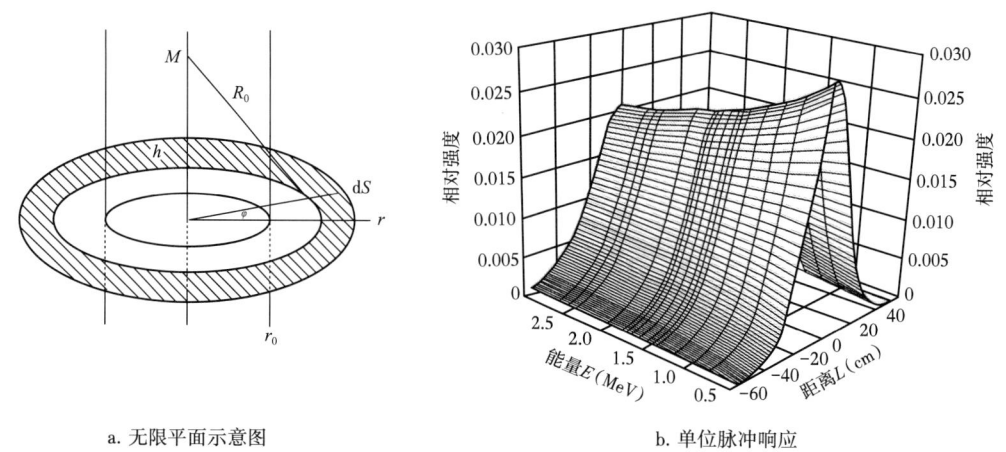

a. 无限平面示意图　　　　b. 单位脉冲响应

图 2-2-3　不同能量伽马射线单位脉冲响应示意图

为方便仍假设只有一种发射单能光子的放射性核素（如钾），其源强面密度为$A_s=aq\rho_s$，ρ_s为单位面积上含有放射性核素的质量，单位为g/cm^2。建立柱坐标系，原点置于井轴与平面源的交点上，而z轴与井轴重合。取一面元$dS=rd\varphi dr$，对观察点M处光子通量密度的贡献是：

$$d\Phi_\gamma = \frac{aq\rho_s dS}{4\pi R^2}e^{-[\mu_0 R_0 + \mu(R-R_0)]} = \frac{aq\rho_s}{4\pi R^2}e^{-[\mu_0 R_0 + \mu(R-R_0)]}rd\varphi dr \quad (2-2-9)$$

式中：R为M点到dS的距离，$R=h\sec\theta$；h为M点到坐标原点距离；θ为M点到dS连线与z轴的夹角；R_0为M点到井壁与R的交点的距离，$R_0=r_0\csc\theta$。

整个平面源在M点造成的光子通量密度为：

$$\begin{aligned}\Phi_\gamma &= \frac{aq\rho_s}{4\pi}\int_0^{2\pi}d\varphi \cdot \int_{r_0}^\infty \frac{1}{R^2}e^{-[\mu_0 R_0 + \mu(R-R_0)]}rdr \\ &= \frac{aq\rho_s}{2}\int_{r_0}^\infty \frac{1}{R^2}e^{-[\mu_0 R_0 + \mu(R-R_0)]}rdr\end{aligned} \quad (2-2-10)$$

将R、R_0与θ角的关系代入并进行变量置换，且$r=h\tan\theta$，$dr=h\sec^2\theta d\theta$得：

$$\begin{aligned}\Phi_\gamma &= \frac{aq\rho_s}{2}\int_{\arctan\frac{r_0}{h}}^{\frac{\pi}{2}} \frac{\cos^2\theta}{h^2}e^{-[(\mu_0-\mu)r_0\csc\theta + \mu h\sec\theta]}h\tan\theta \cdot h\sec^2\theta d\theta \\ &= \frac{aq\rho_s}{2}\int_{\arctan\frac{r_0}{h}}^{\frac{\pi}{2}} e^{-[(\mu_0-\mu)r_0\csc\theta + \mu h\sec\theta]}\tan\theta d\theta\end{aligned} \quad (2-2-11)$$

若观察点处于坐标原点，则有：

$$\Phi_{\gamma 0} = \frac{aq\rho_s}{2}\int_{r_0}^\infty \frac{1}{r}e^{-[\mu_0 r_0 + \mu(r-r_0)]}dr = \frac{aq\rho_s}{2}e^{-(\mu_0-\mu)r_0}\int_{r_0}^\infty \frac{1}{r}e^{-\mu r}dr \quad (2-2-12)$$

令$t=\mu r$，代入式（2-2-12）得：

$$\Phi_{\gamma 0} = \frac{aq\rho_s}{2}e^{-(\mu_0-\mu)r_0}\int_{\mu r_0}^\infty \frac{e^{-t}}{t}dt \quad (2-2-13)$$

利用欧拉公式可将式（2-2-13）中的无穷指数积分函数展开以简化计算。

由式（2-2-11）和式（2-2-13）可知，根据r_0、μ_0和μ，就能计算出井轴上任意点M处的伽马通量密度，从而得到无限平面源的响应。图2-2-3b给出计算得到的不同能量伽马无限平面源的响应，即单位脉冲响应，计算条件：井径21.59cm，井眼内充填淡水，地层的密度为2.2g/cm³，吸收系数μ是由岩性、密度及伽马射线的能量确定的。图2-2-3b中对应于能量为1.46MeV、1.76MeV和2.62MeV的三条曲线，就可得到钾、铀、钍特征伽马射线的单位脉冲响应。从图中可以看出，能量高的伽马射线源具有较宽的响应宽度。

无限平面源伽马光子从发射点到达井轴各点的过程中，要经受地层和井眼双重介质的散射和吸收。观测到的光子仍包括保持初始能量的光子和能量降低的散射光子，能谱连续，且离观测点距离不同的源产生的光子，对井轴各点伽马场分布贡献不同，离圆心越远，对高能伽马的相对贡献越小，井轴各点上具有不同的复杂能谱。

3. 有限厚放射性地层

图 2-2-4a 中，设有限厚放射性地层厚度为 h，井半径为 r_0，井轴与地层面垂直，M 点位于井轴上且与地层下底面相距 z_1。层内物理性质均匀、各向同性，只含一种发射单能光子的放射性元素（如钾），源强密度为 $A=aq\rho$，地层和井内介质对光子的吸收系数均为 μ，围岩不含放射性物质，分析井轴上任意点 M 处未散射光子通量密度。

建立柱坐标系，取体积元 $\mathrm{d}V=r\mathrm{d}z\mathrm{d}r\mathrm{d}\varphi$，它在 M 点处产生的通量密度为：

$$\mathrm{d}\varPhi_\gamma = \frac{aq\rho}{4\pi(r^2+z^2)}\mathrm{e}^{-\mu\sqrt{r^2+z^2}}\mathrm{d}V = \frac{aq\rho}{4\pi(r^2+z^2)}\mathrm{e}^{-\mu\sqrt{r^2+z^2}}r\mathrm{d}z\mathrm{d}r\mathrm{d}\varphi \quad (2\text{-}2\text{-}14)$$

积分得：

$$\begin{aligned}\varPhi_\gamma &= \frac{aq\rho}{4\pi}\int_0^{2\pi}\mathrm{d}\varphi\int_{z_1}^{z_1+h}\mathrm{d}z\int_{r_0}^{\infty}\frac{r}{r^2+z^2}\mathrm{e}^{-\mu\sqrt{r^2+z^2}}\mathrm{d}r\\ &= \frac{aq\rho}{2}\int_{z_1}^{z_1+h}\mathrm{d}z\int_{r_0}^{\infty}\frac{r}{r^2+z^2}\mathrm{e}^{-\mu\sqrt{r^2+z^2}}\mathrm{d}r\end{aligned} \quad (2\text{-}2\text{-}15)$$

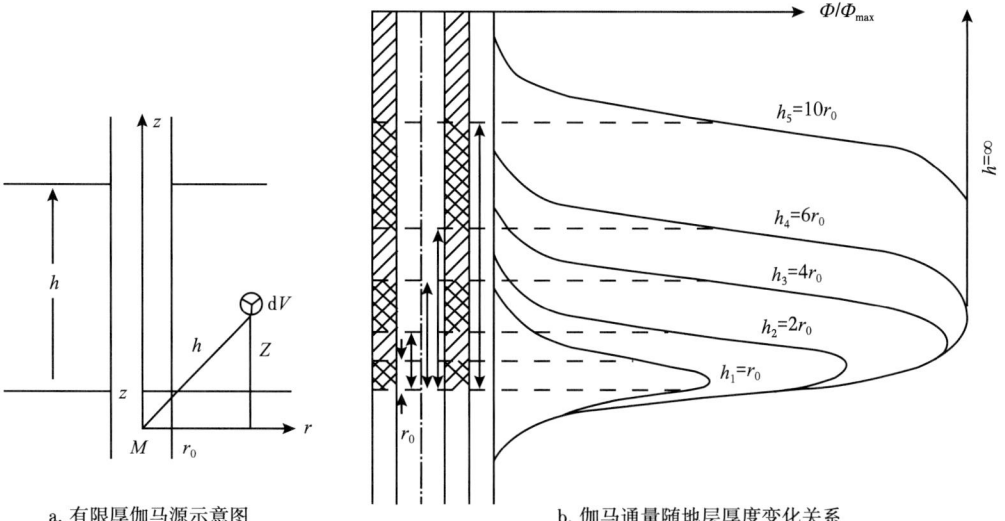

a. 有限厚伽马源示意图　　b. 伽马通量随地层厚度变化关系

图 2-2-4　有限厚放射性地层沿井轴的光子通量密度

令 $t=\mu\sqrt{r^2+z^2}$，$\mathrm{d}r=\dfrac{t}{\mu^2 r}\mathrm{d}t$，可得：

$$\varPhi_\gamma = \frac{aq\rho}{2}\int_{z_1}^{z_1+h}\mathrm{d}z\cdot\int_{\mu\sqrt{r_0^2+z^2}}^{\infty}\frac{\mu^2 r}{t^2}\mathrm{e}^{-t}\frac{t}{\mu^2 r}\mathrm{d}t = \frac{aq\rho}{2}\int_{z_1}^{z_1+h}\mathrm{d}z\cdot\int_{\mu\sqrt{r_0^2+z^2}}^{\infty}\frac{\mathrm{e}^{-t}}{t}\mathrm{d}t \quad (2\text{-}2\text{-}16)$$

根据指数积分函数 $-\mathrm{Ei}(-x)=\int_x^{\infty}\dfrac{\mathrm{e}^{-t}}{t}\mathrm{d}t$，式（2-2-16）可写为：

$$\Phi_\gamma = \frac{aq\rho}{2} \int_{z_1}^{z_1+h} \left[-\mathrm{Ei}\left(-\mu\sqrt{r_0^2+z^2}\right) \right] \mathrm{d}z \qquad (2\text{-}2\text{-}17)$$

移动 M 点，即改变 z_1 值，利用指数积分函数表对式（2-2-16）做数值积分，可求出该放射性地层造成的沿井轴的光子通量密度。

当观察点 M 位于地层中点时积分有最大值：

$$\Phi_\gamma = \frac{aq\rho}{2} \int_{-h/2}^{h/2} \left[-\mathrm{Ei}\left(-\mu\sqrt{r_0^2+z^2}\right) \right] \mathrm{d}z \qquad (2\text{-}2\text{-}18)$$

设 $\mu=0.1\mathrm{cm}^{-1}$，$r_0=15\mathrm{cm}$，并使地层厚度分别为 15cm、30cm、60cm、90cm 和 150cm 时，可获得一组曲线，如图 2-2-4b 所示。图 2-2-4b 中 Φ 为与放射性地层垂直的井轴上每一深度点的光子通量；$\Phi_{\max}$ 是地层中点通量 Φ_m 的最大值，即地层厚度大于自然伽马测井的探测范围时地层中点的光子通量。由此图可以看出，有限厚地层沿井轴的光子通量密度分布具有以下特点：

（1）曲线对称于地层中心，并在该点有最大值 Φ_m。

（2）Φ_m 随地层厚度 h 增加而加大，但当 $\mu h \geqslant 0.9$，即 $h \geqslant 90\mathrm{cm}$（$6r_0$）时 Φ_m 为常数，不再随 h 增减而变化，这时有 Φ_m 只与放射性核素含量 q 有关。

（3）$\mu h \geqslant 0.9$ 的地层为厚层，否则为薄层。厚层曲线两个半幅点正对着地层的上、下界面，由半幅宽确定的视厚度 h_a 与真厚度 h 相等；薄层曲线的两个半幅点将落在该层之外，视厚度 h_a 大于真厚度 h。

有限厚放射性地层的伽马场分布与无限分布地层一样，仍是由初始能量光子和大部分能量降低的散射光子组成的连续能谱，不同位置的放射性核素对井轴伽马场分布贡献不同，形成的能谱比平面源更复杂，而伽马射线的强度是整个能量范围内光子通量的积分。

第三节 自然伽马测井能谱原理

根据前述岩石的自然放射性和伽马场分布特征，在伽马样品或地层分析中可以测量伽马射线的强度和能量分布，那么可以根据能量确定射线是由哪一种核素发射的，其计数由该种核素相应含量决定的，利用能谱测量既可以确定总放射性强度，又可以确定铀、钍和钾的含量，这就是自然伽马能谱测井。在实际地质和油气勘探开发过程中，自然伽马能谱测井同时测量伽马射线总强度，下面把自然伽马测井内容融入自然伽马能谱测井中进行介绍。

一、岩石的铀、钍和钾伽马能谱

实际地层中含有铀、钍放射系核素及钾，其衰变产生的伽马光子从发射位置经过地层介质和井眼流体，必然会与物质发生光电效应、康普顿效应和电子对效应等作用，伽马光子发生散射和吸收后到达井眼中探测位置，观测到的伽马光子包括：（1）未经受散射直接到达观测位置的伽马光子，保持着初始能量，如 $^{40}\mathrm{K}$ 的 1.46MeV 伽马光子；

（2）经受一次或多次散射，能量降低，但最后到达探测位置的光子，能谱是连续的。来自不同位置地层的光子，对探测位置的伽马射线总通量和能谱贡献不同，离探测位置越远，对伽马能谱高能部分相对贡献越小。

1. 岩石样品 Th 的自然伽马能谱

在钍系中，能量在 1.0MeV 以下的伽马光子占总数的 85% 和总能量的 50%，而能量在 1.0~2.0MeV 的伽马光子占总数的 7% 和总能量的 4%，能量大于 2.0MeV 的伽马光子占总数的 8% 和总能量的 46%。图 2-3-1 为标准 Th 岩石样品自然伽马能谱，钍系伽马射线谱以 ^{208}Tl 发射的 2.62MeV 为中心最大值，向两侧逐渐降低，形成一个钍峰，另外还有钍系元素 ^{232}Th 放射系发生放射性衰变时放出的其他多种能量。

2. 岩石样品 U 自然伽马能谱

图 2-3-2 为标准岩石样品 Ra 自然伽马能谱，其中，以 ^{214}Bi 放出的射线集中分布在 0.609MeV、1.12MeV、1.76MeV 和 2.204MeV。自然伽马能谱测井是根据 ^{214}Bi 的特征伽马射线的强度测定地层中铀的含量，其前提是铀系的平衡状态未被破坏。若铀—镭平衡被破坏，用 ^{214}Bi 的特征伽马射线强度只能测定镭的含量，而推测的铀含量将有较大误差，有时会超过容许范围。

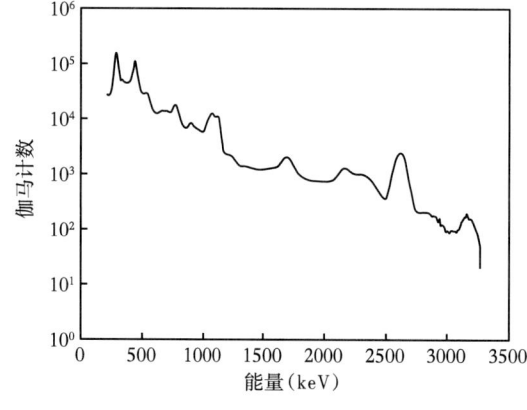

图 2-3-1 标准岩石样品 Th 自然伽马能谱

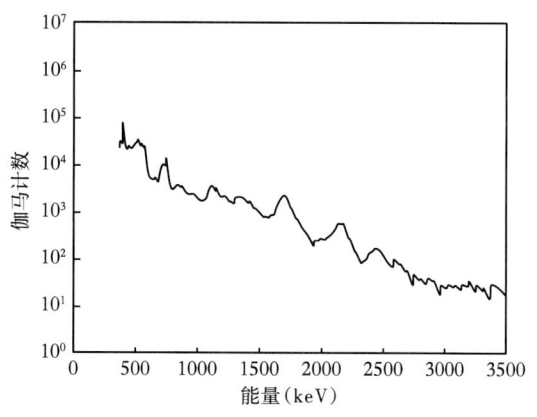

图 2-3-2 标准岩石样品 Ra 自然伽马能谱

3. 岩石的自然伽马混合能谱

图 2-3-3 为标准岩石样品 K 自然伽马能谱，其特征峰能量为 1.46MeV，是由钾的同位素 ^{40}K 发生放射性衰变时放出的单一种能量的伽马射线。

在自然伽马能谱测井中，通常选用铀系中的 ^{214}Bi 发射的 1.76MeV 的伽马射线来识别铀，选用钍系中的 ^{208}Tl 发射的 2.62MeV 的伽马射线来识别钍，用 1.46MeV 的伽马射线来识别钾。

图 2-3-4 为利用美国 ORTEC 生产的数字化 NaI（Tl）能谱仪测量标准岩石样品的自然伽马能谱，采用 3in×3in 的 NaI（Tl）晶体，能量范围为 25keV~3.5MeV，能量分辨率小于 7.5%（^{137}Cs 的 662keV 伽马射线）。标准岩样采用中国计量研究院生产的标准岩石混合源，质量为 264.9g，K 的活度为 463.47Bq，Ra 的活度为 186.17Bq，Th 的活度为 96.35Bq，测量时间为 20.38h。

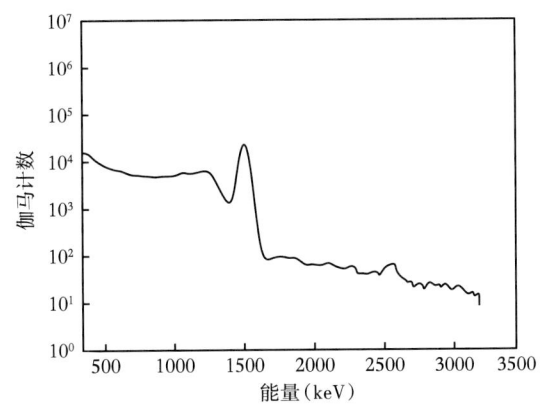
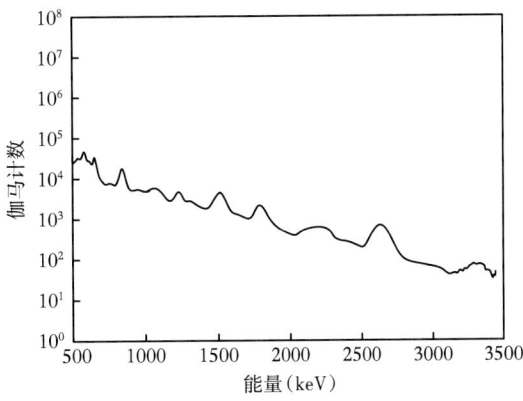

图 2-3-3 标准岩石样品 K 自然伽马能谱　　　图 2-3-4 标准岩石混合源的自然伽马能谱

二、自然伽马和自然伽马能谱测井

1. 自然伽马测井

1）测井原理

自然伽马测井是用伽马射线探测器测量地层总的自然伽马放射性的强度，以研究地层性质并寻找放射性矿床的测井方法。井下伽马能谱测井仪经过不同地层时，伽马射线照射探测器，探测器将伽马射线转化为相应数目的电脉冲，脉冲信号经放大器放大由电缆传至地面，得到一条随深度变化的计数率曲线（脉冲/min），现常用 API 单位。

2）有限地层自然伽马测井响应

图 2-3-5 是有限长柱状探测器的有限厚地层钾峰（1.46MeV）伽马计数率响应，闪烁晶体长度 30cm，井径 21.59cm，地层密度 $2.2g/cm^3$，井液为淡水。

从图 2-3-5 可以看出：自然伽马强度关于地层中点呈对称分布；当地层厚度小于 100cm 时，地层真厚度小于曲线半幅宽度；当地层厚度大于 100cm 后，地层真厚度等于曲线半幅宽度；伽马射线能量小时，受地层厚度影响较小，有较好的分层能力；曲线分布与探测器灵敏元件的长度有关，闪烁晶体长度增加时，测井薄层响应幅度降低而半幅宽增大。

2. 自然伽马测井标准刻度

自然伽马测井在每个深度点上测到的总计数率与地层在该点造成的通量密度成正比，计数率曲线可直接反映通量密度（或称射线强度）沿井剖面的分布，但测井仪器的探测效率不同，即使地层和环境条件不变，不同的仪器在同一个测量点上测到的计数率也会很不相同。

1）效率刻度

效率刻度就是测井仪器的标准化，刻度过的仪器测量的计数率曲线是用标准单位表示的，国际上采用美国石油界的 API 单位作为自然伽马辐射强度的标准单位。

2）API 单位

在美国休斯敦大学建造了一套由三层混凝土标准模块组成的刻度井，每个标准模块都是直径 1.219m、高 2.438m 的带井眼的圆柱体，中间的一层是含有 13g/t 的铀、24g/t 的钍和 4% 的钾的高放射性地层，而上、下两层是未添加放射性物质的低放射性地层，将仪

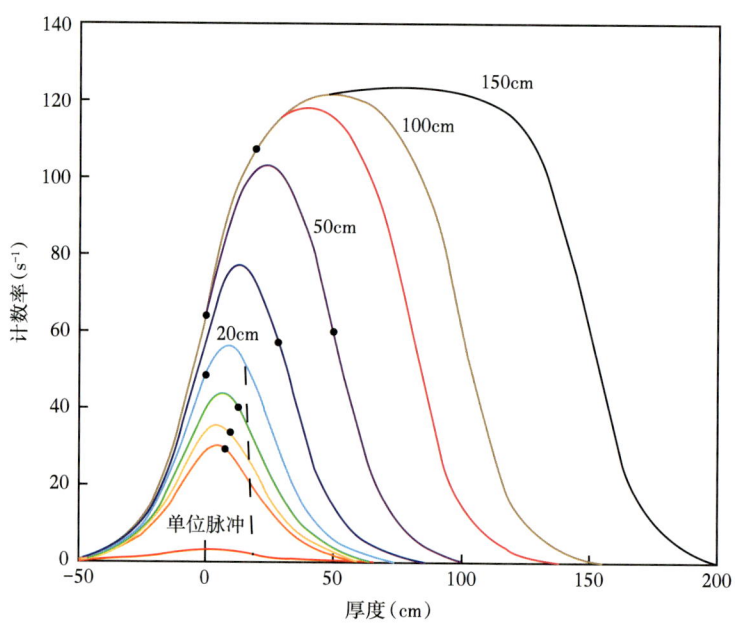

图 2-3-5 有限长柱状探测器地层响应

器在井眼中测得的高放射性和低放射性两种模块的读数差定为 200 个 API 单位。在标准井中刻度过的同类仪器，对同一厚地层应该有同样的响应，即应具有相同的幅度（含统计误差）。这样，不同的仪器测得的自然放射性剖面才可能进行对比。

自然伽马测井仪器直接记录的是计数率，而刻度后的标准化输出是以 API 为标准单位的伽马射线强度，可表示为：

$$GR = \frac{n}{S} \quad (2-3-1)$$

$$S = \frac{n_h - n_l}{GR_{std}} \quad (2-3-2)$$

式中：S 为仪器的灵敏度；n_h、n_l 为在基准井强放射性和弱放射性地层中点测得的计数率，s^{-1}；GR_{std} 为基准井的 API 标称值，API。

每一标准单位对应的计数率越高，仪器对自然伽马总强度的分辨能力就越好。

3) 量值传递

图 2-3-6 是中国自然伽马测井量值溯源系统示意图，由自然伽马基准井、自然伽马工作标准井和自然伽马刻度器组成三级刻度系统。基准井是国家行业专用计量基准的自然伽马标准井；工作标准井是指建在服务公司的刻度井；刻度器是一种标准伽马源，用于现场刻度和检查测井仪器。

基准井结构如图 2-3-7 所示，刻度标准岩块由花岗岩和大理石组成，分别模拟强放射性地层和弱放射性地层，其铀、钍、钾含量见表 2-3-1。上覆的屏蔽层和下面的"鼠洞"是分别为屏蔽来自上方的辐射和仪器下放而设置的。中国基准井标称值为 207.45API±1.98API。工作标准井的结构与基准井相同，但不确定度要求较低。

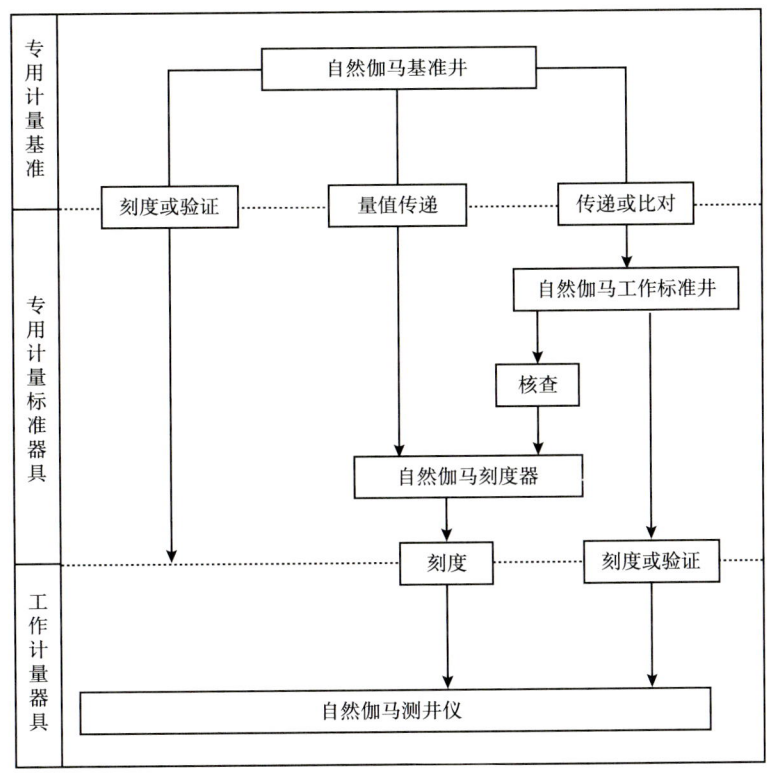

图 2-3-6 自然伽马测井量值溯源系统示意图

表 2-3-1 基准井铀、钍、钾含量

元素	花岗岩模块	大理石模块
铀（g/t）	8.17±0.04	＜0.2
钍（g/t）	16.29±0.59	＜0.28
钾（%）	3.19±0.15	＜0.5

3. 自然伽马能谱测井

1）测井原理

自然伽马能谱测井是根据地层中铀、钍、钾放射性核素放射出来的伽马射线能谱的不同，用闪烁晶体把地层伽马射线转变成光脉冲信号，经幅度鉴别等连续记录井剖面上岩层的自然伽马能谱，经能谱解析测定铀、钍、钾含量的测井方法。

2）测井仪组成及工作过程

20世纪50年代至70年代，第一代自然伽马能谱测井仪是以模拟技术为基础的；20世纪80年代初，推出了以数字技术为基础第二代自然伽马能谱测井仪；21世纪初，出现了应用于随钻测井的方位伽马成像测井仪。

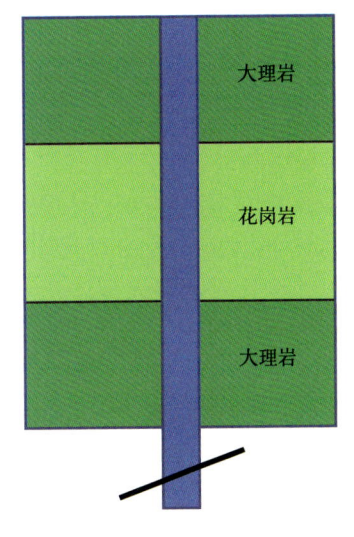

图 2-3-7 自然伽马标准刻度井示意图

图 2-3-8 是多功能补偿自然伽马能谱测井仪（CSNG）的结构图。下井仪器是一套具有稳谱和数据传输功能的数控伽马能谱仪，而地面仪器是一套计算机控制和数据处理系统，主要由伽马射线探测器、稳谱源和稳谱探测器、脉冲幅度分析器、下井仪器控制系统、数据处理和记录系统组成。

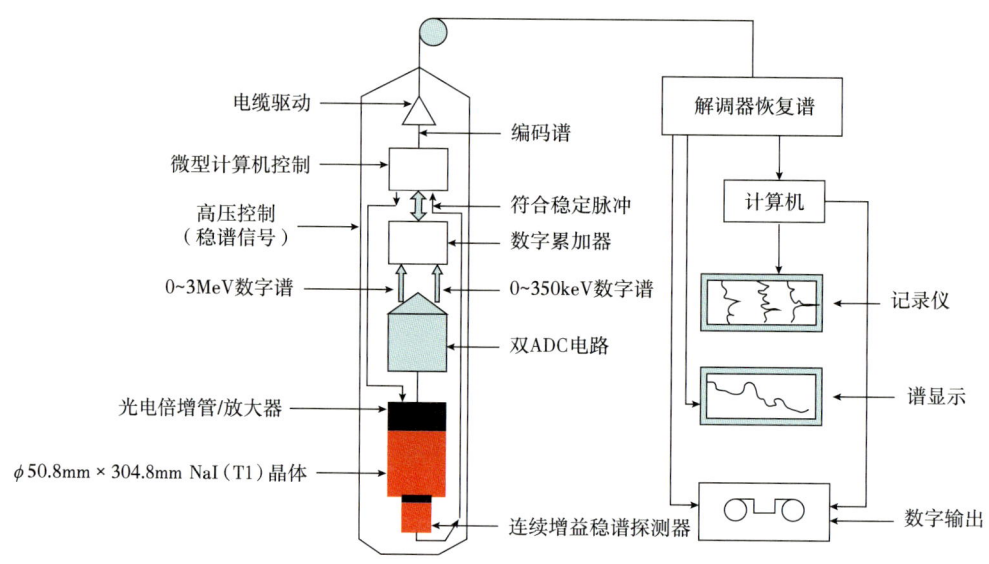

图 2-3-8 CSNG 自然伽马能谱测井仪结构示意图

测井用闪烁谱仪进行伽马射线强度和能量测量时，需根据能量分辨率和探测效率来选择闪烁探测器。对岩石样品或地层自然伽马能谱测量时，对能量分辨率的要求比较低，但探测效率要高，尤其对小直径自然伽马能谱仪要求更高，实际中常用 NaI（Tl）、CsI（Tl）和 BGO 等晶体。CSNG 采用了 $\phi 50.8mm \times 304.8mm$ 的 NaI（Tl）闪烁晶体、光电倍增管、信号放大器和高压电源组成的伽马射线探测器，测量来自地层的自然伽马射线和安置在晶体顶端的稳谱源发射的伽马射线。

对自然伽马能谱测井来说，谱仪测出的伽马能谱峰位会由于测量环境改变发生变化，常采用稳谱源和稳谱探测器来保证峰位稳定。采用强度为 30~50μCi、半衰期为 432a 的 ^{241}Am 作为稳谱参考源，它在衰变时同时发射 5.4MeV 的 α 射线和 59.5keV 的伽马射线，用稳谱探测器测量 ^{241}Am 衰变时发射的 α 粒子产生符合脉冲，用以将由稳谱源 59.5keV 的伽马射线产生的脉冲与由自然伽马射线产生的脉冲区别开。实际中常在高能谱段取 ^{40}K 的 1.46MeV 或 ^{208}Tl 的 2.62MeV 全能峰作为稳谱检查峰，与 ^{241}Am 的 59.5keV 稳谱峰配合进行稳谱。

仪器采用增益稳谱法，其原理可用图 2-3-9 示意说明。图中稳谱参考峰位的左右两侧各开一个宽度（道数）相等的窗，其计数分别为 N_L 和 N_H。因谱峰近似呈高斯分布，峰的两侧对称，则应有 $N_L=N_H$。若由于环境或测量条件的变化而使峰位漂移，此时 N_L 不再等于 N_H，如图中虚线所示。当峰位向高能方向漂移时，$N_L<N_H$；当峰位向低能方向漂移时，$N_L>N_H$。设计一个比较电路，使其当 $N_L=N_H$ 时输出为零；当 $N_L<N_H$ 时输出一个与 $|N_L-N_H|$ 成正比的负信号；当 $N_L>N_H$ 时输出一个与 $|N_L-N_H|$ 成正比的正信号。用此信号控制并调节探测器的电源电压，以保持峰位的稳定。

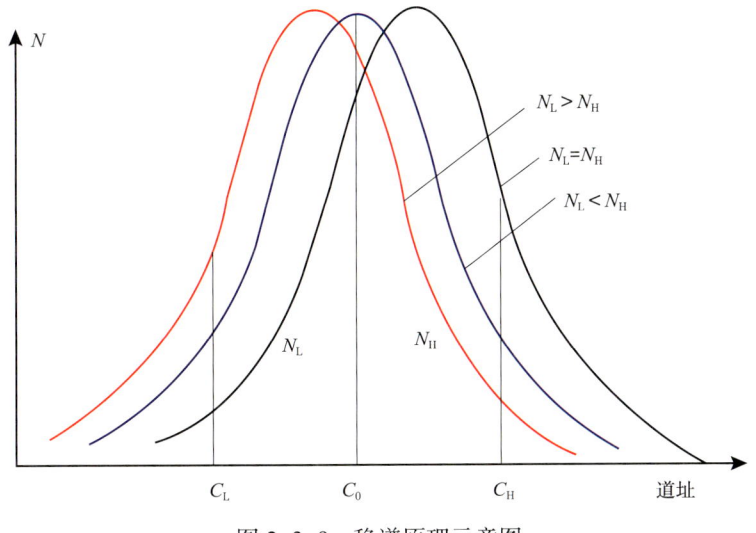

图 2-3-9　稳谱原理示意图

利用脉冲幅度分析器对从伽马射线探测器输出的电脉冲串进行转换，经双 ADC 电路转换成两个 256 道的数字谱，两个能量段分别为 0~3MeV 和 0~350keV，并送到数字累加器进行进一步处理。此外由计算机控制伽马谱仪的稳谱、数据采集、数据处理和编码，形成编码谱，通过电缆驱动器经电缆传输到地面仪器接口实现下井仪器控制；编码谱经解调器解调恢复成数据谱，谱图由显示器显示，谱数据经计算机解谱，求出铀、钍、钾含量和总放射性强度，连续记录、储存和显示。

CSNG 下井仪器能输出符合谱、反符合低能谱和反符合高能谱等三种能谱，均为 256 道。其中伽马射线探测器和 α 射线探测器符合输出谱，即 ^{241}Am 产生的能量范围是 20~350keV 的伽马谱，用于稳谱；伽马射线探测器和 α 射线探测器反符合输出的伽马谱，即不包含 ^{241}Am 产生的伽马射线的自然伽马谱，能量范围是 20~350keV，用于测定套管或岩性；不包含 ^{241}Am 产生的伽马射线的自然伽马谱，能量范围是 150~3000keV，用于测定地层中铀、钍和钾的含量。

三、地层自然伽马能谱解析方法

铀系、钍系和钾的伽马线谱是自然伽马辐射场形成的基础，测量得到的谱包含着铀、钍和钾的贡献，是由多种核素的伽马谱组成的混合谱。混合谱必须通过解析才能得到初始能量不同的伽马射线的净计数率，进而确定地层中铀、钍和钾的含量。对混合谱的解析叫解谱。

1. 自然伽马仪器谱和标准谱

实际用闪烁谱仪得到的是通过光子与地层及闪烁晶体相互作用所复杂化了的连续谱，称为工作谱或仪器谱。伽马能谱中包含多种能量的伽马射线，且高能伽马射线由于康普顿效应，在低能伽马射线的能窗内有计数贡献，地层的自散射和自吸收对射线能谱有显著影响。

1）仪器谱

若将仪器记录点置于地层中点进行能谱测量，谱形将随地层厚度变化，直到地层达到某一厚度谱形才能稳定，超过这一厚度的地层可视为无限厚地层。图 2-3-10 为无限厚地层铀、钍、钾混合自然伽马仪器谱。在高能区（400keV 以上）尚能看到 ^{40}K 的 1.46MeV 光电峰、^{214}Bi 的 1.764MeV 光电峰及 ^{208}Tl 的 2.62MeV 光电峰；在低能区，散射背景很强，已无法分辨光电峰。

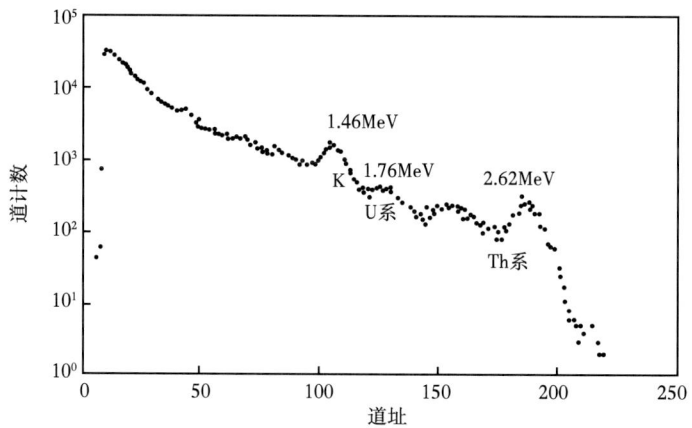

图 2-3-10　无限厚地层铀、钍、钾混合自然伽马仪器谱

假定混合核素的能谱就是各个组成核素的标准谱按各自的强度关系的线性叠加。在自然伽马能谱测井中，这一假定就意味着测得的混合谱是铀、钍和钾三个标准谱的线性叠加；铀和钍的标准谱都是指放射系达到平衡后系内所有核素伽马谱的线性叠加。

2）标准谱刻度

用自然伽马能谱测井仪在刻度井中测量只含铀、钍或钾一种放射性元素的尺寸足够大的模拟地层，可得到每种放射性元素的标准仪器谱。用标准谱可确定标准条件下单位含量的铀、钍、钾在各道或谱段中造成的计数率，以作为解谱的依据。

刻度井群：刻度井模拟地层的尺寸必须足够大，以避免仪器在井眼中对任一模拟地层进行测量时受到外部放射源的影响，从而保证 99% 的计数来自被测的模拟地层。我国在大庆、河北燕郊、克拉玛依等地均建有自然伽马能谱刻度井群。燕郊基地建造的刻度井群共有 9 口井，井径分别为 15.59cm、21.59cm 和 30.48cm，每组有 3 口井径相同的井，井眼和模块周围均为淡水，井的下部各带有一个 250cm 深的"鼠洞"。模拟地层的直径和高放射性厚地层的厚度均为 150cm，纵向和径向饱和程度均达到 96.9%，可视为无限大地层。模拟地层的湿密度为 2.21g/cm^3，各地层放射性元素含量见表 2-3-2。

表 2-3-2　刻度井模拟地层铀、钍、钾含量

层位	钾（%）	铀（g/t）	钍（g/t）	层位	钾（%）	铀（g/t）	钍（g/t）
高钾层	5.61	0.97	1.45	高混层	5.17	12.3	35.8
高铀层	0.25	22.1	1.21	低混层	1.05	2.40	5.41
高钍层	0.22	0.79	63.5	围岩层	0.23	0.40	1.12

2. 自然伽马能谱解析方法

要利用各组成核素的标准谱对仪器谱进行解析，要满足以下条件：标准谱和混合谱

（工作谱）是在相同的测量条件下获得的，能谱仪的分辨率、探测效率和能量刻度在标准谱和工作谱的前后测量中没有显著变化；谱仪的响应性能不随计数率显著改变，即当地层中某一核素含量增加时，其能谱的各道计数均按比例线性增加；其他未知的放射性核素的贡献可忽略不计。

自然伽马仪器谱经过滤波、峰位校正、分辨率和环境校正后即可进行解析，但由于伽马射线与地层介质之间发生的康普顿散射作用，高能伽马射线会在低能窗内产生计数贡献，如图2-3-11所示，进而影响放出低能伽马射线的核素含量的确定。常用能谱解析方法有剥谱法、逆矩阵法、最小二乘逆矩阵法、加权最小二乘逆矩阵法和极大似然法等。下面以剥谱法和最小二乘逆矩阵法为例进行介绍。

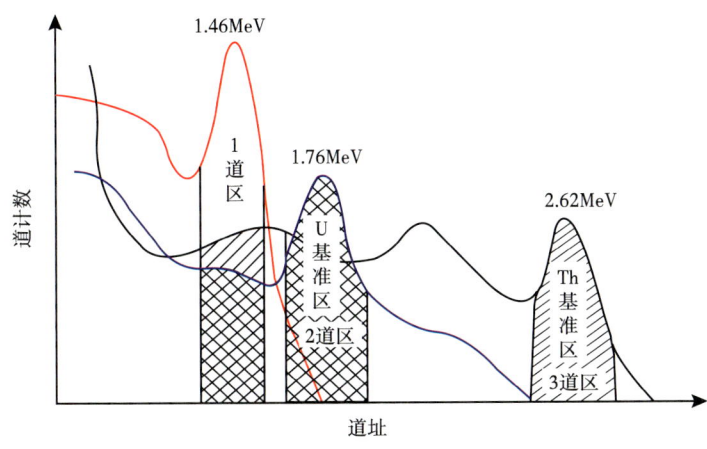

图2-3-11 混合谱钾、铀和钍的计数贡献分布

1）剥谱法

剥谱法是先找出第一个易识别的核素，把它的谱形求出并将其从混合谱中扣除，然后再找到下一个易识别的核素进行同样处理，直到求出所有核素，通常按照能量高低进行剥析。剥谱法适用条件为：（1）特征能量高的核素对能量低的核素的特征道域计数有贡献，特征能量低的核素对特征能量高的核素的特征道域计数没有贡献；（2）混合谱是各种核素标准伽马谱强度的线性叠加。

根据铀、钍和钾的特征伽马射线，将能谱划分为三个特征窗，用n_1、n_2和n_3分别表示特征道域Ⅰ、Ⅱ和Ⅲ中的计数率，其中Ⅰ、Ⅱ和Ⅲ分别代表钾、铀和钍的特征道域，实际能谱解析时需选取合适的道域。相应有以下关系：

$$\begin{cases} n_1 = n_{11} + n_{12} + n_{13} \\ n_2 = n_{22} + n_{23} \\ n_3 = n_{33} \end{cases} \quad (2\text{-}3\text{-}3)$$

其中：

$$\begin{cases} n_{12} = a_{12} n_{22} \\ n_{13} = a_{13} n_{33} \\ n_{23} = a_{23} n_{33} \end{cases} \quad (2\text{-}3\text{-}4)$$

式中：a_{12} 为铀的特征伽马射线在钾的特征道域Ⅰ内的计数贡献系数，可由铀系标准谱求得；a_{13} 和 a_{23} 分别为钍的特征伽马射线在钾的特征道域Ⅰ和铀的特征道域Ⅱ内的计数贡献系数，可由钍系标准谱求得。

最终得到钍、铀、钾含量为：

$$\begin{cases} |\text{Th}| = K_{\text{Th}}n_{33} = K_{\text{Th}}n_3 \\ |\text{U}| = K_{\text{U}}n_{22} = K_{\text{U}}(n_2 - a_{23}n_3) \\ |\text{K}| = K_{\text{K}}n_{11} = K_{\text{K}}[n_1 - a_{12}(n_2 - a_{23}n_3) - a_{13}n_3] \end{cases} \quad (2\text{-}3\text{-}5)$$

式中：U 和 Th 分别表示地层中的铀含量和钍含量，g/t；K 表示地层中的钾含量，%。K_{Th}、K_{U}、K_{K} 分别表示单位有效伽马计数率对应的铀、钍和钾含量，其数值与式中各量的单位有关。

剥谱法的缺点是探测器记录混合谱的顺次差使统计误差也叠加，会导致具有低能伽马特征峰的核素含量测量精度降低，如 $\text{LaBr}_3(\text{Ce})$ 和 $\text{NaI}(\text{Tl})$ 晶体探测器记录能量高的伽马射线时会出现光电峰、第一逃逸峰和第二逃逸峰，还会由于康普顿散射在小于其能量的区域产生康普顿散射伽马射线，这些都会对具有低能伽马特征的峰计数率产生影响。

2）最小二乘逆矩阵法

与剥谱法求几个核素（或元素）就选几个特征峰道区不同，最小二乘逆矩阵法选用的能峰道区数却可多于待求核素数，这些道区不全是特征峰道区，这样就可利用谱中所有比较重要的计数峰来确定钾、铀和钍三种放射性元素。实际上，最小二乘逆矩阵法的谱段划分不受能峰的限制，它可将整个能谱连续分成几段，使获取的全部谱数据得到充分利用。

如图 2-3-12 所示，假设测量能谱中选取五个连续道区，按能量从低到高的顺序标为 W1、W2、W3、W4 和 W5，道区数据见表 2-3-3。

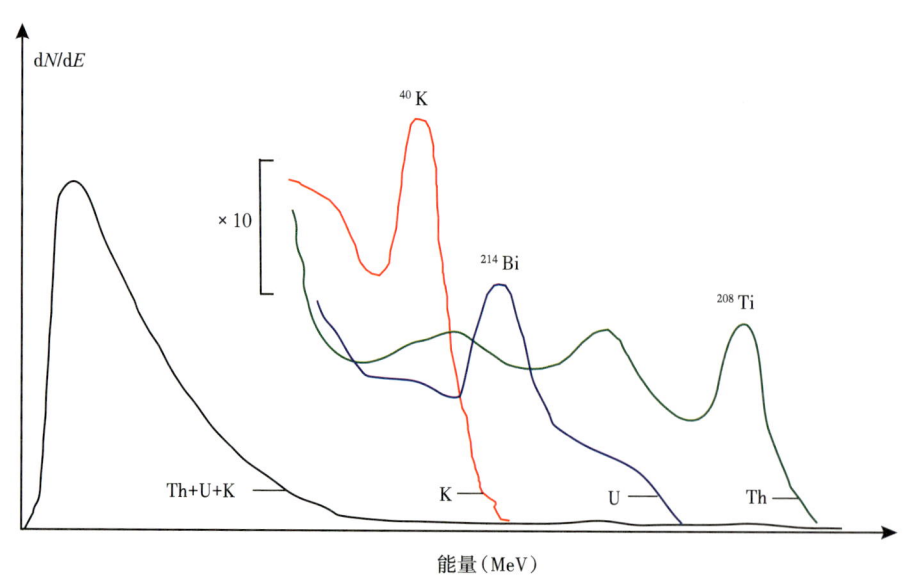

图 2-3-12 谱解析能窗划分图

表 2-3-3 道区数据表

谱段名	W1	W2	W3	W4	W5
道区	15~39	40~89	90~129	130~160	161~240
能量（MeV）	0.19~0.49	0.49~1.1	1.1~1.6	1.6~2.0	2.0~3.0

第 i 个道区的计数率为：

$$N_i = \sum_{j=1}^{3} a_{ij} x_j + \varepsilon_i \quad (i=1, 2, \cdots, 5) \qquad (2\text{-}3\text{-}6)$$

式中：a_{ij} 为单位含量的第 j 种元素在第 i 个道区中产生的计数率；x_j 为地层第 j 种放射性元素的含量，其中钾的单位为 %，而铀和钍的单位为 g/t；ε_i 为第 i 个道区的计数率统计误差。

谱的矩阵形式为：

$$\boldsymbol{C} = \boldsymbol{AX} + \boldsymbol{E} \qquad (2\text{-}3\text{-}7)$$

测量向量 $\boldsymbol{C} = (N_1, N_2, N_3, N_4, N_5)^{\mathrm{T}}$，即由五个道区计数率组成的列向量；响应矩阵（或称灵敏度矩阵）为 5×3 阶矩阵，即：

$$\boldsymbol{A} = \begin{bmatrix} a_{11} & a_{12} & a_{13} \\ a_{21} & a_{22} & a_{23} \\ a_{31} & a_{32} & a_{33} \\ a_{41} & a_{42} & a_{43} \\ a_{51} & a_{52} & a_{53} \end{bmatrix} \qquad (2\text{-}3\text{-}8)$$

待求的元素含量组成的向量：

$$\boldsymbol{X} = (C_{\mathrm{K}}, C_{\mathrm{U}}, C_{\mathrm{Th}})^{\mathrm{T}} \qquad (2\text{-}3\text{-}9)$$

误差向量 $\boldsymbol{E}$ 为：

$$\boldsymbol{E} = (\varepsilon_1, \varepsilon_2, \varepsilon_3, \varepsilon_4, \varepsilon_5)^{\mathrm{T}} \qquad (2\text{-}3\text{-}10)$$

最小二乘逆矩阵法解谱（反演）就是使误差 ε_i 的平方和最小而求得元素含量的最可几值，令：

$$R = \sum_{i=1}^{5} \varepsilon_i^2 = \sum_{i=1}^{5} \left(N_i - \sum_{j=1}^{3} a_{ij} x_j \right)^2 \qquad (2\text{-}3\text{-}11)$$

R 对 x_j 的偏导数等于零，可得矩阵方程：

$$\boldsymbol{A}^{\mathrm{T}} \boldsymbol{A} \boldsymbol{X} = \boldsymbol{A}^{\mathrm{T}} \boldsymbol{C} \qquad (2\text{-}3\text{-}12)$$

式（2-3-12）称为正规方程，$\boldsymbol{A}^{\mathrm{T}}$ 为 $\boldsymbol{A}$ 的转置矩阵，有：

$$X = (A^T A)^{-1} A^T C \qquad (2\text{-}3\text{-}13)$$

刻度好的仪器矩阵 A 的各个元素是已知的,测井时实时进行矩阵运算就可得到钾、铀和钍含量随深度的变化。

对于更普遍的形式,即在整个谱内设置 m 个道区,而待求核素只有 n 个,$m>n$,此时 A 为 $m\times n$ 阶矩阵。若每一个道区只有一道,则 $m=256$。

最小二乘逆矩阵法克服了剥谱法和逆矩阵法的缺点,充分利用了谱中的数据,可消除局部波动,是一种方便有效的能谱解析方法;但能谱解析中标准源的制备比较困难,与实际放射源有偏差。

利用数字化 NaI(Tl)伽马能谱仪,测量了本节中所提到的标准岩石混合源的伽马能谱,分别采用剥谱法和最小二乘逆矩阵法解析,将计算结果与理论值对比,列于表2-3-4中。图2-3-13给出了最小二乘逆矩阵法的反演谱和与实验室测量谱的对比,可看出最小二乘逆矩阵法谱中的能峰与实验谱吻合较好。

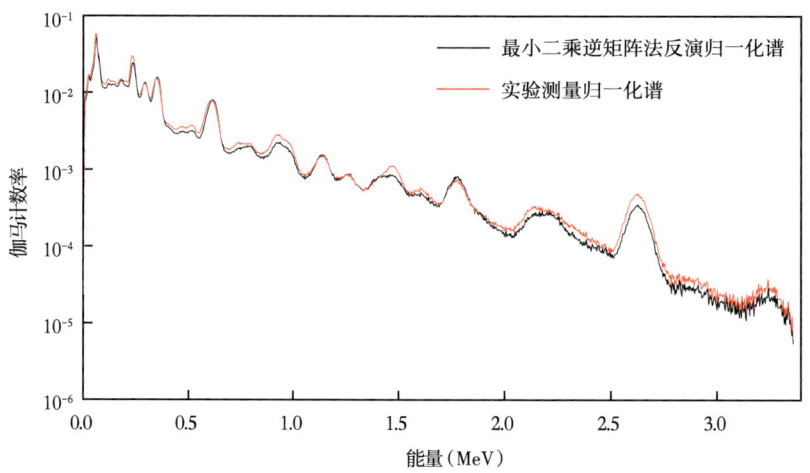

图 2-3-13 最小二乘逆矩阵法反演谱对比

表 2-3-4 解谱方法结果对比

解谱方法	理论值			测量值			相对误差		
	Th(g/t)	U(g/t)	K(%)	Th(g/t)	U(g/t)	K(%)	Th(%)	U(%)	K(%)
最小二乘逆矩阵法	2.45	1.51	1.82	2.41	1.50	1.790	1.60	0.50	1.76
剥谱法				2.37	1.45	1.710	3.30	3.80	6.15

显然利用最小二乘逆矩阵法能谱解析结果与理论值吻合更好,主要原因是剥谱法只有利用了特征伽马能道,且只考虑了能量高的核素的伽马射线对能量低的核素的特征峰计数贡献;而最小二乘逆矩阵法利用了全能量道数据,考虑了不同道计数对结果的权重,降低了不确定度,结果更精确。

第四节 自然伽马能谱测井影响因素

自然伽马能谱测井是利用井下仪器记录地层放射性核素放出的伽马射线来确定地层放射性强度和铀、钍、钾含量，测量过程受到探测器性能、测井速度、井眼尺寸、钻井液类型等等多种因素影响。这些环境影响是指实际测井时遇到的井况与仪器刻度标准条件不一致而引起的测井响应的变化。为了准确得到地层总放射性和铀、钍、钾含量，需明确各种因素对自然伽马能谱测井的影响并进行相应校正，可通过理论计算或实验方法进行研究。

一、影响因素

1. 放射性测量的统计涨落

在放射性测量中，即使测量对象（放射源）和测量条件不变，但每次测量的结果都不相同，而是围绕着某个数值上下涨落，这种现象称为放射性测量的统计涨落。

地层中放射性核素的衰变、伽马射线与物质的相互作用，以及伽马射线被探测器探测等一系列过程均是偶然事件，具有随机性。放射性测量结果服从一定的统计分布规律：（1）计数率 N 在平均值附近出现的次数多，远离平均值出现的次数少；（2）计数率的分布对称于平均值 N，因此，只有平均值才能反映辐射强度的真值。下井仪器的速度是决定探测器计数统计性的关键，仪器每移动一个采样间隔，就完成一个周期的数据采集。若计数率是在时间 t 中取得的，则计数率中的统计偏差为：

$$\sigma = \sqrt{\frac{n}{t}} \qquad (2-4-1)$$

相对偏差为：

$$\delta = \frac{1}{\sqrt{nt}} \qquad (2-4-2)$$

若取地层中部计数率的平均值，则标准偏差为：

$$\bar{\sigma} = \sqrt{\frac{nv}{h}} \qquad (2-4-3)$$

相对偏差为：

$$\bar{\delta} = \sqrt{\frac{v}{nh}} \qquad (2-4-4)$$

式中：v 为测井速度，cm/s；h 为地层厚度，cm。

由此可知，计数率曲线每点读数和地层的平均计数率都有统计起伏。计数率低，测井速度大，地层厚度小，则相对误差大，统计起伏明显。图 2-4-1 显示放射性元素含量相同但地层厚度不同的自然伽马测井响应，h 表示地层厚度，l 表示井径，下半部经过滤波。

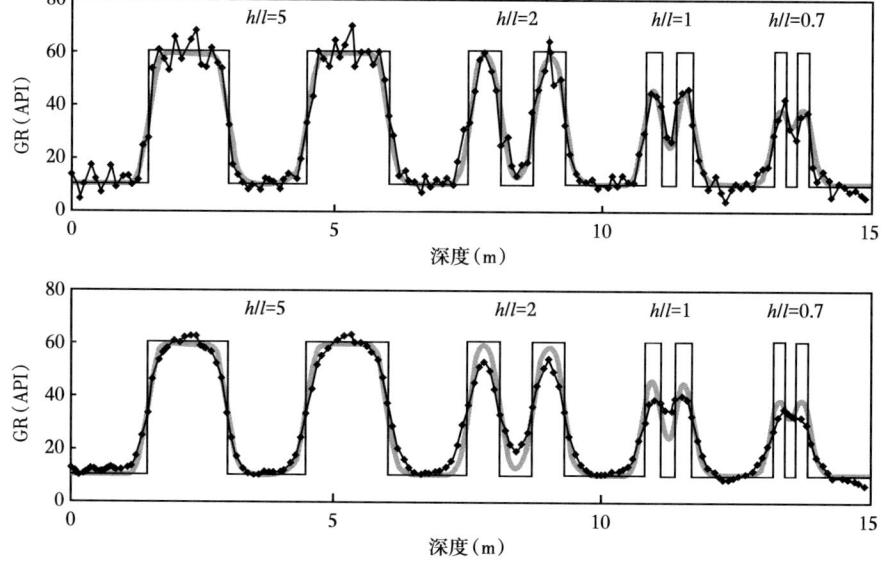

图 2-4-1 自然伽马测井响应示意图

为了减小统计涨落误差,一般要求计数率 n 尽量大。计数率 n 越大,统计误差越小。测量次数越多,n 平均值才更接近真值,所以延长测量时间 t,控制测井速度可以提高测量的精度;此外,在仪器尺寸允许的条件下,采用大尺寸和高探测效率的晶体探测器对自然伽马测井更有利。

2. 井眼环境的影响

伽马射线经过不同介质衰减,致使强度发生变化,在井下测量时会受井眼尺寸、井内流体、套管、水泥环等影响,随钻自然伽马测量还会受钻铤及钻井液成分影响。

1）钻井液

若钻井液为低放射性钻井液,则井的影响主要是对来自地层的伽马射线的散射和吸收;若钻井液中含有 KCl,则钻井液柱相当于一个附加的放射源,钾的特征道区计数率会增高;而当钻井液中含有重晶石时,钻井液的光电吸收效应增强,将使自然伽马谱严重变形。如果钻井液密度增加,伽马值减小。

2）套管/水泥环和钻铤

在套管井中,套管和水泥环对伽马射线的吸收作用,导致到达探测器的地层伽马射线减少,常会出现套管井测量的自然伽马曲线强度低于裸眼井的情况。在随钻测井中,由于伽马仪器装在钻铤内,钻铤会吸收一部分伽马射线,导致到达探测器的伽马射线减少,计数降低。

3）井眼尺寸

井眼尺寸不同,井眼内钻井液对伽马射线的吸收作用引起的自然伽马强度也不同。井径扩大,相当于钻井液层增厚,尤其存在重晶石钻井液条件下伽马射线被强烈吸收,会导致计数大幅度降低。

4）井眼的冲蚀情况

井眼的冲蚀现象和时间有关,地层开钻时间越长,井眼冲蚀就越厉害,相当于井径扩大,所测伽马值会减小。

二、影响因素校正

1. 低放射性钻井液影响的校正

在研究环境影响时，引入一个称为"钻井液吸收函数"的综合校正系数 A_p，它以钻井液衰减系数 μ_p 和井半径 r_0 的乘积为参变量，而以仪器半径 r_s 与井半径 r_0 的比为变量，如图 2-4-2 所示。求出 A_p 后，用下式进行校正：

$$J_c = J / (1 - A_p) \quad (2\text{-}4\text{-}5)$$

式中：J 为实测伽马值，API；J_c 为校正后的伽马值，API。

对套管井，同样可根据实际模型计算或测定校正公式或校正曲线图。

2. 氯化钾和重晶石钻井液的影响校正

钻井液中加入 3%~5% 的氯化钾，对泥岩的冲蚀作用可明显降低，但钾的放射性可使自然伽马能谱测井受到干扰，表现为总计数率增

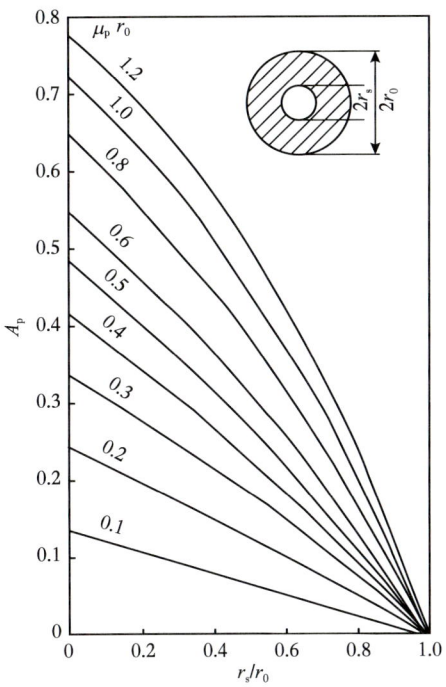

图 2-4-2 下井仪居中时钻井液的吸收函数

高，钾特征峰道区计数率明显增高，能量低于 1.46MeV 的道区计数率增高。解谱结果为钾含量异常高，铀含量偏低，钍含量偏高，各种比值不正常。

此外重晶石对伽马射线具有强吸收作用，重晶石钻井液能使低能道区计数率明显降低。图 2-4-3 为不同尺寸井眼的重晶石钻井液伽马校正图版。重晶石钻井液因子 B_{mud} 和井眼功能因子 F_{bh} 是进行深度伽马读数校正必不可少的两个参数，可以从图版中得到。

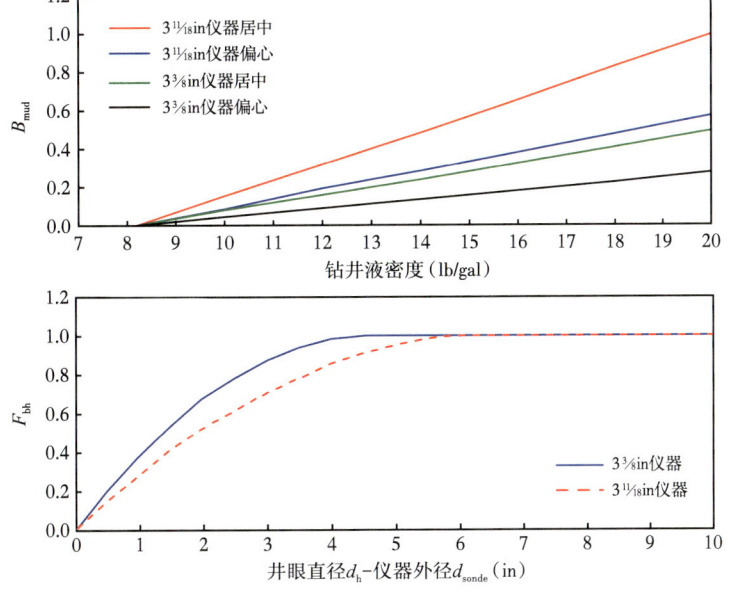

图 2-4-3 重晶石钻井液校正图版

3.仪器偏心校正

图 2-4-4 为外径 $3\frac{3}{4}$in 和 $1\frac{11}{16}$in 的自然伽马测井仪在居中和偏心条件下地层伽马值（GR）的校正图版。根据式（2-4-6）计算相应的井眼流体等效面密度 t，即可由图版确定居中和偏心条件下的校正因子，进而得到地层准确的 GR 值。

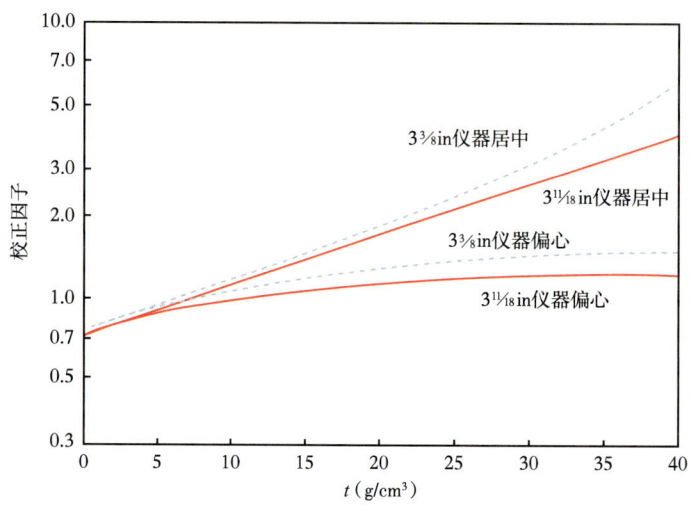

图 2-4-4　井眼校正图版

t 的计算公式为：

$$t = \frac{W_{\text{mud}}}{8.345}\left(\frac{2.54d_{\text{h}}}{2} - \frac{2.54d_{\text{sonde}}}{2}\right) \quad (2\text{-}4\text{-}6)$$

式中：W_{mud} 为钻井液密度，lb/gal；d_{h} 为井眼直径，in；d_{sonde} 为仪器外径，in。

前述的测井响应都是对单晶探测器（下井仪器中只有一个闪烁探测器）而言的，而双晶探测器是由两个响应特性不同的探测器组成的，它们对地层和井内介质的灵敏度不同，利用两者的差异可实时进行环境校正。

第五节　自然伽马能谱测井应用

岩石的放射性主要由铀、钍和钾含量确定，不同的黏土矿物由于吸附铀和钍的能力不同，其含有的铀和钍含量不同，此外一些含有放射性的重矿物、钾长石、黑云母等本身含有不同的放射性。自然伽马能谱测井通过测量得到地层总自然伽马、无铀伽马（CGR）、铀、钍和钾含量，可用来研究地层岩性、计算泥质含量、确定黏土矿物类型、识别高自然伽马放射性储层和评价生油岩等。

一、岩性识别和地层对比

1.岩性识别

自然伽马测井或自然伽马能谱总计数率曲线是岩性识别和地层对比中应用最广的测井曲线，图 2-5-1 给出了各种岩性地层的自然伽马测井幅度相对值。在地球物理测井

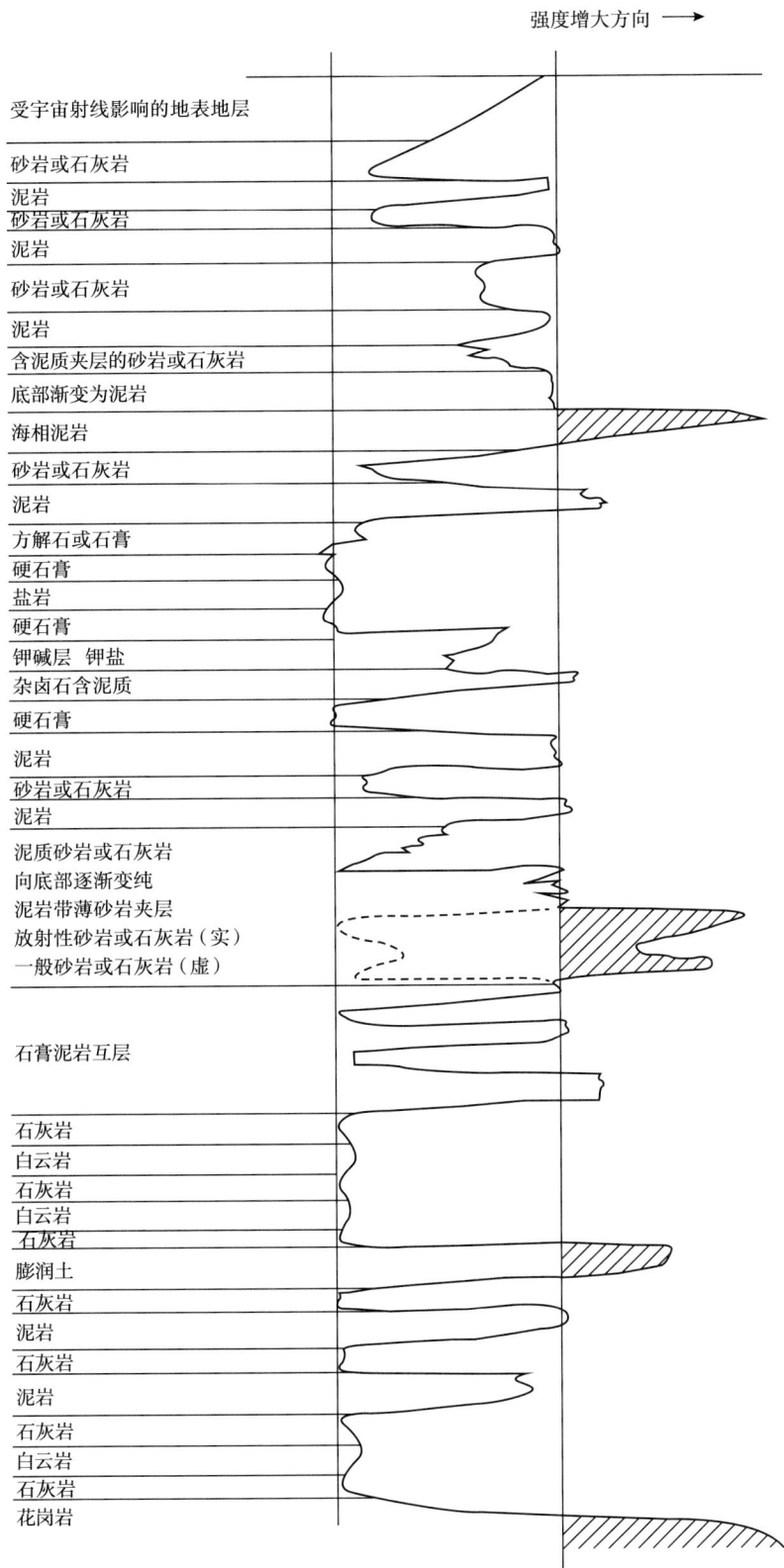

图 2-5-1 自然伽马幅度相对值示意图

常见的剖面中，黏土岩的自然放射性高而稳定，常常能连成一条与深度轴平行的"泥岩线"。放射性高于这一泥岩线的地层是酸性岩浆岩、富含放射性矿物的砂岩或碳酸盐岩及富含有机质的黏土岩。石膏、硬石膏、岩盐、纯砂岩或碳酸盐岩、基性和超基性岩浆岩的放射性很低，形成曲线的基线。含泥质的砂岩或碳酸盐岩放射性介于泥岩和纯地层之间，白云岩放射性通常比石灰岩略高。

自然伽马能谱测井可根据铀、钍、钾含量的差别对高放射性地层进行进一步细分。如膨润土和凝灰岩自然伽马总强度高，铀、钍含量高，而钾含量低；含有机质的黏土岩，自然伽马总强度高，铀含量高，钍和钾含量也较高；但高含铀的砂岩，放射性总强度高，铀含量高，而钍和钾含量都低。所以能将这种砂岩储层与前三种地层区分开。自然伽马能谱测井还能对黏土岩进行细分，这对研究生油岩、铝土矿物、沉积环境、地层的敏感性等均有重要意义。

图 2-5-2 为大庆油田用以识别岩性的 Th-U 交会图。图中交会点大致分别落入 5 个区域：A 区为低铀低钍区，是一般油砂岩；B 区钍含量低而铀含量高，油砂岩附近有钙层或含钙；C 区钍含量中等，铀含量低，为粉砂岩、粉砂质泥岩、泥质粉砂岩、少数钙质粉砂岩、钙质介形虫；D 区钍含量高而铀含量低，为泥岩；E 区钍含量高铀含量也高，为钙质粉砂岩、少数其他粉砂岩和泥岩。

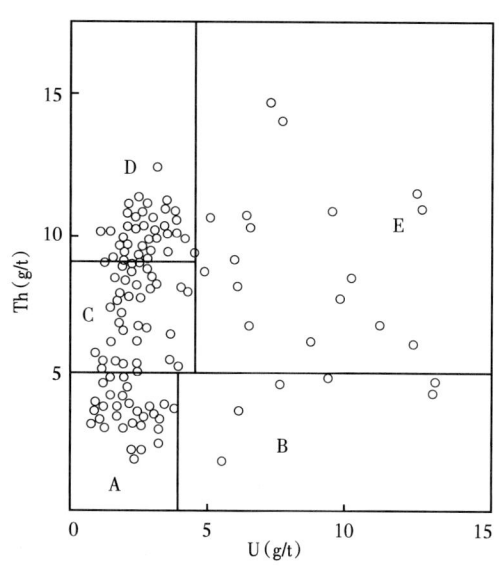

图 2-5-2 Th-U 交会图

2. 地层对比

用自然伽马测井和自然伽马能谱测井进行地层对比具有以下优点：（1）由于孔隙流体（原油、天然气、地层水）中几乎没有放射性物质，所以曲线的幅度和形态不受流体类型的影响；（2）与钻井液矿化度无关；（3）容易找到标准层，总放射性或铀、钍、钾含量特别高或特别低的分布稳定的地层均可选用。例如斑脱岩，源于火山灰，分布范围大，代表同一个地质年代发生的事件，是地层的时间标志。在其他测井曲线上，斑脱岩并没有特别显示，但在自然伽马曲线中，根据钍含量高的特点容易把这种地层找到，可作为大范围地层对比的标准层。同样，高含钾的泥岩也可用作地层对比。

二、识别高放射性油气层

1. 页岩油气层

页岩油和页岩气作为一类重要的非常规油气资源，其赋存的岩石为富含有机质的泥页岩，称为有机页岩。有机页岩与常规油气赋存的砂岩、碳酸盐岩、火山岩等岩性的矿物组成不同，其自然放射性也与常规岩性不同，有机页岩的高放射性主要是由高浓度的铀或者铀离子造成的，因此常用异常高的自然伽马测井值和铀含量曲线确定有机页岩。页岩油气层的自然伽马值显示高值或极高值（大于100API），局部低值，这是由于：（1）页岩中泥质含量较高，地层中的放射性强，使得测量的自然伽马值较高；（2）某些有机质中含有高放射性物质。由于干酪根的影响，碳质泥页岩的铀值极高，远高于普通泥页岩，钾和钍的含量均低于普通泥页岩。

图 2-5-3 和图 2-5-4 分别高放射性黏土岩裂缝油层的铀、钍、钾含量和页岩地层的测井曲线图。显然，有机质含量高的高放射性黑色泥岩，若有天然裂缝，则可能有很大油气产能。钙质和粉砂质夹层性脆易生成裂缝，形成可溶于水的六价铀及其子体镭和氡的通道。故高放射性页岩油气层的自然伽马能谱特征为总强度高、铀含量高，而钍和钾含量较低。

从图 2-5-4 中可以看出，U 曲线不受页岩含气性、层理、井眼情况影响，能较好地反映有机质变化，与有机碳含量的相关性较好。

2. 高放射性砂岩和碳酸盐岩油气层

1）高放射性砂岩油气层

在美国、北海、尼日利亚等地均遇到

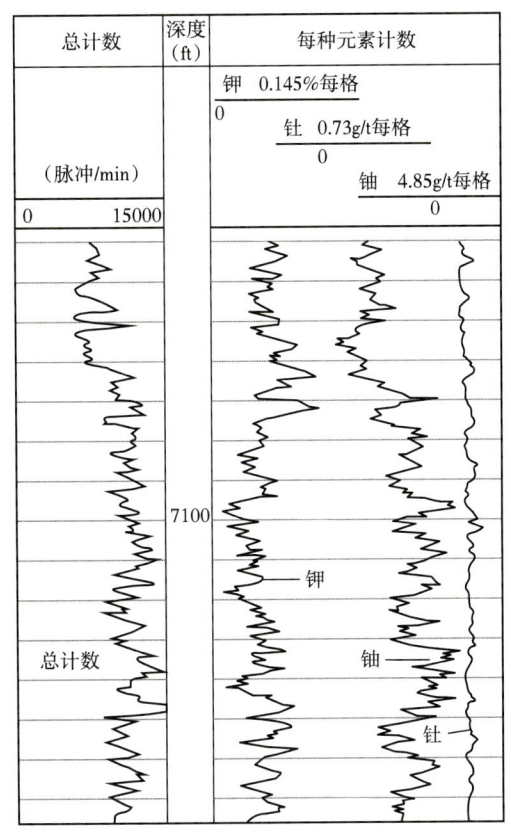

图 2-5-3 高放射性黏土岩油层

过高放射性砂岩油气层。图 2-5-5 为一个高放射性砂岩地层的自然伽马能谱曲线图，从图中可以看出，在深度分别为 420~490ft 和 775~900ft 两个井段有三层高放射性地层。

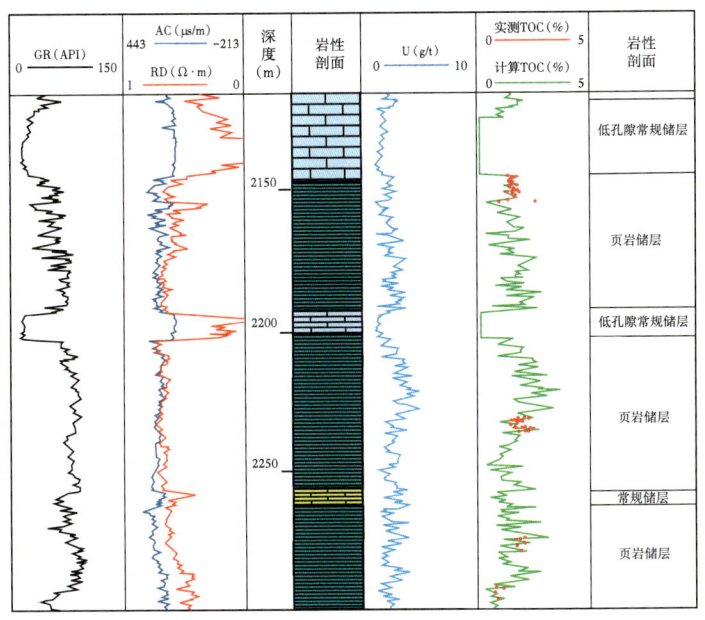

图 2-5-4 页岩地层测井曲线图

上边的一层钾含量低，铀含量高，钍含量特别高，是膨润土和凝灰岩薄层；而下边的两层只有铀含量高，钾和钍的含量都很低，是高放射性砂岩，可能是油气层。

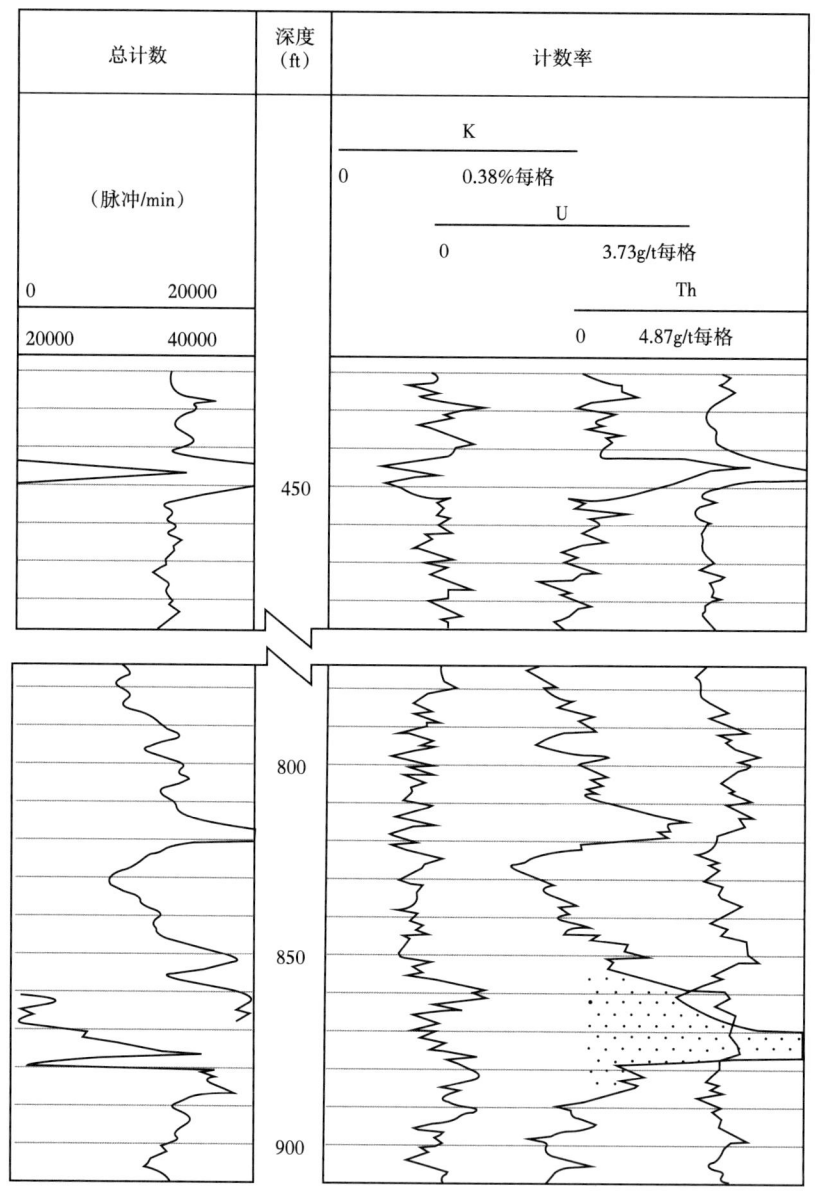

图 2-5-5　高放射性砂岩油层

2）高放射性碳酸盐岩油气层

在我国华北地区的碳酸盐岩储层，高放射性地层占很大比例。图 2-5-6 为一口井碳酸盐岩储层解释成果图，该井在勘探初期，曾认为储层的自然伽马幅度应低于 22API，高于这一水平的便划为非储层。但后来发现有些高放射性地层是高含铀的碳酸盐岩储层，在自然伽马能谱曲线中显示为铀含量高而钍和钾含量都低，而泥质含量高的地层是铀、钍、钾含量都高。图中多数高放射性地层的自然伽马能谱曲线显示为高含铀储层，而最初根据自然伽马高而被解释为泥质含量高的非储层。

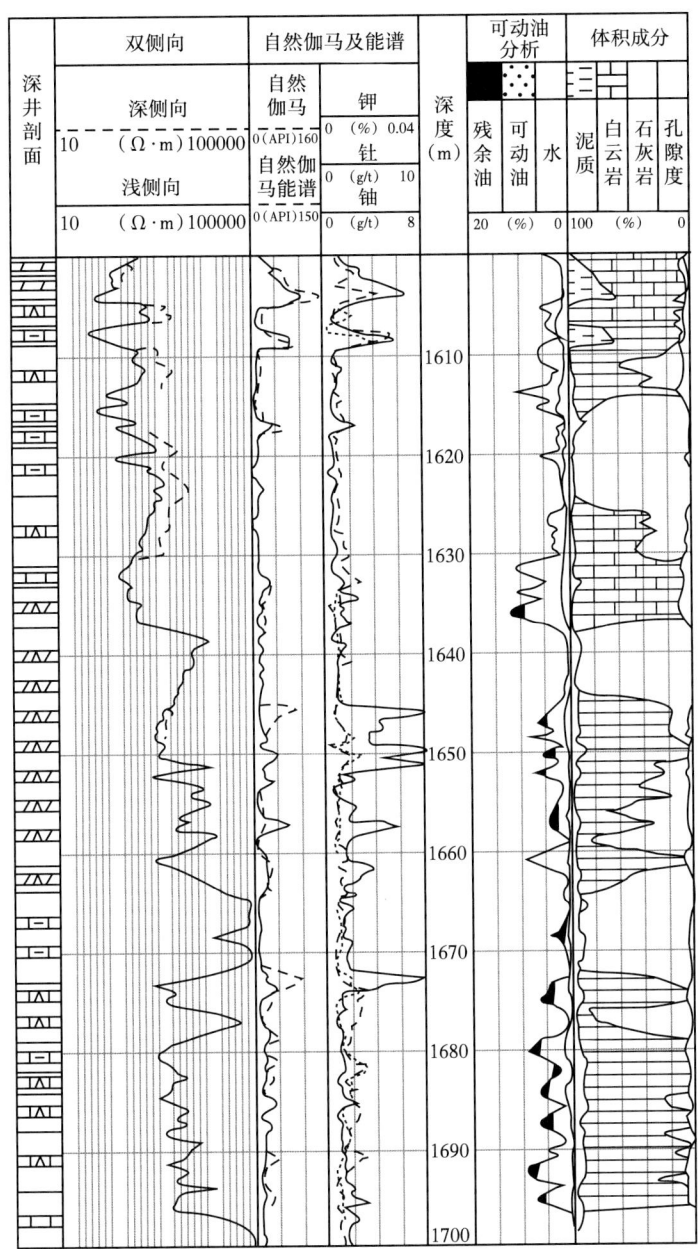

图 2-5-6 高放射性碳酸盐岩油层

三、确定泥质含量

当地层不含泥质以外的放射性物质时,自然伽马曲线是指示地层泥质含量的有效手段。地层自然伽马异常随泥质含量增加而增大,可用刻度的自然伽马异常计算地层泥质含量。

1. 利用计数率计算泥质含量

若储层中只有黏土矿物含放射性元素,且含量稳定,并忽略吸收系数对测井响应的影响,则可用下式由自然伽马测井求出泥质含量,即黏土体积含量的近似值:

$$I_{sh} = \frac{GR - GR_{min}}{GR_{max} - GR_{min}} \tag{2-5-1}$$

式中：GR、GR_{max} 和 GR_{min} 分别为自然伽马测井曲线当前地层的幅度值、井剖面上的最大值和最小值，API。

严格地讲，地层黏土体积含量与测井值的关系并不是线性的，通常用下列经验公式做非线性校正：

$$V_{sh} = \frac{2^{GCR \cdot I_{sh}} - 1}{2^{GCR} - 1} \tag{2-5-2}$$

式中：V_{sh} 为校正后的黏土体积含量，%；GCR 为 Hilchie 指数，古近—新近系取 3.7，老地层取 2，具体地区或层系可通过实验选用更合适的值。

2. 利用去铀伽马、钍和钾含量计算泥质指数

当上述方法不适用时，利用去铀伽马、钍含量或钾含量计算泥质含量，一般用 I_{sh} 表示。如果计算结果都偏高，可取多种方法计算的最小值。

$$I_{sh} = \frac{CGR - CGR_{min}}{CGR_{max} - CGR_{min}} \tag{2-5-3}$$

$$I_{sh} = \frac{K - K_{min}}{K_{max} - K_{min}} \tag{2-5-4}$$

$$I_{sh} = \frac{Th - Th_{min}}{Th_{max} - Th_{min}} \tag{2-5-5}$$

式中：I_{sh} 为泥质含量指数；CGR_{min} 为纯地层去铀伽马值，API；CGR_{max} 为泥岩层的去铀伽马值，API；CGR 为目的层的去铀伽马值，API；K_{min} 为纯地层的 K 含量，%；K_{max} 为泥岩层的 K 含量，%；K 为目的层的 K 含量，%；Th_{min} 为纯地层的 Th 含量，g/t；Th_{max} 为泥岩层的 Th 含量，g/t；Th 为目的层的 Th 含量，g/t。

四、识别黏土矿物

根据铀、钍、钾含量可区分黏土矿物，从而确定黏土岩的类型。主要黏土矿物的铀、钍、钾含量范围见表 2-5-1，更精确的数据应由岩心分析统计确定。

表 2-5-1 钾含量数据表

矿物名称	铀含量（g/t）	钍含量（g/t）	钾含量（%）
蒙脱石	2~7.7	14~24	0~1.5
高岭石	1.5~7	6~19	0~0.5
伊利石	1.5	20	≥4.5
绿泥石	17.4~38.2	0~8	0~0.3

续表

矿物名称	铀含量（g/t）	钍含量（g/t）	钾含量（%）
海绿石	—	2~4	3.2~5.8
黑云母	1~40	5~50	6.2~10
白云母	2~8	20~25	7.8~9.8
铝土矿	3~30	10~130	—
膨润土	1~20	6~50	<0.5

图 2-5-7 是用自然伽马能谱测井识别黏土矿物并确定黏土矿物含量图版。首先以测井深度对岩心深度进行归位，再按不同地区、同一层系对伽马测井资料进行统计。当某种黏土矿物超过 50% 时，就以该矿物为主要的黏土矿物，并对应一定的铀、钍、钾测井值；然后再分别以测井铀—钍、铀—钾、钍—钾的测井值（API）为纵坐标和横坐标，将这个层系的黏土矿物点于坐标经过统计得到图版。从图中易知，伊利石、高岭石、绿泥石、伊蒙混层相互交错，个别伊蒙混层能明显地区分，这说明各地区不同地层黏土矿物与能谱测井值响应不同，其与地层成岩过程中的母岩、地层水放射性含量有关。由于某些黏土矿物具有特殊的 U、Th 和 K 含量，故自然伽马能谱测井可用于鉴定黏土矿物类型。

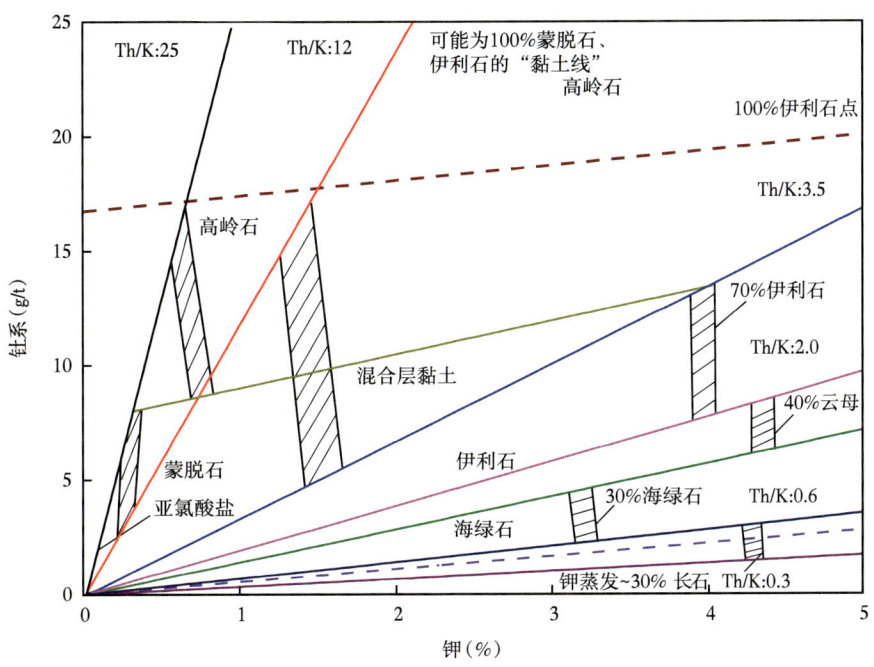

图 2-5-7 钍—钾交会图确定黏土或泥质类型

岩心分析证明，钍含量与黏土矿物含量的关系比较稳定，因而与阳离子交换容量 CEC 相关。图 2-5-8 是大庆油田由 128 个岩样分析数据得到的 CEC-Th 含量散点图和回归线，回归方程为：

$$CEC = 5.72 + 3.37Th \qquad (2-5-6)$$

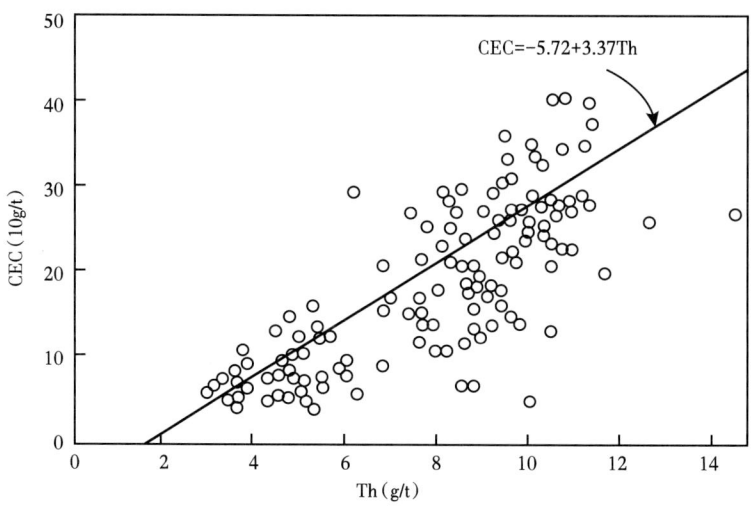

图 2-5-8　CEC-Th 回归分析图

五、研究生油层

普通黏土岩的铀、钍、钾含量都比较高。生油黏土岩有机物含量高，所以铀含量特别高，而钍和钾含量与普通黏土岩相同。从图 2-5-9 总计数率曲线中可看到两层泥岩：上部的一层铀含量特别高，是富含有机物的生油岩；下部的一层显示为普通泥岩。图 2-5-10 给出生油岩中的有机碳含量与铀钾比的关系，二者呈简单的线性关系。

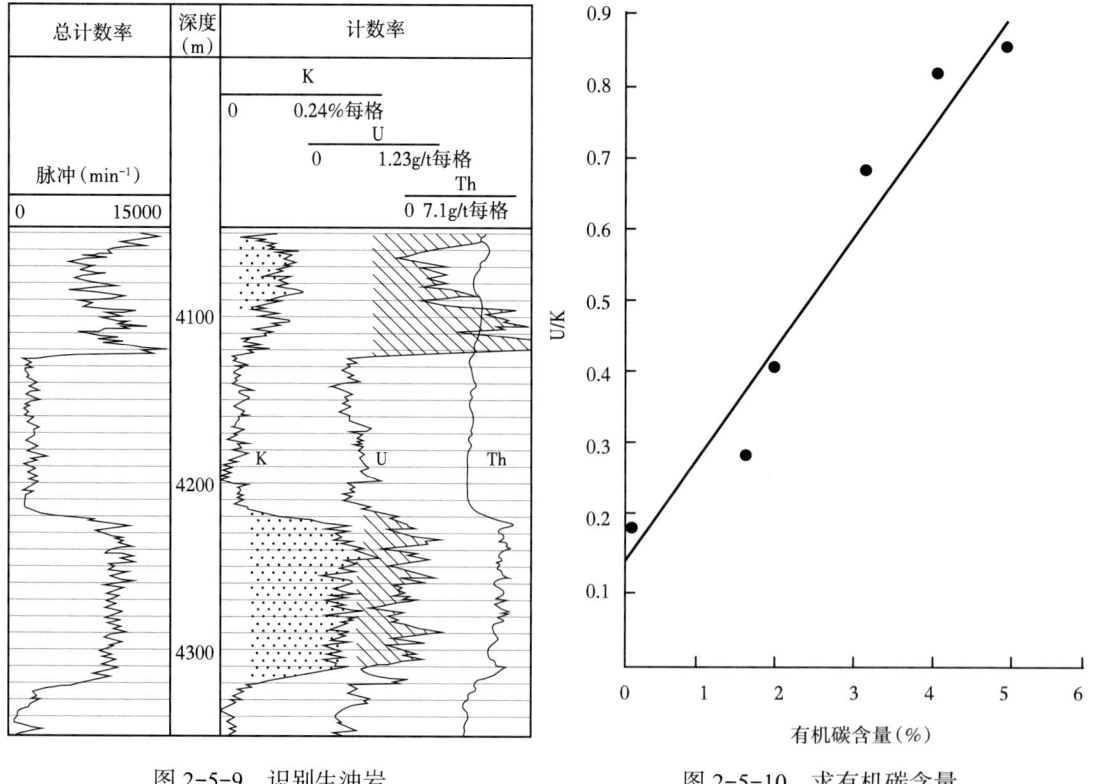

图 2-5-9　识别生油岩　　　　　　　　图 2-5-10　求有机碳含量

利用自然伽马能谱测井对陆相页岩地层实测有机碳含量数据与所对应深度的 U 曲线进行了回归分析，得出计算 TOC 的定量关系式为：

$$TOC = 1.438U - 0.602 \quad (2-5-7)$$

图 2-5-11 为自然伽马能谱测井的实例，其中第 1 道绿线是自然伽马曲线，黑线为去铀自然伽马曲线，在 825m、848m 和 862.5m 处有明显异常；第 3 至第 5 道为钾、钍和铀含量曲线，全井段钾和钍含量变化不大，但铀含量在上述三处有明显异常；第 6 道黑色峰处显示有机碳的存在。

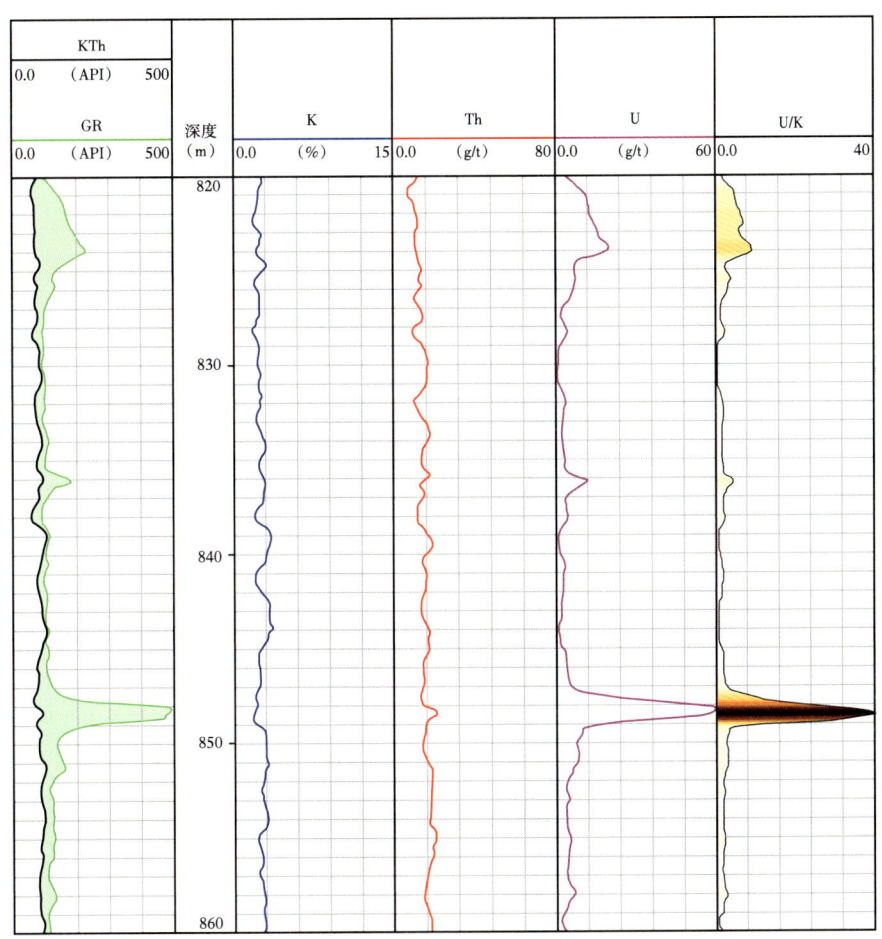

图 2-5-11 测井实例曲线图

六、研究沉积环境

自然伽马测井对识别沉积环境和确定岩性均有明显的优势。20 世纪 50 年代，美国和苏联的地质学家均确认钍铀比（Th/U）与古水流类型、沉积环境和盆地形态的变化有密切关系。根据国内外的研究，一般认为：陆相沉积氧化环境，如风化层，Th/U＞7；海相沉积、氧化还原过渡带，如灰色或绿色页岩，2＜Th/U＜7；海相还原环境，如黑色页岩、磷酸盐岩，Th/U＜2。Th/U 通过盆地的剖面图，往往和盆地的地形剖面一致，边缘高而内部低，可反映沉积物源和推进方向。U、Th/U 和黏土岩电阻率 R_{sh} 结合，可更有效地划分沉积环境，表 2-5-2 列出判别主要沉积相的一般规则，$R_{sh,c}$ 表示河流环境黏土岩电阻率，$R_{sh,L}$ 表示淡水湖泊环境黏土岩电阻率，$R_{sh,S}$ 表示正常海相环境黏土岩电阻率。

表 2-5-2 判别主要沉积相的一般规则

	沉积环境	U_{sh}（mg/L）	$(Th/U)_{sh}$	R_{sh}
陆相	河流相	<4	>7	$\geqslant R_{sh,c}$
	滨湖—分流河道	<4	>2	$R_{sh,L} - R_{sh,c}$
	淡水湖泊	<4	>2	$\approx R_{sh,L}$
	半咸水湖泊	<4	>2	$R_{sh,S} - R_{sh,L}$
	咸水湖泊	<4	>2	$\leqslant R_{sh,S}$
海相	滨海	10~20	0.4~2	$\geqslant R_{sh,S}$
	浅海	20~40	0.3~0.5	$R_{sh,S} - R_{sh,L}$
	正常海	20~28	<0.3~0.35	$\approx R_{sh,S}$

七、监测水淹层

在水驱油过程中常在水驱前沿形成高放射性带，这主要是由铀的子体镭引起的，其比活度可达到 $10^{-9} \sim 10^{-8} Ci/cm^3$，比普通油田水高 1~2 倍。驱替前沿携带的放射性物质可在水泥环和套管上富集而形成放射性积垢，使铀曲线幅度明显增高，从而显示出驱替液已到达或通过该井段。铀曲线幅度增高的程度往往可定性划分水淹的等级。图 2-5-12 是形成放射性积垢的实例，原始自然伽马 GR 曲线是在投入生产 11 年以前测的，自然伽马能谱显示射孔井段总计数率明显升高，是由井眼附近放射性积垢引起的，铀曲线幅度很高，证明此井段已被水淹。图 2-5-13 是找出水层位的实例，高放射性井段是由管外窜槽水流造成的放射性积垢引起的。

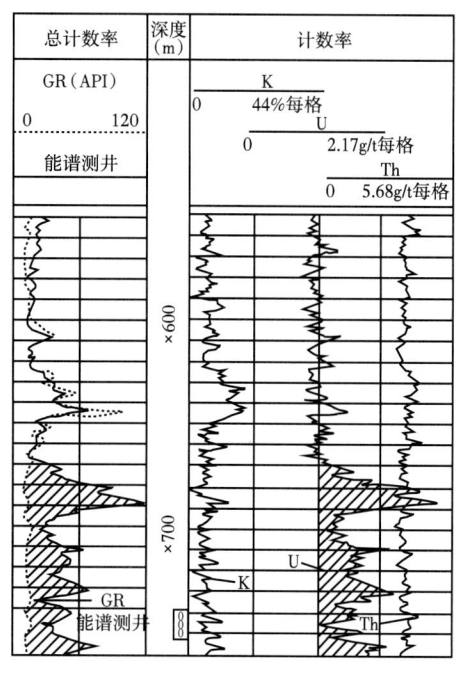

图 2-5-12 放射性积垢

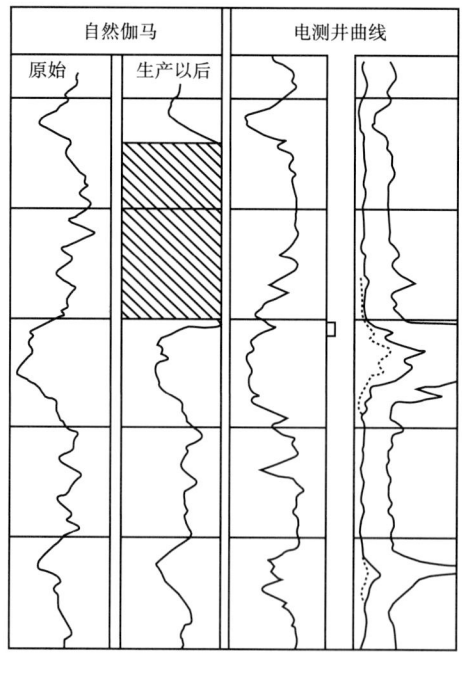

图 2-5-13 找出水层位

第三章 散射伽马能谱测井

散射伽马能谱测井是以伽马射线与地层的相互作用为基础的测井方法。早期的仪器只利用康普顿效应测定地层的密度,称为补偿密度测井;随后同时利用光电效应和康普顿效应来测定地层的光电吸收截面指数和密度,称为岩性密度测井;现在发展为多探测器伽马能谱岩性密度测井。在第二章已经介绍过伽马射线与物质的相互作用主要有光电效应、康普顿效应和电子对效应。在散射伽马能谱测井中,采用的伽马射线源光子能量比较低,电子对效应可忽略不计,只需考虑光电效应和康普顿效应。

第一节 岩石的电子密度指数和光电吸收截面指数

密度测井是利用伽马射线探测器测量到的散射伽马射线谱来确定地层密度的。岩石对伽马射线的散射和吸收决定于它的宏观核物理参数和与其相关联的地质参数,一定能量的伽马射线进入地层介质,通过光电效应和康普顿散射作用,会有一部分光子从地层中散射出来被探测到,显然散射的光子能量和数目与地层介质的康普顿散射和光电效应截面及能量转换有关。本节主要介绍不同岩石矿物的康普顿散射截面、电子密度指数和光电吸收截面指数。

一、康普顿散射与电子密度指数

1. 康普顿散射线性衰减系数

伽马光子与原子发生康普顿散射的截面 σ_c 为:

$$\sigma_c = Z\sigma_{c,e} \qquad (3-1-1)$$

式中:Z 为原子序数;$\sigma_{c,e}$ 为电子的散射截面。

若矿物是由一种原子组成的,它的散射线性衰减系数(宏观散射截面)为:

$$\mu_c = N\sigma_c \qquad (3-1-2)$$

式中:N 为每立方厘米该种矿物的原子数,即原子数密度。

由式(3-1-1)和式(3-1-2)可得到:

$$\mu_c = \frac{N_A \rho Z}{A} \sigma_{c,e} \qquad (3-1-3)$$

式中:N_A 为阿伏加德罗常数,为 $6.02486 \times 10^{23} \text{mol}^{-1}$;$\rho$ 为体积密度,g/cm^3;Z/A 为荷质比。

2. 电子密度指数

若用 n_e 表示电子密度,即每立方厘米中的电子数,则有:

$$n_e = \frac{N_A \rho Z}{A} \quad (3-1-4)$$

电子密度 n_e 是个很大的数,为使用方便,定义一个与它成正比的参数,即电子密度指数:

$$\rho_e = \frac{2n_e}{N_A} = \frac{2Z}{A} \rho \quad (3-1-5)$$

由式(3-1-5)可知,若荷质比可近似看作常数,则由测出的电子密度指数就能确定体积密度。

表 3-1-1 列出几种元素的相对原子质量 A、原子序数 Z 和两倍荷质比的数值。由表可知,除氢以外,其他元素的 $2(Z/A)$ 近似为 1,所以 $\rho_e \approx \rho$。

表 3-1-1　$2(Z/A)$ 数值表

元素	H	C	O	Na	Mg	Al	Si	S	Cl	K	Ca
A	1.0079	12.011	15.999	22.9898	24.305	26.9815	28.085	32.06	35.453	39.039	40.05
Z	1	6	8	11	12	13	14	16	17	19	20
$2(Z/A)$	1.9843	0.9991	1.0000	0.9569	0.9875	0.9636	0.9970	0.9981	0.9590	0.9734	0.9988

若矿物由一种化合物组成,对于一个分子来说,组成它的所有原子的核外电子数为:

$$m_e = \sum n_i Z_i \quad (3-1-6)$$

式中:Z_i 为分子中第 i 种原子的原子序数,即核外电子数;n_i 为第 i 种原子的原子数。

电子密度为:

$$n_e = \frac{N_A \rho}{M} \sum n_i Z_i = \frac{N_A \sum n_i Z_i}{M} \rho \quad (3-1-7)$$

式中:M 为该化合物的摩尔质量,g/mol。

电子密度指数为:

$$\rho_e = \frac{2n_e}{N_A} = \frac{2 \sum n_i Z_i}{M} \rho \quad (3-1-8)$$

ρ_e 的量纲为 mol/cm³;若比值 $(\sum n_i Z_i)/M$ 近似为常数,则测出电子密度指数就能确定其体积密度。

[例 3-1-1] 已知纯石英、方解石、原油、淡水和甲烷的密度分别为 2.654g/cm³、2.71g/cm³、0.85g/cm³ 和 0.2g/cm³,计算其电子密度指数。

解:根据式(3-1-8)可以得到:

纯石英的电子密度指数为:

$$\rho_{e1} = \frac{2 \sum n_i Z_i}{M} \rho = \frac{2 \times (1 \times 14 + 2 \times 8)}{60.083} \times 2.654 = 2.65 (\text{mol/cm}^3)$$

纯方解石的电子密度指数为：

$$\rho_{e2} = \frac{2\sum n_i Z_i}{M}\rho = \frac{2\times(1\times 6+3\times 8+1\times 20)}{100.088}\times 2.71 = 2.708(\text{mol/cm}^3)$$

油的电子密度指数为：

$$\rho_{e3} = \frac{2\sum n_i Z_i}{M}\rho = \frac{2\times(1\times 6+2\times 1)}{14.0158}\times 0.85 = 0.97(\text{mol/cm}^3)$$

甲烷的电子密度指数为：

$$\rho_{e3} = \frac{2\sum n_i Z_i}{M}\rho = \frac{2\times(1\times 6+4\times 1)}{16.0316}\times 0.2 = 0.2495(\text{mol/cm}^3)$$

表 3-1-2 给出一些矿物的有关数值。由表可见，式（3-1-8）等号右侧的系数 $2\sum n_i z_i/M$ 也近似为 1，电子密度指数 ρ_e 在数值上与体积密度 ρ 近似相等。

表 3-1-2 密度数据表

矿物	分子式	密度（g/cm³）	$2(\sum n_i Z_i)/M$	电子密度指数（mol/cm³）	体积密度（g/cm³）
石英	SiO_2	2.654	0.9985	2.650	2.648
方解石	$CaCO_3$	2.710	0.9991	2.7075	2.710
白云石	$CaMg(CO_3)_2$	2.870	0.9977	2.863	2.876
硬石膏	$CaSO_4$	2.960	0.9990	2.957	2.977
钾盐	KCl	1.984	0.9657	1.916	1.863
岩盐	$NaCl$	2.165	0.9581	2.074	2.032
石膏	$CaSO_4\cdot 2H_2O$	2.320	1.0222	2.372	2.351
无烟煤	—	1.400 1.800	1.030	1.442 1.852	1.355 1.796
烟煤	—	1.200 1.500	1.060	1.272 1.590	1.173 1.514
淡水	H_2O	1.000	1.1101	1.110	1.000
矿化水①	$H_2O+NaCl$	1.146	1.0797	1.237	1.135
原油	$n(CH_2)$	0.850	1.1407	0.970	0.850
甲烷	CH_4	$\rho(CH_4)$	1.247	$1.247\rho(CH_4)$	$\rho_a(CH_4)$②
天然气	$C_{1.1}H_{4.2}$	$\rho(\text{air})$	1.238	$1.238\rho(\text{空气})$	$\rho_a(\text{天然气})$③

①矿化度 2.0×10^5 mg/L；
②甲烷的视密度 $\rho_a(CH_4)=1.335\rho(CH_4)-0.188$；
③天然气的视密度 $\rho_a(\text{天然气})=1.325\rho(\text{空气})-0.188$。

3. 电子密度指数与体积密度的关系

通常所研究的岩石由骨架矿物和孔隙流体组成，设岩石的骨架密度为 ρ_{ma}，孔隙度为 ϕ，孔隙中充淡水，其体积密度应为：

$$\rho_b = \rho_{ma}(1-\phi) + 1.0000\phi \tag{3-1-9}$$

若其骨架的电子密度指数为 ρ_{me}，则岩石的电子密度指数为：

$$\rho_e = \rho_{me}(1-\phi) + 1.1101\phi \quad (3\text{-}1\text{-}10)$$

式（3-1-9）和式（3-1-10）联立，则可得到体积密度和电子密度指数之间的关系式：

$$\rho_b = \frac{\rho_{ma} - \rho_f}{\rho_{me} - \rho_{fe}}\rho_e - \frac{\rho_{ma} - \rho_f}{\rho_{me} - \rho_{fe}}\rho_{me} + \rho_{ma} \quad (3\text{-}1\text{-}11)$$

对纯淡水石灰岩来说，从表 3-1-2 中查出方解石和淡水的体积密度及电子密度指数，代入式（3-1-11）得岩石的体积密度为：

$$\rho_b = 1.0704\rho_e - 0.1883 \quad (3\text{-}1\text{-}12)$$

由前面的讨论可知，电子密度指数与电子密度及康普顿线性衰减系数成正比，因而是可以测量的；而体积密度的测量值，是在规定条件下通过它与电子密度指数的近似关系间接导出的。通常密度测井仪器是以饱含淡水的石灰岩为标准进行刻度的，所以遵循关系式（3-1-12）。测井时，不管测量环境与标准条件有何不同，输出的密度值都是用这个转换式得到的，它与被测介质的实际密度略有差别，故称为视密度，并用 ρ_a 表示。由表 3-1-2 可以看出，对石油测井常遇的多数矿物来说，视密度与真密度差别很小。

对不同岩性的岩石，在孔隙流体为淡水的情况下，先分别用式（3-1-9）和式（3-1-10）计算出孔隙岩石的真密度和电子密度指数随孔隙度的变化，再将计算所得的电子密度指数代入式（3-1-12）计算出孔隙岩石的视密度，计算真密度与视密度之差，可绘出如图 3-1-1 所示的关系曲线。由图可见：（1）含淡水石灰岩，视密度等于真密度，差值为零；（2）含淡水砂岩视密度略小于真密度，差值为正值；（3）含淡水白云岩视密度略大于真密度，差值为负值。孔隙度越大，石灰岩和白云岩的视密度与真密度的差别越小，并未超过测井允许的误差范围（0.015g/cm³），故可忽略。但当岩石骨架或孔隙流体与石灰岩或淡水对伽马射线的散射特性相差太大时，视密度和真密度之差会超过允许值，必须进行校正。

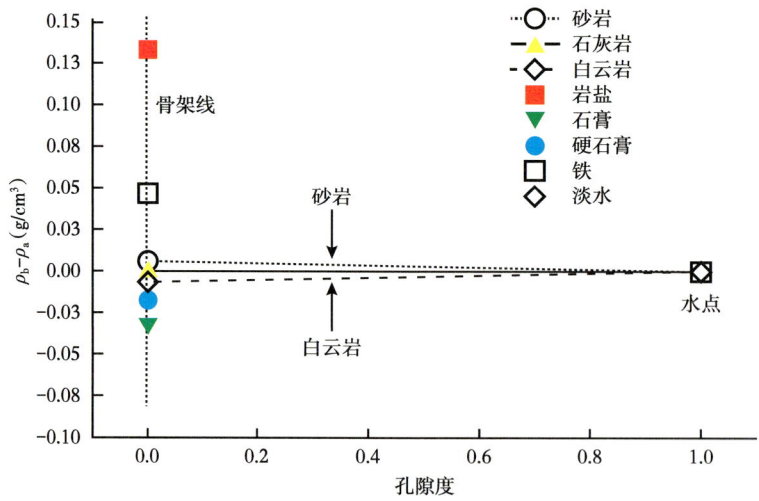

图 3-1-1　真密度—视密度与孔隙度的关系

要注意，密度测井实质测量的是电子密度指数，间接测出视密度（或称石灰岩密度），而只有当测量条件与建立式（3-1-12）的条件完全一致时，视密度才等于真密度。

二、光电效应与光电吸收截面指数

1. 岩石的光电吸收截面

由第一章伽马射线与物质的作用可知，一个原子的光电吸收截面 σ_{ph} 大约与原子序数 Z 的 5 次方成正比，且随光子能量 E 的减小而迅速增大。地球物理测井常见元素原子的光电吸收截面近似为：

$$\sigma_{ph} = kE^{-3.15}Z^{4.6} \qquad (3\text{-}1\text{-}13)$$

式中：k 为常数，其数值由光子能量和截面的单位选择而定。

每个电子的平均光电吸收截面为：

$$\sigma_e = \frac{\sigma_{ph}}{Z} = kE^{-3.15}Z^{3.6} \qquad (3\text{-}1\text{-}14)$$

考虑到岩性密度测井鉴别岩性时选用的能量范围很窄，能量近似看作常数，则有：

$$\sigma_e \propto Z^{3.6} \qquad (3\text{-}1\text{-}15)$$

若矿物由单一元素组成，且其电子密度为 n_e，则其线性光电吸收系数为：

$$\mu_{ph} = n_e \sigma_e \propto Z^{3.6} \qquad (3\text{-}1\text{-}16)$$

2. 光电吸收截面指数

定义与岩石中一个电子的平均光电吸收截面成正比的量 P_e，称为光电吸收截面指数：

$$P_e = \left(\frac{Z}{10}\right)^{3.6} \qquad (3\text{-}1\text{-}17)$$

它与 σ_e 成正比，具有相同的量纲（b/e），但 P_e 与电子的平均截面 σ_e 并不恒等，只是在限定条件下相近。线性光电吸收系数是可以测量的，所以 P_e 也是可以测量的。

当矿物由一种化合物组成时，一个分子的光电吸收截面为：

$$\sigma_m = kE^{-3.15}\sum_{i=1}^{m} n_i Z_i^{4.6} \qquad (3\text{-}1\text{-}18)$$

而电子数为 $\sum n_i Z_i$，所以每个电子的平均截面为：

$$\sigma_e = kE^{-3.15}\frac{\sum n_i Z_i^{4.6}}{\sum n_i Z_i} \qquad (3\text{-}1\text{-}19)$$

此时有：

$$P_e = 10^{-3.6} \times \frac{\sum n_i Z_i^{4.6}}{\sum n_i Z_i} = \left(\frac{\bar{Z}}{10}\right)^{3.6} \qquad (3\text{-}1\text{-}20)$$

式中：$\bar{Z}$ 为等效原子序数。

3. 体积光电吸收截面指数

为使用体积模型，又定义了另一个岩性参数 U，称为体积光电吸收截面指数或 U

参数：

$$U = (2/N_A)\mu_{ph} = \rho_e(\mu_{ph}/n_e) = \rho_e P_e \qquad (3-1-21)$$

式中：N_A 为阿伏加德罗常数；ρ_e 为电子密度指数；n_e 为电子密度；U 具有 mol/cm 的量纲，为了应用方便，不再进行单位转换。

［例 3-1-2］计算纯石英、方解石和淡水的光电吸收截面指数和体积光电吸收截面指数。

解：根据式（3-1-20）和式（3-1-21）可以得到光电吸收截面和体积光电吸收截面指数：

纯石英

$$P_{e1} = 10^{-3.6} \times \frac{\sum n_i Z_i^{4.6}}{\sum n_i Z_i} = 10^{-3.6} \times \frac{1 \times 14^{4.6} + 2 \times 8^{4.6}}{1 \times 14 + 2 \times 8} = 1.8058 \,(\text{b/e})$$

$$U_1 = \rho_{e1} P_{e1} = 2.65 \times 1.8058 = 4.785 \,(\text{mol/cm})$$

纯方解石

$$P_{e2} = 10^{-3.6} \times \frac{\sum n_i Z_i^{4.6}}{\sum n_i Z_i} = 10^{-3.6} \times \frac{1 \times 20^{4.6} + 1 \times 6^{4.6} + 3 \times 8^{4.6}}{1 \times 20 + 1 \times 6 + 3 \times 8} = 5.084 \,(\text{b/e})$$

$$U_2 = \rho_{e2} P_{e2} = 2.708 \times 5.084 = 13.767 \,(\text{mol/cm})$$

水

$$P_{e3} = 10^{-3.6} \times \frac{\sum n_i Z_i^{4.6}}{\sum n_i Z_i} = 10^{-3.6} \times \frac{2 \times 1^{4.6} + 1 \times 8^{4.6}}{2 \times 1 + 1 \times 8} = 0.358 \,(\text{b/e})$$

$$U_3 = \rho_{e3} P_{e3} = 1.1101 \times 0.358 = 0.397 \,(\text{mol/cm})$$

表 3-1-3 列出几种矿物的密度和岩性参数 P_e 和 U。从表中可以看出，石英、方解石、白云石的密度差别不大，但 P_e 和 U 参数差别很大，用 P_e 或 U 参数更容易将这三种矿物区分开。

表 3-1-3 密度和岩性参数

矿物	密度（g/cm³）	P_e（b/e）	U（mol/cm）
石英	2.65	1.81	4.80
方解石	2.71	5.05	13.68
白云石	2.87	3.14	8.99
硬石膏	2.96	5.08	15.02
盐岩	2.165	4.65	9.64
淡水	1.00	0.35	0.39
烃类	＜1	＜0.12	＜0.12
盐水①	1.146	1.2	1.48

①矿化度 100000mg/L。

岩石的光电吸收系数决定于组成它的矿物和孔隙流体，则含淡水纯地层的光电吸收系数为：

$$\mu_{ph} = \mu_{ma}(1-\phi) + \mu_f \phi \quad (3-1-22)$$

式中：μ_{ma} 和 μ_f 分别为纯岩石骨架矿物和流体的光电吸收系数，cm^{-1}；ϕ 为孔隙度。

岩石的体积光电吸收指数为：

$$U = U_{ma}(1-\phi) + U_f \phi \quad (3-1-23)$$

或

$$\rho_e P_e = \rho_{ema} P_{ma}(1-\phi) + \rho_{ef} P_{ef} \phi \quad (3-1-24)$$

而

$$\rho_e = \rho_{ema}(1-\phi) + \rho_{ef}\phi \quad (3-1-25)$$

以淡水砂岩为例，ρ_{ema}=2.65mol/cm³，ρ_{ef}=1.110mol/cm³，P_{ema}=1.81b/e，P_{ef}=0.358b/e，故有：

$$U = 4.80(1-\phi) + 0.397\phi \quad (3-1-26)$$

$$\rho_e = 2.65(1-\phi) + 1.11\phi \quad (3-1-27)$$

$$P_e = U/\rho_e \quad (3-1-28)$$

对于淡水砂岩，当孔隙度 ϕ=0 时，U=4.80mol/cm，ρ_e=2.65mol/cm³，P_e=4.80/2.65=1.81b/e；当孔隙度 ϕ=30% 时，U=3.479mol/cm，ρ_e=2.188mol/cm³，P_e=1.59b/e。由此可见，孔隙度变化时，岩性参数尤其 P_e 变化很小，对识别岩性有利。

第二节　伽马射线在介质中的透射和散射规律

石油测井中常用伽马源产生的伽马射线穿过介质或与介质发生散射，来测量井孔流体密度、地层密度和岩性参数，需了解不同能量伽马射线在介质中的透射和散射规律，掌握能谱信息特征，以便形成相应的测井方法。伽马射线进入地层后与地层中的各种原子发生光电效应、康普顿效应和电子对效应，其中发生光电效应的伽马射线完全被地层吸收，而发生康普顿散射的伽马射线与地层经过一次甚至多次散射，经过地层部分继续发生光电效应，部分回到测井仪器被探测，显然岩石对伽马射线的散射和吸收主要取决于岩石的核物理参数。

一、伽马射线在介质中的透射作用

1. 伽马光子输运理论

伽马光子在一定介质中输运的方程可表示为：

$$\boldsymbol{\Omega}\nabla\phi(r,\boldsymbol{\Omega},E) + \sigma_t\phi(r,\boldsymbol{\Omega},E) = \int_0^\infty dE' \int_{4\pi} d\boldsymbol{\Omega}' \sigma_s(r,E',\boldsymbol{\Omega} \to E,\boldsymbol{\Omega})\phi(r,\boldsymbol{\Omega},E) + S(r,\boldsymbol{\Omega},E)$$

$$(3-2-1)$$

式中：r 为离坐标原点的距离，cm；E 为光子的能量，MeV；Ω 为立体角，sr；Φ 为光子的角分布通量，cm^{-2}·sr；S 为源强；σ_t 和 $\sigma_s(r, E', \Omega \rightarrow E, \Omega)$ 分别为光子总的作用截面和散射截面，cm^2。

已知在散射—吸收介质中，平行伽马射线束穿过路程 x 后其强度 I 为：

$$I = I_0 e^{-\mu x} \quad (3-2-2)$$

式中：μ 为线性衰减系数，cm^{-1}；I_0 为穿过介质初始位置时的射线强度。

用质量衰减系数 $\mu_m = \mu/\rho$ 来表示，可以得到：

$$I = I_0 e^{\mu_m x \rho} \quad (3-2-3)$$

而对于化合物或混合物来说，质量衰减系数可表示为：

$$\mu/\rho = \sum_i^n w_i (\mu/\rho)_i = w_1 (\mu/\rho)_1 + w_2 (\mu/\rho)_2 + ... + w_n (\mu/\rho)_n \quad (3-2-4)$$

式中：ρ 和 ρ_i 为混合物和第 i 种元素或矿物的密度，g/cm^3；w_i 和 $(\mu/\rho)_i$ 分别为组成物质的第 i 种元素或矿物的质量分数和质量衰减系数。

2. 介质的质量衰减系数计算

伽马射线透过介质的质量衰减系数可以用蒙特卡罗方法模拟来确定，如图 3-2-1 所示，利用 GEANT4 建立计算模型，入射源为 X 射线，模拟得到了不同能量 X 射线透过介质后的强度 I，根据已知的入射强度 I_0 和介质厚度 x，利用式（4-2-2）计算可得相应线性衰减系数 μ；再根据介质密度 ρ 便可求得质量衰减系数 μ/ρ，并与利用 XCOM 程序计算所得的质量衰减系数理论值进行对比。

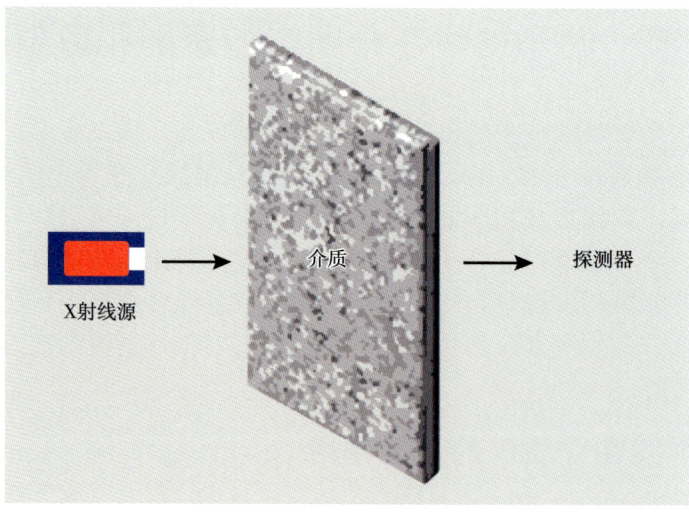

图 3-2-1 利用 GEANT4 模拟计算质量衰减系数模型示意图

介质分别选取石英（SiO$_2$）、方解石（CaCO$_3$）、白云岩 [CaMg（CO$_3$）$_2$]、赤铁矿（Fe$_2$O$_3$）、硬石膏（CaSO$_4$）和钾盐（KCl），入射 X 射线能量分别为 0.02MeV、0.04MeV、0.06MeV、0.10MeV、0.20MeV，利用蒙特卡罗模拟软件 GEANT4 和 XCOM 程序分别计算得到质量衰减系数，如图 3-2-2 所示。

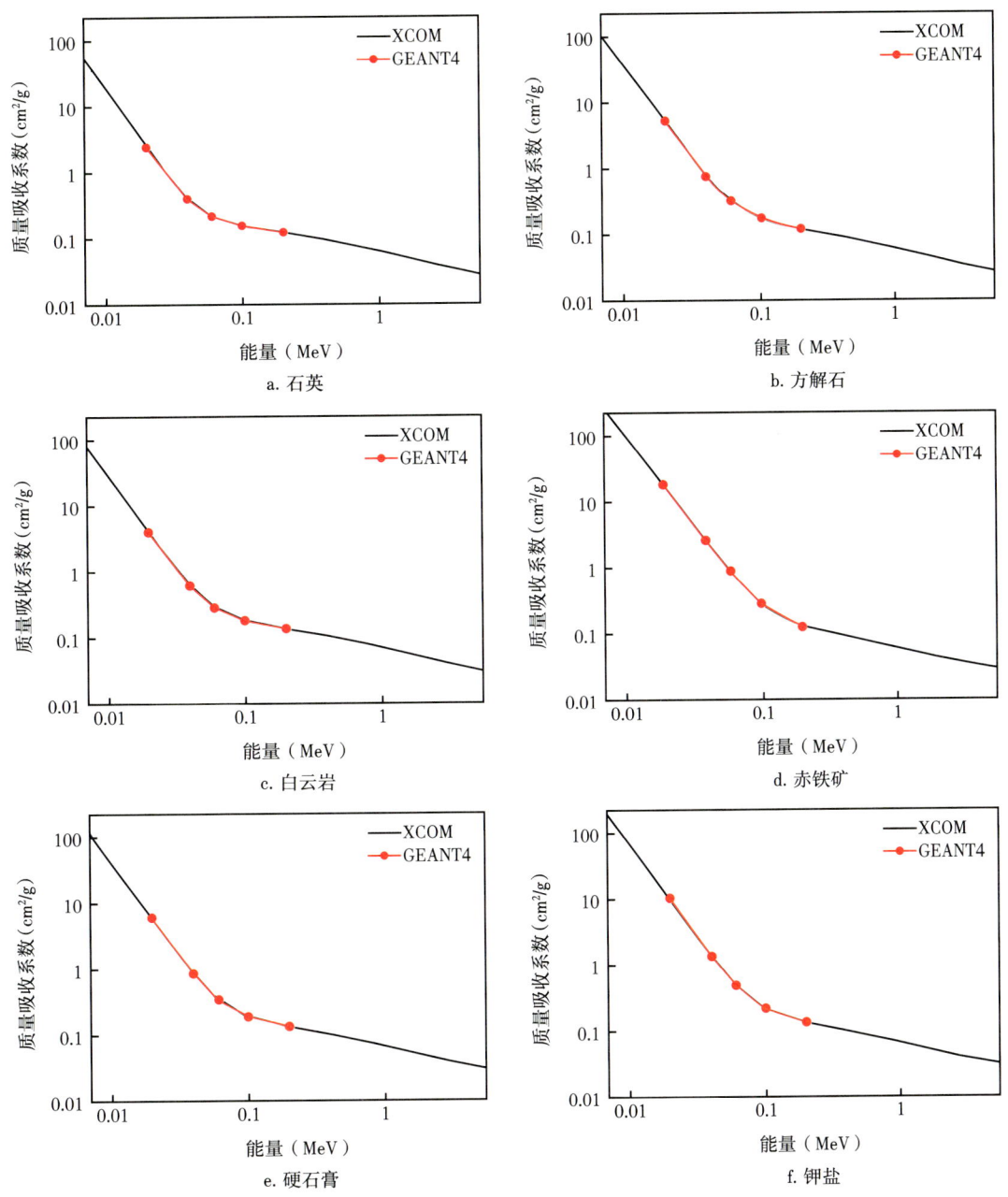

图 3-2-2 不同矿物的质量衰减系数与 X 射线能量关系

由图 3-2-2 可以看出，利用蒙特卡罗方法模拟计算所得的不同矿物对不同能量 X 射线的质量衰减系数与利用 XCOM 程序计算得到的理论值吻合很好。

图 3-2-3 给出一些元素和流体的质量衰减系数与光子能量的关系，在能量 1keV 到 40keV 范围内，除氢元素随着光子能量的增加几乎不变之外，其他元素和物质都随着光子能量的增加，质量衰减系数急剧下降；同种能量的光子在水中的质量衰减系数要高于油和甲烷。在能量 40keV 到 1MeV 范围内，所有元素和物质随着光子能量增加，质量衰减系数下降缓慢；同种能量的光子在甲烷中的质量衰减系数要略高于油和水。

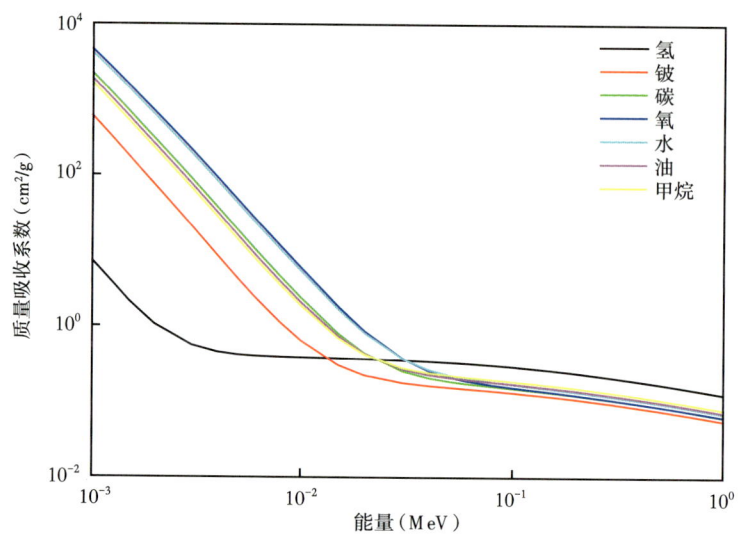

图 3-2-3 质量衰减系数和光子能量的关系

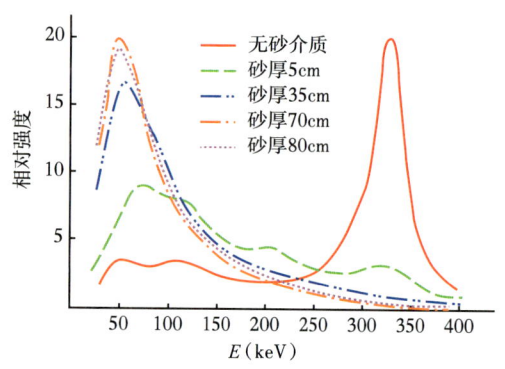

图 3-2-4 透射伽马射线能谱

3. 透射能谱

当光子能量较高但又不足以产生电子对时，它与介质的相互作用以康普顿效应为主，经多次散射，光子能量降低，部分光子穿出介质，还有部分光子能量降低到光电效应占优势的谱段，而被介质吸收；此外，部分伽马光子没有与介质发生作用，而保持原始能量穿出，因此记录透射后的伽马光子能谱是一个既有原始能量又有散射能量的连续谱。

图 3-2-4 为透射伽马射线能谱图。图中实验所用伽马源为铬的放射性同位素 ^{51}Cr，半衰期为 27.72d，伽马射线能量 323keV。散射吸收介质采用密度为 1.6g/cm³ 的砂，伽马源与探测器的距离，即砂的厚度，分别为 5cm、35cm、45cm、60cm、70cm 和 80cm。当砂层厚度为 0 时，可看到强度很高的 323keV 光电峰；当吸收厚度为 5cm 时，323keV 光电峰明显降低，在 205keV 处的一次散射峰有所显示，而 50keV 处的多次散射峰幅度升高；当砂层吸收厚度为 35~80cm 时，能谱曲线的基本形态不变，323keV 光电峰完全消失，205keV 处的一次散射峰也无显示，而 50keV 处的多次散射峰幅度很高。

伽马光子发生康普顿效应，有：

$$I = I_0 e^{-\mu_c x} \tag{3-2-5}$$

式中：μ_c 为康普顿衰减系数，cm^{-1}。

当 μ_c 与 x 的乘积增大时，穿透厚度为 x 的砂层的 323keV 的伽马光子数按指数规律减少，而经过散射的光子所占比例会相应增加；当光子能量降低到光电效应占优势能量范围时，光子在砂层内被吸收的概率快速上升，不可能再穿出砂层。在康普顿效应占优势的谱段可用于测量密度，而光电效应占优势的低能部分可用于识别介质的化学成分。在井眼中通常用透射法来测量井眼流体的密度和油、气、水持率。

二、伽马射线在介质中的散射作用

根据前述伽马光子与介质作用过程分析，当光子进入介质时会与原子发生光电效应和康普顿效应，其中发生光电效应的光子被原子吸收，不会被观察点记录到；发生康普顿散射的光子能量和方向发生改变，发生一次或多次散射的光子部分穿出介质被观察到，显然随着能量降低，散射光子计数越多；随着散射光子能量继续降低，光电效应贡献增加，光子被吸收得越多，被记录得散射光子计数越少。因此伽马射线在介质中作用过程实际上是光电效应和康普顿散射相互竞争的过程。

1. 伽马射线在介质中的散射规律

伽马源产生的伽马射线入射到介质中，先经过光电效应、康普顿效应等过程，使光子数衰减，然后按照一定的角度发生散射，再经过介质的光电效应和康普顿效应作用发生衰减，探测器记录的光子数与这些过程有关。

1）单一介质中伽马射线的散射规律

伽马源产生的伽马射线在介质中经过光电效应和康普顿散射，探测器记录到的光子数取决于介质中散射的光子数和沿着路径上的光子衰减。如图3-2-5所示，假定光子在介质中的路径是直线，第一个阶段是光子在入射路径上的衰减，根据衰减定律有：

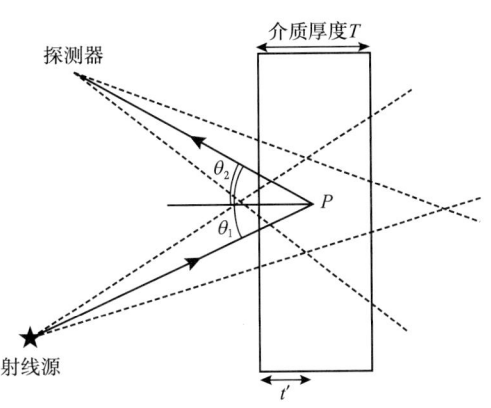

图3-2-5 伽马散射在介质中的散射过程

$$I_1 = I_0 e^{-\mu \frac{t'}{\cos\theta_1}} \qquad (3-2-6)$$

式中：I_1和I_0分别为光子的透射和入射强度；μ是介质的线性衰减系数，cm^{-1}；t'是穿过介质的厚度，cm；θ_1为光子入射角度。

第二个阶段是在P点发生面向探测器方向的散射，假定在介质中仅经过一次散射，散射光子的强度可以由以下公式确定：

$$I_2 = I_1 \frac{d\sigma(E_1, \Omega)}{d\Omega} S(E_1, \theta, Z) d\Omega \rho N \frac{Z}{A} V \qquad (3-2-7)$$

$$V = A_s \cdot \Delta t' \qquad (3-2-8)$$

式中：$d\sigma(E_1, \Omega)/d\Omega$为微分散射截面；$S(E_1, \theta, Z)$为非相干散射函数；$E_1$为散射点光子的能量；$\theta$为散射角；$d\Omega$为由探测器决定的立体角；$V$为体积元的体积，等于源光子束面积$A_s$与体积元厚度$\Delta t'$的乘积；$\rho$为介质的体积密度。

第三个阶段散射光子与第一个阶段相同，沿着面向探测器的路径上由于光电效应和康普顿效应发生衰减，经过衰减后的光子强度为：

$$I_3 = I_0 e^{-\mu \frac{t'}{\cos\theta_1}} \frac{d\sigma(E_1,\Omega)}{d\Omega} S(E_1,\theta,Z) d\Omega \rho N \frac{Z}{A} A_s \Delta t' e^{-\mu \frac{t'}{\cos\theta_2}} \quad (3\text{-}2\text{-}9)$$

经过介质散射后的被探测器记录的光子总强度可表示为：

$$I(S) = I_0 \frac{d\sigma(E_1,\Omega)}{d\Omega} S(E_1,\theta,Z) d\Omega \rho N \frac{Z}{A} A_s \int_0^T e^{-\mu t'\left(\frac{1}{\cos\theta_1}+\frac{1}{\cos\theta_2}\right)} dt' \quad (3\text{-}2\text{-}10)$$

令：

$$k = \frac{d\sigma(E_1,\Omega)}{d\Omega} S(E_1,\theta,Z) d\Omega N \frac{Z}{A} A_s \quad (3\text{-}2\text{-}11)$$

$$m = \frac{1}{\cos\theta_1} + \frac{1}{\cos\theta_2} \quad (3\text{-}2\text{-}12)$$

则有：

$$I(S) = k\rho I_0 \frac{1}{\mu m}\left(1 - e^{-\mu T m}\right) \quad (3\text{-}2\text{-}13)$$

根据式（3-2-13）可以看出，在单一介质中伽马射线发生散射后的光子数与介质密度 ρ 有关，同时还和介质厚度及线性吸收系数有关。

2）双层介质的散射规律

在实际条件下，井孔中仪器的伽马源放出的伽马射线先经过井液或滤饼，然后再进入地层介质经过散射，最后回到探测器，因此这涉及伽马射线在双层介质中的散射过程。源光子进入介质 1 和介质 2 后发生散射，最后被探测器记录的情况如图 3-2-6 所示。

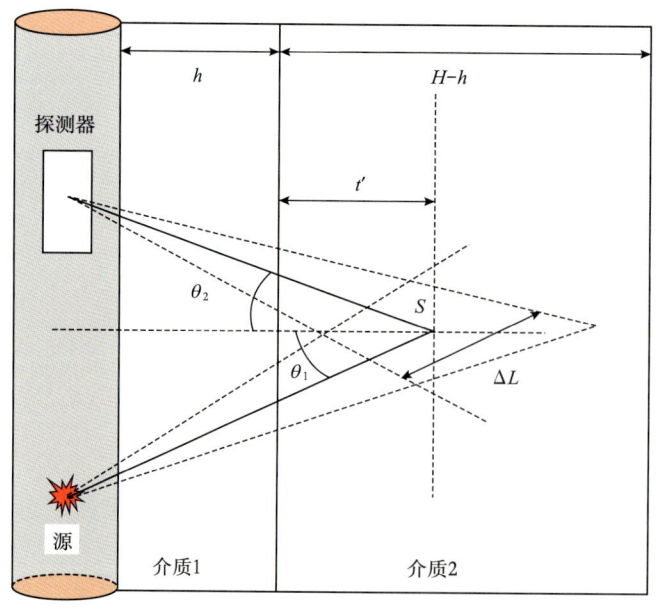

图 3-2-6　伽马散射在双层介质中的散射过程

仍假定光子沿着直线路径进入介质 1 和介质 2，且在介质 2 中 S 点发生散射，光子经过五个阶段，分别是在从源光子发射方向上介质 1 中的衰减、介质 2 中的衰减、介质 2 中的散射、面向探测器方向的介质 2 中的衰减和面向探测器方向的介质 1 中的衰减。

和式（3-2-6）类似，第一阶段和第二阶段的光子强度表达式分别为：

$$I_1 = I_0 e^{-\mu_1 \frac{h}{\cos\theta_1}} \tag{3-2-14}$$

式中：I_1 和 I_0 分别为光子的透射和入射强度；μ_1 是介质 1 的线性衰减系数，cm^{-1}；h 是穿过介质 1 的厚度，cm。

$$I_2 = I_1 e^{-\mu_2 \frac{t'}{\cos\theta_1}} \tag{3-2-15}$$

式中：I_2 为在第二种介质中衰减后的光子强度；μ_2 是介质 2 的线性衰减系数，cm^{-1}；t' 是在介质 2 中能够到达的最深厚度，cm。

在第 2 种介质中 S 点只发生一次散射，其散射后的光子强度表示为：

$$I_3 = I_2 \frac{d\sigma(E_1, \Omega)}{d\Omega} S(E_1, \theta, Z) d\Omega \rho N \frac{Z}{A} V \tag{3-2-16}$$

同样经过介质 2 和介质 1 中面向探测器方向衰减后的光子强度为：

$$I_5 = I_0 e^{-\mu_1 \frac{h}{\cos\theta_1}} e^{-\mu_2 \frac{t'}{\cos\theta_1}} \frac{d\sigma(E_1, \Omega)}{d\Omega} S(E_1, \theta, Z) d\Omega \rho_e A_s \Delta t' e^{-\mu_2 \frac{t'}{\cos\theta_2}} e^{-\mu_1 \frac{h}{\cos\theta_2}} \tag{3-2-17}$$

同样可以得到探测器记录的光子数目为：

$$I(S) = k\rho_2 \cdot I_0 e^{-(\mu_1 hm)} \frac{e^{-(\mu_2 hm)} - e^{-(\mu_2 Hm)}}{\mu_2 m} \tag{3-2-18}$$

式中：k 和 m 由式（3-2-11）和式（3-2-12）给出；H 为介质 1 和介质 2 的总厚度；h 为介质 1 的厚度。

3) 散射伽马能谱

当记录伽马光子的探测器与源的距离较大时。光子计数满足式（3-2-2）所述的关系，此时 x 表示伽马光子在介质中散射所走过的距离，与伽马源与观测点的距离有关。

大庆油田郑华用蒙特卡罗方法对岩性密度测井做了模拟计算，源光子能量 0.622MeV，散射伽马能量范围是 0.010~0.665MeV，每道 0.001MeV，在处理时，进行了 7 点 FFT 平滑。由于这些能谱的总计数率相差好几个数量级，为方便比较，对它们以能量 $E \geqslant 0.100MeV$ 光子计数率为基准作了归一化处理。源距为 20cm，大约相当于短源距，计算得到如图 3-2-7 所示的结果，曲线编号按 P_e 值从大到小依次为石灰岩、岩盐、石膏、白云岩、钾长石、蒙脱石、砂岩。

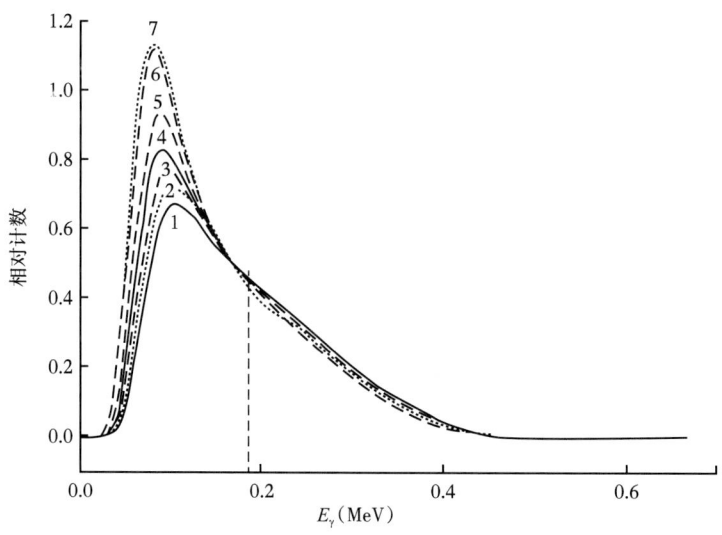

图 3-2-7 散射伽马能谱图

由图 3-2-7 可以看出：

（1）这些能谱曲线都在 $E_\gamma \approx 0.1 \text{MeV}$ 处出现极大值，由此将整个谱线分成左右两半。随着 P_e 值增高，多次散射峰降低并向右移动。如砂岩、蒙脱石和泥岩的能谱中这个峰很高，且靠左；而石灰岩峰最低，且向能量大的方向偏移。

（2）在 $E_\gamma > 0.1\text{MeV}$ 的谱段，0.48MeV 以上部分相对计数率都很低，且与岩性无关，$E > 0.20\text{MeV}$ 能段的相对计数率受 P_e 影响很小。随着能量降低，光子相对计数率逐渐增大，反映多次散射后能谱的软化现象。

（3）在 $E < 0.1\text{MeV}$ 的谱段，随着能量降低，光子相对计数率逐渐减小，光电吸收逐渐成为主要的作用，对 P_e 反应敏感。0.04MeV 以下部分相对计数率也很低。

第三节　散射伽马能谱测井原理

地层密度和光电吸收截面指数是常规测井中用来计算孔隙度和识别岩性的重要参数，主要基于伽马射线在地层介质中发生康普顿散射和光电效应两个物理过程，在井孔中来确定地层密度和光电吸收截面参数只能靠伽马射线的散射过程。目前密度测井常采用 ^{137}Cs 伽马源或 X 射线源和两个或两个以上探测器来记录射线与地层作用后的散射伽马能谱，通过不同能量窗的计数信息来确定。因此本节主要介绍散射伽马能谱测井原理，明确如何利用散射伽马能谱信息来确定密度等参数。

一、散射伽马能谱与源距的关系

1. 光子通量随源距的变化

为分析散射伽马能谱中右边谱段光子通量与源距的关系，采用蒙特卡罗方法针对孔隙度为 0 和 0.3 的饱含水砂岩进行模拟计算，对应的地层密度分别为 2.65g/cm³ 和 2.155g/cm³，记录光子的截断能量为 0.15MeV，如图 3-3-1 所示。

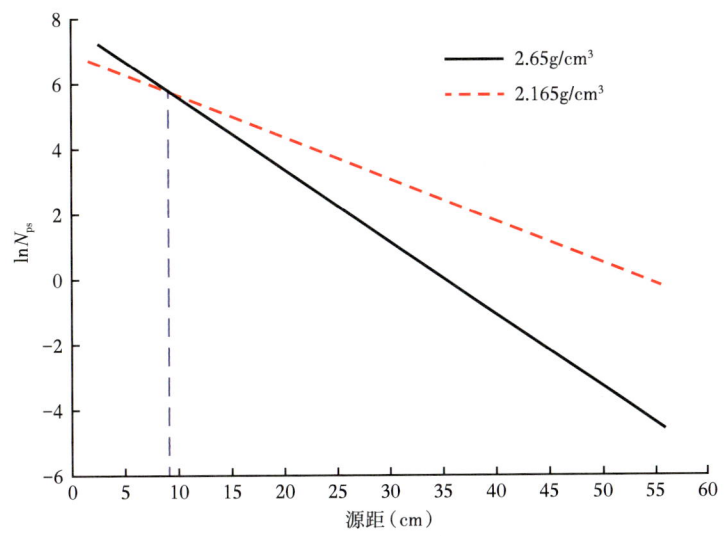

图 3-3-1 散射伽马光子通量与源距关系

结果表明，当源强和源距选定后，探测器接收到的散射伽马射线的强度取决于地层的两个作用过程：由源发射出的伽马光子经地层散射或多次散射使部分光子射向探测器；射向探测器的那些伽马光子，有一部分被再散射而改变方向或者被吸收。

当源距很小时，上述第 1 个过程是主要的，^{137}Cs 源放射出的伽马光子经过地层时，被一次或多次散射后，到达探测器并被其接收，因此，地层的密度越大，被探得的伽马光子计数越多；当源距足够大时，上述第 2 个过程压倒了第 1 个过程的作用，^{137}Cs 源放射出的伽马光子经过地层的散射而随机改变方向，或者直接被地层吸收，在这种情况下，密度大的地层，对伽马光子的散射及吸收能力较强，以致探测器探得的伽马光子计数率相对较小。

在密度较大的地层，对数坐标下伽马光子计数率随源距的增大而迅速减小，而在同种情况下，密度较小的泥岩层，在对数坐标下，伽马光子计数率随着源距的增大，下降的幅度相对较小。砂岩层和泥岩层在源距处于 8~10cm 之间有一个交点，说明在这种源距条件下，探测器无法判别地层属性，也就是密度测井中所谓的零源距，记作 d_0。

源距增大到一定程度后，无论什么地层，伽马计数都很低，此时，^{137}Cs 源放射出的伽马光子几乎全部被地层散射使其能量减弱，最终被地层吸收，只有很少一部分被探测器探得。也就是说，源距越大，对地层密度变化越灵敏。但同时考虑到探测器的探测效率，源距越大，探测器能够探得的伽马光子也越少，数据处理的效果越差，越不容易准确地获得被探测地层的有效信息。

根据不同密度的地层散射光子通量 Φ 与源距 d 的关系，定义视源距 $d_a = d - d_0$，则有：

$$\ln \Phi = \ln \Phi_0 - \mu d_a \tag{3-3-1}$$

式中：Φ_0 为 $d = d_0$ 时的光子通量；μ 为曲线的斜率。

2. 不同源距的散射伽马能谱

利用蒙特卡罗方法对岩性密度测井仪进行模拟计算，散射伽马能量范围是 0.010~

0.665MeV，将地层设置为孔隙度为 0.1 的饱含淡水的石灰岩地层，经计算，得到地层中的散射伽马场分布如图 3-3-2 所示。

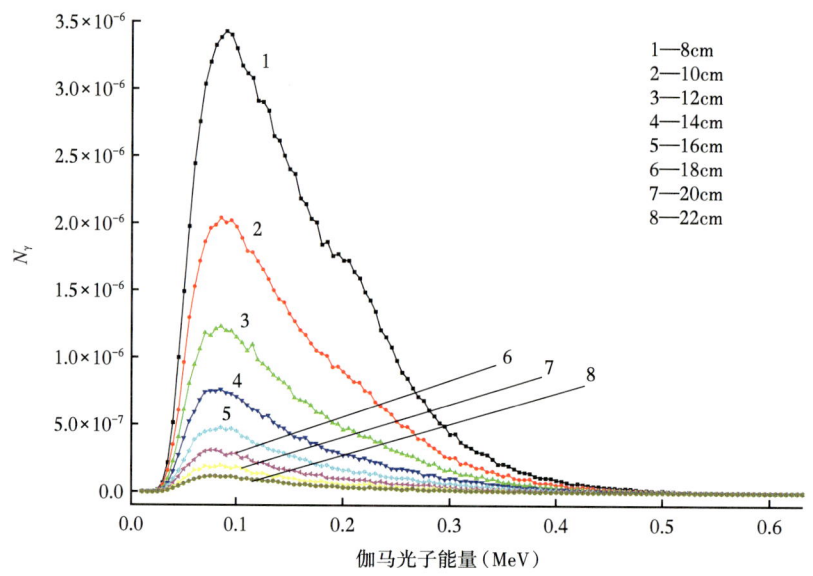

图 3-3-2　不同源距伽马能谱散射图

图 3-3-2 反映不同源距探测器的散射伽马能谱变化规律，可以看出：

（1）这些伽马光子能谱散射曲线几乎都在 0.1MeV 处出现了最大值，且随着源距增加，计数最大值向能量低的方向移动，源距越大，能量伽马光子的计数越低。

（2）在 0.1MeV 以下的能量区间，不同源距的响应差异明显，这一能量区主要反映光电效应过程，源距越大，光子被吸收越多，探测到的伽马光子计数越低。

（3）在 0.1~0.4MeV 能量区间，主要反映光子的康普顿散射过程，源距越大，散射次数越多，到达探测器的光子数越少，光子计数随源距增加下降越快。

（4）在 0.4MeV 以上的能量区间，能量较高的散射伽马光子数很少，说明伽马光子在地层中通过多次散射能量不断降低，不同源距的伽马光子计数都很低。

二、岩性密度测井

1. 密度测井基本关系式

若定义 μ 为考虑了反散射光子后，在确定的光子能量段地层的等效吸收系数，并令 $\mu=\mu_m\rho_b$，μ_m 为等效质量吸收系数，ρ_b 为地层密度，式（3-3-1）可改写为：

$$\ln\Phi = \ln\Phi_0 - \mu_m\rho_b d_a \qquad (3\text{-}3\text{-}2)$$

散射光子通量对地层密度的灵敏度为：

$$A = \frac{\partial \ln\Phi}{\partial \rho_b} = -\mu_m d_a \qquad (3\text{-}3\text{-}3)$$

由式（3-3-3）可见，源距大时灵敏度高；但源距增大使散射光子通量降低，计数率下降，统计精度变差，故选定源距时要兼顾灵敏度和计数率。

由式（3-3-2）还可得到：

$$\rho_b = \frac{1}{\mu_m d_a}(\ln \Phi_0 - \ln \Phi) \tag{3-3-4}$$

考虑到 μ_m 和 Φ_0 均可视为常数，源距选定后 d_a 也是常数，通量 Φ 的对数与地层密度近似为线性关系。改变源距和光子能量截断值，对地层模型进行了大量计算，证明了通量与密度之间良好的线性关系。

通量 Φ 和计数率 N 成正比，故可将式（3-3-4）改为地层密度的测量式：

$$\rho_b = \frac{1}{A}(\ln N - B) \tag{3-3-5}$$

式中：A、B 为常数。

式（3-3-5）是密度测井的基本公式。

2. 岩性密度测井原理

^{137}Cs 伽马源向地层发射能量为 662keV 的伽马射线，光子与地层物质发生光电效应和康普顿散射，利用伽马探测器记录经地层一次或多次散射伽马光子，根据散射能谱低能窗和高能窗的计数率来确定地层密度和光电吸收截面的方法就是岩性密度测井。

图 3-3-3 清楚地显示了 ^{137}Cs 散射伽马能谱的岩性和密度谱段。随伽马射线能量的增加，光电效应占比减小，康普顿散射比例增大，计数峰值对应的能量是光电效应和康普顿散射作用占比的分界线。S 窗位于对岩性敏感的光电效应区谱段，可称为岩性窗或 P_e 窗，而 H 窗位于对密度敏感的康普顿散射区谱段，故称为密度窗。S 窗的计数主要决定于岩石的 P_e 值，同时也受康普顿散射的影响，不论具体的仪器有何差别，确定 P_e 值时都要考虑康普顿散射作用影响，即密度窗伽马射线计数。

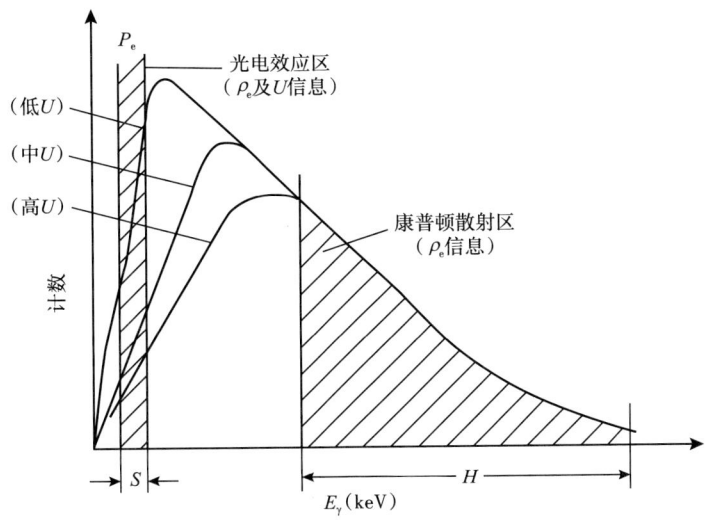

图 3-3-3 散射伽马能谱的岩性和密度谱段

目前岩性参数 P_e 值的测量，都是根据实验测量给出岩性窗与密度窗计数的比值与 P_e 的函数关系，进行求解，即：

$$P_e = f(R) = f\left(\frac{N_{\text{LLITH}}}{N_L}\right) \qquad (3\text{-}3\text{-}6)$$

式中：N_{LLITH} 和 N_L 分别表示散射伽马能谱中的岩性窗和密度窗的伽马计数率。

第四节　数据采集与处理方法

自从在井孔中利用伽马射线进行密度测井以来，历经近70年发展，成为常规和非常规油气储层评价必不可少的技术手段，以 ^{60}Co 伽马源和 ^{137}Cs 伽马源作为激发伽马射线的装置，先后发展了从测量单探测器计数到测量多探测器散射能谱的密度测井技术，实现了从裸眼井和套后的地层密度、光电吸收截面指数测井到随钻方位密度成像测井。Baker（1957）首次利用单探测器和 ^{60}Co 源组合基于康普顿散射过程实现密度测井；Wahl 等（1964）利用 ^{137}Cs 源和双探测器推出了补偿密度测井，后来发展了双能窗的岩性密度测井、三探测器密度测井仪，提高了密度探测精度和纵向分辨率，可利用能窗数据计算地层和滤饼参数。俄罗斯油田服务公司于1992年推出采用6个周向探测器用来评价水泥环密度成像的 СГДТ-НВ 测井仪（郑华，2000）。Moake（1998）在套管井推出了四探测器伽马密度测井仪，用来测量套管、水泥环和地层密度参数。本章重点介绍岩性密度测井仪和三探测器密度测井仪。

一、散射伽马能谱测井仪

1. 仪器组成

当前最常用的散射伽马能谱测井仪器的探头结构如图3-4-1所示。为消除钻井液的影响，测井时探头压向井壁，背向地层的一面被屏蔽起来，采用 ^{137}Cs 伽马源，放出能量为662keV的单能伽马射线，采用两个源距不同的探测器测量经地层散射后射入晶体的光子，常采用 NaI（Tl）闪烁探测器，在靠近每个晶体的地方各装一个源强微弱的 ^{137}Cs 源，以生成能量为662keV的稳谱峰，它在散射谱段造成的本底计数将在数据处理时扣除。源和探测器都开有准直孔，以控制光子发射和进入的方向，计数准直孔的填充物为低Z金属铍，以保证低能光子也能探测到。

下井仪器中通常采用快速DAC，在40~800keV能量范围内分256道进行能谱积累，经数字遥测系统将全谱数据传送到地面。地面计算机将对原始数据进行滤波、扣除本底、能量刻度、能量窗划分和计算能窗计数率，根据刻度公式计算地层密度、P_e 和孔隙度等参数。

在计算各能量窗计数率时，各窗能量范

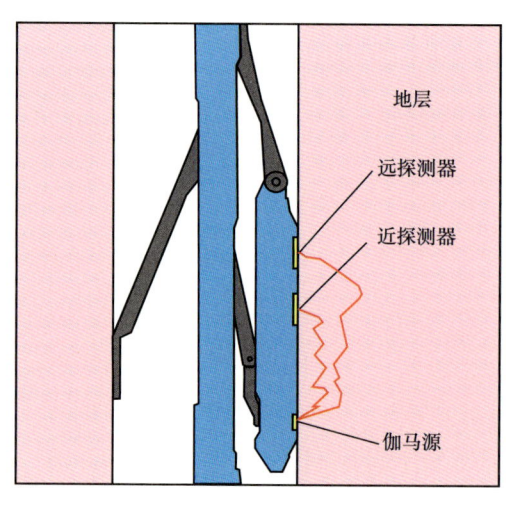

图3-4-1　探头结构示意图

围是设定的，而相应道址是根据能量刻度和增益计算得到的。在测井中，每个采样点数据积累的时间很短，在这段时间内能谱的漂移可以忽略，但各采样点之间可能有明显的谱漂移。设能谱图中道址 i 和能量 E_γ 的关系为：

$$i = kE_\gamma + i_0 \tag{3-4-1}$$

式中：k 为测量系统的增益；i_0 为零截，通常零截可看作常数，谱漂移主要由增益变化引起。

在测井前先要进行初始刻度，即用两个参考峰确定测量系统的增益和零截。设参考峰的能量分别为 E_1 和 E_2，则有：

$$i_1 = kE_1 + i_0 \tag{3-4-2}$$

$$i_2 = kE_2 + i_0 \tag{3-4-3}$$

由式（3-4-2）和式（3-4-3）可解出：

$$k = \frac{i_1 - i_2}{E_1 - E_2} \tag{3-4-5}$$

$$i_0 = i_1 - \frac{i_1 - i_2}{E_1 - E_2} E_1 \tag{3-4-6}$$

选稳谱参考源 ^{137}Cs 的 662keV 光电峰为第一参考峰（E_1），而第二参考峰（E_2）可由外部源 ^{241}Am（59.5keV）提供，也可利用仪器背面屏蔽材料钨在光电效应中产生的能量为 69.5keV 的 K 层 X 射线。

2. 散射伽马谱能窗设置

散射伽马能谱岩性密度测井仪利用低 Z 金属铍做长、短源距探测器的计数窗，能采集和利用散射伽马整个谱段，设定多个能窗，依据康普顿效应和光电效应同时测量地层密度和 P_e 指数。图 3-4-2 为散射伽马归一化能谱示意图，能量为 662keV 的峰是稳

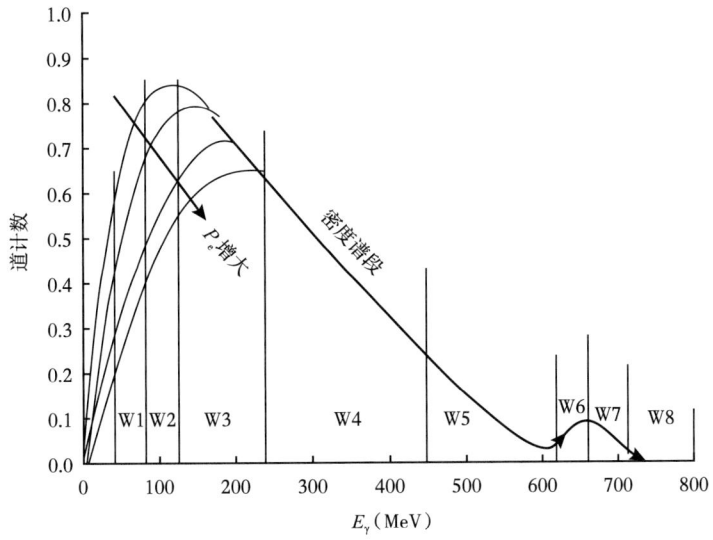

图 3-4-2　散射伽马归一化能谱示意图

谱峰,在处理数据时稳谱源造成的本底计数要从总谱中除去,剩下的是地层的散射伽马谱。图中将全谱分成 8 个谱段,即 8 个能窗。表 3-4-1 为 SDL 散射伽马能谱岩性密度测井仪各窗的能量范围。一次散射伽马谱的能量范围是 184~661keV,更低能量的光子是经多次散射生成的。

表 3-4-1　SDL 散射伽马能谱岩性密度测井仪各能窗的能量范围

能窗号	W1	W2	W3	W4	W5	W6	W7	W8
能量（keV）	40~80	80~120	120~240	240~500	500~620	620~661	661~710	710~800

图 3-4-2 和表 3-4-1 都说明能窗是按地层散射伽马谱的特点设置的:

（1）在 100keV 附近有一散射峰,将散射伽马谱分成两部分,分界点随 P_e 值的增高而向右移,即高 Z 元素使光电效应占优势的区域向能量较高的方向移动。在设置能窗和分割岩性窗和密度窗时,需考虑这种变化。

（2）在分界点的右边,康普顿效应占优势,窗计数率的变化反映电子密度指数 ρ_e 的变化,可用以求取地层密度。归一化能谱图中,不同密度的地层在密度窗是重合的,但起点不同。

（3）在分界点的左边,光电效应占优势,但也受康普顿散射的影响。用这一谱段的窗计数率与高能段的窗计数率的比值可确定 P_e 值,从而区分地层的岩性。

长短源距探测器记录的散射伽马谱的基本特征是相同的。在计算密度时,长短源距计数率均取自如图 3-4-2 所示能量较高的散射伽马谱段,即 W3 和 W4 两个能窗,统称为康普顿窗,其计数率记为 N_L 和 N_S。对含重矿物的地层,由于谱段分界点右移,W3 窗受到光电效应的影响,计算密度时可只利用 W4。计算 P_e 值时,主要利用 W1 的计数率,长、短源距计数率分别用 N_{LLITH} 和 N_{SLITH} 表示,该窗称为岩性窗,为消除康普顿效应的影响,采用岩性窗对康普顿窗计数率的比值,通过实验建立比值与 P_e 值的关系。

二、滤饼的补偿原理

1. 长短源距探测器伽马计数率的变化规律

渗透性地层的井壁通常积有滤饼,它对探测器计数率的相对贡献与仪器的探测深度有关。伽马射线经过由滤饼和地层构成的双重介质,滤饼必然会对确定地层密度产生一定的影响。

1）地层密度和滤饼变化

采用双探测器系统,计数率不仅和地层的密度有关,而且与源距有关。如图 3-4-3a 所示,当源距较小时,地层的电子密度越大,仪器的计数率越高。随着源距增大,仪器的计数率却有所下降。当源距增大到某一数值时,仪器的计数率与介质的电子密度无关。这一特殊的源距定义为零源距。当源距大于零源距后,随着介质的电子密度增大,仪器计数率逐渐减小。但随着源距增大,仪器分辨地层密度的探测灵敏度显著提高。

图 3-4-3b 反映了滤饼厚度增加时，远近探测器响应理想变化规律。可以用不同源距的探测器组合测量以补偿掉井眼的影响，如双源距补偿密度测井，其中滤饼对长源距探测器的计数率的影响比较小，对短源距探测器的计数率影响比较大；可通过长短源距测量值得到井眼的校正值。

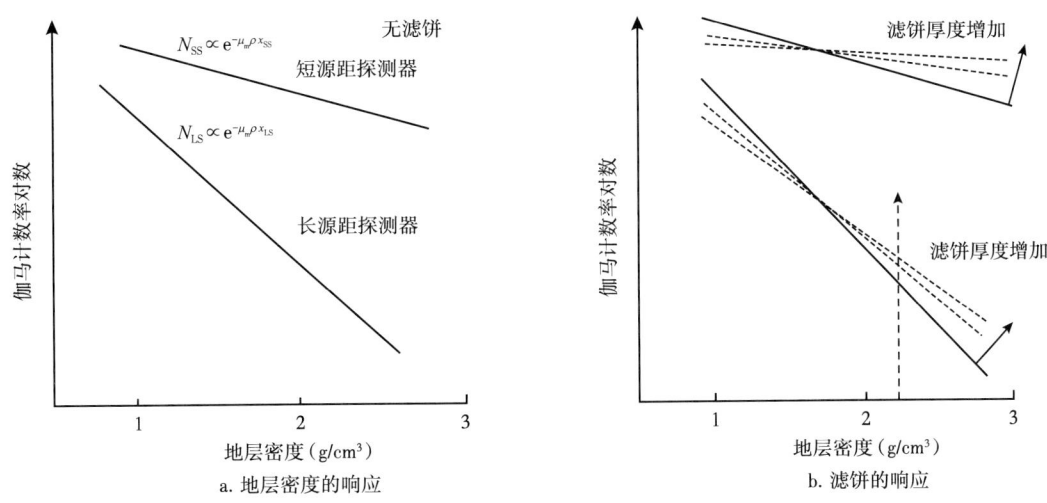

图 3-4-3　长短源距探测器计数与地层密度和滤饼的关系

2）滤饼的影响规律

对于双探测器系统，短源距探测器比长源距探测器的探测深度浅，对滤饼影响比后者灵敏，补偿密度测井就是用双探测器系统（图 3-4-1）来补偿滤饼影响的。

图 3-4-4 是四组研究滤饼影响的实验曲线，在双对数坐标系中，纵坐标为长源距探测器计数率，横坐标为短源距探测器计数率。

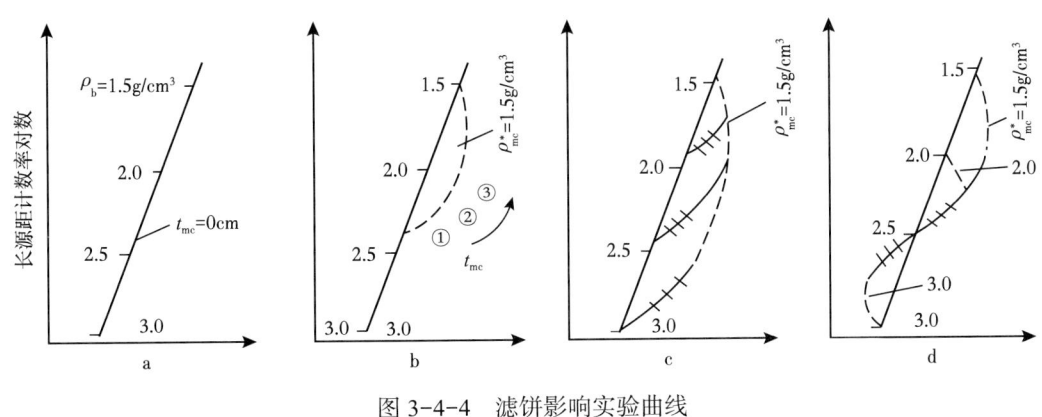

图 3-4-4　滤饼影响实验曲线

图 3-4-4a 为无滤饼时长源距伽马计数率与短源距伽马计数率的变化关系，此时用下标 L 和 S 分别标明相对于长源距探测器或短源距探测器，则式（3-3-5）可分别写为：

$$\rho_L = \frac{1}{A_L}(\ln N_L - B_L) \qquad (3\text{-}4\text{-}7)$$

$$\rho_S = \frac{1}{A_S}(\ln N_S - B_S) \tag{3-4-8}$$

因无滤饼影响，有 $\rho_S=\rho_L=\rho_b$，式（3-4-7）、式（3-4-8）合并，得：

$$\ln N_L - B_L = \frac{A_L}{A_S}(\ln N_S - B_S) \tag{3-4-9}$$

或写成：
$$\ln N_L = \frac{A_L}{A_S}(\ln N_S - B_S) + B_L = a_0 + a_1 \ln N_S \tag{3-4-10}$$

即长短源距探测器计数率对数呈线性关系，所确定的直线称为"脊线"，而它与横坐标的夹角叫"脊角"。

图 3-4-4b 中地层密度为 $\rho_b=2.5\text{g/cm}^3$，但有滤饼，滤饼的视密度为 $\rho_{mc}^*=1.5\text{g/cm}^3$。改变滤饼厚度 t_{mc}，观察到如下特点：（1）当滤饼厚度增加时，短源距探测器计数率比长源距探测器计数率增加得快，交会点离开脊线向右上方偏移，此时有 $\rho_b>\rho_L>\rho_S$；（2）当滤饼厚度足够大时，交会点落在脊线上密度等于 1.5g/cm^3 的点上，长短源距探测器都主要反映滤饼的性质。

图 3-4-4c 中滤饼的视密度 $\rho_{mc}^*=1.5\text{g/cm}^3$，而地层的密度分别为 2.0g/cm^3、2.5g/cm^3 和 3.0g/cm^3。当滤饼厚度足够大时，计数率交会点的三条轨迹都终止在脊线上 $\rho_b=1.5\text{g/cm}^3$ 的点上。

图 3-4-4d 中地层密度为 2.5g/cm^3，而滤饼的视密度分别为 1.5g/cm^3、2.0g/cm^3 和 3.0g/cm^3。当滤饼厚度增大时，可看到交会点轨迹分成左右两支：前两条线的轨迹在脊线的右边，并在滤饼厚度增大到一定值时才分叉；而滤饼的视密度为 3.0g/cm^3 的线在脊线的左边。

当滤饼不太厚时，滤饼影响可看作一个综合变量的作用，而不需要分别考虑滤饼的厚度和视密度，并可在开始分叉的地方截断，形成一条通过脊线的单一的线。对不同的地层密度就可得到一组通过脊线的线，并称为"肋线"。

2. 滤饼影响的补偿

综合上面图 3-4-4 中的实验结果，可绘出如图 3-4-5 所示的补偿密度测井"脊肋图"。脊线是无滤饼影响时长短源距计数率关系线，而肋线显示滤饼对计数率的影响。"脊肋图"是实现滤饼补偿的实验基础。

若滤饼厚度不太大，肋线可看成是一组平行的直线，脊肋图可简化为如 3-4-6 所示的理想脊肋图。图中脊线可用前面给出的式（3-4-9）描述，可改写为：

$$\ln N_L = a_0 + a_1 \ln N_S \tag{3-4-11}$$

而肋线是由式（3-4-12）表示的一组以密度 ρ 为参变量的平行直线，即：

$$\ln N_L - B_L = \tan\beta(\ln N_S - B_S) + c(\rho_b - \rho_0) \tag{3-4-12}$$

式中：β 为肋角；c 为比例系数。

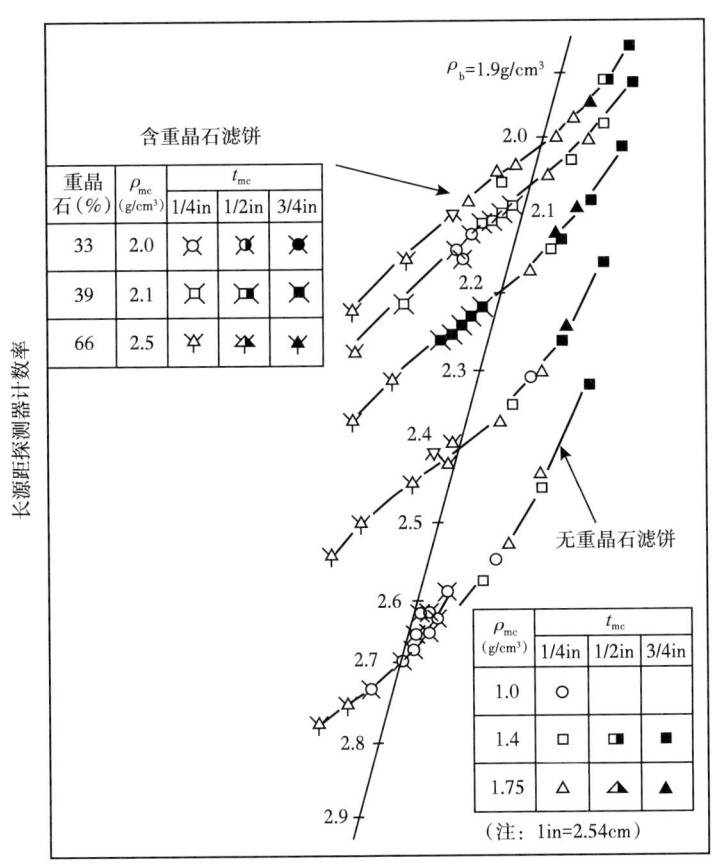

图 3-4-5 补偿密度测井脊肋图

式（3-4-12）也可写成：

$$\ln N_L = b_0 + b_1 \ln N_S \quad (3\text{-}4\text{-}13)$$

对照图 3-4-6 补偿密度理想脊肋图，P_1 点是脊线上的一个任意点，对应的计数率应该是 N_{LP_1} 和 N_{SP_1}，此时的 ρ_L 和 ρ_S 都等于 ρ_b。但由于有滤饼影响，实测计数率为 N_{LP_2} 和 N_{SP_2}，交会点为肋线上的 P_2 点，使地层密度 ρ_b 和由测量出的 ρ_L 和 ρ_S 都不相等，但 ρ_s 偏离 ρ_b 较大。传统的滤饼补偿方法以长源距探测器测到的 ρ_L，按式（3-4-14）进行校正：

$$\rho_b = \rho_L + \Delta\rho \quad (3\text{-}4\text{-}14)$$

$$\Delta\rho = \rho_b - \rho_L = a(\rho_L - \rho_S) \quad (3\text{-}4\text{-}15)$$

比例系数 a 可由实验拟合给出。可以看出，当 $\rho_L = \rho_S$ 时，$\Delta\rho$ 应等于零，此时 $\rho_b = \rho_L$。

根据长短源距密度表达式，则式（3-4-15）

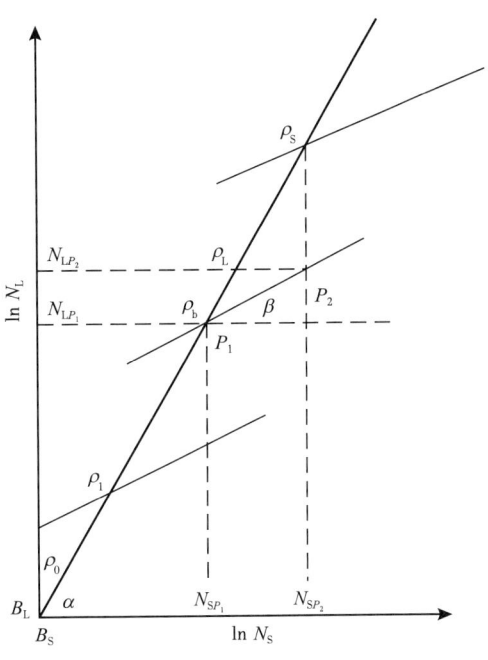

图 3-4-6 补偿密度理想脊肋图

可表示为：

$$\rho_b = \frac{1}{A_L}(\ln N_L - B_L) + a\left[\frac{1}{A_L}(\ln N_L - B_L) - \frac{1}{A_S}(\ln N_S - B_S)\right] \quad (3\text{-}4\text{-}16)$$

式（3-4-16）就是补偿密度测井的基本公式。

早期认为脊线是直线，肋线也近似按直线处理，这样就构成了理想脊肋图。后来发现，在散射伽马能谱岩性密度测井仪中，短源距探测器计数率随密度变化与长源距探测器不同，脊线和肋线不完全是直线，通常都需进行非线性处理。

以肋线非线性校正为例，将描述肋线的方程改变为式（3-4-17），可提高补偿效果。

$$\ln N_L = b_0(\rho_b) + b_1 \ln N_S + b_2 (\ln N_S)^2 \quad (3\text{-}4\text{-}17)$$

三、P_e 的测量与计算

散射伽马能谱测井从全谱中可获得四个窗计数率，即 N_{LLITH}、N_L、N_{SLITH} 和 N_S，并可算出下列两个比值：

$$R_L = \frac{N_{\text{LLITH}}}{N_L}, \quad R_S = \frac{N_{\text{SLITH}}}{N_S} \quad (3\text{-}4\text{-}18)$$

由实验数据可得到比值和 P_e 的关系，在测井时可给出 P_{eL} 和 P_{eS} 两条曲线。

图 3-4-7 给出 SDL 散射伽马能谱岩性密度测井仪器的 R_L、R_S 与 P_e 的实验关系。测量条件：淡水钻井液，无滤饼，推靠良好，白云岩和砂岩地层井径均为 20.32cm，而石灰岩地层有 15.24cm 和 25.4cm 两种井径。

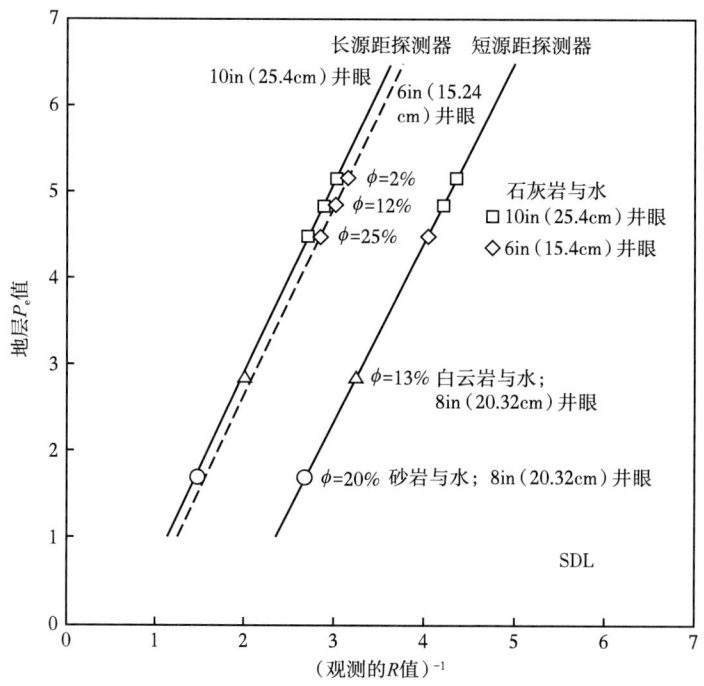

图 3-4-7 比值 R_L 和 R_S 与 P_e 的实验关系

从图中可以看出：（1）比值 R_L、R_S 与 P_e 值近似成反比；（2）在相同条件下，对同一地层，比值 R_S 比 R_L 小；（3）R_L 受井眼影响比 R_S 明显。

P_e 的探测深度比密度还要小，大约为 2.5~5cm，它只反映闪烁晶体对着的一小块探测介质的性质。当滤饼中含重晶石时，P_e 值明显偏高，不能正确反映岩性。散射伽马能谱岩性密度测井用双探测器测量两个 P_e 值，可为研究补偿影响因素的方法创造条件。

四、三探测器密度测井

密度测井通过测量单能伽马光子与地层介质作用后的通量指数衰减来确定密度，在井眼条件下，间隙或者滤饼存在导致测井效果差，通常采用探测深度不同的几个探测器密度装置，利用这些探测器对滤饼或仪器与井壁间隙灵敏度差异来消除井眼环境影响，传统密度处理采用脊肋图方法。Moake（1991）根据散射伽马场分布特征，利用三探测器散射伽马能谱测量方法，通过多个能窗的伽马计数率对相应地层和滤饼参数进行表征，进而完成滤饼补偿。

图 3-4-8 为三探测器密度测井仪结构示意图及射线在地层介质中的作用路径，其中 BS、SS 和 LS 分别表示背散射、短源距和长源距探测器。根据射线与介质作用原理，源放出的伽马射线进入滤饼和地层双层介质，探测器记录的能窗计数率是地层和滤饼属性参数的函数。

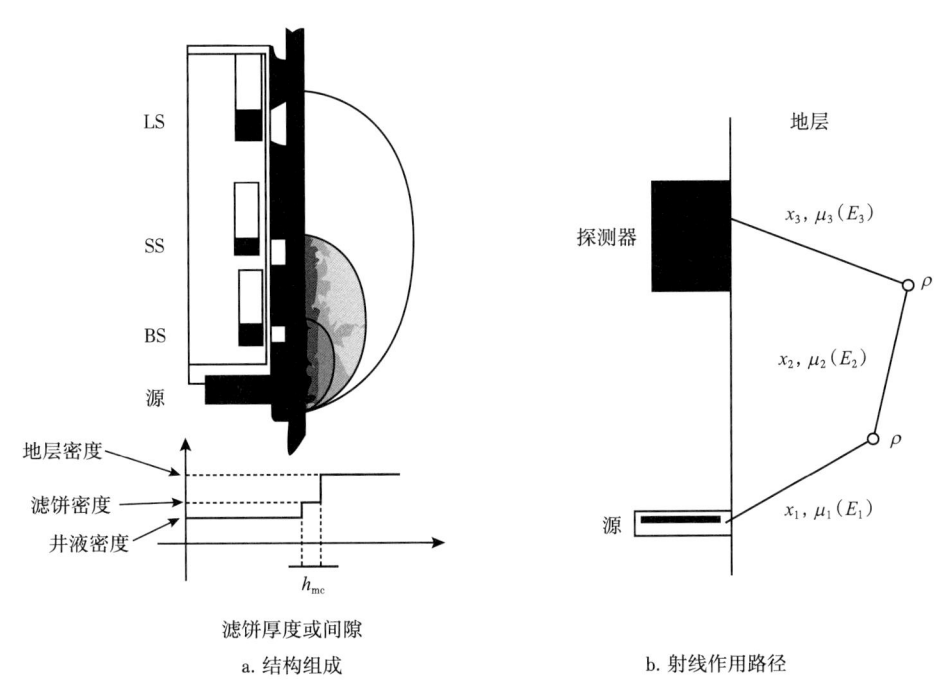

a. 结构组成　　　　　　　　b. 射线作用路径

图 3-4-8　三探测器密度测井仪结构与射线衰减路径示意图

在无滤饼条件下，假定探测到的光子在地层中有两种碰撞过程：第一次距离源为 x_1 处，第二次在距离第一次碰撞距离为 x_2 处，迁移距离 x_3 为第二次碰撞到探测器间距，则探测器探测到的光子可表示为：

$$W \propto e^{-\mu_1(E_1)x_1\rho} \rho e^{-\mu_2(E_2)x_2\rho} \rho e^{-\mu_3(E_3)x_3\rho} \tag{3-4-19}$$

式中：W 为能窗内的光子计数；$\mu_1(E_1)$、$\mu_2(E_2)$ 和 $\mu_3(E_3)$ 分别为碰撞过程中不同能量的线性吸收系数，cm^{-1}；ρ 为地层介质密度，g/cm^3；x_1、x_2 和 x_3 分别为碰撞过程中光子迁移的距离，cm。

光子能量在 E_{n+1} 时窗的计数可表示为：

$$W \propto \rho^n e^{-\sum_{i=1}^{n+1}\mu_i(E_i)x_i\rho} \quad (3\text{-}4\text{-}20)$$

探测密度灵敏度为：

$$\frac{dW}{W}\bigg/\frac{d\rho}{\rho} = n - \sum_{i=1}^{n+1}\mu_i(E_i)x_i\rho \quad (3\text{-}4\text{-}21)$$

对于背散射探测器，其探测到的光子平均碰撞次数为 1 次，单一散射正演模型为：

BS $\quad W = a_1\rho e^{-a_2\rho - a_3\rho P_e} + a_4 \quad (3\text{-}4\text{-}22)$

SS $\quad W = b_1\rho^{b_5} e^{-b_2\rho - b_3\rho P_e} + b_4 \quad (3\text{-}4\text{-}23)$

LS $\quad W = c_1 e^{-c_2\rho - c_3\rho P_e} + c_4 \quad (3\text{-}4\text{-}24)$

假定均匀地层和滤饼轴向分布模型条件，三个不同探测器响应取决于地层密度 ρ_b、地层 P_e、滤饼密度 ρ_{mc}、滤饼 P_e^{mc} 和滤饼厚度 t_{mc} 五个固定参数，则探测器响应是地层和滤饼参数非线性函数，表示为：

$$W_{i,j} = c_{i,j}^1 e^{-c_{i,j}^2\rho_b + c_{i,j}^3 P_e} e^{-c_{i,j}^4(\rho_b - \rho_{mc})t_{mc}} e^{-c_{i,j}^5(P_e^{mc} - P_e)t_{mc}} \quad (3\text{-}4\text{-}25)$$

式中：$W_{i,j}$ 为第 i 个探测器在第 j 个能窗伽马计数率；$c_{i,j}^m$ 为相应系数，$m=1,2,3,4,5$。

通过建立方程组，用迭代优化反演算法来完成滤饼补偿，求得地层密度 ρ_b、密度校正量 $\Delta\rho$ 和岩性参数 P_e。

五、仪器的刻度方法

密度测井和岩性密度测井基准井是由一组标准刻度模块组成的，图 3-4-9 是专用计量基准。仪器直接记录的是两个探测器测得的能窗计数率，通过刻度把计数率转换为密度和 P_e 值。

表 3-4-2 给出了补偿密度/岩性密度专用计量基准井群刻度模块的密度和 P_e 值数据；表 3-4-3 列出了模拟滤饼的主要参数。

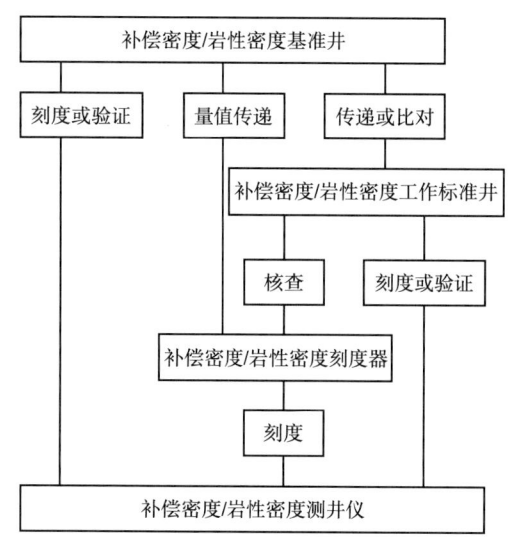

图 3-4-9 补偿密度/岩性密度测井刻度示意图

表 3-4-2 补偿密度/岩性密度专用计量基准井群（刻度模块）

序号	模块材料	密度标称值（g/cm³）	密度不确定度（g/cm³）	P_e 标称值（b/e）	P_e 不确定度（b/e）
1	有机玻璃	1.178	0.005	0.24	0.1
2	混凝土 1	1.684	0.005		
3	混凝土 2	1.904	0.005		
4	混凝土 3	2.170	0.005		
5	混凝土 4	2.295	0.005		
6	混凝土 5	2.432	0.005		
7	砂岩	2.640	0.005	2.13	0.1
8	石灰岩	2.703	0.005	5.07	0.1
9	白云岩	2.864	0.005	3.25	0.1
10	花岗闪长岩	2.916	0.005	5.93	0.1
11	含重晶石混凝土	2.473		8.93	0.1

基于长、短源距探测器计数率的补偿密度公式改写为：

$$\rho = A\ln N_S + B\ln N_L + C \tag{3-4-26}$$

$$\Delta\rho = \rho - (D\ln N_S + E) \tag{3-4-27}$$

在刻度系统中对测井仪器进行刻度，就是确定 A、B、C、D 和 E 这 5 个系数。若仍把脊线和肋线看作直线，两个密度刻度块和在一个刻度块上加滤饼就构成了三个数据控制点，则可实现对仪器的刻度或验证。

表 3-4-3 模拟滤饼的主要参数

序号	滤饼类型	厚度（mm）	长度（mm）	密度（g/cm³）
1	轻滤饼 1	5	1020	1.39
2	轻滤饼 2	10	1020	1.39
3	轻滤饼 3	15	1020	1.39
4	轻滤饼 4	20	1020	1.39
5	重滤饼 1	5	1020	2.44
6	重滤饼 2	10	1020	2.44
7	重滤饼 3	15	1020	2.44
8	重滤饼 4	20	1020	2.44

六、影响因素

散射伽马能谱测井除了受滤饼影响外，还受井眼尺寸、钻井液类型、仪器与井壁间隙等因素影响。滤饼的影响采用双源距探测器测量进行补偿，其他因素必须进行校正，尤其是重晶石钻井液。

1. 井眼环境

密度测井受井眼尺寸影响大，尤其是仪器和井壁间隙，原因是井眼不规则，仪器探头与井壁接触不好，仪器和井壁间充满了钻井液，伽马射线经过钻井液、滤饼和地层三重介质散射过程，必然对确定地层密度和 P_e 参数产生影响。在重晶石钻井液条件下，伽马射线被钻井液强烈吸收，长短源距探测器计数率大幅度降低，造成测量密度偏高甚至无法反映地层特性。不同散射伽马能谱测井仪器都有相应校正图版进行环境校正。图 3-4-10 是井眼不规则时的密度测井曲线，显然密度校正量 $\Delta\rho$ 与井眼尺寸具有很强的对应性。

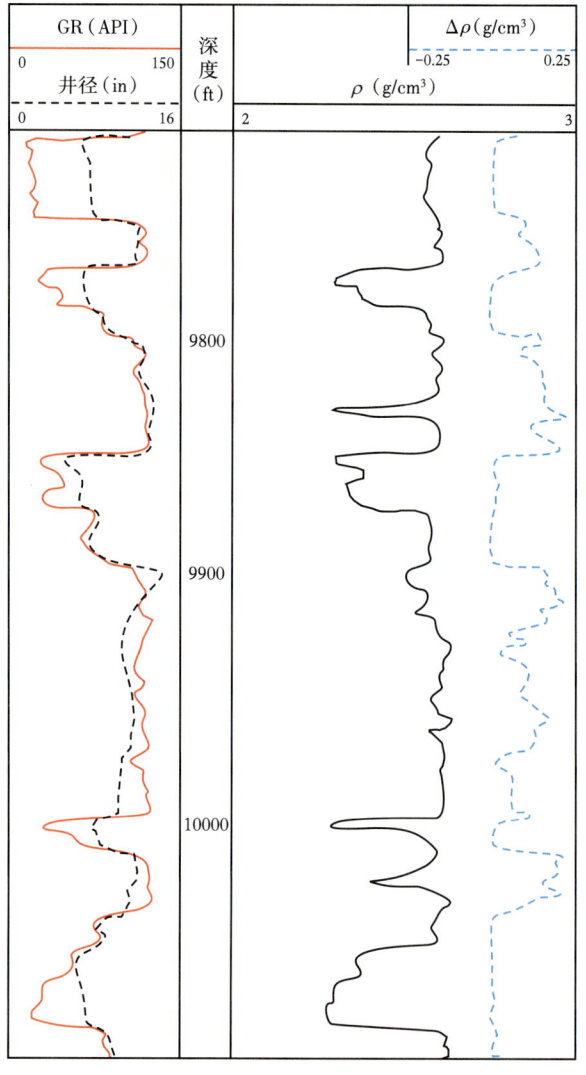

图 3-4-10 井眼不规则的密度测井曲线

2. 薄地层

密度测井长短源距探测器计数率测得的密度纵向分辨率不同，围岩的贡献不同，薄地层会对补偿密度测井响应产生影响。图 3-4-11 是有无滤饼时长短源距探测器计算密度与地层厚度关系。

计算时，取长源距 34.5cm，短源距 19.0cm，滤饼厚度 1.0cm，滤饼视密度 2.0g/cm³，地层密度 2.65g/cm³，围岩密度 2.3g/cm³。图中曲线 1 为无滤饼影响的短源距视密度；曲线 2 为无滤饼影响的长源距视密度；曲线 3 为有滤饼影响的长源距视密度；曲线 4 为有滤饼影响的短源距视密度。

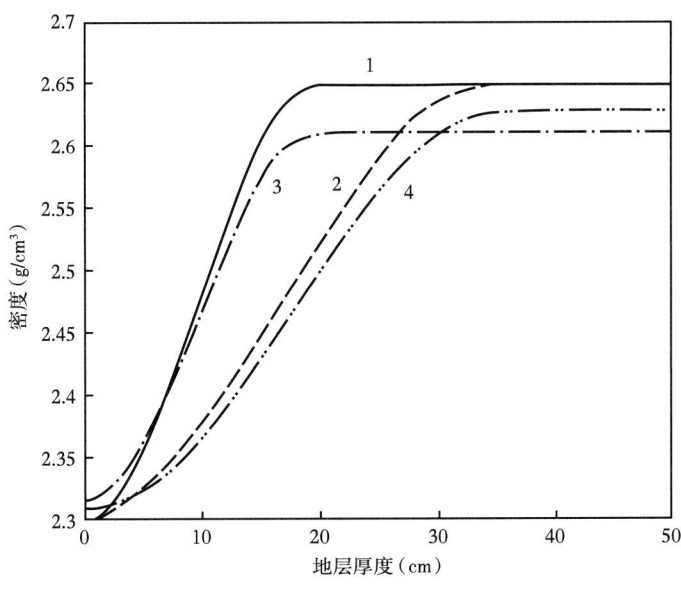

图 3-4-11 薄地层测井响应

观察图 3-4-11 可以看出：无滤饼时曲线 1 和曲线 2 均由围岩密度 2.3g/cm³ 开始，随着地层厚度增加而上升，先后达到地层密度 2.65g/cm³。在层厚不够大时，$\rho_L < \rho_S$，$\Delta\rho < 0$，所以有：

$$\rho_a = (\rho_L + \Delta\rho) < \rho_L < \rho_S < \rho_b \tag{3-4-28}$$

补偿的结果是使薄层视密度离地层真密度更远。

有滤饼时曲线 3 和曲线 4 随地层厚度增加出现交点，地层厚度很小时，长短源距探测器均受围岩和滤饼双重影响，但长源距探测器受滤饼影响较小，所以 $\rho_L > \rho_S$；随地层厚度逐渐增大，长源距探测器受围岩和滤饼双重影响，而短源距探测器只受滤饼影响，$\rho_L < \rho_S$，$\Delta\rho < 0$ 且补偿密度与式（3-4-28）相同；当地层厚度超过长源距探测器的探测范围，长短源距探测器均只受滤饼影响，但长源距探测器受滤饼影响较小，所以 $\rho_L > \rho_S$，$\Delta\rho > 0$，补偿视密度为：

$$\rho_a = (\rho_L + \Delta\rho) > \rho_L > \rho_S \tag{3-4-29}$$

此时，补偿视密度最接近地层密度。

第五节 散射伽马能谱测井应用

散射伽马测井利用伽马源和多个伽马探测器记录散射伽马能谱,可以通过组合不同探测器和能量窗的伽马计数信息来提供地层的体积密度 ρ_b 和岩性指数 P_e 或 U 等物理参数,常用来识别岩性和计算孔隙度。此外,密度测井常与中子孔隙度测井数据结合来识别和定量评价气层;在井孔中利用伽马射线的衰减来测量流体的密度,在套管井中进行套管壁厚、水泥环缺失和地层密度确定等应用。本节只介绍在岩性识别和孔隙度计算等方面的应用。

一、识别岩性

1. 矿物/岩石的体积密度和岩性指数

不同矿物或岩石的体积密度 ρ_b、岩性指数 P_e 及 U 参数均有很大差别,见表 3-5-1。

表 3-5-1 岩性参数表

矿物/岩石		ρ_b (g/cm³)	ρ_e (mol/cm³)	P_e (b/e)	U (mol/cm)
骨架矿物	石英	2.65	2.65	1.81	4.79
	方解石	2.71	2.71	5.08	13.77
	白云石	2.87	2.86	3.14	9.00
其他矿物	石膏	2.32	2.372	3.42	8.11
	硬石膏	2.96	2.957	5.05	14.95
	重晶石	4.50	4.01	266.82	1070.0
	赤铁矿	5.15	4.987	21.48	107.0
	煤	1.40	1.468	0.18	0.26
	盐岩	2.17	2.07	4.65	9.65
黏土矿物	高岭石	2.41	2.41	1.83~1.84	4.41~4.44
	绿泥石	2.76	2.78	6.30~6.33	17.35~17.58
	伊利石	2.52	2.52	3.45~3.55	8.69~8.73
	蒙脱石	2.12	2.12	2.04~2.30	4.32~4.40
流体	淡水	1.00	1.11	0.385	0.40
	盐水(0.1mg/L)	1.06	1.16	0.734	0.85
	盐水(0.2mg/L)	1.12	1.21	0.12	1.36
	原油	ρ_o	$1.14\rho_o$	0.119	$0.136\rho_o$
	天然气	ρ_g	$1.25\rho_g$	0.095	$0.119\rho_g$

散射伽马测井系列能提供的最基本的参数是体积密度 ρ_b，是综合测井图中最常出现的岩性曲线之一，包含着大量岩性信息。

2. 常见岩石的密度曲线特点

（1）在砂泥岩剖面中，泥岩密度通常比砂岩低。泥岩段井眼变化大，推靠不严密，曲线起伏大；而砂岩段井眼规则，岩性也比泥岩稳定，曲线比较光滑。

（2）在碳酸盐岩剖面中，裂缝发育的大段致密碳酸盐岩密度低，白云岩和石灰岩也略有差别。

（3）在膏盐剖面中，密度曲线上硬石膏为 2.96g/cm³，呈明显的高值；而盐岩密度本来就低，再加上溶解扩径，呈明显的低值。

（4）煤层密度低，重矿物含量高的地层密度高，可从剖面中认出。

3. 利用 P_e 或 U 参数识别岩性

只用密度识别岩性有一定的局限性，不同孔隙度、不同岩性的岩石可能具有相同的密度，如表 3-5-2 所示。孔隙流体的密度差别很大，地层密度受其影响，使岩性识别复杂化。而 P_e 指数受孔隙度和孔隙流体密度影响小，用 P_e 或 U 参数识别岩性远远优于地层密度。

表 3-5-2 孔隙流体对岩性参数的影响

矿物	孔隙度	孔隙流体	ρ_b (g/cm³)	ρ_e (mol/cm³)	P_e (b/e)	U (mol/cm)
石英	$\phi=0$		2.65	2.65	1.81	4.79
	$\phi=35\%$	淡水	2.073	2.073	1.54	3.254
	$\phi=35\%$	气	1.92	1.92	1.66	3.12
方解石	$\phi=0$		2.71	2.71	5.08	13.77
	$\phi=35\%$	淡水	2.112	2.112	4.24	9.10
	$\phi=35\%$	气	1.762	1.762	4.10	8.96
白云石	$\phi=0$		2.87	2.86	3.14	9.00
	$\phi=35\%$	淡水	2.216	2.216	2.70	5.99
	$\phi=35\%$	气	1.866	1.866	2.95	5.86

此外砂岩、石灰岩和白云岩差别明显，能将主要储层的岩性区别开；可识别黏土岩的类型；对重矿物敏感，重矿物含量高的地层响应特征明显，但要注意重晶石钻井液的影响；煤层的 P_e 或 U 参数都非常低。图 3-5-1 剖面中，菱铁矿层的密度高，同时 P_e 值特别高。

4. 利用 P_e 与 ρ_b 交会图技术识别岩性

常用 P_e 或 U 参数与 ρ_b 交会图技术识别岩性。图 3-5-2 和图 3-5-3 分别是三种岩性地层油水和气水条件下的 P_e 和 ρ_b 的交会图。

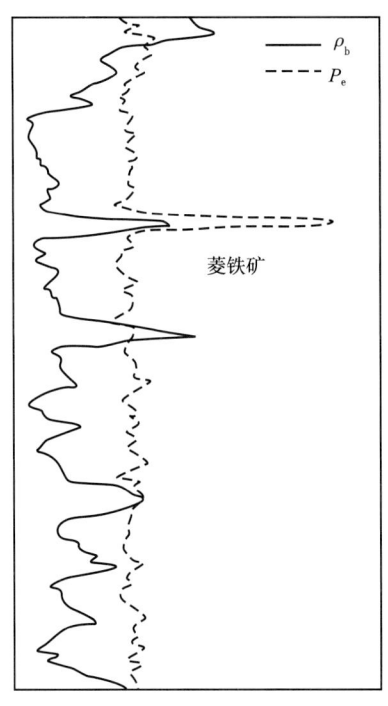

图 3-5-1 菱铁矿 P_e 显示

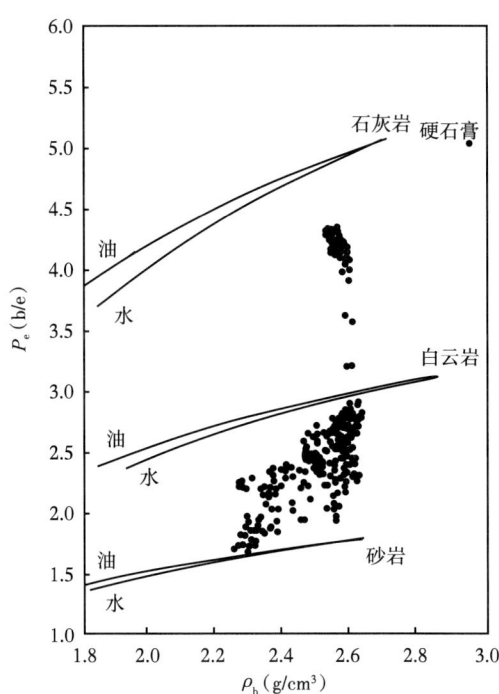

图 3-5-2 孔隙流体为油和水时的 P_e-ρ_b 交会图

从图 3-5-2 可以看出，三种岩性地层 P_e 指数差异明显，石灰岩 P_e 指数最大，砂岩 P_e 指数最小，白云岩 P_e 指数居中，而密度差异小。P_e 指数受孔隙度影响程度不同，石灰岩 P_e 指数受孔隙度影响最大，随着孔隙度增加而剧烈下降；而砂岩 P_e 指数受孔隙度影响小，随孔隙度增加下降缓慢。P_e 指数受孔隙中油和水的影响小，两种孔隙流体时随孔隙度变化的 P_e 指数差异很小。硬石膏的 P_e 指数和密度都高于砂岩、白云岩和石灰岩。

同样由图 3-5-3 可以看出，在孔隙为气和水时，三种岩性 P_e 指数和体积密度 ρ_b 交会特征明显，既可以用来识别岩性，还可用来评价气。

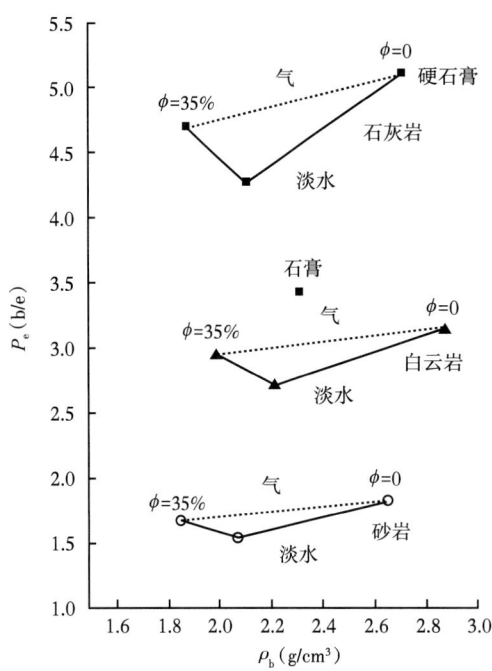

图 3-5-3 孔隙流体为气和淡水时的 P_e-ρ_b 交会图

二、求储层孔隙度

1. 密度孔隙度计算

已知纯地层的密度 ρ_b 由下式确定：

$$\rho_b = \rho_{ma}(1-\phi) + \rho_f \phi \tag{3-5-1}$$

式中：ρ_{ma} 为岩石骨架密度，g/cm³；ρ_f 为孔隙流体密度，g/cm³；ϕ 为孔隙度。

由此得孔隙度为：

$$\phi = \frac{\rho_{ma} - \rho_b}{\rho_{ma} - \rho_f} \qquad (3\text{-}5\text{-}2)$$

如果在含泥质地层，则 ρ_b 由式（3-5-3）确定：

$$\rho_b = \rho_{ma}(1 - \phi - V_{sh}) + \rho_{sh}V_{sh} + \rho_f\phi \qquad (3\text{-}5\text{-}3)$$

其孔隙度为：

$$\phi = \frac{\rho_{ma} - \rho_b}{\rho_{ma} - \rho_f} - \frac{\rho_{ma} - \rho_{sh}}{\rho_{ma} - \rho_f}V_{sh} \qquad (3\text{-}5\text{-}4)$$

式中：V_{sh} 为泥质含量，小数；ρ_{sh} 为泥质密度，g/cm³。

对地球物理测井常遇地层而言，密度 ρ_b 可直接用测井密度 ρ_{log} 代替。为与其他测井方法求出的孔隙度相区别，由式（3-5-2）确定的孔隙度称为"密度孔隙度"，并用 ϕ_D 表示。

从原理上说，岩石骨架密度 ρ_{ma} 可根据已判明的岩性从表 3-5-1 中查出，即纯地层的骨架矿物分别为石英、方解石和白云石时，骨架密度 ρ_{ma} 分别为 2.65 g/cm³、2.71g/cm³ 和 2.87g/cm³。但实际上，真正的纯地层是很难遇到的，应通过实验和统计确定各层段的储层骨架值。

2. 视石灰岩密度孔隙度

测井仪器是以饱含淡水的石灰岩为标准刻度的，即骨架密度 ρ_{ma}=2.71g/cm³，而孔隙流体密度 ρ_f=1.0g/cm³。当岩性或流体性质与刻度条件不同时，测井给出的孔隙度曲线值就与地层孔隙度不同。用饱含淡水的纯石灰岩地层刻度并由式（3-5-2）给出的孔隙度称为地层的视石灰岩密度孔隙度，在测井曲线上看到的就是视石灰岩密度孔隙度。

真孔隙度为零的纯石英砂岩，密度为 2.65g/cm³，按式（3-5-2）计算得：

$$\phi_D = \frac{\rho_{ma} - \rho_b}{\rho_{ma} - \rho_f} = \frac{2.71 - 2.65}{2.71 - 1} = 0.035 \qquad (3\text{-}5\text{-}5)$$

即其石灰岩孔隙度为 0.035，可见砂岩的密度孔隙度总是大于它的真孔隙度。

同样，真孔隙度为零的纯白云岩，其"石灰岩孔隙度"为：

$$\phi_D = \frac{\rho_{ma} - \rho_b}{\rho_{ma} - \rho_f} = \frac{2.71 - 2.87}{2.71 - 1} = -0.094 \qquad (3\text{-}5\text{-}6)$$

白云岩的最小石灰岩孔隙度不是零，而是小于零，可见密度孔隙度总是小于它的真孔隙度。

[例 3-5-1] 若某饱含水石英砂岩地层密度测井视石灰岩孔隙度为 20%，则其真孔隙度为多少？若饱含水石英砂岩地层真孔隙度为 20%，则其视石灰岩孔隙度为多少？

解：由式（3-5-1）可以得到石英砂岩的真密度为：

$$\rho_b = \rho_{ma1}(1-\phi) + \rho_w\phi = 2.71 \times 80\% + 1.0 \times 20\% = 2.368\ (\text{g/cm}^3)$$

再根据式（3-5-2）得到饱含水砂岩地层的真孔隙度为：

$$\phi = \frac{\rho_{ma} - \rho_b}{\rho_{ma} - \rho_f} = \frac{2.65 - 2.368}{2.65 - 1} = 17.1\%$$

同理，若已知砂岩真孔隙度，则其体积密度为：

$$\rho_b = \rho_{ma}(1-\phi) + \rho_w \phi = 2.65 \times 80\% + 1.0 \times 20\% = 2.32 \left(\text{g/cm}^3\right)$$

得到视石灰岩孔隙度为：

$$\phi_D = \frac{\rho_{mal} - \rho_b}{\rho_{mal} - \rho_w} = \frac{2.71 - 2.32}{2.71 - 1} = 22.81\%$$

黏土岩的密度比上述几种岩石骨架密度小，泥岩、页岩的密度孔隙度通常比储层还大。储层中的泥质含量能使密度孔隙度偏大。

［例3-5-2］含水泥质砂岩的密度为2.25g/cm³，地层水密度为1.0g/cm³。地层泥质含量为0.24，泥岩密度为2.55g/cm³。求地层孔隙度和视石灰岩密度孔隙度。

解：根据式（3-5-4）得到地层的孔隙度为：

$$\phi = \frac{\rho_{ma} - \rho_b}{\rho_{ma} - \rho_f} - \frac{\rho_{ma} - \rho_{sh}}{\rho_{ma} - \rho_f} V_{sh} = \frac{2.65 - 2.25}{2.65 - 1.0} - \frac{2.65 - 2.55}{2.65 - 1.0} \times 0.24 = 22.79\%$$

同理，根据式（3-5-2）得到视石灰岩密度孔隙度为：

$$\phi_D = \frac{\rho_{ma} - \rho_b}{\rho_{ma} - \rho_f} = \frac{2.71 - 2.25}{2.71 - 1.0} = 26.9\%$$

总之，散射伽马测井把一切密度小于2.71g/cm³的地层都看成是孔隙性地层，因而在求孔隙度时必须首先确定岩性。这一特点和中子测井结合确定岩性将在第五章予以介绍。

同样，如果实际孔隙中流体与标准刻度条件规定流体密度$\rho_f=1$g/cm³不同，也会产生附加孔隙度。对气层，若用低失水钻井液钻井，特别是使用暂堵剂时，在近井壁区就会有大量的残留天然气，混合流体的视密度仅有0.3~0.7g/cm³，密度孔隙度将明显偏大。

三、求泥质含量和识别黏土矿物

1. 计算泥质含量

设岩石骨架、泥质和孔隙流体的U参数分别为U_{ma}、U_{sh}和U_f，则地层的U参数为：

$$U = U_{ma}(1-\phi-V_{sh}) + U_{sh}V_{sh} + U_f\phi \qquad (3-5-7)$$

式中：ϕ为孔隙度；V_{sh}为泥质体积含量。

由此得到：

$$V_{sh} = \frac{U_{ma}(1-\phi) + U_f\phi - U}{U_{ma} - U_{sh}} \qquad (3-5-8)$$

考虑到 $U_f\phi$ 很小，故可得：

$$V_{sh} \leqslant \frac{U_{ma}(1-\phi)-U}{U_{ma}-U_{sh}} \qquad (3-5-9)$$

利用 $U=\rho_e P_e$ 的关系，也可用 P_e 估算泥质含量。当岩石骨架中有放射性矿物时，用自然伽马求泥质含量会遇到困难，借用 U 或 P_e 可作为一种替代方法。

2. 识别黏土矿物

图 3-5-4 是用自然伽马、中子孔隙度和 P_e 曲线识别黏土矿物及煤层的例子。蒙脱石的 P_e 值高于高岭石，而煤层的 P_e 为明显低值。

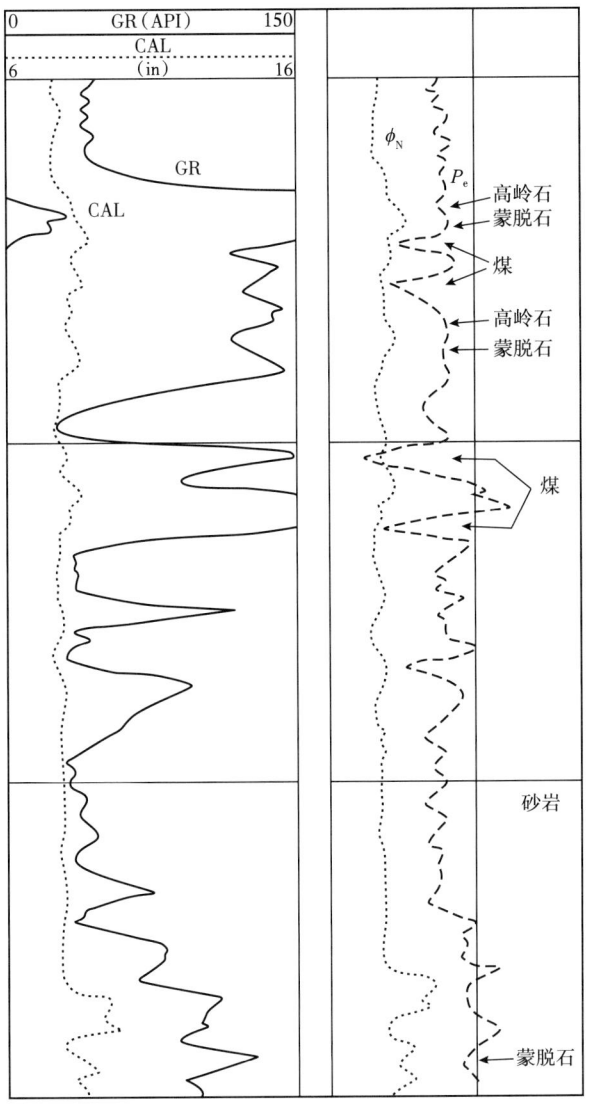

图 3-5-4　识别煤层和黏土矿物

第四章　同位素中子源中子测井

在第一章已经介绍了中子测井核物理基础，可以知道放射性中子源发射的中子能量只有几百万电子伏，中子和地层的相互作用方式主要是弹性散射、俘获辐射和热中子活化核反应，本章主要介绍利用弹性散射和辐射俘获反应进行测井的方法。

采用放射性中子源的中子测井，能直接记录的是超热中子、热中子计数率或俘获伽马计数率及能谱。根据测量对象的不同，这类测井可分为超热中子测井、热中子测井和中子伽马能谱测井。随着中子探测器的研制成功，特别是 ^{3}He 计数管引入测井系统，以超热中子和热中子为测量对象的测井方法相继问世。当闪烁探测器用于中子伽马测井仪之后，对伽马射线的探测效率提高了一个数量级，并催生了中子伽马能谱测井。20 世纪 90 年代斯伦贝谢公司推出的地层元素俘获伽马能谱测井仪（Element Capture Spectroscopy，ECS）（张锋等，2011），在解决火山岩、页岩等复杂岩性和非常规储层的矿物评价发挥了作用，成为当今非常规油气勘探过程中最重要的核测井技术。中子测井由定量测定孔隙度到确定元素含量，成为裸眼井测井系列的重要组成部分。由于地层元素伽马能谱测井既可以用放射性中子源，也可以用脉冲中子源，为了内容连贯性，把元素能谱测井方法放在本章中介绍。

第一节　中子输运过程及岩石的中子属性参数

中子的穿透能力很强，它和物质原子核外的电子几乎没有相互作用，这使得中子不会使原子发生电离并激发损失能量，中子在物质中损失能量的主要机制是与原子核发生碰撞散射，包括非弹性散射、弹性散射和中子俘获。在非弹性散射和中子俘获过程中，部分能量会以伽马射线的形式释放。在同位素中子源中子测井中，中子与岩石的作用过程实际上就是中子的减速过程（也叫慢化过程）和热中子的俘获过程，常用的宏观中子特征参数主要包括表征介质慢化能力和扩散能力的中子特征长度、宏观截面和中子扩散系数。

一、中子输运过程

由于中子与原子核的无规则碰撞，中子在介质中的运动是一种杂乱无章的具有统计性的运动。在介质内某一位置具有某种能量及某一运动方向的中子，在稍晚时刻将以另一能量和另一运动方向运动到介质内另一位置，这种过程称为中子在介质中的输运过程，描述这一过程的精确方程为玻耳兹曼方程。中子在介质中的迁移统计规律，不是研究个别中子的运动，而是大量中子运动所表现出的非平衡统计运动规律。

1. 中子输运方程

系统中总中子数守恒，即系统的中子总数随时间的变化等于系统中产生的中子减去系统总损失的中子数。因此中子与岩石的作用过程，必然包括与岩石原子核发生碰撞中子的损失过程、经过非弹性散射和弹性散射的次级中子产生过程、未经碰撞直接到岩石介质之外的中子泄漏过程。

根据中子物理可知（陈达等，2015），同种岩石介质的中子输运方程可以表示为：

$$\frac{\partial n(r,\boldsymbol{\Omega},E,t)}{\partial t}=-\Sigma(r,E)\Phi(r,\boldsymbol{\Omega},E,t)-\boldsymbol{\Omega}\cdot\nabla\Phi(r,\boldsymbol{\Omega},E,t)+Q(r,\boldsymbol{\Omega},E,t)$$
$$+\iint C(r,E')\Sigma'(r,E')f(r,\boldsymbol{\Omega}',E'\to\boldsymbol{\Omega},E)\Phi(r,\boldsymbol{\Omega}',E',t)\mathrm{d}\boldsymbol{\Omega}'\mathrm{d}E' \quad (4\text{-}1\text{-}1)$$

式中：$n(r,\boldsymbol{\Omega},E,t)$ 为中子角密度，即时间 t、位置 r、能量为 E 和运动方向为 $\boldsymbol{\Omega}$ 时单位立体角内的中子数目；$\Phi(r,\boldsymbol{\Omega},E,t)$ 为中子角通量密度，即在时间 t、位置 r 和能量为 E、单位时间内沿 $\boldsymbol{\Omega}$ 方向穿过垂直于这个方向的单位面积上中子数目；$Q(r,\boldsymbol{\Omega},E,t)$ 为源强，即时间 t、位置 r 和能量为 E、单位时间内沿 $\boldsymbol{\Omega}$ 方向产生的中子数目；$C(r,E')$ 为位置 r 每个能量为 E' 的中子发生各种碰撞之后产生的中子数；$f(r,\boldsymbol{\Omega}',E'\to\boldsymbol{\Omega},E)$ 为弹性散射和非弹性散射转移函数。

若中子角通量函数不随时间变化，且没有外中子源，则中子输运方程可写为：

$$\Sigma(r,E)\Phi(r,\boldsymbol{\Omega},E)+\boldsymbol{\Omega}\cdot\nabla\Phi(r,\boldsymbol{\Omega},E)$$
$$=\iint C(r,E')\Sigma'(r,E')f(r,\boldsymbol{\Omega}',E'\to\boldsymbol{\Omega},E)\Phi(r,\boldsymbol{\Omega}',E')\mathrm{d}\boldsymbol{\Omega}'\mathrm{d}E' \quad (4\text{-}1\text{-}2)$$

如果在中子发生碰撞时相应参数与能量无关，则中子输运方程可以表示为：

$$\Sigma(r)\Phi(r,\boldsymbol{\Omega})+\boldsymbol{\Omega}\cdot\nabla\Phi(r,\boldsymbol{\Omega})=C(r)\Sigma'(r)\int f(r,\boldsymbol{\Omega}'\to\boldsymbol{\Omega})$$
$$\times\Phi(r,\boldsymbol{\Omega}')\mathrm{d}\boldsymbol{\Omega}'+Q(r,\boldsymbol{\Omega}) \quad (4\text{-}1\text{-}3)$$

2. 中子的慢化

进入地层的快中子，与地层元素的原子核发生非弹性散射和弹性散射，中子逐渐损失能量，把将能量高的快中子变成能量低的慢中子过程称为中子的慢化或中子的减速。

1）平均对数能量损失

由式（1-4-18）和式（1-4-19）可知，在连续的多次碰撞中，中子每次碰撞的平均能量损失是不同的，但是每次碰撞的平均对数能量损失与碰撞前的能量 E_1 无关。在核物理中还用平均对数能量减缩 ξ 表示原子核对中子的减速能力（张锋，2015）。ξ 是每次碰撞前后中子能量自然对数的差的平均值，ξ 与质量数 A 相关的比值 α 的关系为：

$$\xi=\overline{\ln\frac{E_1}{E_2}}=1+\frac{\alpha}{1-\alpha}\ln\alpha \quad (4\text{-}1\text{-}4)$$

中子与氢核散射时，$\xi=1$。当 $A>1$ 时，可用近似公式求取 ξ：

$$\xi=\frac{2}{A+\frac{2}{3}} \quad (4\text{-}1\text{-}5)$$

ξ 值由靶核的质量数 A 确定,而与中子的能量无关。

2）平均碰撞次数

中子从初始能量 E_0 慢化到热中子能量 $E_t=0.025\text{eV}$ 所需平均碰撞次数,叫热化碰撞次数,也称散射次数,这里用 n 表示：

$$n=\frac{\ln(E_0/0.025)}{\xi} \tag{4-1-6}$$

表 4-1-1 列出一些核素的 ξ 值和热化碰撞次数。能量为 2MeV 的中子,平均与氢核弹性碰撞 18 次,即可转变为热中子；而对 ^{12}C 需要 114 次；对 ^{24}Mg 则需 226 次。

表 4-1-1 ξ 值和热化碰撞次数

靶 核	质 量 数	ξ	热化碰撞次数 $E_0=2\text{MeV}$,$E_t=0.025\text{eV}$
^1H	1	1.00	18
^4He	4	0.425	42
^7Li	7	0.268	67
^9Be	9	0.209	86
^{12}C	12	0.158	114
^{16}O	16	0.120	150
^{24}Mg	24	0.075	226
^{27}Al	27	0.070	243①
^{28}Si	28	0.070	244①
^{40}Ca	40	0.050	340①
^{238}U	238	0.038	2172

① $E_0=1\text{MeV}$,$E_t=0.025\text{eV}$。

二、岩石的中子特征参数

1. 宏观截面和平均自由程

1）宏观截面

中子与原子核发生作用,其反应截面 σ 称为微观截面；宏观截面是中子与全体原子核相互作用的概率,可以根据已知的微观截面 σ 与靶物质单位体积内原子核数 N 的乘积来计算宏观截面,用符号 Σ 表示：

$$\Sigma = N\sigma \tag{4-1-7}$$

其中：

$$N = \frac{\rho}{A}N_A$$

式中：ρ 表示物质的体积密度,g/cm³；A 表示元素的摩尔质量；N_A 为阿伏加德罗常数。

宏观截面有宏观总截面 Σ_t、宏观散射截面 Σ_S 和宏观吸收截面 Σ_a，根据定义式分别有：

$$\Sigma_t = N\sigma_t \quad (4-1-8)$$

$$\Sigma_S = N\sigma_S \quad (4-1-9)$$

$$\Sigma_a = N\sigma_a \quad (4-1-10)$$

式中：σ_t、σ_S 和 σ_a 分别表示中子的总微观截面、微观散射截面和微观吸收截面，cm^2。

为讨论宏观截面的意义，假设有一中子束垂直射入靶子，如图 4-1-1 所示。

设靶的厚度为 D，初始入射中子束的强度为 I_0，穿过 x 距离后中子束的强度变为 $I(x)$，再穿过 dx 距离后，中子束的强度进一步变弱，其变化量为：

$$-dI(x) = N\sigma_t I(x)dx = \Sigma_t I(x)dx \quad (4-1-11)$$

显然可以得到 $\Sigma_t = -\dfrac{dI(x)}{I(x)dx}$，表示中子在 x 到 x+dx 内和靶核发生作用的概率，即中子在靶内单位路程上与原子核发生相互作用的概率，同样，Σ_S 和 Σ_a 分别表示中子穿过物质单位厚度被散射和吸收的概率，单位是 cm^{-1}。

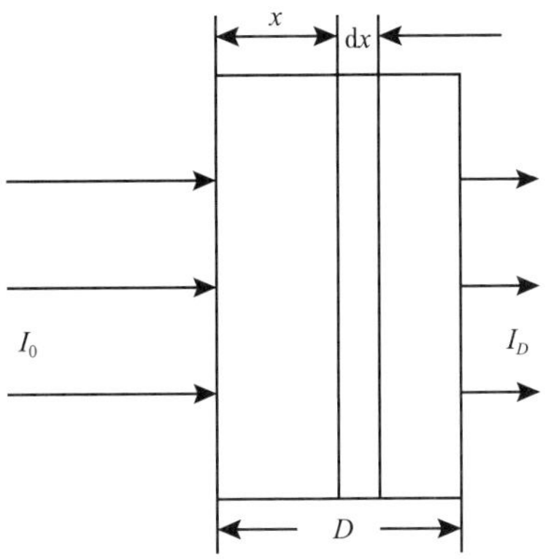

图 4-1-1 中子束通过靶子的情形

如果考虑两种核素的混合物，单位体积内每种核素的原子数分别是 N_1 和 N_2，σ_1 和 σ_2 表示两种核素与中子的微观截面，则中子在这物质中相应的宏观截面为：

$$\Sigma = \Sigma_1 + \Sigma_2 = N_1\sigma_1 + N_2\sigma_2 \quad (4-1-12)$$

在核测井中常用到热中子的宏观俘获截面。单一天然化合物的宏观俘获截面 Σ 用下列公式表示：

$$\Sigma = N_A \frac{\rho}{M} \sum n_i \sigma_i \quad (4-1-13)$$

式中：M 为分子的摩尔质量；n_i 为化合物分子中第 i 种原子的个数；σ_i 为第 i 种原子核的微观俘获截面。

[例 4-1-1] 氢核对热中子的吸收截面是 0.332b，氧核对热中子的吸收截面为 0.00027b，水的密度为 $1g/cm^3$，这时水对热中子的宏观吸收截面是多少？

解：$\Sigma = \dfrac{6.02 \times 10^{23}}{18}(2 \times 0.332 + 0.00027) \times 10^{-24} cm^{-1} = 0.0222 cm^{-1}$

在测井中大多数天然化合物的宏观俘获截面都比较小，上式选用的 cm^{-1} 单位太大，因此定义一个基本单位的宏观俘获截面为 $10^{-3} cm^{-1}$，称为俘获单位，并记作 cu 或 su，则

水的热中子宏观俘获截面为22.2cu，石英的热中子宏观俘获截面为4.25cu，矿化度为100g/L的地层水的热中子宏观俘获截面为58cu。

2）平均自由程

中子在介质中连续两次碰撞之间穿行的距离称为自由程。由于原子核的空间分布和中子运动的无规则性，自由程有大有小，但对一定能量的中子自由程平均值一定，称为平均自由程。平均自由程理论计算值是宏观截面的倒数，即：

$$\lambda_t = \frac{1}{\Sigma_t} \tag{4-1-14}$$

同样可以引入散射平均自由程 λ_S 和吸收平均自由程 λ_a，表示为：

$$\lambda_S = \frac{1}{\Sigma_S} = \frac{1}{N\sigma_S}, \quad \lambda_a = \frac{1}{\Sigma_a} = \frac{1}{N\sigma_a} \tag{4-1-15}$$

2. 中子特征长度

中子特征长度包括反映介质中子慢化能力的中子减速长度、反映介质中子扩散能力的中子扩散长度。中子特征长度的大小取决于两个因素：中子源能量和介质本身的核截面。

1）岩石的快中子减速时间

在岩石中，快中子从初始能量减速到热中子能量（0.025eV）所需要的时间，叫岩石的快中子减速时间，用 τ_f 表示：

$$\tau_f = \frac{\sqrt{2m_n}}{\xi \Sigma_S} \left(\frac{1}{\sqrt{E_t}} - \frac{1}{\sqrt{E_0}} \right) \tag{4-1-16}$$

式中：E_0 和 E_t 分别为中子的初始能量和散射后能量，$g \cdot cm^2/s^2$；m_n 为中子的质量，g；Σ_S 为中子的宏观散射截面，cm^{-1}。

通常把中子从源能量到减少到超热中子能量（0.4eV）所经历的时间称为慢化时间。

2）中子慢化长度

由源发出的快中子（$E=E_0$），在地层中经过散射减速至热中子所移动的直线距离 R_f 叫中子的减速距离。理论上，由轻核组成的介质的减速距离的均方根为（卢希庭，2000）：

$$\overline{R_f^2} = \frac{2}{1-\frac{2}{3A}} \cdot \frac{\ln(E_0/E_t)}{\xi \Sigma_S} \tag{4-1-17}$$

式中：A 为原子核的质量数；Σ_S 为宏观散射截面。

定义中子减速长度（慢化长度）为：

$$L_s = \sqrt{\frac{\overline{R_f^2}}{6}} \tag{4-1-18}$$

慢化长度的大小反映介质内快中子的泄漏，其值越大，快中子在介质中产生点慢化成低能中子点所移动的平均距离越大，快中子泄漏到介质外的概率越大。淡水的慢化长度 L_s 约为 7~8cm，而岩石骨架的中子慢化长度约为 30~40cm。显然，含氢量高的地层宏观减速能力强，L_s 就短，因此岩石的慢化本领主要取决于含氢量。

图 4-1-2 是在饱含水砂岩、石灰岩和白云岩三种常见岩性地层中，Am-Be 中子源产生的中子慢化成能量为 0.4eV 的超热中子时的减速长度随着孔隙度的变化关系。

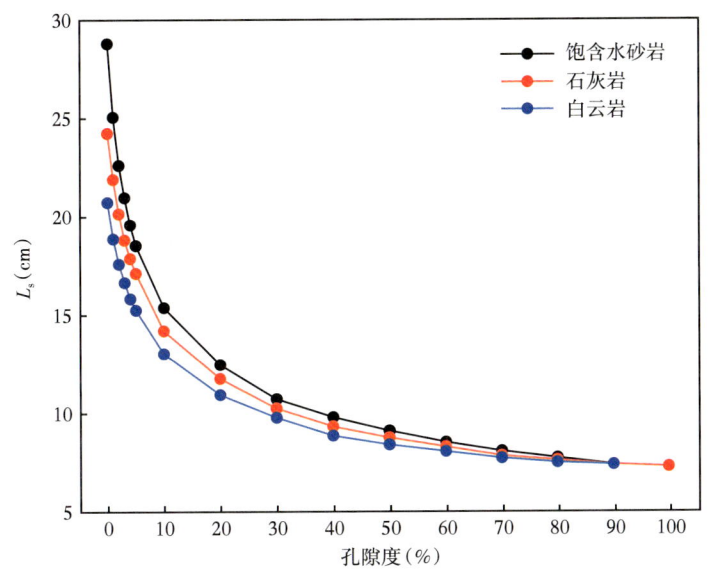

图 4-1-2　中子减速长度与孔隙度的关系（据 Ellis，2007）

当岩石中含氢很少或者没有氢存在时，其慢化长度可以达到一个很大值，约在 20~30cm；随着含氢量增加，慢化长度急剧降低，且在孔隙度较低时三种岩性慢化长度存在差异。

3）岩石的热中子寿命

中子从减速至热中子的时刻起，到被吸收的时刻止，所经过的平均时间叫热中子寿命，也叫扩散时间，用 τ_t 表示：

$$\tau_t = \frac{1}{v\Sigma_a} \qquad (4-1-19)$$

式中：v 为热中子平均速度，等于 2.2×10^5cm/s；Σ_a 为热中子宏观俘获截面，cm^{-1}。

由此可见，岩石的热中子寿命与它的宏观俘获截面成反比。当地层中含有俘获截面高的核素（如 $^{35}_{17}$Cl）时，热中子寿命就大大缩短。例如，脱气原油的热中子宏观截面和淡水相近，都约为 22cu，相应的中子寿命 205μs；矿化度为 100g/L 的地层水的宏观截面为 58cu，热中子寿命为 78μs。因此根据中子寿命可以有效区分油和水，并且地层水的矿化度越高，其热中子寿命和油层相比越短，油层和水层越容易分开。

4）岩石的热中子扩散长度

热中子从产生的位置起到被吸收的位置止的直线距离，称为热中子扩散距离，用 r_t 表示。扩散长度 L_d 定义为：

$$L_{\mathrm{d}} = \sqrt{\frac{\overline{r_{\mathrm{t}}^2}}{6}} \qquad (4\text{-}1\text{-}20)$$

热中子的扩散长度比快中子的扩散长度要小，通常地层中的快中子减速长度近似是热中子扩散长度的 2 倍。

5）岩石的迁移长度和扩散系数

中子在慢化过程中所穿行的距离与热中子在被俘获前所穿行距离的组合，称为迁移长度，用 L_{m} 表示：

$$L_{\mathrm{m}}^2 = L_{\mathrm{s}}^2 + L_{\mathrm{d}}^2 \qquad (4\text{-}1\text{-}21)$$

3. 中子特征长度的计算

对于中子特征长度的计算，采用积分等式进行表示：

$$L^2 = \frac{1}{6}\langle \overline{r}^2 \rangle = \frac{1}{6}\frac{\int \Phi(\boldsymbol{r}) r^2 \mathrm{d}V}{\int \Phi(\boldsymbol{r}) \mathrm{d}V} \qquad (4\text{-}1\text{-}22)$$

式中：L 为中子慢化长度，cm；$\Phi(\boldsymbol{r})$ 为中子通量，cm^{-2}。

针对球状介质模型，将中子源置于球心原点，此时可以将式（4-1-22）中的三重积分化简为关于距离 r 的一维积分，结果如下：

$$L^2 = \frac{1}{6}\langle \overline{r}^2 \rangle = \frac{1}{6}\frac{\int_{r_0}^{\infty} 4\pi r^4 \Phi(r) \mathrm{d}r}{\int_{r_0}^{\infty} 4\pi r^2 \Phi(r) \mathrm{d}r} \qquad (4\text{-}1\text{-}23)$$

式中：r_0 为中子源半径，一般在模拟计算过程中，中子源的体积都设的非常小被认为是一个质点，因此可以近似认为 $r_0 \approx 0$。

在理论上，r 的积分上限为无穷远处，但实际上由于介质对中子的散射衰减和辐射俘获作用，在 r 达到一定数值时，中子通量 $\Phi(r)$ 已经趋近于 0，通过数值模拟可以得到在计算过程中 r 的值不小于 250cm 即可。

根据式（4-1-23），通过模拟计算超热中子分布对应的中子通量 $\Phi_{\mathrm{epi}}(r)$，则中子减速长度用式（4-1-24）来计算：

$$L_{\mathrm{s}}^2 = \frac{1}{6}\langle \overline{r}_{\mathrm{s}}^2 \rangle = \frac{1}{6}\frac{\int_{r_0}^{\infty} 4\pi r^4 \Phi_{\mathrm{epi}}(r) \mathrm{d}r}{\int_{r_0}^{\infty} 4\pi r^2 \Phi_{\mathrm{epi}}(r) \mathrm{d}r} \qquad (4\text{-}1\text{-}24)$$

通过模拟计算热中子分布对应的中子通量 $\Phi_{\mathrm{th}}(r)$，则中子迁移长度用式（4-1-25）来计算：

$$L_{\mathrm{m}}^2 = \frac{1}{6}\langle \overline{r}_{\mathrm{m}}^2 \rangle = \frac{1}{6}\frac{\int_{r_0}^{\infty} 4\pi r^4 \Phi_{\mathrm{th}}(r) \mathrm{d}r}{\int_{r_0}^{\infty} 4\pi r^2 \Phi_{\mathrm{th}}(r) \mathrm{d}r} \qquad (4\text{-}1\text{-}25)$$

根据式（4-1-21）就可以得到热中子的扩散长度为：

$$L_d^2 = L_m^2 - L_s^2 \quad (4\text{-}1\text{-}26)$$

第二节 中子和伽马射线通量的空间分布

放射性中子源放出的中子与介质原子核发生弹性散射，中子能量降低，变成超热中子和热中子，热中子被原子核俘获并放出相应的伽马射线。中子在介质中的迁移过程实际上就是中子与原子核发生作用引起中子和伽马射线场分布过程。描述中子迁移的过程满足玻耳兹曼迁移方程，本节从双组扩散理论来描述中子场分布。

一、双组扩散理论和扩散方程

同位素中子源产生的快中子进入地层，与元素原子核常发生弹性散射，能量降低，变成超热中子和热中子，然后热中子再被原子核俘获。因此把中子在地层中运动过程分为快中子减速和热中子扩散两个阶段，即用双组扩散理论进行分析。

1. 快中子减速阶段

假设将每秒钟发射一个中子的点源置于无限介质中，快中子经过与地层物质原子核的作用能量降低，根据本章第一节中子输运方程［式（4-1-1）］可知，在一定体积内中子密度 n 随着时间的变化率等于它的产生率减去泄漏率和吸收率，则为中子平衡方程：

$$dn/dt = 产生率 - 泄漏率 - 吸收率 \quad (4\text{-}2\text{-}1)$$

讨论同位素中子源周围的中子通量分布时，只限于定态问题，且放出的中子基本上是各向同性即中子密度 n 随着时间的变化率为零。

1）定态方程

若介质的中子宏观散射截面为 Σ_s，则每秒每立方厘米散射后变成低能的中子数是 $\Sigma_s \Phi$，式（4-2-1）可写成：

$$D\nabla^2 \Phi - \Sigma_s \Phi + S = 0 \quad (4\text{-}2\text{-}2)$$

式中：$D\nabla^2 \Phi$ 为单位时间单位体积泄漏的中子数；D 为扩散系数；$\Sigma_s \Phi$ 为单位时间单位体积内散射的中子数；S 为单位时间单位体积内产生中子的时率（中子源）。

式（4-2-2）通常称为定态扩散方程式，只适用于单能中子，且在离开强源、强散射介质或不同物质边界 2~3 个平均自由程的区域。

除中子源所在的位置外，$S=0$，故有：

$$D\nabla^2 \Phi - \Sigma_s \Phi = 0 \quad (4\text{-}2\text{-}3)$$

令 $k^2 = \Sigma_s / D$，定义减速长度 $L = 1/k = \sqrt{D/\Sigma_s}$，有：

$$\nabla^2 \Phi - k^2 \Phi = 0 \quad (4\text{-}2\text{-}4)$$

这就是典型的波动方程,可用标准方法求得普遍解,然后考虑适当的边界条件,以求得所求问题的特殊解。

2）超热中子通量分布

若在无限大介质内有一点中子源,选用球坐标系,原点放在点源上,除中子源（$r=0$）以外的各处,方程为:

$$\frac{d^2\Phi}{dr^2}+\frac{2}{r}\frac{d\Phi}{dr}-k^2\Phi=0 \qquad (4-2-5)$$

其边界条件为:（1）除 $r=0$ 处外,Φ 在各处都是有限的;（2）在 $r\to 0$ 时,每秒穿过小球面（$4\pi r^2$）的中子数必等于中子源强度 S。

为解式（4-2-5）,令 $\Phi=u/r$,此时方程简化为:

$$\frac{d^2u}{dr^2}-k^2u=0 \qquad (4-2-6)$$

方程的普遍解为:

$$u=Ae^{-kr}+Ce^{kr} \qquad (4-2-7)$$

即:

$$\Phi=\frac{Ae^{-kr}}{r}+\frac{Ce^{kr}}{r} \qquad (4-2-8)$$

由边界条件（1）,除 $r=0$ 外,中子通量在各处是有限的,可知 $C=0$。对 Φ 求导数得:

$$\frac{d\Phi}{dr}=-Ae^{-kr}\frac{kr+1}{r^2} \qquad (4-2-9)$$

在 r 处的中子流密度为:

$$J=-D\frac{d\phi}{dr}=DAe^{-kr}\frac{kr+1}{r^2} \qquad (4-2-10)$$

由边界条件可得:

$$\lim_{n\to\infty}4\pi r^2 J=\lim_{n\to\infty}4\pi DAe^{-kr}(kr+1)=1 \qquad (4-2-11)$$

$$4\pi DA=1, A=\frac{1}{4\pi D} \qquad (4-2-12)$$

将 A 和 C 代入式（4-2-8）,得解为:

$$\Phi(r)=\frac{1}{4\pi Dr}e^{-kr}=\frac{1}{4\pi Dr}e^{-r/L} \qquad (4-2-13)$$

式（4-2-13）给出无限介质内在每秒放出一个中子的点源周围在定态下的中子通量分布。由此可见：在一定介质内，因 D 和 k 都是常数，任何地点的中子通量只取决于该点到源的距离 r，在测井仪器中称为源距；当 r 选定且其值足够大时，D 的影响降低而 k 的影响加强，因而主要反映与 Σ_s 有关的地层性质。

2. 热中子的扩散阶段

慢化的快中子经过地层的进一步作用变成热中子，热中子在扩散过程中又会被原子核吸收，因此热中子通量分布既和快中子的减速过程有关，又和热中子的俘获过程有关。

1）扩散方程

为了区分快中子减速和热中子扩散阶段，物理参数分别用下标 1 和 2 来表示，因此热中子的通量满足方程为：

$$D_2\nabla^2\Phi_2 - \Sigma_2\Phi_2 + \Sigma_1\Phi_1 = 0 \tag{4-2-14}$$

式中：D_2 为热中子的扩散系数，cm；Φ_2 为热中子通量，$\Phi_2=vn_2$；Σ_2 为热中子的宏观截面，即宏观俘获截面 Σ_a，cm^{-1}；Φ_1 为快中子通量；Σ_1 为快中子的宏观截面，即宏观散射截面 Σ_s，cm^{-1}。

2）热中子通量分布

式（4-2-14）的解为：

$$\Phi_2(r) = \frac{1}{4\pi D_2 r}\frac{L_2^2}{L_1^2 - L_2^2}\left(e^{-r/L_1} - e^{-r/L_2}\right) \tag{4-2-15}$$

式中：L_2 为热中子的扩散长度，cm；L_1 为快中子的减速长度，cm。

在测井过程中，由于同位素中子源产生的中子能量只有几兆电子伏，如果记录超热中子和热中子，可以把快中子在地层中的作用过程用快中子的减速和热中子的扩散两个阶段来描述，因此在无限介质中热中子的通量分布为：

$$\Phi_t(r) = \frac{1}{4\pi D_t r}\frac{L_d^2}{L_s^2 - L_d^2}\left(e^{-r/L_s} - e^{-r/L_d}\right) \tag{4-2-16}$$

式中：L_s 为快中子的减速长度；L_d 为热中子的扩散长度；D_t 为热中子的扩散系数。

二、中子伽马射线的空间分布

热中子与地层中的多种核素能发生（n，γ）反应而发射伽马射线，热中子分布的整个范围内就是一个空间伽马源。

热中子通量在地层中的分布主要由地层的减速性质（含氢量）决定，但发生热中子（n，γ）反应放出的中子伽马射线与氢及其他几种核素都有关。

根据热中子通量分布表达式[式（4-2-16）]，当源距 r 足够大时，表达式可以简化为：

$$\Phi_t(r) = \frac{1}{4\pi D_t r}\frac{L_t^2}{L_e^2 - L_t^2}e^{-r/L_e} \tag{4-2-17}$$

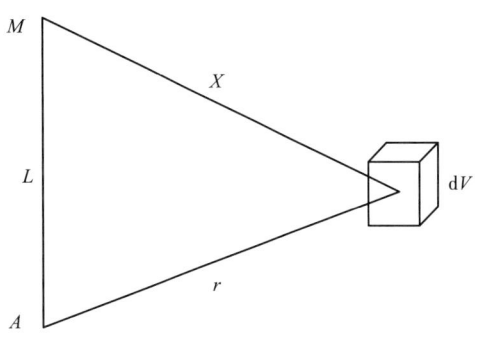

图 4-2-1 中子伽马射线强度空间分布推导图

式中：L_e 为超热中子的减速长度；L_t 为热中子的扩散长度；D_t 为热中子的扩散系数。

设中子源置于 A 点（图 4-2-1），伽马探测器置于 M 点，源距 $L = \overline{MA}$。

如果每俘获一个热中子平均产生 i 个伽马光子，单位时间内在体积元 dV 中产生的伽马光子数为：

$$i\Sigma_t \Phi_t dV = i\Sigma_t \frac{1}{4\pi D_t r} \frac{L_e^2}{L_e^2 - L_t^2} e^{-r/L_e} dV \quad (4\text{-}2\text{-}18)$$

式中：Σ_t 为热中子宏观俘获截面（也可用 Σ_a 表示）。

因扩散系数 $D_t = L_t^2 \Sigma_t$，有：

$$i\Sigma_t \Phi_t dV = \frac{i}{4\pi(L_e^2 - L_t^2)r} e^{-r/L_e} dV \quad (4\text{-}2\text{-}19)$$

把球坐标原点定在 M 点，由体积元 dV 在 M 点产生的中子伽马射线强度为：

$$dJ_{n\gamma} = \frac{e^{-\mu X}}{4\pi X^2} \cdot i\Sigma_t \Phi_t dV = \frac{i}{16\pi^2(L_e^2 - L_t^2)} \cdot \frac{e^{-\mu X}}{X^2} \cdot \frac{e^{-r/L_e}}{r} dV \quad (4\text{-}2\text{-}20)$$

积分得到均匀全无限地层在 M 点造成的中子伽马射线总强度为：

$$J_{n\gamma} = \frac{iL_e}{8\pi L(L_e^2 - L_t^2)} \int_0^\infty \left[e^{-|L-X|/L_e} - e^{-(L+X)/L_e} \right] \frac{e^{-\mu X}}{X} dX \quad (4\text{-}2\text{-}21)$$

从式（4-2-21）可以定性看出：（1）当源距 L 足够大时，$J_{n\gamma}$ 主要取决于地层的减速性质，因而与前面介绍的中子通量分布一样能反映地层的含氢量；（2）$J_{n\gamma}$ 还和（n，γ）核反应的概率、每一次核反应产生伽马光子的平均数及其能量、地层对伽马光子的吸收能力有关。

第三节　超热中子孔隙度测井

同位素中子源放出的中子进入地层，与地层元素的原子核发生非弹性散射和弹性散射，其慢化或减速过程取决于地层元素原子核的种类和含量，尤其是氢元素原子核对中子的减速能力最强。对于组成地层的骨架矿物、孔隙流体及黏土矿物，元素类型和含量不同，对中子的作用不同。孔隙流体主要包括石油、天然气和水，其组成和密度有较大差异，含氢量不同，对中子减速能力不同，因此可以利用探测超热中子的方法来确定地层孔隙度。

一、含氢指数

1. 定义

地层对快中子的减速能力主要决定于它的含氢量。在中子测井中，将淡水的含氢量规定为一个单位，而1cm³任何岩石或矿物中的氢核数与同样体积的淡水的氢核数的比值定义为它的含氢指数。含氢指数用I_H表示，它与单位体积中介质的氢核数成正比。对淡水而言，有：

$$I_H = k \frac{N_A x \rho}{M} \quad (4\text{-}3\text{-}1)$$

式中：M为该化合物的摩尔质量，g/mol；ρ为密度，g/cm³；x为该化合物每个分子中的氢原子数；N_A为阿伏伽德罗常数；k为待定系数。

规定淡水的含氢指数为1，而$x=2$，$\rho=1.0$g/cm³，$M=18$g/mol，代入式（4-3-1）可以得到$kN_A=9$。

显然，由一种化合物组成的矿物或岩石的含氢指数可由下式确定：

$$I_H = 9 \frac{x \rho}{M} \quad (4\text{-}3\text{-}2)$$

2. 孔隙流体和矿物的含氢指数

1）原油和天然气的含氢指数

液态烃的含氢指数与淡水接近，而天然气的氢浓度很低，并且随温度和压力而变化。因而当天然气很靠近井眼而处于中子测井探测范围内时，中子测井测出的含氢指数比孔隙度要小。

烃的含氢指数可根据其组分和密度来估算。分子式为$n\text{CH}_x$，即相对分子质量为$n(12+x)$且密度为ρ的烃，含氢指数为：

$$I_H = 9 \frac{nx\rho}{n(12+x)} = 9 \frac{x\rho}{12+x} \quad (4\text{-}3\text{-}3)$$

用式（4-3-3）可算得，甲烷（CH_4）的含氢指数为：

$$I_{HCH_4} = 2.25 \rho_{CH_4} \quad (4\text{-}3\text{-}4)$$

而原油（以CH_2表示）的含氢指数为：

$$I_{Ho} = 1.29 \rho_o \quad (4\text{-}3\text{-}5)$$

2）与有效孔隙度无关的含氢指数

例如石膏，分子式为$CaSO_4 \cdot 2H_2O$，密度为$\rho=2.32$g/cm³，根据式（4-3-2）有：

$$I_H = 9 \frac{x\rho}{M} = \frac{4 \times 2.32}{40+32+16 \times 4+2 \times 18} = 0.4856 \quad (4\text{-}3\text{-}6)$$

显然，孔隙度为零的石膏，尽管不含孔隙氢，但由于本身结晶水的存在，表现为对中子减速作用较强，显示孔隙度为 48.56%。

3）泥质的含氢指数

泥质中黏土矿物包括高岭石、伊利石、蒙脱石和绿泥石等，含有束缚水、黏土矿物结晶水等，因此泥质具有很高的含氢指数，主要取决于泥质孔隙体积和矿物成分，一般可达 0.15~0.3，所以含泥质的地层有较大的中子孔隙度。

4）与岩性有关的等效含氢指数

对快中子减速起主要作用的是氢，其他原子核减速作用与氢原子核等效。如能量为 2MeV 中子变成热中子，^{1}H 核所需要热化碰撞次数为 18.2，而 ^{12}C 核所需要热化碰撞次数为 114 次，^{16}O 核所需要热化碰撞次数为 150 次。显然，尽管岩石骨架不含氢，但其他原子核仍会对中子产生与氢原子核相同的减速作用，相当于含有一定量的氢原子核，因此具有等效的含氢指数。

3. 孔隙性岩石的含氢指数

孔隙度为 ϕ 的充满淡水的纯岩石地层的含氢指数为：

$$I_\mathrm{H} = I_\mathrm{Hma}(1-\phi) + I_\mathrm{Hw}\phi \qquad (4\text{-}3\text{-}7)$$

式中：I_Hma 为骨架含氢指数；I_Hw 为孔隙水的含氢指数，等于 1。

根据前述，不同的骨架矿物对中子减速能力不同，如石英和白云石分子中都不含氢，但石英的中子减速能力比方解石低，而白云石的中子减速能力比方解石高。

在中子孔隙度测井中，常使石灰岩的含氢指数与充满淡水孔隙度相等，即 $I_\mathrm{H}=\phi$ 来进行刻度，因此石灰岩骨架的含氢指数已定为零。相对于方解石来说，其他矿物显示为不等于零的等效含氢指数，从而产生附加孔隙度，石英砂岩骨架的等效含氢指数小于零，而白云石骨架的等效含氢指数大于零。由此可以想到，用淡水石灰岩刻度的中子测井仪器，在砂岩中测出的孔隙度偏小，而在白云岩中测出的孔隙度偏大。

中子测井测得的孔隙度，实质上是等效含氢指数。只有当岩性、孔隙流体、井眼条件与仪器刻度条件相同时，测得的中子孔隙度才与地层的总孔隙度相等。

二、超热中子通量空间分布

1. 超热中子参数

中子源产生的快中子进入地层，与元素原子核发生弹性散射等过程，能量降低变成超热中子，显然超热中子分布与地层中子减速长度有关。图 4-3-1 给出淡水的中子减速长度 L_s 与中子初始能量 E_0 的关系。测井所用的镅—铍中子源，中子能量大约在 3~10MeV 之间，淡水平均减速长度约为 7cm。

岩石的中子减速长度主要是由含氢量决定的。若骨架矿物不含氢，孔隙中饱含水或油，则中子减速长度反映孔隙度的大小，L_s 越小，孔隙度越大。由于岩石的中子减速长度与扩散系数存在以下关系：

$$L_\mathrm{s}^2 = \frac{D}{\Sigma_\mathrm{s}} \qquad (4\text{-}3\text{-}8)$$

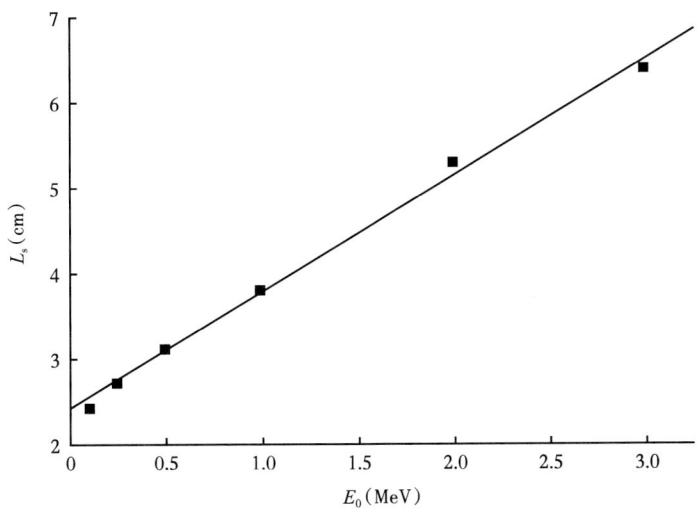

图 4-3-1 淡水的中子减速长度

则由此可以确定相应岩石的扩散系数为：

$$D = \Sigma_s L_s^2 \tag{4-3-9}$$

表 4-3-1 给出 Am-Be 中子源条件下，采用蒙特卡罗方法模拟得到的不同孔隙度含水砂岩地层的超热中子参数，可以认为表中的 L_e 和减速长度 L_s 相等，Σ_s 为中子能量从 5MeV 到 10eV 时计算的平均宏观散射截面。

表 4-3-1 砂岩的超热中子参数

孔隙度（%）	L_e（cm）	Σ_s（cm^{-1}）	D_e（cm）
3.0	22.6	0.200	102.2
10.0	16.2	0.209	54.8
11.4	15.5	0.210	50.5
22.6	12.5	0.224	35.0
33.8	11.0	0.238	28.8
50.0	9.5	0.258	23.3
100.0	7.5	0.319	17.9

2.超热中子通量的空间分布

测井时分布于源周围的中子能量范围很宽，从几兆电子伏到百分之几电子伏。不同能量段的中子，如快中子和热中子，和地层相互作用的特点有很大差别，这限制了扩散方程的应用。但若只记录超热中子，则可用双组扩散理论的快组中子通量的表达式（4-2-13）为基础进行讨论，就能得到一些重要结论。

此时，Φ_e 为超热中子的通量，$k=1/L_e$，$D_1=D_e$，其中 L_e 和 D_e 分别为超热中子的平均"扩散长度"和扩散系数，代入式（式4-2-13）得：

$$\Phi_e(r) = \frac{1}{4\pi D_e r} e^{-r/L_e} \qquad (4\text{-}3\text{-}10)$$

式中：L_e 与中子的减速长度近似相等。

3. 超热中子通量与源距的关系

现在用表4-3-1中的数据考察饱和淡水的孔隙砂岩中点状快中子源周围的超热中子通量分布。设有两个中子减速性质不同的均匀无限地层，相应的扩散系数和减速常数分别为 D_1、D_2 和 L_1、L_2，则超热中子通量分别为：

$$\Phi_1(r) = \frac{1}{4\pi D_1 r} e^{-r/L_1} \qquad (4\text{-}3\text{-}11)$$

和

$$\Phi_2(r) = \frac{1}{4\pi D_2 r} e^{-r/L_2} \qquad (4\text{-}3\text{-}12)$$

通量的比值为：

$$\frac{\Phi_1(r)}{\Phi_2(r)} = \frac{D_2}{D_1} e^{-\frac{L_1-L_2}{L_1 L_2} r} \qquad (4\text{-}3\text{-}13)$$

若地层1的孔隙度比地层2小，则有 $D_1 > D_2$ 和 $L_1 > L_2$，因而有：

$$\begin{cases} \dfrac{D_2}{D_1} < 1 \\ L_1 - L_2 > 0 \end{cases} \qquad (4\text{-}3\text{-}14)$$

讨论：

（1）r 很小时，式（4-3-13）的指数因子接近于1，故有 $\Phi_1 < \Phi_2$，即孔隙度大的地层中子通量也高，源距在这一范围时称为负源距。

（2）r 增大，比值按指数规律上升，当它等于1时，有 $\Phi_1 = \Phi_2$，此时中子通量对地层无分辨能力，这一长度称为零源距。

（3）r 继续增大，比值进一步上升，当它大于1之后，有 $\Phi_1 > \Phi_2$，即孔隙度大的地层中子通量较低，源距在这一范围时称为正源距。

（4）在正源距范围内，源距增大，Φ_1/Φ_2 增加，即中子通量分辨地层的能力增强。

图4-3-2绘出孔隙度分别为3%、33.8%饱含淡水的孔隙砂岩和淡水中的中子通量与源距的关系。图中的曲线可分成A、B和C三个区，与负源距、零源距和正源距区对应。不同地层组合的零源距数值有一定差异，分布在大约5~10cm的范围内。

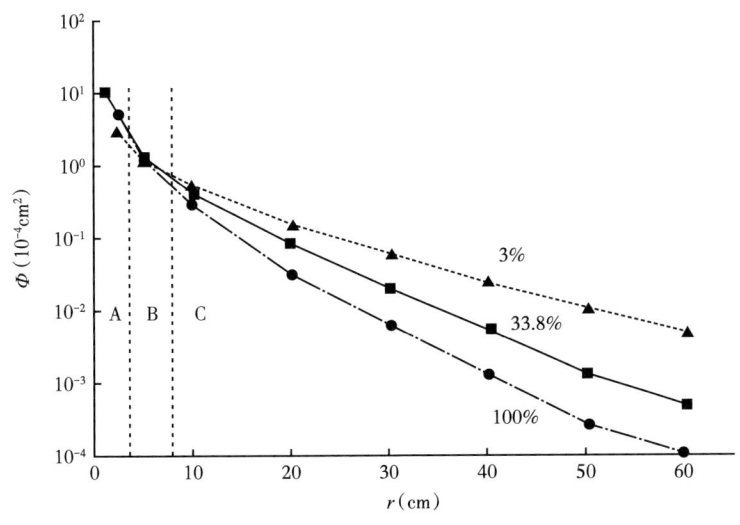

图 4-3-2 中子通量与源距的关系

三、超热中子孔隙度测井

超热中子测井选择记录能量略高于热中子的中子，代表性的方法是井壁中子孔隙度（SNP）测井。后来在双孔隙度中子测井的研制中进行了进一步的探索，在阵列中子测井仪器中，探测超热中子只与介质减速过程有关的优点成为现实。

1. 测井原理

从中子物理理论可以推知：若只记录超热中子，就可避开热中子的扩散和俘获辐射影响，使中子在被记录前只经历了在地层中的慢化过程，即主要和含氢量有关。图4-3-3给出孔隙度和中子减速长度的关系。由图可见，孔隙度的对数值与减速长度有很好的线性关系。这是超热中子测井的诱人之处。

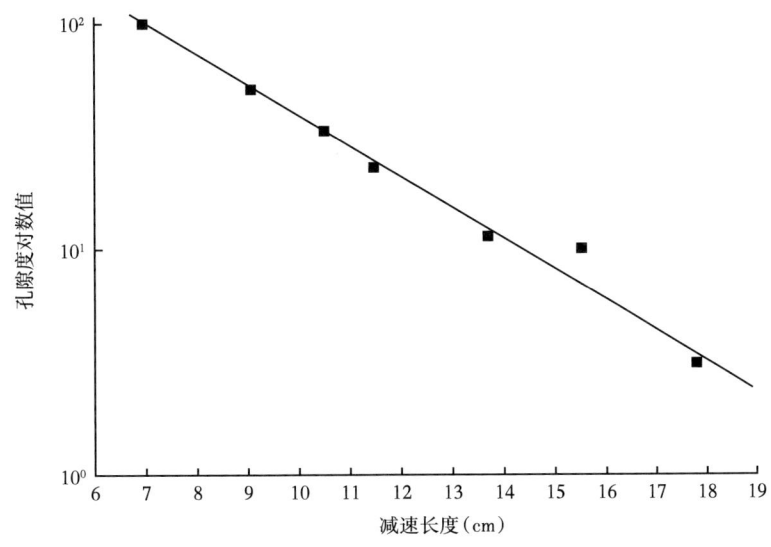

图 4-3-3 孔隙度和中子减速长度的关系

1）超热中子孔隙度测井仪

图 4-3-4 为超热中子孔隙度测井仪。电缆测井中常采用 18Ci 的 Am-Be 中子源、两个不同源距的 ^{3}He 管来探测超热中子，源和探测器之间有屏蔽体。超热中子比热中子分布范围小，探测深度浅，加上源距小，井眼影响严重，加推靠器使探头紧贴井壁进行测量。

2）工作原理

超热中子孔隙度测井是一种利用中子源发出快中子进入地层，和地层中的各种原子核发生弹性散射损失能量的过程，从而变为超热中子，利用中子探测器记录超热中子计数率求取孔隙度的测井方法。

超热中子空间分布不受地层含氯量的影响，可较好地反映含氢量，即反映地层孔隙度。图 4-3-5 展示了超热中子仪器在三种地层下的计数率随着孔隙度的变化关系，响应曲线的不同主要是受骨架的影响不同。骨架的影响可以降低但是不能消除。

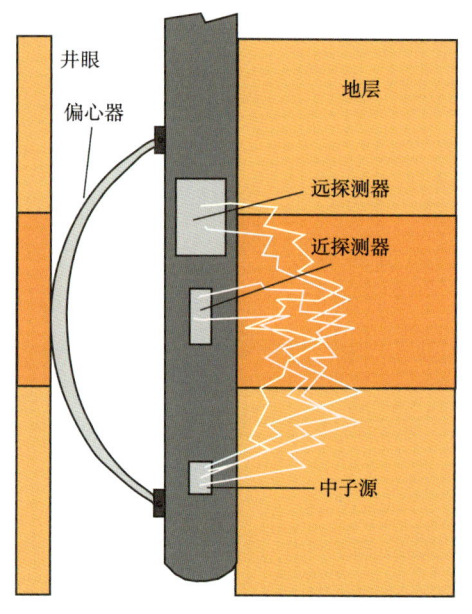 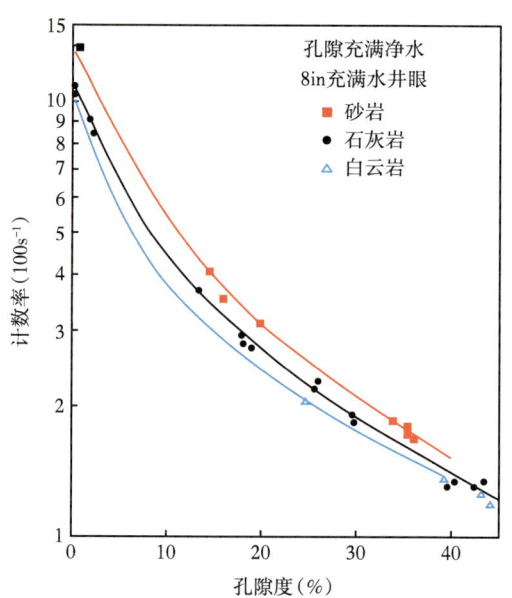

图 4-3-4　所示为超热中子孔隙度测井仪　　图 4-3-5　三种地层条件计数率随孔隙度变化曲线

2. 源距和超热中子探测

1）源距选择

从图 4-3-2 可以看出，超热中子计数率与源距的关系分为负源距、零源距和正源距三个区：在负源距范围内，孔隙度大的地层中子通量也高；而正源距范围内，孔隙度较大的地层中子通量较低；在零源距附近，中子通量对地层含氢指数无分辨能力。

在负源距区，计数率高，含氢指数高的地层统计精度高，但源距短，探测深度浅，受井壁条件影响大，且由于中子源和探测器之间必须加屏蔽体，致使负源距的尺寸靠近零源距，几乎不具备对含氢指数的分辨能力，而只能选用正源距，是唯一能实施计数的区间，单从提高对地层减速性质的分辨能力来看，源距应大一些。源距增大会使计数率迅速降低，统计精度变差，但随着源距增大，对含氢指数分辨率会提高。综合考虑对统计精度和分辨率的要求，源距一般限制在 30~45cm 之间。

2）超热中子探测

超热中子测井记录超热中子,仍采用热中子探测器,如 He-3 管,探测方法:（1）探测器外加热中子吸收剂（镉片等）作屏蔽层,目的是用来吸收热中子;（2）屏蔽层与探测器之间加慢化剂（塑料、石蜡等高含氢物质）,目的是使穿过屏蔽层的超热中子迅速变为热中子。为了提高超热中子的探测效率,对于屏蔽层和慢化层的材料和厚度优化设计是关键因素。

3. 测井响应

对含水纯岩石,超热中子孔隙度响应方程为:

$$\phi_{SNP} = (1-\phi)\phi_{Nma} + \phi\phi_{Nf} \tag{4-3-15}$$

式中: ϕ_{SNP} 为超热中子孔隙度,石灰岩孔隙度单位; ϕ_{Nma} 为岩石骨架超热中子孔隙度; ϕ_{Nf} 为孔隙流体超热中子孔隙度。

四、刻度及影响因素

1. 刻度

仪器不同（源强、源距、探测器等结构差别）,导致计数率变化,从而导致计数率失去可比性,因此需要对超热中子孔隙度测井建立刻度方法。

API 中子孔隙度:在美国休斯敦大学的标准井,由 3 个纯石灰岩刻度块（卡西奇大理石,孔隙度为 1.9%；印第安纳石灰岩,孔隙度为 19%；奥斯汀石灰岩,孔隙为 26%）组成,刻度块均由 6 个宽 152.4cm、厚 30.48cm 的六面柱体石块组成,淡水充分饱和；井眼居中,井径为 20cm。刻度时把充淡水仪器零线与 $\phi=19\%$ 印第安纳石灰岩标准模块计数率曲线幅度之差规定为 1000API 单位,用它将计数率转换为 API 标准单位,再变换为孔隙度。这种刻度的孔隙度称为视石灰岩中子孔隙度。

2. 影响因素

中子孔隙度受测量环境、地层岩性、矿物组成和岩石结构的影响,其中测量环境因素包括井眼温度、压力、井眼流体性质、井眼尺寸等因素,骨架中含有泥质矿物、地层孔隙中含气或烃类物质也会影响中子孔隙度的测量结果。

1）岩性或骨架矿物的影响

除方解石外,岩石的骨架矿物附加孔隙度,其中石英砂岩骨架的等效含氢指数小于零,而白云石骨架的等效含氢指数大于零。因此用淡水石灰岩刻度系统刻度的中子测井仪器,在饱含水石英砂岩地层减速长度大,视孔隙度小于真孔隙度；饱含水白云岩地层减速长度小,视孔隙度大于真孔隙度；饱含水石灰岩地层,视孔隙度等于真孔隙度。

2）泥质的影响

泥岩层中子孔隙度测井有相当大的视孔隙度值,主要由于黏土和泥岩中存在与黏土结构相联系的束缚水、结晶水等,使泥岩中具有较高的含氢指数。

3. 挖掘效应

由于气对中子的减速能力比淡水差,孔隙地层含气时,其减速长度随孔隙度增加而降低,且整个地层对中子的减速能力除了和气有关之外,还会导致骨架矿物的减速能力变差,这种现象称为挖掘效应。

1）概念

与饱含淡水的地层相比，当地层含天然气时，一部分孔隙空间的水被气代替。起初认为气置换了水，只是减小了地层的含氢指数，但后来发现测出的气层中子孔隙度比它的含氢指数还要小，也就说天然气使中子孔隙度减小的量比含氢指数减小的量还要大，生成了一个负的含氢指数附加值，这一效应称为挖掘效应。

如图 4-3-6 所示的含氢指数 I_H 相同的两个地层，右边含气地层与左边非含气地层相比，含气部分 V_2 等于挖掘了相同体积的岩石骨架，从而降低了岩石对快中子的减速能力。在求孔隙度时，应对挖掘效应进行校正。

2）产生原因

如图 4-3-7 所示，能量为 4.2MeV 的快中子慢化成能量为 0.4eV 的超热中子的慢化次数，对于孔隙度为 0 的纯石灰岩大约需要 145 次，

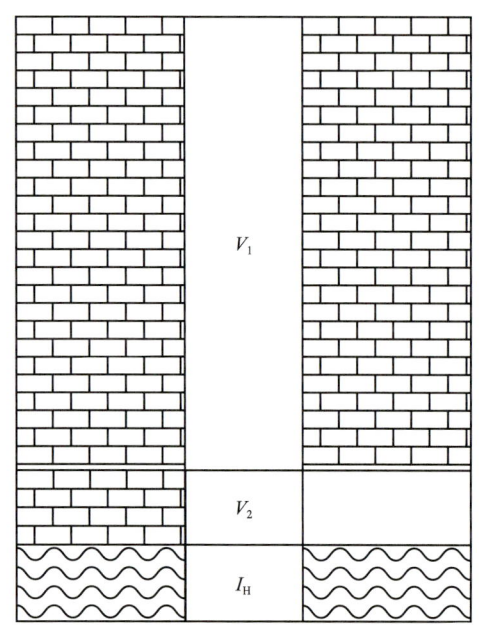

图 4-3-6 挖掘效应示意图

而对于淡水需要约 20 次，孔隙度为 20% 的饱含水和气的石灰岩地层分别为 64 次和 90 次，显然含气地层减速能力差、慢化次数多。同种元素原子核或介质，随中子能量增加，中子减速长度增加；对于地层介质来说，孔隙含气时中子减速能力下降，相比含水时中子能量要高，骨架减速能力下降。

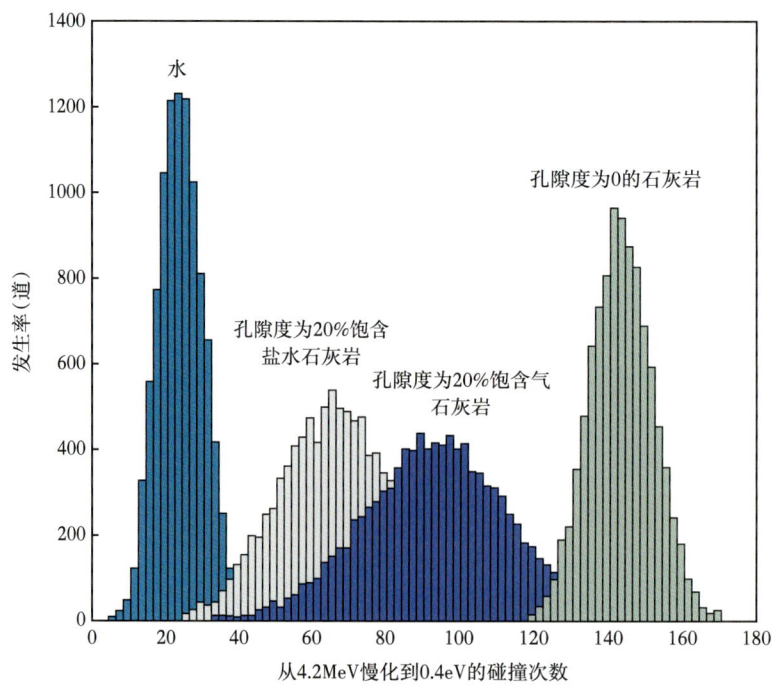

图 4-3-7 不同地层介质的中子慢化次数

3）挖掘效应的特征

挖掘效应的大小与地层的岩性、孔隙度、含水饱和度（或残余油气饱和度）及天然气的含氢指数有关。天然气含氢指数越小，孔隙中气占的体积越大，挖掘效应的作用就越强。

根据含氢指数的定义，冲洗带混合流体含氢指数为（楚泽涵等，2007）：

$$I_{Hxo} = S_{xo}I_{Hw} + (1-S_{xo})I_{Hg} \quad (4-3-16)$$

式中：S_{xo} 为冲洗带含水饱和度；I_{Hw}、I_{Hg} 为水和气的含氢指数。

地层冲洗带岩石的含氢指数为：

$$I_{HNH} = I_{Hxo}\phi = \phi\left[S_{xo}I_{Hw} + (1-S_{xo})I_{Hg}\right] \quad (4-3-17)$$

如不考虑挖掘效应，中子测井孔隙度 ϕ_N 就应该等于 I_{HNH}。但实际测得的 ϕ_N 包含着挖掘效应的影响，它比 I_{HNH} 还要小，差值为：

$$\Delta\phi_{Nex} = I_{HNH} - \phi_N \quad (4-3-18)$$

这就是挖掘效应校正值。

式（4-3-16）也可改写为：

$$I_{Hxo} = S_{wH}I_{Hw} = S_{xo}I_{Hw} + (1-S_{xo})I_{Hg} \quad (4-3-19)$$

式中：S_{wH} 为含气地层的含氢指数当量饱和度，简称当量饱和度，%。此时，混合流体的含氢指数与含水饱和度为 S_{wH} 的孔隙孔间的含氢指数相同。

因 $I_{Hw}=1$，所以有：

$$S_{wH} = S_{xo} + (1-S_{xo})I_{Hg} \quad (4-3-20)$$

式（4-3-18）可写为：

$$\Delta\phi_{Nex} = \phi S_{wH} - \phi_N \quad (4-3-21)$$

图 4-3-8 是计算出的 $\Delta\phi_{Nex}$ 对 S_{wH} 的关系曲线。作图时，设天然气的含氢指数 $I_{Hg}=0$，对孔隙度为 10%、20%、30% 和 40% 的砂岩、石灰岩和白云岩分别进行计算。从图中曲线看出：孔隙度为零时，挖掘效应为零，孔隙度增大，挖掘效应迅速增强；所有曲线均相交于 $\Delta\phi_{Nex}=0$、$S_{wH}=1$ 的一点；在 $S_{wH}=0.5$ 时，挖掘效应曲线有最大值；孔隙度对挖掘效应的影响比岩性大；$S_{wH}>1$ 的部分，适用于含蜡量高的原油。

挖掘效应的近似校正公式为：

$$\Delta\phi_{Nex} = k\left(2.0\phi^2 S_{wH} + 0.04\phi\right)(1-S_{wH}) \quad (4-3-22)$$

式中：$\Delta\phi_{Nex}$、ϕ 和 S_{wH} 均以 1% 为单位；$k=(\rho_{ma}/2.65)^2$，对砂岩 $k=1$，对石灰岩 $k=1.046$，而对白云岩 $k=1.73$。

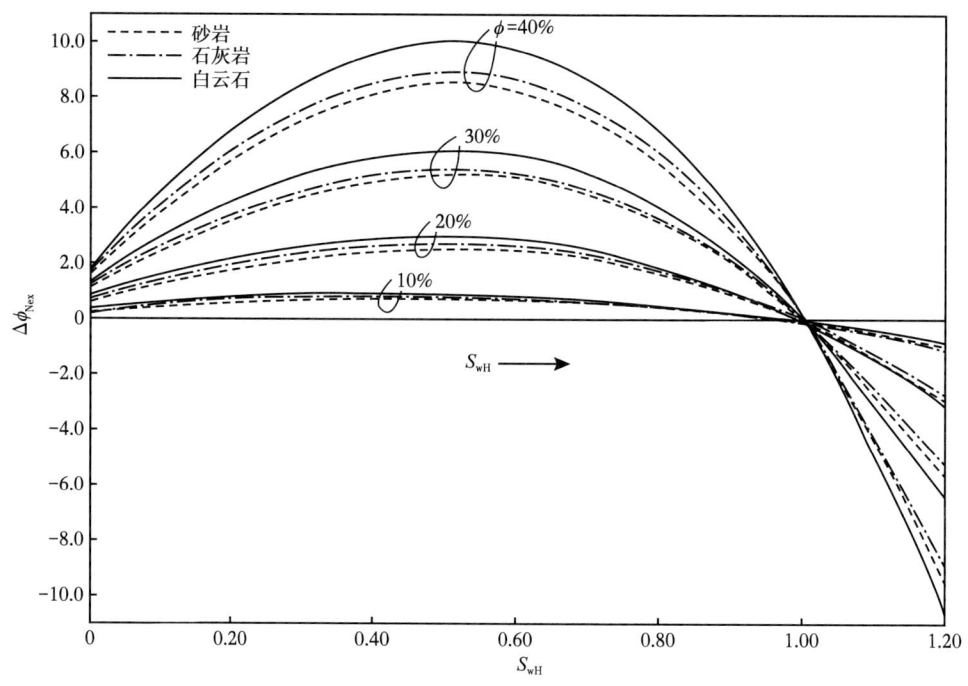

图 4-3-8 挖掘效应校正曲线

第四节 补偿中子孔隙度测井

热中子测井在井中测量热中子通量随深度的变化，最初采用单源距测井仪，因受井眼环境影响太大效果不佳。最成功的热中子测井方法是具有井眼补偿能力的双源距补偿中子测井，简称"补中"。这是一种成熟的常规测井方法，是测量地层孔隙度的主要核测井技术。

一、物理基础

1. 热中子通量的空间分布

同位素中子源发射能量为几兆电子伏的中子，再考虑到井下测量可能达到的精度，在大多数情况下双组扩散理论就可以满足需要。此时用快中子减速长度 L_f、热中子扩散长度 L_t 和热中子扩散系数 D_t 替换式（4-2-16）中的有关参数，并用 $\Phi_t(r)$ 表示均匀无限介质中热中子距源 r 处的通量，则有：

$$\Phi_t(r) = \frac{1}{4\pi D_t r} \frac{L_t^2}{L_f^2 - L_t^2} \left(e^{r/L_f} - e^{-r/L_t} \right) \quad (4-4-1)$$

由式（4-4-1）可见，热中子通量的分布不仅取决于地层的快中子减速长度，而且还与它对热中子的扩散及吸收性质有关。热中子数密度、通量和计数率成正比，所以其分布形式是相同的。

2. 与源距关系

图 4-4-1 是计算得到的热中子密度与源距关系的理论曲线，可分为 A、B 和 C 三个区。

（1）A 区。在源距很小时，热中子密度主要取决于有多少快中子能在离源很近的区域慢化为热中子，因而含氢量高的地层，即孔隙度大的地层热中子密度大，但这种差别随源距的增大而减小。

（2）B 区。随着源距增大，热中子密度不仅取决于有多少快中子能在探测区内慢化为热中子，而且还取决于其中有多少热中子能到达观察点附近而不被吸收，即以多大的速率衰减。含氢量高的地层热中子密度衰减得快，而含氢量低的地层热中子密度衰减得慢，因而每两条曲线必然有一个交点，这些

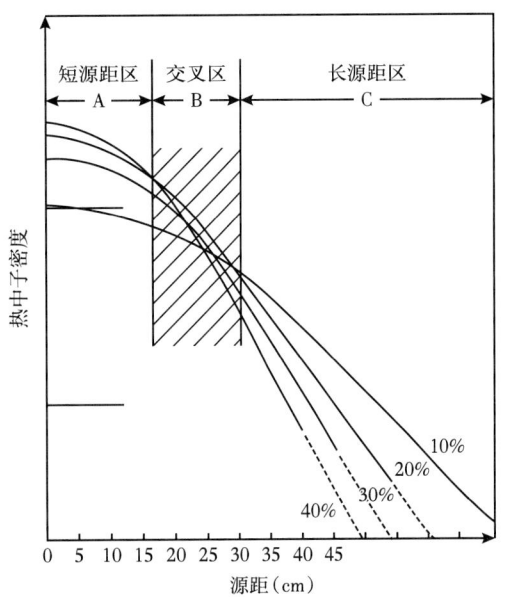

图 4-4-1　热中子密度与源距的关系

交点分布在一个比较小的源距范围内，称为过渡区或零源距区。在这个区域内，热中子密度或通量对地层的中子特性无分辨能力，是中子测井的盲区。

（3）C 区。源距进一步增大，中子密度随源距增加而衰减的速率成为影响热中子密度的主要因素。在零源距区内，含氢量不同的地层热中子密度大致相等；而进入 C 区，热中子密度在含氢量高的地层衰减得快，在含氢量低的地层衰减得慢，而且差异随源距增大而增加。中子测井的源距只能在这一区间选定，在这种条件下，含氢量高的地层热中子密度低，即孔隙度高的地层中子测井计数率低。

二、补偿中子测井原理

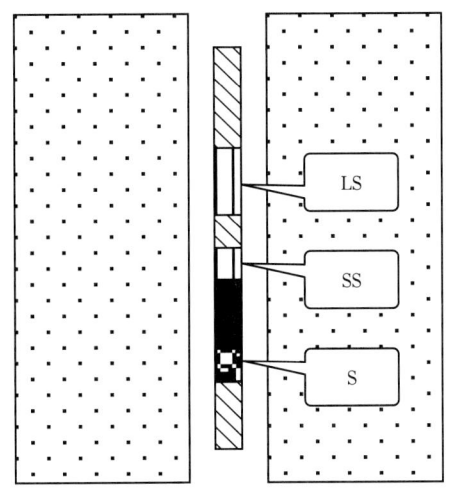

图 4-4-2　补偿中子测井原理示意图

1. 测井原理

热中子的通量分布不仅与快中子的减速有关，而且还取决于热中子的扩散和吸收。由于地层快中子的减速长度通常近似于热中子扩散长度的 1.5~2 倍，因此不同位置处的热中子通量受到减速和吸收的影响不同。

补偿中子测井是用同位素中子源在井眼中向地层发射快中子，利用源距不同两个热中子探测器测量经地层慢化后的热中子，通过近远探测器计数率比值来确定地层孔隙度方法。

图 4-4-2 是补偿中子测井原理示意图，用放射性中子源（S）在井眼中向地层发射快中子，在离源不同距离的两个观测点上，用热中子探测器测量经地层慢化并扩散回井眼来的

热中子。离源远的探测器叫长源距探测器或远探测器（LS），离源近的探测器叫短源距探测器或近探测器（SS），用近探测器计数与远探测器计数或两个探测器计数率的比值测定地层的孔隙度。

2. 补偿原理

假设利用源距分别为 r_1 和 r_2 的两个探测器来记录热中子，则相应的热中子通量分别为：

$$\Phi_{t1}(r) = \frac{1}{4\pi D_t r_1} \frac{L_t^2}{L_e^2 - L_t^2} \left(e^{-r_1/L_e} - e^{-r_1/L_t} \right) \quad (4-4-2)$$

$$\Phi_{t2}(r) = \frac{1}{4\pi D_t r_2} \frac{L_t^2}{L_e^2 - L_t^2} \left(e^{-r_2/L_e} - e^{-r_2/L_t} \right) \quad (4-4-3)$$

可得：

$$R = \frac{\Phi_{t1}(r_1)}{\Phi_{t2}(r_2)} = \frac{r_2}{r_1} \cdot \frac{e^{-r_1/L_e} - e^{-r_1/L_t}}{e^{-r_2/L_e} - e^{-r_2/L_t}} \quad (4-4-4)$$

根据式（4-1-24）和式（4-1-26），利用蒙特卡罗方法模拟 Am-Be 中子源时的超热中子和热中子通量分布，计算饱含淡水砂岩地层的超热中子和热中子参数，如表4-4-1所示，热中子扩散长度 L_t 明显小于超热中子减速长度 L_e。

表 4-4-1 超热中子和热中子参数比较（砂岩）

孔隙度（%）	超热中子参数		热中子参数	
	L_e（cm）	D_e（cm）	L_t（cm）	D_t（cm）
5	20.0	81.0	15.7	1.33
10	16.2	54.8	13.3	1.1
15	14.2	43.3	11.6	0.95
20	13.0	37.3	10.3	0.85
30	11.5	30.8	8.5	0.7
40	10.4	26.5	7.2	0.6
淡水	7.5	17.9	3.7	0.31

由于地层快中子减速长度通常近似于热中子扩散长度的1.5~2倍，在源距 r 较大的条件下，式（4-4-1）等号右侧括号中的第二项可以忽略。所以式（4-4-4）中不含 L_t 的指数项，且用探测器处的热中子计数率代替热中子通量，则式（4-4-4）变为：

$$R = \frac{N_t(r_1)}{N_t(r_2)} = \frac{r_2}{r_1} \cdot e^{(r_1-r_2)/L_e} \quad (4-4-5)$$

由式（4-4-5）可知，只有快中子减速长度是未知量，通过它可求得孔隙度。当源距选定后，远、近探测器计数率比值只取决于岩石含氢量，即只取决于减速长度 L_e，两个探测器的比值可以转换为含氢指数或孔隙度 ϕ_{CNL}。采用足够大的源距，并取源距不同的两个探测器计数率的比值，在很大程度上补偿了地层吸收性质和井环境对孔隙度的影响，因而称为补偿中子测井。

图 4-4-3 显示两个探测器计数比值与孔隙度关系。

由图 4-4-3 可以看出，随着孔隙度的增加，远近探测器热中子计数比值增加，岩性不同时，热中子比值不同，在孔隙度相同条件下，白云岩地层比值最大，砂岩地层计数比值最小。

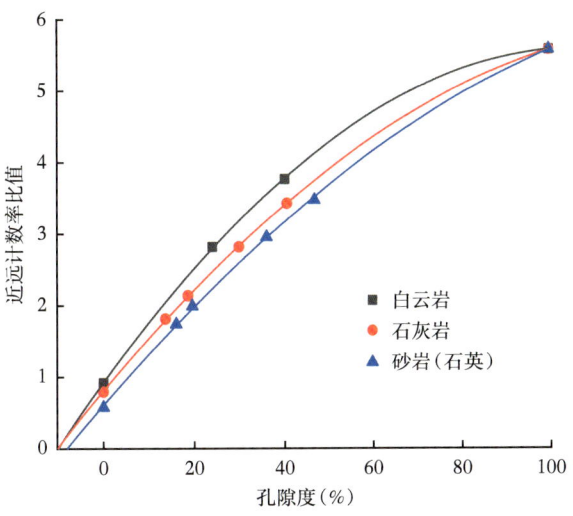

图 4-4-3 近远探测器热中子计数比值与孔隙度关系

与超热中子相比，测量热中子的主要优点是：（1）热中子的分布范围比超热中子大，探测范围大；（2）热中子反应截面大，计数效率高。但热中子通量受中子减速和吸收两个过程的影响，与孔隙度的关系比超热中子复杂。为了通过测量热中子计数率来确定地层的孔隙度，必须解决两个技术问题，即减小地层的吸收性质对测量值的影响并克服井眼影响。

三、补偿中子孔隙度测井刻度

1. 补偿中子测井量值溯源系统

图 4-4-4 给出补偿中子测井量值溯源系统。

1）中子孔隙度基准井

中子孔隙度基准井是专用计量基准，由一组孔隙度不同的饱和淡水石灰岩标准裸眼刻度井组成，井液均为淡水，井径为200mm，为国家行业一级刻度井群，其标称值和不确定度见表 4-4-2。

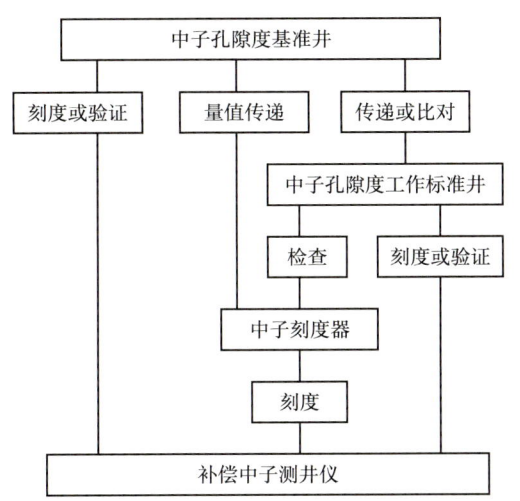

图 4-4-4 补偿中子测井的量值溯源系统

2）中子孔隙度工作标准井

中子孔隙度工作标准井是分布在油区或测井公司的二级刻度井组，至少要有三口井，结构与基准井相同。其标称值应在 0~30% 范围内，不确定度在 ±1% 的范围内。

3）中子刻度器

中子刻度器与中子孔隙度工作标准井组成两级专用计量标准器具，用于将中子孔隙度基准井群的孔隙度量值传递到补偿中子测井仪。

表 4-4-2　中子孔隙度基准井孔隙度标称值、不确定度和其他参数表

井号	孔隙度标称值（%）	井径（m）	模块直径（m）	厚度（m）	岩性	建井方法
20	0.1±0.3	0.20	1.5	1.5	石灰岩	天然整体岩块
03	2.0±0.3	0.20	1.4	1.5	石灰岩	石板叠加法
22	5.0±0.3	0.20	1.4	1.5	石灰岩	石板叠加法
26	11.3±0.3	0.20	1.4	1.5	石灰岩	石板叠加法
28A	13.2±0.3	0.20	0.914	1.5	石灰岩	天然整体岩块
27	15.3±0.3	0.20	1.4	1.5	石灰岩	石板叠加法
07	20.2±0.3	0.20	1.5	1.68	石灰岩	堆积法
28B	23.5±0.3	0.20	0.914	1.5	石灰岩	天然岩块
23	30.0±0.4	0.20	1.3	1.3	石灰岩	石板叠加法
04	37.2±0.5	0.20	1.2	1.68	石灰岩	堆积法
24	52.9±0.5	0.20	1.3	1.3	石灰岩	石板叠加法
32	100±0.5	0.20	2.0	2.0	淡水	水井

4）补偿中子测井仪

补偿中子测井仪是工作计量器具，直接测到的是短源距计数率 N_{SS} 和长源距计数率 N_{LS}，它们的比值记作 $R=N_{SS}/N_{LS}$，比值大表示快中子在地层中的慢化长度短，地层含氢量高，饱和水或油的孔隙度大。

2. 补偿中子测井刻度

1）刻度关系

补偿中子测井仪在这三级刻度系统中的任何一级进行刻度，就是要在孔隙度 ϕ 和计数率比值 R 之间建立确定的函数关系，可表示为：

$$\phi_N = f(kR) \quad (4\text{-}4\text{-}6)$$

式中：ϕ_N 为中子孔隙度，%；R 为短源距探测器计数率与长源距探测器计数率之比；k 为刻度系数。

对应于指定孔隙度的刻度井，由标准测井仪测定的 R 标称值，或刻度器的计数率标准比值 R_{std}，有 $k=1$。实际使用的测井仪器测出的 R 可记作 R_m，刻度系数 $k=R_{std}/R_m$。对仪器进行刻度就是要求出刻度系数 k，并将实测的比值校正为标称比值。这样，在标准井群与标准仪器之间建立起来的比值 R 与孔隙度 ϕ 之间的转换关系，就能用于同类型的经过刻度的所有仪器。国产和阿特拉斯的补偿中子测井仪均采用下列 R-ϕ 转换式：

$$R = b_0 + b_1\phi + b_2\phi^2 + b_3\phi^3 + b_4\phi^4 \quad (4\text{-}4\text{-}7)$$

测井仪器在孔隙度为 ϕ_i 的标准井中测得的计数率比值为 R_i（$i=1$，2，3，$\cdots$，n，n 为刻度时用到的标准井数）。对 n 个标准刻度井，式（4-4-7）可用矩阵表示为：

$$R = GB \tag{4-4-8}$$

其中：

$$G = \begin{bmatrix} 1 & \phi_1 & \phi_1^2 & \phi_1^3 & \phi_1^4 \\ 1 & \phi_2 & \phi_2^2 & \phi_2^3 & \phi_2^4 \\ \vdots & \vdots & \vdots & \vdots & \vdots \\ 1 & \phi_n & \phi_n^2 & \phi_n^3 & \phi_n^4 \end{bmatrix} \tag{4-4-9}$$

$$R = (R_1, R_2, \cdots, R_n)^T, \quad B = (b_0, b_1, b_2, b_3, b_4)^T \tag{4-4-10}$$

解式（4-4-8）得：

$$B = (G^T G)^{-1} G^T R \tag{4-4-11}$$

由此得到式（4-4-7）中的 b_0、b_1、b_2、b_3 和 b_4 五个系数，就可绘制 R-ϕ 关系曲线。表 4-4-3 中列出不同岩性中子孔隙度刻度井的相关参数。

表 4-4-3 不同岩性中子孔隙度刻度井参数表

井号	孔隙度（%）	井径（m）	模块直径（m）	厚度（m）	岩性	建井方法
17	0.1±0.3	0.20	1.5	1.5	砂岩	天然岩块
14	14.6±0.3	0.20	1.2	1.5	砂岩	堆积法
13	32.6±0.4	0.20	1.2	1.68	砂岩	堆积法
11	15.2±0.3	0.20	1.2	1.68	白云岩	堆积法
10	37.2±0.5	0.20	1.2	1.68	白云岩	堆积法
21	0.1±0.3	0.15	1.5	1.5	石灰岩	天然整体岩块
29A	13.2±0.3	0.15	0.914	1.5	石灰岩	天然岩块
29B	23.0±0.3	0.15	0.914	1.5	石灰岩	天然岩块
28A	16.0±0.3	0.254	0.914	1.2	石灰岩	天然岩块
28B	24.2±0.3	0.254	0.914	1.2	石灰岩	天然岩块
25	30.0±0.4	0.254	1.4	1.5	石灰岩	石板叠加法
19	0.1±0.3	0.305	1.5	1.5	石灰岩	天然整体岩块
08	20.7±0.3	0.305	1.5	1.68	石灰岩	堆积法
05	40.0±0.5	0.305	1.2	1.68	石灰岩	堆积法

2）三种岩性地层中子孔隙度刻度线

根据表 4-4-2 和表 4-4-3 中列出的中子孔隙度基准井孔隙度标称值，可确定淡水饱和石灰岩、砂岩和白云岩地层 R 与孔隙度的转换关系。进而可绘出图中的石灰岩、砂岩和白云岩补偿中子测井刻度线，其中由实测数据得到的石灰岩 R-ϕ 拟合曲线为：

$$R = 1.08 \times 10^{-6} \phi^3 - 8.05 \times 10^{-4} \phi^2 + 1.67 \times 10^{-1} \phi + 1.25 \qquad (4\text{-}4\text{-}12)$$

由图 4-4-5 曲线可见：对近远探测器计数率比值相同的地层，砂岩的实际孔隙度比石灰岩大，而白云岩的实际孔隙度比石灰岩小。换言之，根据石灰岩 R-ϕ 换算关系求出的孔隙度，对砂岩偏小，而对白云岩偏大。与传统的直线刻度线相比，刻度线反映了近远探测器计数率之比与孔隙度的非线性关系，使参数转换更符合实际，提高了孔隙度低端和高端的计量精度。实验证明，孔隙度的对数与计数率比值对中等孔隙度地层近似呈线性关系，而在孔隙度太低或太高时线性关系不再成立。

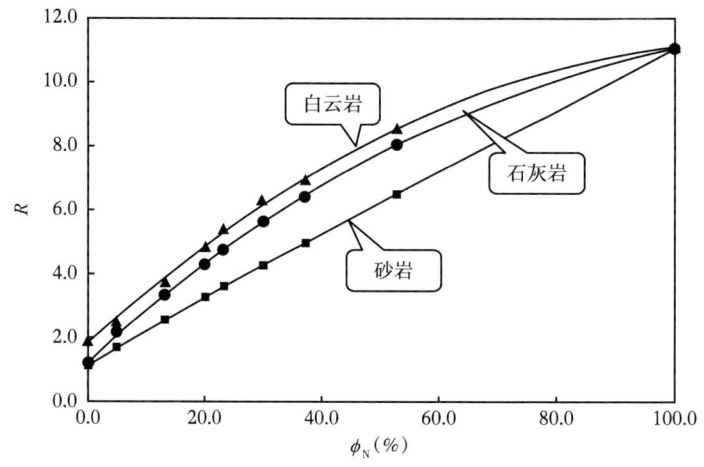

图 4-4-5 补偿中子孔隙度刻度线

图 4-4-6 给出石灰岩、砂岩和白云岩补偿中子孔隙度与真孔隙度的关系。当砂岩的实际孔隙度为零时，其中子孔隙度小于零；而当白云岩的实际孔隙度为零时，其中子孔隙度大于零。

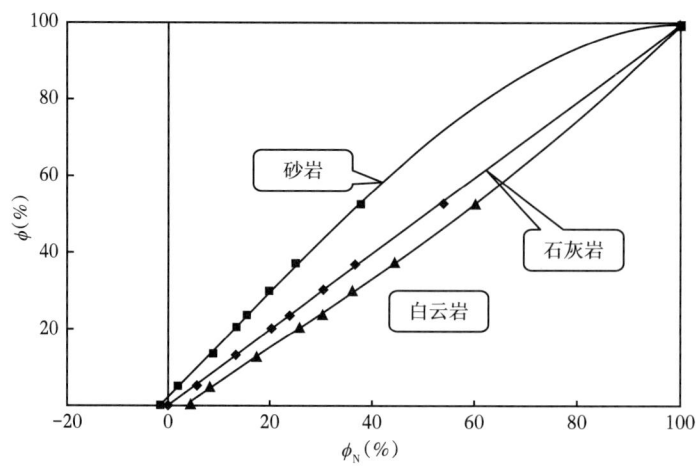

图 4-4-6 补偿中子石灰岩孔隙度与真孔隙度的关系

不同公司不同型号的仪器有各自的刻度图版，对数据的拟合可选用多项式或其他合适的公式。根据对具体仪器实测的比值与孔隙度的转换关系，测井图可直接给出中子孔隙度对深度的变化曲线。

四、补偿中子测井孔隙度响应特性及影响因素

1. 孔隙度响应特性

1）中子孔隙度体积模型

对含水纯岩石，补偿中子孔隙度可近似表示为：

$$\phi_{CNL} = (1-\phi)\phi_{Nma} + \phi\phi_{Nf} \quad （4\text{-}4\text{-}13）$$

式中：ϕ_{CNL} 为补偿中子孔隙度；ϕ_{Nma} 和 ϕ_{Nf} 分别是骨架和流体补偿中子孔隙度；ϕ 为地层的真孔隙度。

显然，对于不同骨架矿物地层，等效含氢指数不同，视石灰岩中子孔隙度受岩性影响。

2）测量结果的不确定性

测量结果的不确定性表现为测井资料的重复性，其影响因素有：（1）中子计数的统计涨落；（2）井筒、测井作业及其他测量条件的不确定性；（3）其他不确定因素。这里只讨论中子计数的统计涨落所引起的孔隙度测量不确定性。

补偿中子测井仪的孔隙度响应函数，即近源距探测器计数 N 与远源距探测器计数 F 之比与孔隙度 ϕ 的关系为：

$$R(\phi) = \frac{N}{F}(\phi) = \frac{n_n T}{n_f T}(\phi) \quad （4\text{-}4\text{-}14）$$

式中：n_n 和 n_f 分别为近源距探测器和远源距探测器的热中子计数率；T 为计数时间。

由误差传递原理知，计数比 R 的标准方差为：

$$\sigma_R^2 = \left[\frac{\partial R(\phi)}{\partial \phi}\right]^2 \sigma_\phi^2 \quad （4\text{-}4\text{-}15）$$

由此得到孔隙度的标准差为：

$$\sigma_\phi = \left[\frac{\partial R(\phi)}{\partial \phi}\right]^{-1} \sigma_R = \left[\frac{\partial R(\phi)}{R\partial \phi}\right]^{-1} \frac{\sigma_R}{R} \quad （4\text{-}4\text{-}16）$$

补偿中子测井仪的孔隙度灵敏度 S 定义为：

$$S = \frac{1}{R}\frac{\partial R}{\partial \phi} \quad （4\text{-}4\text{-}17）$$

于是：

$$\sigma_\phi = \frac{1}{S}\frac{\sigma_R}{R} = \frac{\delta_R}{S} \quad （4\text{-}4\text{-}18）$$

而式（4-4-12）中 R 的相对误差为：

$$\delta_R = \sqrt{\delta_N^2 + \delta_F^2} = \sqrt{\frac{1}{N} + \frac{1}{F}} = \sqrt{\frac{1}{T}}\sqrt{\frac{1}{n_n} + \frac{1}{n_f}} \quad (4\text{-}4\text{-}19)$$

则孔隙度的标准差为：

$$\sigma_\phi = \frac{1}{S\sqrt{T}}\sqrt{\frac{1}{n_n} + \frac{1}{n_f}} \quad (4\text{-}4\text{-}20)$$

当仪器的灵敏度高、一次计数时间长和计数率高时，测得的孔隙度标准差小。

2. 补偿中子测井的探测深度

为考察长、短源距的通量及其比值的探测深度，设石灰岩地层孔隙度为 30%，原始含气饱和度为 $S_g=100\%$，淡水从井壁开始以 $S_w=100\%$ 侵入，并定义中子测井径向几何因子为：

$$J_x = \frac{\Phi_x - \Phi_0}{\Phi_\infty - \Phi_0} \quad (4\text{-}4\text{-}21)$$

式中：Φ_0 为无侵入时的通量或其比值；Φ_x 为侵入深度为 x 时的通量或其比值；Φ_∞ 为无穷侵入时的通量或其比值。

用蒙特卡罗方法模拟计算得到的长短源距通量及其比值的 J 因子随侵入深度的关系曲线如图 4-4-7 所示。

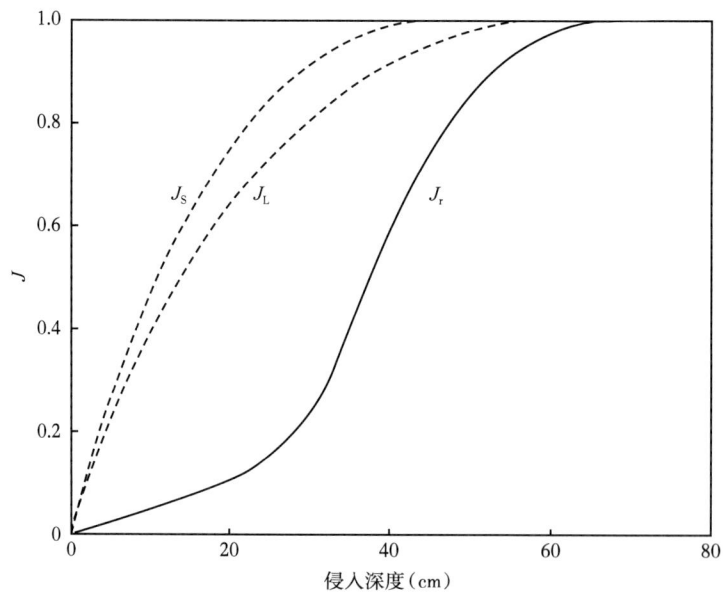

图 4-4-7 补偿中子测井的探测深度

J_L—长源距通量 J 因子；J_S—短源距量 J 因子；J_r—通量比值 J 因子

若定义 J 达到 0.9 时的侵入深度为探测深度，则可以看出：长源距（38cm）探测器的探测深度大约为 40cm，而短源距（26cm）的探测深度只有 30cm，比值的响应特性不同于单一探测器。利用两个探测器探测深度的差异可估算侵入深度和发现气层。计算和实验都证明，中子测井的探测深度与孔隙度有关。随孔隙度的减小，补偿中子仪器的探测深度增大。当孔隙度从 30% 减小到 10% 时，长源距探测器探测深度增加 5cm 以上。

3. 影响因素

由于中子孔隙度测井的探测范围比较小，井环境的影响虽已得到补偿，但在许多情况下还需进行校正。补偿中子测井仪裸眼井刻度标准条件为：井眼直径 20cm，井眼和石灰岩地层模块孔隙充淡水，无滤饼，井温 24℃，压力 1atm，仪器偏心。实际测井条件与刻度条件不同，若相差太远则需进行校正。

1）井眼尺寸

当井径增大时，中子孔隙度增大，反之相反。相同孔隙度条件下，井径越大，计数比越高，这主要是因为井径增大，仪器与地层之间的水增加，对中子的减速能力增加，到达远探测器的热中子的路径要比近探测器长，远探测器探测到的热中子减小量比近探测器多，计数比增大。孔隙度越大，这种差距越小。测井时可进行实时校正。

2）井液

若井眼中有天然气或发泡钻井液，中子测井读数将表现异常。井眼流体的矿化度也会影响热中子仪器响应，矿化度水会影响探测器间的热中子通量，矿化水含氢指数降低，完全饱和 NaCl 盐水的含氢指数降为 0.89，进而会导致视孔隙度降低；NaCl 的存在使得热中子的吸收截面变大引起热中子通量减小，且不同源距探测器受影响程度不同，所以需要建立相关的图版校正。

3）滤饼和泥质

滤饼的含氢指数比高孔隙度地层低，比低孔隙度地层高，因此在两种情况下滤饼造成的附加孔隙度影响不同。孔隙度相同的条件下，泥质含量高，计数比大；主要是由于泥质含氢指数高于骨架的含氢指数，到达远探测器热中子的路径要比近探测器长，因此远探测器探测到的热中子减小量比近探测器多，计数比增大。因而泥质含量越大，计数比越高。但是随着孔隙度增大，差距逐渐减小。

4）间隙

仪器离开井壁一定距离，由于间隙中钻井液与周围地层对中子减速能力存在差异，必然引起近远探测器热中子计数比发生变化，导致中子孔隙度较仪器靠井壁时略高。

5）岩性

中子孔隙度 ϕ_N 是以淡水石灰岩刻度系统的中子减速长度为标准的，若用 ϕ 表示地层的真孔隙度，而地层骨架的中子减速长度若比石灰岩小，就有 $\phi_N > \phi$；而对中子减速长度比石灰岩骨架大的地层，则有 $\phi_N < \phi$。与石灰岩相比，砂岩的骨架密度小而中子减速长度大，因而有：

$$\phi > \phi_N \tag{4-4-22}$$

而白云岩与石灰岩相比，骨架密度大而中子减速长度小，因而有：

$$\phi < \phi_N \tag{4-4-23}$$

此外补偿中子孔隙度也会受仪器偏心、地层温度和压力、地层水的矿化度及挖掘效应等因素影响。

4. 补偿中子孔隙度校正

实际测井条件与刻度条件不同，补偿中子孔隙度测井常采用图版进行校正，此外也可以通过探测自身计数信息通过数学方法进行校正。

图 4-4-8 所示为斯伦贝谢公司热中子孔隙度校正图版。

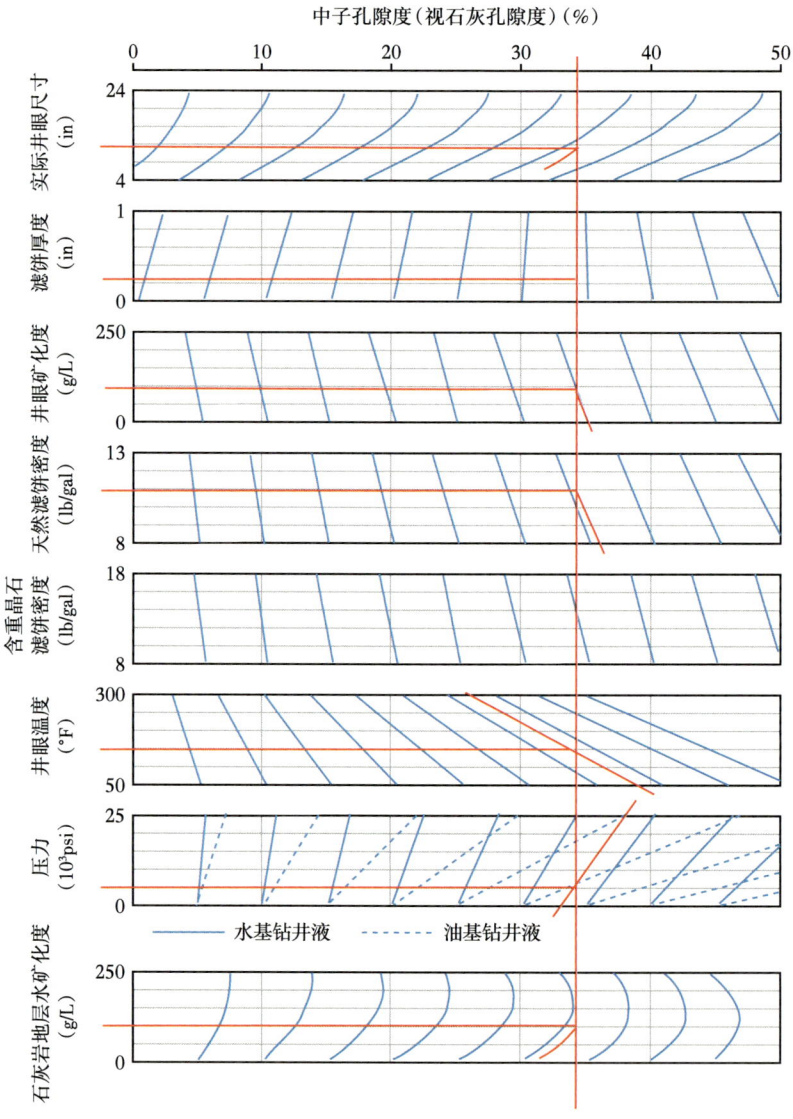

图 4-4-8　斯伦贝谢公司热中子孔隙度校正图版

Michael E 等（1999）提出一种井眼补偿新方法，并把这种中子测井称为与井眼无关的孔隙度测井（BIP），其思路可用图 4-4-9 说明。图 4-4-9a 中，N/F 的实际累积响应与理想的响应曲线有明显差别，不能使井眼影响得到完全补偿；图 4-4-9b 构制一个长源距探测器计数率函数 f，使它在仪器附近的井眼范围内的响应与短源距探测器的响应近似，即响应曲线的变化率接近，以实现对井眼的完全补偿；图 4-4-9c 比较四条径向响应曲线，说明 BIP 法对井眼变化最不敏感，补偿效果最好。

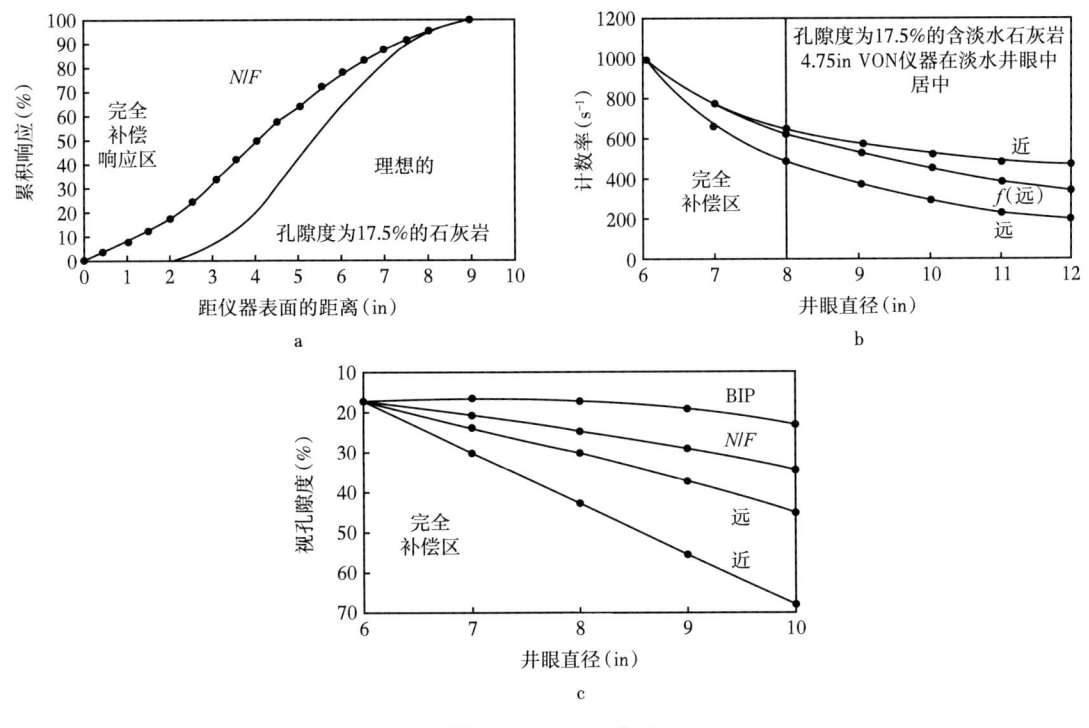

图 4-4-9 BIP 方法

五、中子测井的应用

中子测井的主要用途是鉴别岩性和求孔隙度，因而与密度测井和声波测井一起被称为"岩性孔隙度测井"。此外，这三种测井方法对天然气的响应很容易识别，所以也是评价气层的有效手段。由于本书只限于核测井的有关内容，故只讨论中子测井和密度测井的联合应用。

1. 岩性识别和求孔隙度

1) 常见岩性地层的密度和中子孔隙度特征

图 4-4-10 是理想化的测井响应，用以说明补偿中子和补偿密度孔隙度曲线重叠快速直观识别岩性的原理。图中地层自上而下岩性依次为砂岩、石灰岩、白云岩、硬石膏、岩盐和泥岩。

由密度测井可知，在淡水石灰岩地层刻度过的密度测井仪器，测出的密度孔隙度为：

$$\phi_D = \frac{\rho_{ma} - \rho_b}{\rho_{ma} - \rho_f} = \frac{2.71 - \rho_b}{2.71 - 1.0} = 0.58(2.71 - \rho_b) \tag{4-4-24}$$

若用 ϕ 表示地层的真孔隙度，对骨架密度小于 2.71g/cm^3 的地层，有 $\phi_D > \phi$；而对骨架密度大于 2.71g/cm^3 的地层，有 $\phi_D < \phi$。再由式（4-4-20）和式（4-4-21），与石灰岩相比，砂岩的骨架密度小而中子减速长度大，因而有：

$$\phi_D > \phi > \phi_N \tag{4-4-25}$$

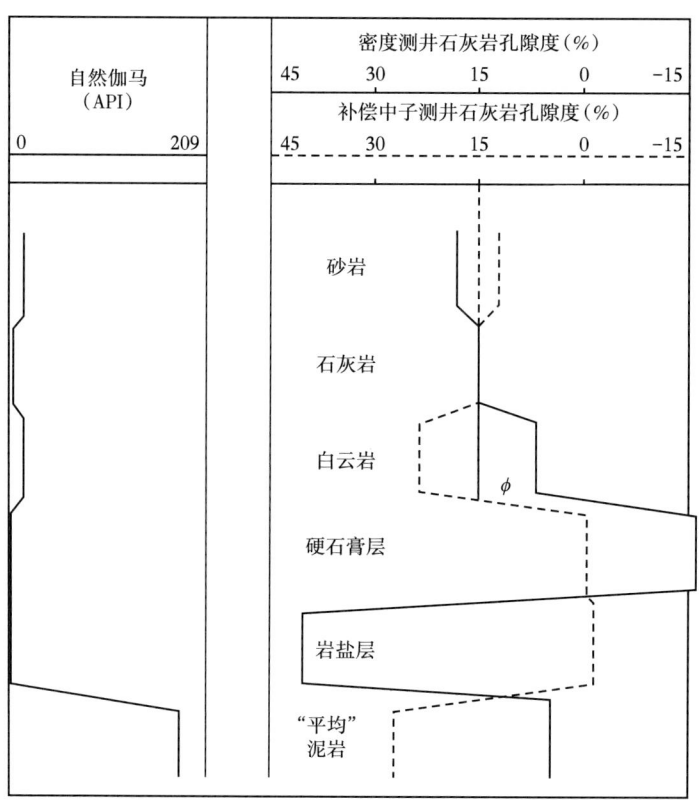

图 4-4-10 岩性剖面测井响应示意图

而与石灰岩相比，白云岩的骨架密度大而中子减速长度小，因而有：

$$\phi_D < \phi < \phi_N \tag{4-4-26}$$

对其他岩性的地层，两种孔隙度响应也各有特征，定性关系和差值范围见表4-4-4。

表 4-4-4 岩性识别数据表

ϕ_D 与 ϕ_N 的关系	近似差值（%）	可能岩性
$\phi_D > \phi_N$	5~6	砂岩
$\phi_D = \phi_N$	0	石灰岩
$\phi_D < \phi_N$	8~13	白云岩
$\phi_D < \phi_N$	16	硬石膏
$\phi_D \geqslant \phi_N$	10~30（GR 高）	泥岩
$\phi_D \ll \phi_N$	28（ϕ_D=21%，ϕ_N=49%）	石膏
$\phi_D \gg \phi_N$	40（ϕ_D=43%，ϕ_N=4%）	岩盐

2）计算孔隙度

对于饱含水纯石灰岩地层有：

$$\phi = \phi_{D} = \phi_{N} \quad (4\text{-}4\text{-}27)$$

对于饱含水纯砂岩地层有：

$$\phi = \frac{\phi_{D} + \phi_{N}}{2} \quad (4\text{-}4\text{-}28)$$

对于饱含水纯白云岩地层有：

$$\phi = \frac{\phi_{N} + \phi_{D}}{2} + \Delta\phi, \quad \phi > 8\% \quad (4\text{-}4\text{-}29)$$

$$\phi = 0.7\phi_{N}, \quad \phi < 8\% \quad (4\text{-}4\text{-}30)$$

式中：$\Delta\phi$ 和系数 0.7 均由具体仪器刻度线确定。要注意白云岩刻度线的非线性。

对于砂岩—石灰岩混合物地层有：

$$\phi = \frac{\phi_{D} + \phi_{N}}{2} \quad (4\text{-}4\text{-}31)$$

对于石灰岩—白云岩混合物地层有：

$$\phi = \frac{1}{m+1}(m\phi_{N} + \phi_{D}), \quad \phi_{N} < 10\% \quad (4\text{-}4\text{-}32)$$

式中：$m > 1$，由刻度线确定。

$$\phi = \phi_{N}[1 - 0.02(\phi_{N} - \phi_{D})], \quad \phi_{N} > 10\% \quad (4\text{-}4\text{-}33)$$

式中：系数 0.02 仅作参考。

除式（4-4-27）至式（4-4-33）外，还有一个常用关系式，即：

$$\phi = \sqrt{\frac{\phi_{D}^{2} + \phi_{N}^{2}}{2}} \quad (4\text{-}4\text{-}34)$$

式（4-4-33）使用效果也比较好。

3）密度—中子孔隙度交会图确定岩性和孔隙度

图 4-4-11 为典型的密度—中子孔隙度交会图，交会点的坐标可确定岩性和孔隙度。从图中可以看出，白云岩的骨架影响较砂岩强。

2. 识别和评价气层

识别和评价气层的依据是：当地层中有天然气时，有 $\phi_{D} > \phi > \phi_{N}$，并且差值 $\Delta\phi = \phi_{D} - \phi_{N}$ 很大。但目前使用的大多数经验公式和交会图，对钻井液滤液侵入的影响均未给予足够的考虑。

图 4-4-12 是用模型作出的含天然气石灰岩地层密度—中子孔隙度交会图，计算条件为：石灰岩储层温度为 93℃，压力为 34477kPa，地层水饱和度为 10%，矿化度为 150000mg/L（NaCl），甲烷气密度为 0.178g/cm³，淡水侵入。在图中绘出标准砂岩、石灰岩和白云岩响应曲线作为参考线。先计算出两条边值响应线：侵入前，即原状地层（$S_{w}=10\%$）的密度和中子孔隙度响应曲线①；完全侵入（$S_{w}=100\%$）的密度和中子孔隙

度响应曲线②。在这两条边值响应线之间，绘出四组反映侵入过程的响应曲线，地层孔隙度分别为5%、10%、20%和40%。对应于同一孔隙度的一组响应曲线有三个分支，冲洗带的含水饱和度分别为50%、75%和100%。曲线③和曲线④为密度—中子测井交会曲线中的标准砂岩和石灰岩地层密度和中子孔隙度变化关系。

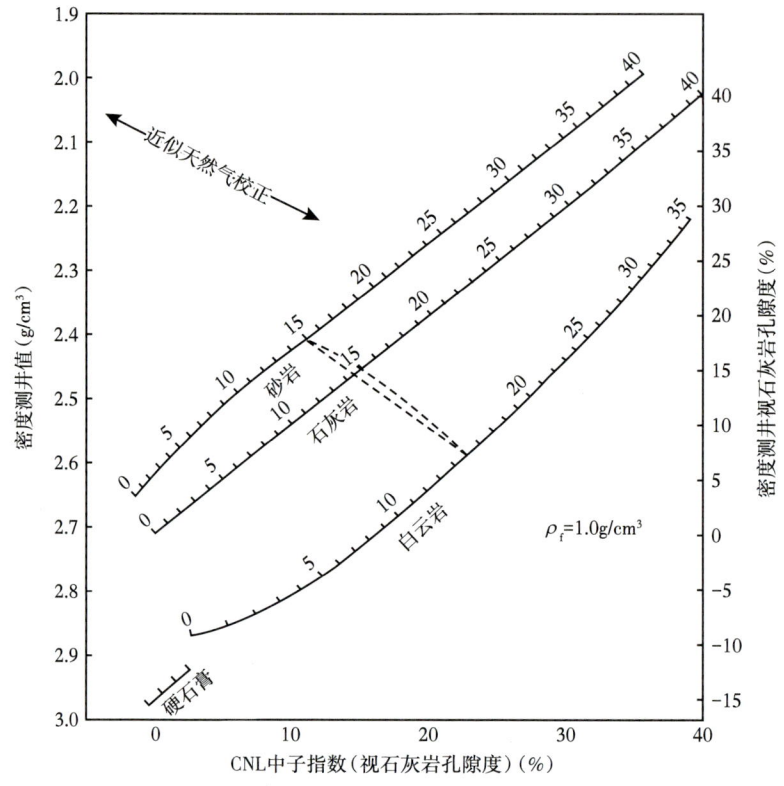

图 4-4-11　密度—中子孔隙度交会图

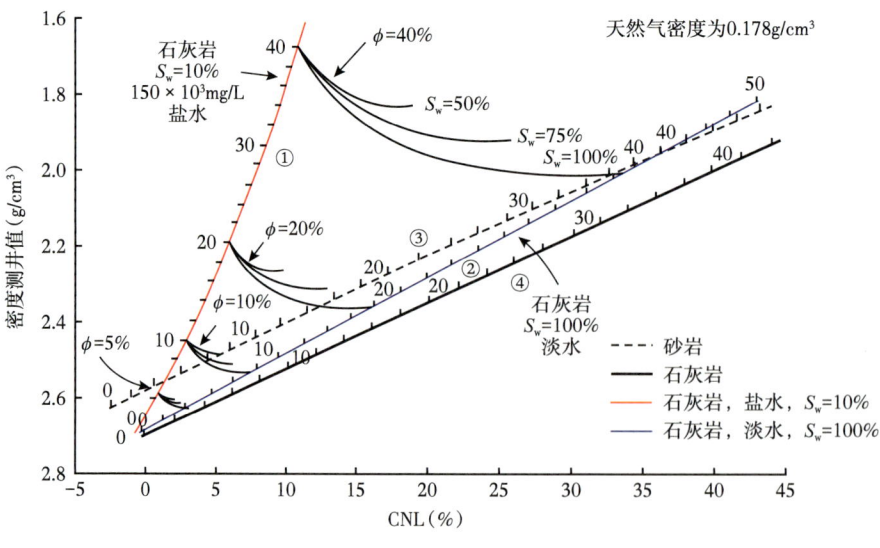

图 4-4-12　气层密度—中子孔隙度交会图

对于孔隙度为 20%的一组响应曲线，有：（1）若无侵入，密度和中子孔隙度交会点均落在 $\phi=20\%$ 的响应线上；（2）若冲洗带含水饱和度为 100%，当侵入深度达到 15.24cm 时，密度从 2.198g/cm³ 上升到它的最大值 2.360g/cm³，而中子孔隙度在无侵入时为 6%，侵入达 15.24cm 时增大到 12.2%，直到侵入超过 40.64cm 时才达到最大值 16.3%；（3）若冲洗带含水饱和度为 50%，侵入达到 15.24cm 时密度上升到它的最大值，而中子孔隙度直到侵入达到 40.64cm 时才达到最大值。

图 4-4-13 为砂泥岩剖面利用中子和密度测井曲线重叠进行流体识别的例子。由第 1 道自然伽马曲线 GR 和井径曲线可以判断 B 和 D 为泥岩层，A 和 C 为渗透层；第 3 道为

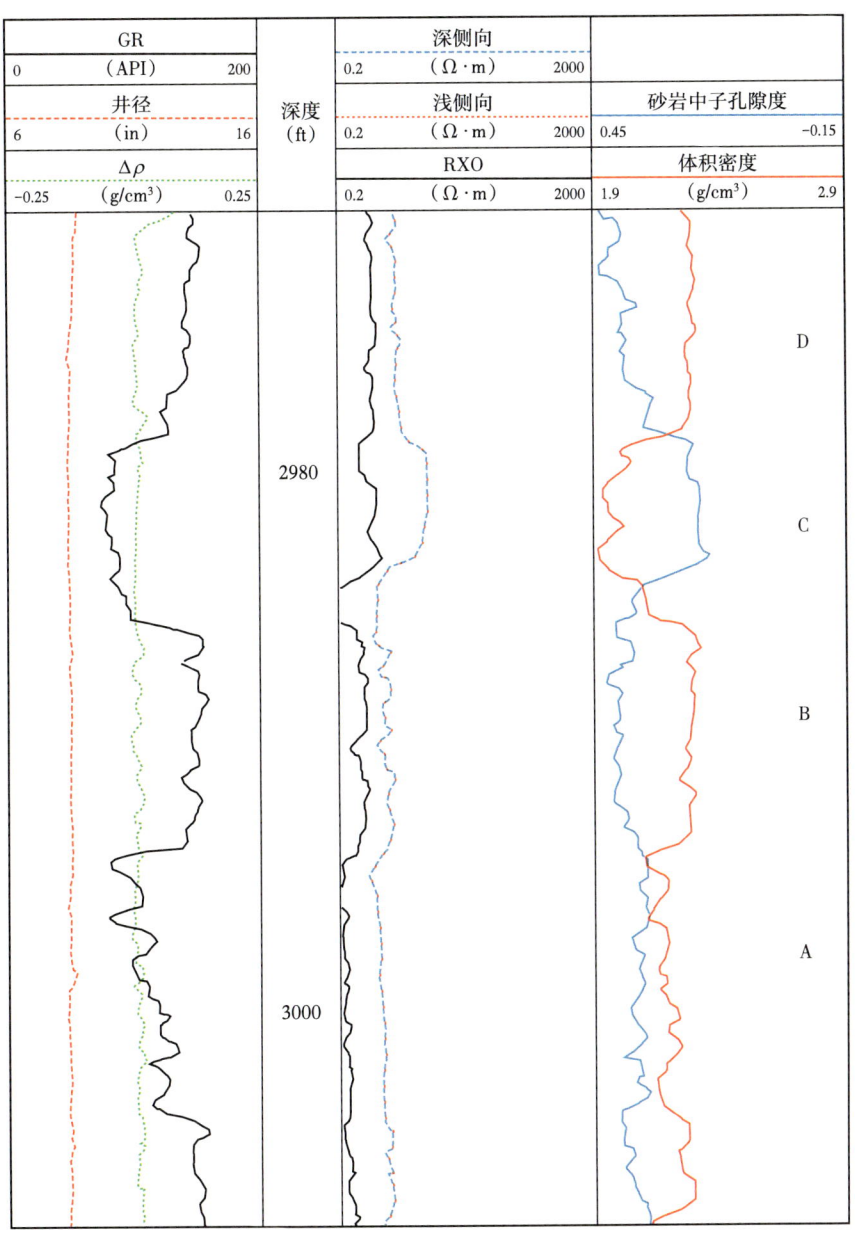

图 4-4-13　密度和中子孔隙度重叠测井实例

中子孔隙度和密度曲线，B 和 D 层中子孔隙度大，约为 0.4；密度中等，约为 2.3g/cm³。A 层中子孔隙度较大、密度较小，曲线重叠差异小，且电阻率较低，判断为水层。而 C 层密度值很低、中子孔隙度较小，两者重叠差异大，且电阻率为高值，判断为气层。

第五节　地层元素能谱测井

中子源产生的快中子进入地层后，会和地层元素原子核发生非弹性散射、热中子俘获等过程，相应放出非弹性散射伽马射线和俘获伽马射线。元素种类不同，与中子发生作用的概率和过程不同。地层元素能谱测井正是通过探测中子与地层元素原子核作用伽马能谱来确定地层元素和矿物的含量。目前地层元素能谱测井已经成为复杂岩性地层和页岩油气等非常规地层评价的必要技术手段，它所提供的元素信息对于评价地层性质、确定地层物性参数、计算黏土矿物含量、划分沉积相带和沉积环境、推断成岩演化及判断地层渗透性等均有重要意义。本节主要介绍以 Am—Be 中子源为主的元素俘获能谱测井（ECS）和以 D—T 中子发生器为主的岩性扫描测井（LithScanner）的原理方法和应用。

一、地质基础

1. 地层中的主要元素

地壳中的化学元素只相对集中于少数几种，其中 O（49.13%）、Si（26.00%）、Al（7.45%）、Fe（4.20%）、Ca（3.25%）、Na（2.40%）、K（2.35%）、Mg（2.35%）和 H（1.00%）等 9 种元素已占地壳总质量的 98.13%，其余元素仅占 1.87%。

2. 地层中常见的矿物

地壳岩石中已发现的矿物多达 2200 多种，相比于常见的砂泥岩地层，尽管火成岩、页岩和变质岩等储层矿物相对较为复杂，但常见的矿物种类也不过十余种，主要有石英、钾长石、斜长石、方解石、白云石、菱铁矿、黄铁矿、锐钛矿、铁白云石和黏土矿物。

1）火成岩

组成火成岩的矿物，常见的约有 20 多种，包含长石、石英、云母、角闪石、辉石和橄榄石等硅酸盐矿物及少量的磁铁矿、钛铁矿、锆石和磷灰石等矿物。

2）页岩

页岩储层矿物成分复杂多样，除高岭石、蒙脱石、云母、白云母、黑云母、拜来石等黏土矿物外，还含有许多碎屑矿物（如石英、长石、云母等）和自生矿物（如铁、铝、锰的氧化物与氢氧化物等）。

3）变质岩

变质岩大多数具有结晶结构，在变质过程中会形成一些特别的矿物，如红柱石、蓝晶石、十字石、堇青石等。变质岩中的矿物成分除含有石英、长石、云母、角闪石、辉石等主要造岩矿物和上面提到的那些矿物外，与火成岩和沉积岩相比，变质岩中还常出现夕线石、石榴子石、硅灰石、文石等。

3. 地层常见矿物的元素组成

地层中常见的石英、钾长石、斜长石、方解石、白云石、菱铁矿、黄铁矿、锐钛矿、铁白云石和黏土矿物等大多是以氧化物形式存在，部分矿物不含氧元素，其主要组成如表 4-5-1 所示。

表 4-5-1 常见矿物组成

矿物类型	元素组成
钾长石	K（$AlSi_3O_8$），含 K_2O（16.9%）、Al_2O_3（18.4%）、SiO_2（64.7%）
斜长石	Na（$AlSi_3O_8$）、Ca（$Al_2Si_2O_8$）
石英	SiO_2
方解石	$CaCO_3$，常含 Mg、Fe、Mn 等类质同象混入物，有锰方解石、铁方解石、高镁方解石等亚种
白云石	CaMg（CO_3）$_2$，常含 Fe、Mn 类质同象混入物
铁白云石	Ca（Mg，Fe）（CO_3）$_2$
菱铁矿	$FeCO_3$，含 FeO（62.1%）、CO_2（37.99%），常含 Mg、Mn 等
黄铁矿	FeS_2
锐钛矿	TiO_2
黏土矿物	化学成分以 SiO_2、Al_2O_3 和 H_2O 为主
	伊利石 $K_{1-1.5}Al_4[Si_{7-6.5}Al_{1-1.5}O_{20}]$（OH）$_4$
	蒙脱石 $Na_{0.33}(H_2O)_4\{Al_{1.67}Mg_{0.33}[Si_4O_{10}](OH)_2\}$
	高岭石 $Al_4[Si_4O_{10}]$（OH）$_8$

二、测井原理及元素伽马能谱测井仪

1. 测井原理

元素能谱测井中采用化学源，如 ^{241}Am-Be 中子源，由于中子源产生的中子能量较低，不易发生非弹性散射，测井过程中仅通过记录俘获伽马能谱，利用剥谱或最小二乘分析等方法直接得到 Si、Ca、Fe、S、Ti 和 Gd 等元素产额，并通过氧化物闭合模型确定元素含量，进而得到地层矿物含量。

测量原理流程如图 4-5-1 所示。

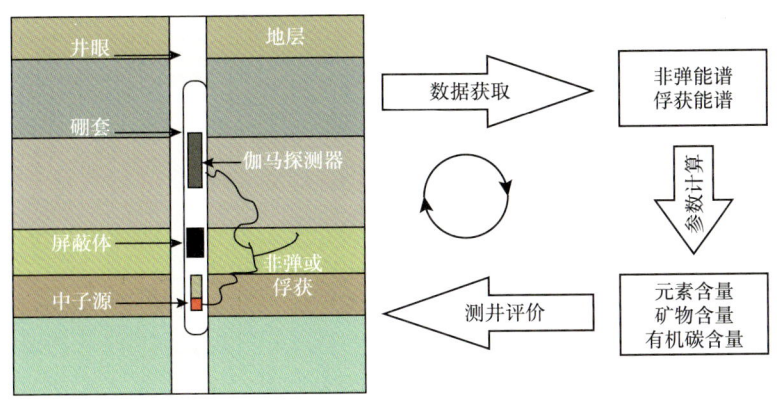

图 4-5-1 元素俘获伽马能谱测井原理流程图

2. 元素伽马射线特征

1）俘获伽马射线。

快中子与地层元素发生非弹性散射和弹性散射后，其能量不断降低成为热中子，被 Si 和 Ca 等地层元素俘获。不同元素发生辐射俘获反应，会产生特征伽马射线，如硅俘获一个热中子主要产生 3.54MeV 和 4.93MeV 的伽马射线。利用不同元素产生的特征伽马射线，通过能谱测量从而得到地层中主要元素含量。相应元素的俘获截面和俘获特征伽马射线如表 4-5-2 所示。

表 4-5-2 元素俘获截面及俘获特征伽马射线

元素	相对原子质量 A	俘获截面 σ（b）	俘获特征伽马射线（MeV）
H	1.008	0.33	2.23
Mg	24.31	0.051	0.585，3.92，2.8
Al	26.98	0.23	7.72，4.13，4.73
Si	28.09	0.177	3.54，4.93
S	32.06	0.52	5.24，0.84，2.38
Cl	35.45	43.6	1.95，1.16，6.11
Ca	40.08	0.43	1.94，6.42，4.41
Fe	55.85	2.59	7.63，7.65

2）非弹性散射伽马射线

随着 D-T 可控中子源技术的发展，D-T 中子发生器代替 Am-Be 源进行元素能谱测井，使探测的元素种类和精度大大提升。D-T 中子源能够产生能量为 14MeV 的中子，源中子能量高，超过大多数原子核的反应阈能，容易与地层原子核发生非弹性散射，相应放出非弹性散射伽马射线，通过脉冲时序设计，可以实现非弹伽马能谱和俘获伽马能谱同时测量。由于 C 和 O 等元素原子核与热中子发生辐射俘获反应截面小，而 Mg 元素原子核发生热中子俘获放出的伽马射线强度很低，因此利用非弹性散射过程中放出的伽马能谱可以获取相应元素的产额和含量，进而确定地层白云岩及有机碳含量，为非常规油气地层评价提供有力技术手段。

中子源产生的高能快中子进入地层，被靶核吸收形成复核，放出能量较低中子，靶核处于激发态，发射伽马射线释放出激发能回到基态。由第一章知识可以计算得到 ^{12}C 发生的阈能为 4.78MeV，^{16}O 的快中子非弹性散射阈能为 6.51MeV，可以发生非弹性散射。地层常见元素原子核的非弹性散射截面和特征伽马射线见表 4-5-3，图 4-5-2 为 BGO 晶体探测器记录的相应非弹性散射伽马能谱。

3. 常见元素测井仪

1）元素俘获伽马能谱测井仪

元素俘获伽马能谱测井仪一般由 Am-Be 化学中子源、伽马探测器、屏蔽体和电子线路组成。其中屏蔽体的作用是减少中子源产生的中子直接通过仪器内部到达伽马探测器。通过在仪器外壳探测器对应位置包有一层硼套，用于吸收到达探测器的热中子，减少热中子与仪器外壳产生的伽马射线。

表 4-5-3　元素非弹截面及非弹特征伽马射线

元素	相对原子质量 A	非弹性散射截面 σ（b）	非弹性散射特征伽马射线（MeV）
C	12.01	5.56	4.42
O	16	4.23	6.13
Mg	24.31	3.6	1.368，1.616，1.820
Al	26.98	1.49	0.166，0.840，2.21
Si	28.09	2.12	1.78，2.88
Ca	40.08	2.9	3.74，3.9
Fe	55.85	12.42	1.24，0.84

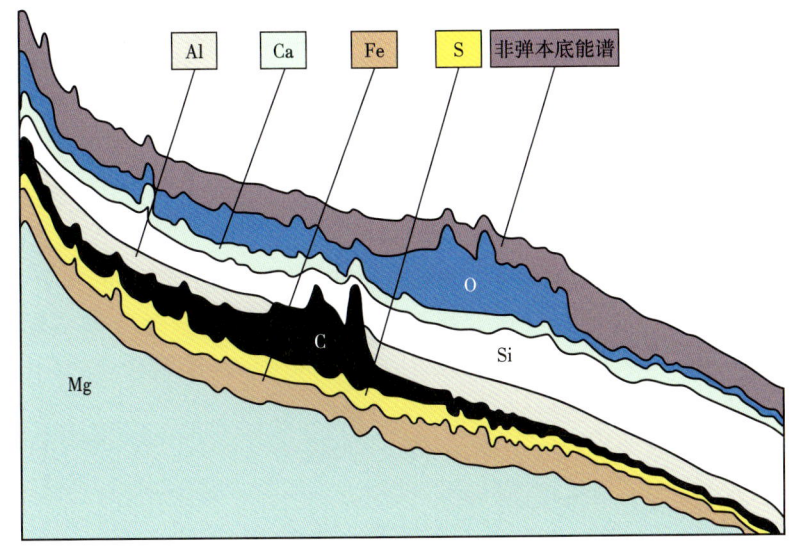

图 4-5-2　非弹伽马能谱

以斯伦贝谢公司的元素能谱测井仪（ECS）为例，仪器主要由 16Ci 的 Am-Be 中子源、BGO 晶体探测器、光电倍增管和高压放大电子线路构成。由于中子能量低，中子进入地层后与元素原子核发生弹性散射，能量降低，变成超热中子和热中子，热中子被原子核俘获放出相应的俘获伽马射线，利用 BGO 探测器记录 256 道伽马能谱，显然每种元素的特征伽马射线不同，其计数率高低与元素含量呈比例，可以通过俘获伽马能谱解析来确定元素含量。

2）岩性扫描测井仪

2012 年斯伦贝谢公司推出的岩性扫描地层元素测井仪 LithoScanner，采用 D-T 脉冲中子源和更高性能的 $LaBr_3$（Ce）探测器，可测得更高质量和高能量分辨率的伽马能谱，通过对俘获伽马能谱进行解析处理可计算得到硅、钙、氯、铁、氢、钾、锰、镍、硫、钛等 16 种元素含量，通过非弹性散射伽马能谱可得到铝、钡、碳、镁、氧等 9 种元素含量；另外在进行评价矿物含量和岩性同时，还可利用时间谱来获取地层宏观俘获截面或能谱信息，进行流体识别与评价。

三、能谱数据处理方法

元素能谱测井中伽马探测器计数主要是取决于两个过程，一是快中子与地层元素原子核的非弹性散射过程放出伽马射线，二是热中子与地层元素原子核发生辐射俘获反应过程放出伽马射线。记录伽马能谱是地层各种元素根据其含量高低的标准谱叠加而成的混合伽马能谱，因此要确定元素含量，和前述自然伽马能谱解析一样，也需要通过类似最小二乘法、加权最小二乘法和极大似然法等能谱分析来获取地层元素产额，实现地层元素和矿物含量的评价。

1. 元素标准谱的建立

利用元素能谱测井仪器测量混合伽马能谱，建立地层常见元素原子核的标准伽马能谱，并采用最优的解谱方法进行数据处理，最终得到地层的元素含量，因此在对伽马能谱进行分析处理前，首先需要获取不同元素的标准谱，准确的元素标准谱是元素测井数据处理的基础和前提，其准确性将直接影响元素产额和含量的计算结果精度。元素标准谱的获取主要有物理实验和数值模拟两种手段。通过物理实验在模型井中的测量结果最符合实际，但需要进行本底扣除以获取纯净的元素标准谱，操作难度大、所花费的时间长且成本较高，并且模型井井群也无法提供全部的元素种类，仍需要通过模拟方法进行补充。当然，模拟也不能完全代替实验，需要实验数据进行刻度和匹配等。地层常见元素的非弹和俘获标准伽马能谱，通常采用模型井实验和数值模拟相结合方法获得。

图 4-5-3 为利用物理实验基准模拟得到的钠、镁、锰、氢、氯和仪器标准伽马能谱。显然，探测器类型、尺寸和能量分辨率等性能不同，元素标准伽马能谱响应特性不同，因此对每一种元素伽马能谱测井仪都对应一套标准伽马能谱。

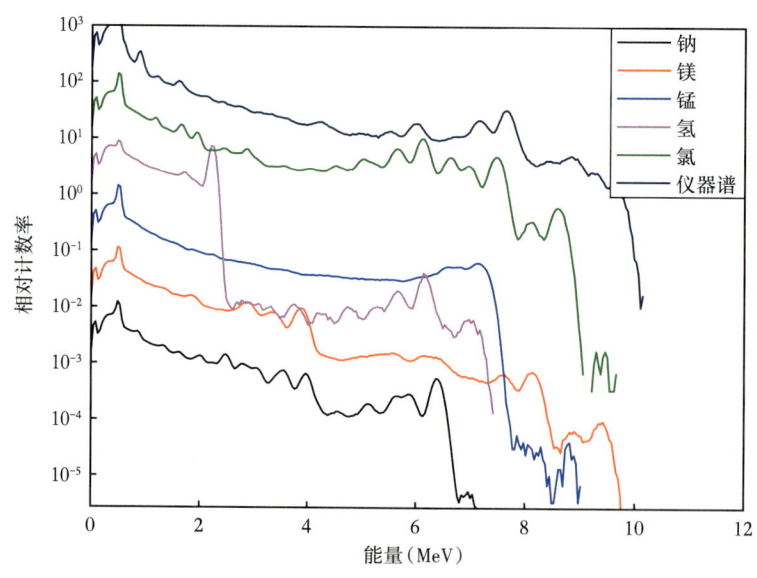

图 4-5-3 几种元素的标准伽马能谱

2. 解谱方法

建立地层元素标准谱之后，基于测量得到的地层混合伽马能谱是由单种元素产生标准伽马能谱线性叠加而成，利用数据处理方法分离测量能谱获取不同元素的相对贡献即可获取各元素产额,主要方法包括最小二乘法、加权最小二乘法、TSVD正则化法、粒子群算法和极大似然估计法等。本节主要介绍最小二乘方法和极大似然估计法求解每种元素对测量混合谱的贡献,即地层元素的产额。

1)最小二乘法

假定地层中有 m 种元素,在整个伽马能谱中选取 n 个能量道区,C_i 是测量伽马能谱第 i 道的计数率,则有:

$$C_i = \sum_{j=1}^{m} a_{ij} y_j + \varepsilon_i \quad (i = 1, 2, \cdots, n) \quad (4\text{-}5\text{-}1)$$

式中:a_{ij} 为测井仪器的响应矩阵元,由 m 个归一化的标准谱产生;y_j 为第 j 种元素的相对产额;ε_i 为计数率误差。

响应矩阵(或称灵敏度矩阵)为 $n \times m$ 阶矩阵,即:

$$A = \begin{bmatrix} a_{11} & \cdots & a_{1m} \\ \vdots & & \vdots \\ a_{n1} & \cdots & a_{nm} \end{bmatrix} \quad (4\text{-}5\text{-}2)$$

测量向量 C 是由 n 个道区计数率组成的列向量:

$$C = (N_1, N_2, \cdots, N_n)^\mathrm{T} \quad (4\text{-}5\text{-}3)$$

式(4-5-2)与式(4-5-3)联立可以简化为:

$$AY = C \quad (4\text{-}5\text{-}4)$$

误差为:

$$e = C - AY \quad (4\text{-}5\text{-}5)$$

则式(4-5-5)基于最小二乘的优化规则为:

$$\min \sum_{i=1}^{255} e_i^2 = \min(e^\mathrm{T} e) \quad (4\text{-}5\text{-}6)$$

$$\min \sum_{i=1}^{255} e_i^2 = \min(C - AY)^\mathrm{T}(C - AY) \quad (4\text{-}5\text{-}7)$$

式(4-5-4)的解可以表示为:

$$\underset{(m \times 1)}{Y} = \left(\underset{(m \times n)}{A^\mathrm{T}} \underset{n \times m}{A} \right)^{-1} \left[\underset{(m \times n)}{A^\mathrm{T}} \underset{n \times m}{C} \right] \quad (4\text{-}5\text{-}8)$$

为了判断拟合度的好坏,拟合度可用 Δ 表示:

$$\Delta = \sqrt{\frac{1}{n} \sum_{i=1}^{n} \left(C_i - \sum_{j=1}^{m} a_{ij} y_j \right)^2} < \varepsilon_1 \quad (4\text{-}5\text{-}9)$$

若 Δ 太大,则可能漏掉或多加了一些地层元素的标准谱,也可能是能窗选取不当,则改变区段或标准谱数再作拟合,直到获得可以接受的结果。不加权最小二乘法的优化

- 161 -

原则，使得计数率高能道的贡献大，计数率低的能道贡献小，不利于具有高能特征伽马射线的元素含量的求取。针对这一问题，在最小二乘方法上进行改进，为不同能道计数加权，权重矩阵 W 可以表示为：

$$W = \begin{pmatrix} w_1 & \cdots & 0 \\ \vdots & & \vdots \\ 0 & \cdots & w_n \end{pmatrix} = \begin{pmatrix} \dfrac{1}{c_1} & \cdots & 0 \\ \vdots & & \vdots \\ 0 & \cdots & \dfrac{1}{c_n} \end{pmatrix} \quad (4\text{-}5\text{-}10)$$

元素产额可以表示为：

$$Y = \left(A^{\mathrm{T}} W A\right)^{-1} A^{\mathrm{T}} W C \quad (4\text{-}5\text{-}11)$$

利用加权最小二乘方法，处理由元素仪器测量的实测俘获伽马能谱数据，得到不同深度点处得 Si、Ca、Fe 等元素产额结果，如图 4-5-4 所示。元素产额的大小会对元素含量计算精度造成影响，一般情况下，元素产额越高，元素含量计算精度越高。

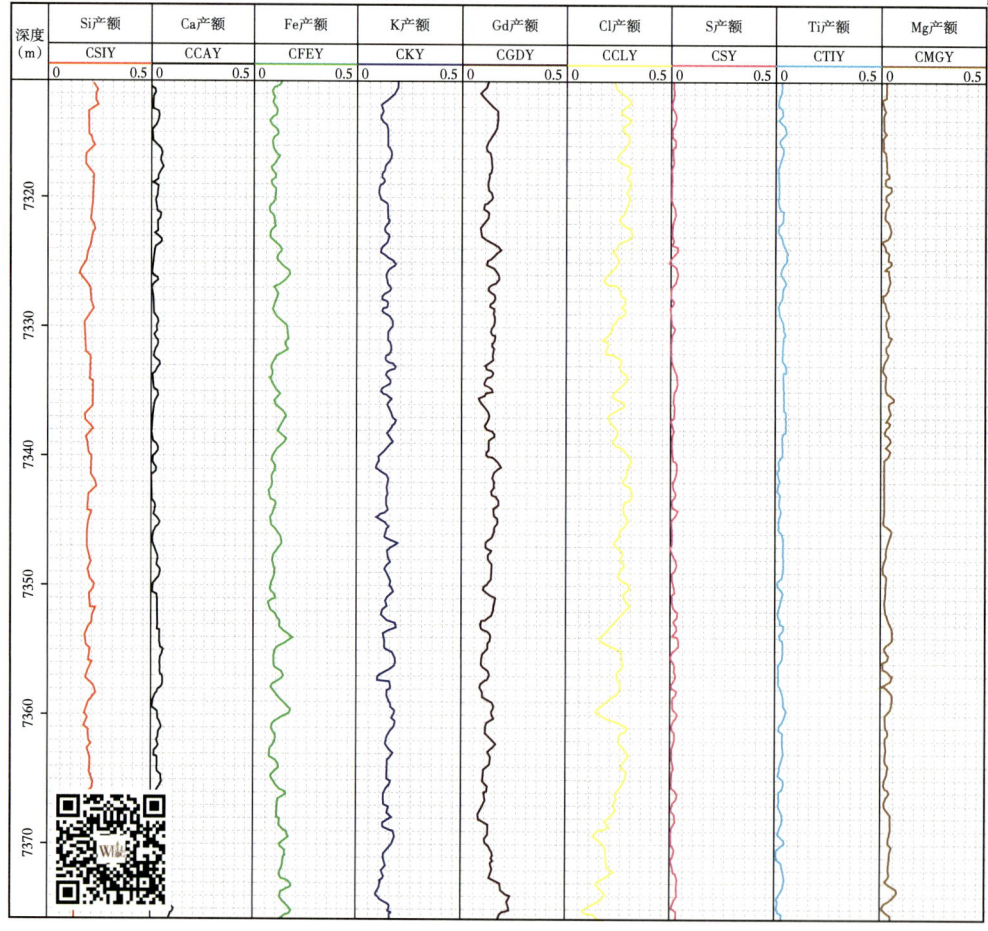

图 4-5-4　实测井元素产额计算结果

2）极大似然估计法

信号的统计涨落是核测井中存在的普遍问题，且统计涨落满足泊松分布，因此测量能谱第 i 道伽马计数为 k 的概率可以表示为：

$$P(c(i=k)) = e^{-\hat{c}(i)}\frac{\hat{c}(i)^k}{k!} \tag{4-5-12}$$

式中：$\hat{c}(i)$ 为第 i 道探测伽马平均计数。

每道平均计数 $\hat{c}(i)$ 可以表示为：

$$\hat{c}(i) = E[c(i)] = \sum_{j=1}^{m} y(j)a(i,j) \tag{4-5-13}$$

式中：m 为测量能谱的组分数量；$y(j)$ 为第 j 种元素的产额；$a(i,j)$ 为第 j 种元素在第 i 道的计数贡献。

测量的非弹性散射和俘获伽马能谱的似然函数可以表示为：

$$L(y) = P(c|y) = \prod_{i=1}^{n} e^{-\tilde{c}(i)}\frac{\tilde{c}(i)^{c(i)}}{c(i)!} \tag{4-5-14}$$

式中：n 为测量能谱的总能道数。

极大似然函数基于伽马射线探测物理模型，描述了探测伽马能谱的可能性，其对数形式可以表述为：

$$l(y) = \lg[L(y)] = -\sum_{j=1}^{m}\sum_{i=1}^{n} y(j)a(i,j) + \sum_{i=1}^{n} c(i)\lg\left[\sum_{j=1}^{m} y(j)a(i,j)\right]$$
$$- \sum_{i=1}^{n}\lg[c(i)!] \tag{4-5-15}$$

对测量能谱的极大似然函数求一阶及二阶导数：

$$y(j)\frac{\mathrm{d}l(y)}{\mathrm{d}y(j)} = -y(j) + \sum_{i=1}^{n} c(i)\frac{y(j)a(i,j)}{\sum_{j'=1}^{m} y(j')a(i,j')} = 0 \tag{4-5-16}$$

$$y(j) = \sum_{i=1}^{n} c(i)\frac{y(j)a(i,j)}{\sum_{j'=1}^{m} y(j')a(i,j')} \tag{4-5-17}$$

$$\frac{\mathrm{d}^2 l(y)}{\mathrm{d}y(j)} = \frac{\mathrm{d}}{\mathrm{d}y(j)}\left[-1 + \sum_{i=1}^{n} c(i)\frac{a(i,j)}{\sum_{j'=1}^{m} y(j')a(i,j')}\right] - \sum_{i=1}^{n}\frac{c(i)a(i,j)a(i,j')}{\left[\sum_{j'=1}^{m} y(j')a(i,j')\right]^2} \tag{4-5-18}$$

$$\frac{\mathrm{d}^2 l(y)}{\mathrm{d}y(j)} = -\sum_{i=1}^{n} \frac{c(i)a(i,j)a(i',j')}{\left[\sum_{j'=1}^{m} y(j')a(i,j')\right]^2} \leqslant 0 \qquad (4\text{-}5\text{-}19)$$

如果初值大于 0，二阶导数为负值，因此一阶导数为 0 时，极大似然函数具有最大值。当测量谱数据质量较差时，极大似然估计可能会出现局部最优的问题。因此增加正则项对传统的极大似然估计方法进行改进，提高解的稳定性及避免局部最优问题。

将极大似然估计方法的优化问题变为：

$$O(y) = l(y) - \lambda f(y) \qquad (4\text{-}5\text{-}20)$$

式中：λ 为正则化系数；$f(y)$ 为元素产额的正则化函数。

此处选择如下函数作为正则化函数：

$$f(y) = \frac{1}{2}\|y_2\|^2 \qquad (4\text{-}5\text{-}21)$$

可以利用如下迭代方法计算元素产额 $y(j)$：

（1）自动选择第一种测量地层元素种类组合，设定元素产额初值 $y^{(0)}$。利用奇异值分解方法确定元素产额 $y^{(0)} = VS^{-1}UC$，$A = U \cdot S \cdot V^\mathrm{T}$，$A$ 中包含所选元素种类的标准谱。此处当计算元素产额值为负值时，给其赋值 0.001。

（2）令 $k=0$，然后计算：

$$y^{(k+1)}(j) = y^k(j) \sum_{i=1}^{n} c(i) \frac{a(i,j)}{\sum_{j'=1}^{m} y^k(j')a(i,j')} \bigg/ \left(1 + \lambda y^k(j)\right) \qquad (4\text{-}5\text{-}22)$$

（3）如果 $|y^{(k+1)} - y^{(k)}| < T$ 或 $k > kT$（T 与 kT 别为残差及迭代次数截止值），然后计算 $AIC = -20(y) + 2n$ 及 $BIC = -20(y) + \ln(m)n$，并计算两者比值 AIC/BIC。重复步骤（1），一直到所有元素种类组合计算完毕。

（4）选取对应最小 AIC/BIC 的元素产额矩阵 Y。

四、元素和矿物含量确定方法

元素含量是指单位体积内某种元素的质量分数。元素含量的计算一般利用氧化物闭合模型，进行元素产额向元素含量的转化。氧化物闭合模型中，一个重要的部分是元素相对灵敏度因子的求取。

1. 元素的灵敏度因子

在井眼里某一地层中子俘获瞬发伽马射线能谱的测量中，第 j 种元素中子俘获瞬发伽马射线被记录的第 i 道的平均计数率 $\overline{CR_{ij}}$ 为：

$$\overline{CR_{ij}} = W_j I_\mathrm{n} (\rho_\mathrm{b} \overline{\varPhi}_\mathrm{h} \overline{\varOmega} \overline{V}) N_\mathrm{A} \frac{\sigma_j M_{ij}}{A_j} \qquad (4\text{-}5\text{-}23)$$

式中：W_j 为第 j 种元素在该地层中的质量分数，%；I_n 为中子源发射的中子强度，s^{-1}；ρ_b 为地层的体积密度，g/cm^3；$\bar{\Phi}_h$ 为单位中子源强度在地层中的平均有效中子通量，$(cm^2 \cdot s)^{-1}$；$\bar{\Omega}$ 为晶体闪烁体的平均有效探测立体角份额，%；$\bar{V}$ 为平均有效研究体积，cm^3；N_A 为阿伏伽德罗常数；σ_j 为第 j 种元素的热中子俘获截面，cm^{-2}；M_{ij} 为第 j 种元素俘获伽马射线的传输和被第 i 道记录的效率，%；A_j 为第 j 种元素的摩尔质量，g/mol。

如果令 $\overline{CR}_j$ 为第 j 种元素俘获伽马能谱的总计数率，M_j 为第 j 种元素俘获伽马射线的传输和总探测效率，则有：

$$\overline{CR}_j = \sum_{i=1}^{256}\overline{CR}_{ij}, \quad M_j = \sum_{i=1}^{256} M_{ij} \tag{4-5-24}$$

所有地层元素的总计数率 $\overline{CR}_t$ 为：

$$\overline{GR}_t = \sum_{j=1}^{m}\overline{CR}_j \tag{4-5-25}$$

式中：m 为该地层元素的种类数。

那么第 j 种元素对俘获伽马实测谱的贡献份额即产额 y_j 为：

$$y_j = \frac{\overline{CR}_j}{\overline{CR}_t} = W_j I_n \left(\rho_b \bar{\Phi}_h \bar{\Omega} \bar{V} / \overline{CR}_t\right) N_A \frac{\sigma_j M_j}{A_j} \tag{4-5-26}$$

令：

$$S_j = N_A \frac{\sigma_j M_j}{A_j}, \quad \frac{1}{F_0} = I_n \rho_b \bar{\Phi}_n \bar{\Omega} \bar{V} / \overline{GR}_t \tag{4-5-27}$$

则有：

$$y_j = W_j S_j / F_0 \tag{4-5-28}$$

式中：S_j 为第 j 种元素的俘获伽马射线的探测灵敏度；F_0 为与单种元素无关的量，地层不同，该值不同。

由式（4-5-28）可得第 j 种元素的质量分数为：

$$W_j = F_0 \frac{y_j}{S_j} \tag{4-5-29}$$

在实际测井过程中，探测器灵敏度 S_j 很难获取，通常求取元素含量时都采用相对灵敏度因子 S_{rj}，即第 j 种元素相对 S_i 元素的灵敏度因子，后面一般把相对灵敏度因子 S_{rj} 写作 S_j。

利用蒙特卡罗数值计算方法，建立已知矿物含量地层，骨架含有 SiO_2、TiO_2、$CaCO_3$、Fe_2O_3、Al_2O_3、MgO、MnO、Na_2O 和 K_2O 等矿物，其组成见表 4-5-4，记录地层俘获伽马能谱，即可以确定相应灵敏度因子。

表 4-5-4　计算灵敏度因子地层所填充矿物

元素	填充矿物	
	矿物	分子式
Ca	石英、方解石	SiO_2、$CaCO_3$
Fe	石英、赤铁矿	SiO_2、Fe_2O_3
Ti	石英、锐钛矿	SiO_2、TiO_2
Mn	石英、软锰矿	SiO_2、MnO
K	石英、氧化钾	SiO_2、K_2O
S	石英、硫磺	SiO_2、S
Mg	石英、方镁石	SiO_2、MgO
Al	石英、矾土	SiO_2、Al_2O_3
Na	石英、氧化钠	SiO_2、Na_2O

因为地层元素的质量含量 W_j 已知，即可利用加权最小二乘方法求取地层元素的相对产额 y_j。对于俘获伽马能谱，令硅元素的相对灵敏度因子 $S_{Si}=1$，得到地层元素相对灵敏度因子 S_j：

$$S_j = \frac{y_j / W_j}{y_{Si} / W_{Si}}, \quad j=1,2,\cdots,m \tag{4-5-30}$$

式中：y_j 为第 j 种元素的产额；W_j 为第 j 种元素的质量分数；y_{Si} 为 Si 元素的产额；W 为 Si 元素的质量分数。

2. 元素含量的求取

1）氧化物闭合模型确定元素含量

常见地层的主要矿物组成是氧化物和碳酸盐矿物，可以利用氧化物闭合模型进行元素产额向元素含量的转换：

$$\sum_{j=1}^{m} X_j W_j = 1 \tag{4-5-31}$$

$$F \sum_{j=1}^{m} X_j \frac{Y_j}{S_j} = 1 \tag{4-5-32}$$

$$W_j = F \frac{Y_j}{S_j} \tag{4-5-33}$$

式中：X_j 为氧化物闭合模型中第 j 种元素的氧化物指数，即第 j 种元素的氧化物或碳酸盐的质量与第 j 种元素的质量比；F 为随地层深度变化的归一化因子，且满足闭合条件，即所有元素的质量分数之和为 1。

常见氧化物和碳酸盐岩矿物的氧化物指数见表 4-5-5。

表 4-5-5 地层常见元素氧化物指数

元素	氧化物	氧化物指数
Si	SiO_2	2.139
Ca	$CaCO_3$	2.497
	CaO	1.399
Al	Al_2O_3	1.899
Ti	TiO_2	1.668
K	K_2O	1.205
Fe	FeO	1.287
	Fe_2O_3	1.430
	$FeCO_3$	2.075
S	$CaSO_4$	1.125
	FeS	0.064
Mn	MnO	1.29
Gd	Gd_2O_3	1.15
Na	Na_2O	1.348
Mg	MgO	1.667

利用氧化物闭合模型，可以得到地层的归一化因子 F，从而可以利用式（4-5-33）计算地层的元素含量。

2）利用元素转递计算元素含量

对于非弹性散射伽马能谱来确定元素含量，同样满足骨架所有元素总质量分数为 1：

$$F_I \sum_{j=1}^{m} \frac{y_{Ij}}{S_{Ij}} = 1 \qquad (4\text{-}5\text{-}34)$$

$$w_{Ij} = F_I \frac{y_{Ij}}{S_{Ij}} \qquad (4\text{-}5\text{-}35)$$

式中：F_I 为随深度变化的非弹性散射能谱归一化因子；y_{Ij} 为由非弹性散射能谱计算的第 j 种元素产额；S_{Ij} 为第 j 种元素的非弹性散射能谱探测的灵敏度因子；w_{Ij} 为由非弹性散射伽马能谱确定的第 j 种元素的含量；m 为地层骨架元素种类数。

由于地层中与中子发生非弹性散射作用明显的元素种类相对较少，且 O 元素计算产额受到井内流体的影响，不满足利用骨架氧化物闭合模型的条件，获取归一化因子 F_I 存在困难。

对于 Si 元素来说，其原子核既能和快中子发生非弹性散射，又能被热中子俘获，相应放出非弹性散射和俘获伽马射线。无论用哪一种伽马能谱，其探测得到的 Si 元素产额应该是相同的，可以采用 Si 元素产额传递的方法来进行发生非弹性散射的元素产额向含量的转换。对于某一测量深度点，利用非弹性散射伽马能谱得到元素 A 的产额和含量关系：

$$w_{IA} = F_I \frac{y_{IA}}{S_{IA}} \tag{4-5-36}$$

式中：w_{IA} 为利用非弹性散射伽马能谱求取元素 A 的百分含量，如 C、Mg 和 Al 等元素；S_{IA} 为元素 A 的非弹性散射能谱探测的灵敏度因子；y_{IA} 为由非弹性散射能谱计算的第 j 种元素产额。

同样由 Si 元素的俘获伽马能谱可以得到其产额和含量，因此可以计算元素 A 的质量百分含量：

$$w_{IA} = w_{cSi} \frac{y_{IA}}{S_{IA}} \times \frac{S_{ISi}}{y_{ISi}} \tag{4-5-37}$$

式中：w_{cSi} 为利用俘获伽马能谱求取 Si 元素的百分含量；S_{ISi} 为元素 Si 的非弹性散射能谱探测的灵敏度因子；y_{ISi} 为由非弹性散射能谱计算的 Si 元素的产额。

图 4-5-5 为计算得到地层元素含量成果图。

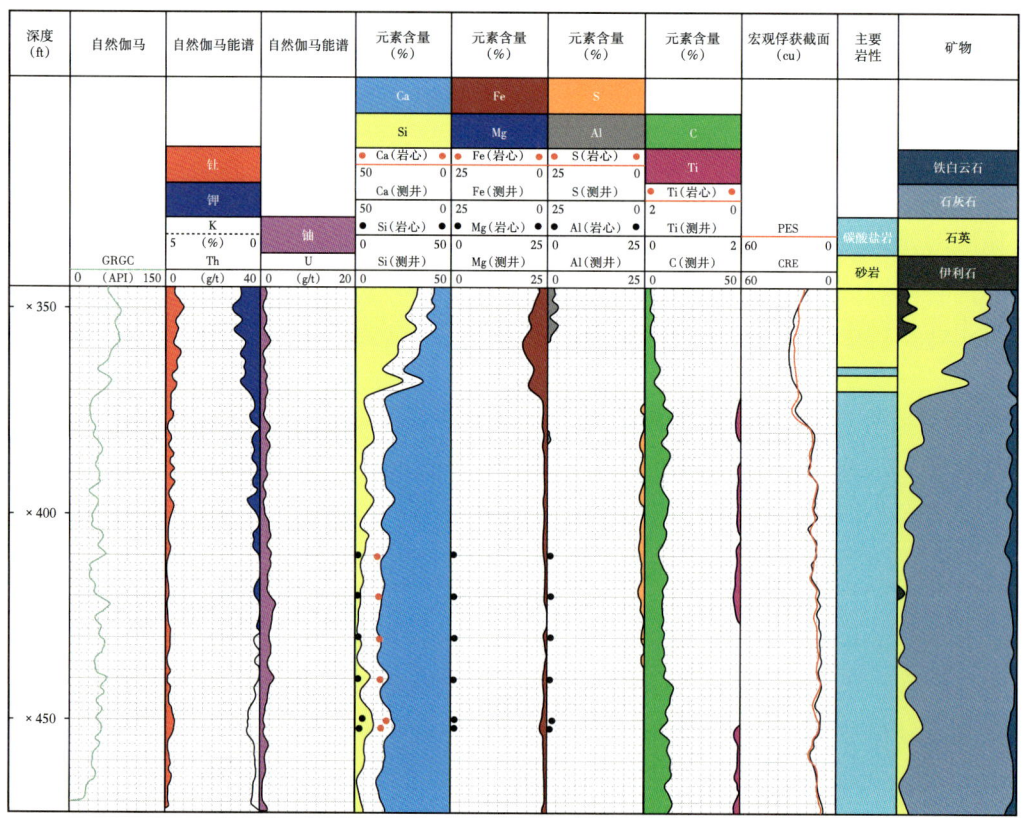

图 4-5-5 元素能谱测井所得的某井中不同物质含量

3. 矿物含量的确定

矿物组成和含量能够用来精细描述岩性、计算岩石脆性指数和骨架参数等，由元素含量到矿物含量转换常用转换系数法和神经网络等。下面以转换系数法为例介绍矿物含量的确定。

转换系数法根据地层中主要矿物种类和矿物中各种氧化物所占的比例，假设地层中有 n 种矿物和 m 种元素，根据氧化物含量与矿物含量的关系构建式（4-5-38），可计算出各矿物含量：

$$\sum_{k=1}^{m} b_{ij}W_i = w_j, \quad W_i > 0 \quad (4\text{-}5\text{-}38)$$

式中：b_{ij} 为第 i 种矿物中第 j 种元素含量所占的比例；W_i 为第 i 种矿物在地层中的含量；w_j 为第 j 种元素在地层中的含量。

采用线性规划法求解式（4-5-31）至式（4-5-38），具体计算步骤如下：根据实验室资料或者现场资料确定矿物种类；根据测井得到的元素资料，整理计算所需的元素含量 E_j；借鉴反演的转换系数表，建立适合本地区的转换系数 C_{ji}；根据实际要求建立数学模型，最后求出矿物含量。

求解过程中目标函数为：

$$\min S = \sum_{j=1}^{m} (\alpha_j + \beta_j) \quad (4\text{-}5\text{-}39)$$

约束条件为：

$$\begin{cases} C_{11}M_1 + C_{12}M_2 + \cdots + C_{1n}M_n + \alpha_1 - \beta_1 = E_1 \\ C_{21}M_1 + C_{22}M_2 + \cdots + C_{2n}M_n + \alpha_2 - \beta_2 = E_2 \\ \quad \cdots \cdots \\ C_{m1}M_1 + C_{m2}M_2 + \cdots + C_{mn}M_n + \alpha_m - \beta_m = E_m \\ M_1, M_2 \cdots M_n \geq 0 \\ M_1 + M_2 + \cdots + M_n \leq 1 \\ \alpha_1, \alpha_2, \cdots, \alpha_m \geq 0 \\ \beta_1, \beta_2, \cdots, \beta_m \geq 0 \end{cases} \quad (4\text{-}5\text{-}40)$$

求：

$$\min S = \boldsymbol{Ax} \quad (4\text{-}5\text{-}41)$$

其中：

$$\boldsymbol{x} = (M_1, M_2, \cdots, M_n, \alpha_1, \beta_1, \alpha_2, \beta_2, \cdots, \alpha_m, \beta_m) \quad (4\text{-}5\text{-}42)$$

$$\boldsymbol{A} = (h_1, h_2, \cdots, h_n, k_1, l_1, k_2, l_2, \cdots, k_m, l_m)^{\mathrm{T}} \quad (4\text{-}5\text{-}43)$$

$$\boldsymbol{A} = \begin{bmatrix} C_{11} & C_{12} & \cdots & C_{1n} & 1 & 0 & 0 & 0 & -1 & 0 & 0 & 0 \\ C_{21} & C_{22} & \cdots & C_{2n} & 0 & 1 & 0 & 0 & 0 & -1 & 0 & 0 \\ \vdots & \vdots & & \vdots & 0 & 0 & \ddots & 0 & 0 & 0 & \ddots & 0 \\ C_{m1} & C_{m2} & \cdots & C_{mn} & 0 & 0 & 0 & 1 & 0 & 0 & 0 & -1 \end{bmatrix} \quad (4\text{-}5\text{-}44)$$

式中：C_{ji} 为第 i 种矿物中第 j 种元素的含量，是元素含量与矿物含量的转换系数，可通过转化系数表得到，如表 4-5-6 所示；α_j、β_j 为计算时第 j 种元素转换矿物时出现差错的概率。

表 4-5-6 转换系数表

矿物	Al	Si	Fe	K	Ti	S	Ca	过剩 Fe	$w(H_2O)_{min}(\%)$
长石	10	30	0	10	0	0	1	0	0
石英	0	46.7	0	0	0	0	0	0	0
方解石	0	0	0	0	0	40	0	0	
高岭石	19	22	0.8	0	0.9	0	0	0	14
伊利石	12	24	8	4	0.8	0	0	0	8
蒙脱石	18.5	21.1	1	0.5	0.2	0	0.2	0	32
黄铁矿	0	0	47	0	0	53	0	0	0
金红石	0	0	0	0	60	0	0	0	0
菱铁矿	0	0	0	0	0	0	0	48	0

五、元素能谱测井应用

1. 确定矿物含量

元素能谱测井通过氧化物闭合模型和综合处理解释可定量得到如下矿物含量：硅酸盐中的石英、钾长石、钠长石和钙长石，碳酸盐中的方解石、白云石、菱铁矿、菱镁矿，黏土岩中的伊利石、蒙脱石、高岭石、绿泥石和海绿石，其他矿物如白云母、黑云母、黄铁矿、石膏、重晶石等。

页岩类型多，矿物成分复杂多样，仅依靠常规测井资料计算矿物含量存在较大的困难。ECS 测井技术通过钙元素作为指示元素计算碳酸盐岩含量，通过硫、钙作为指示元素计算蒸发岩含量，通过硅、铝、铁作为指示元素计算黏土矿物含量，最后用 100 减去以上三种矿物含量作为砂岩含量，从而得出页岩各组分含量。根据该方法计算新疆某井地层矿物含量与实验分析数据对比情况，如图 4-5-6 所示。图中曲线表示测井获得的矿物含量，红点表示实验分析数据。通过 ECS 计算结果可以看出，除白云石之外，其他矿物含量与实验分析矿物含量对比误差较小，反映 ECS 测井确定矿物含量效果较好。白云石含量计算结果与实验结果存在偏差的主要原因是地层元素俘获伽马能谱测井对于 Mg 元素的伽马射线信号较弱，解谱时误差较大。

2. 确定储层黏土矿物含量

元素能谱测井可定量得到黏土岩中伊利石、蒙脱石、高岭石、绿泥石和海绿石等矿物含量。黏土矿物含量（V_{cl}）的经验计算公式为：

$$V_{cl} = 1.67(100 - SiO_2 - CaCO_3 - MgCO_3 - 1.99Fe) \qquad (4-5-45)$$

式中：SiO_2、$CaCO_3$、$MgCO_3$、Fe 分别表示矿物 SiO_2、$CaCO_3$、$MgCO_3$ 和元素 Fe 的含量。

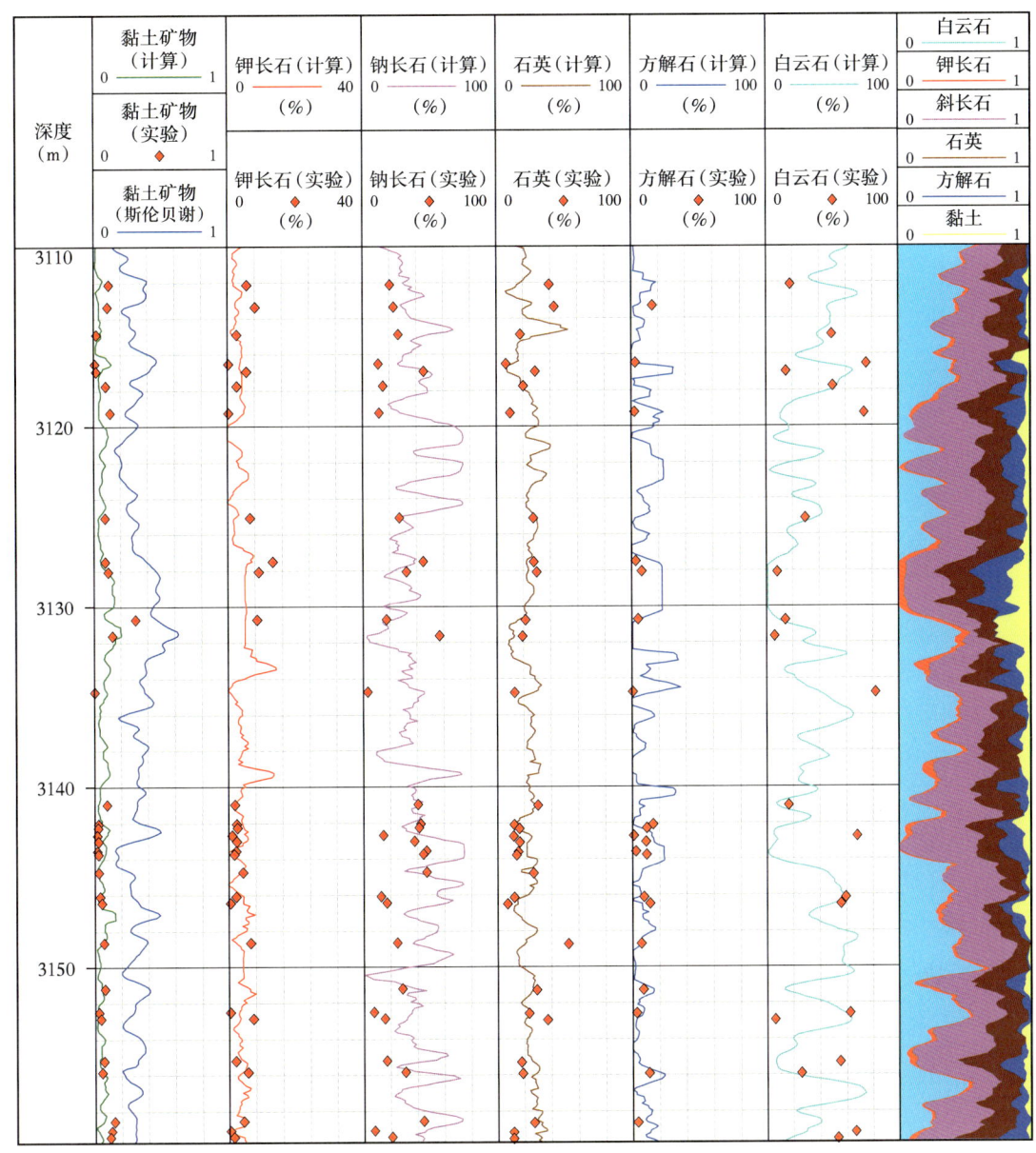

图 4-5-6 新疆某井地层测井计算矿物含量与岩心结果对比

图 4-5-7 是利用岩性扫描测井得到的非弹和俘获伽马能谱得到的石英、白云石、方解石、硬石膏、黄铁矿和黏土矿物含量，与岩心实验数据进行对比可以看出，元素能谱测井计算地层矿物含量与岩心结果基本一致。

3. 岩性识别

地层中各种矿物的化学元素成分较固定，而岩石由不同的矿物所组成。ECS 测量的主要元素包括 Si、Ca、Fe、S、Ti、Gd 等，其中 Si 主要与石英关系密切，Ca 与方解石和白云石密切相关，利用 S 和 Ca 可以计算石膏的含量，Fe 与黄铁矿和菱铁矿等有关，铝元素与黏土矿物（高岭石、伊利石、蒙脱石、绿泥石、海绿石等）含量密切相关。

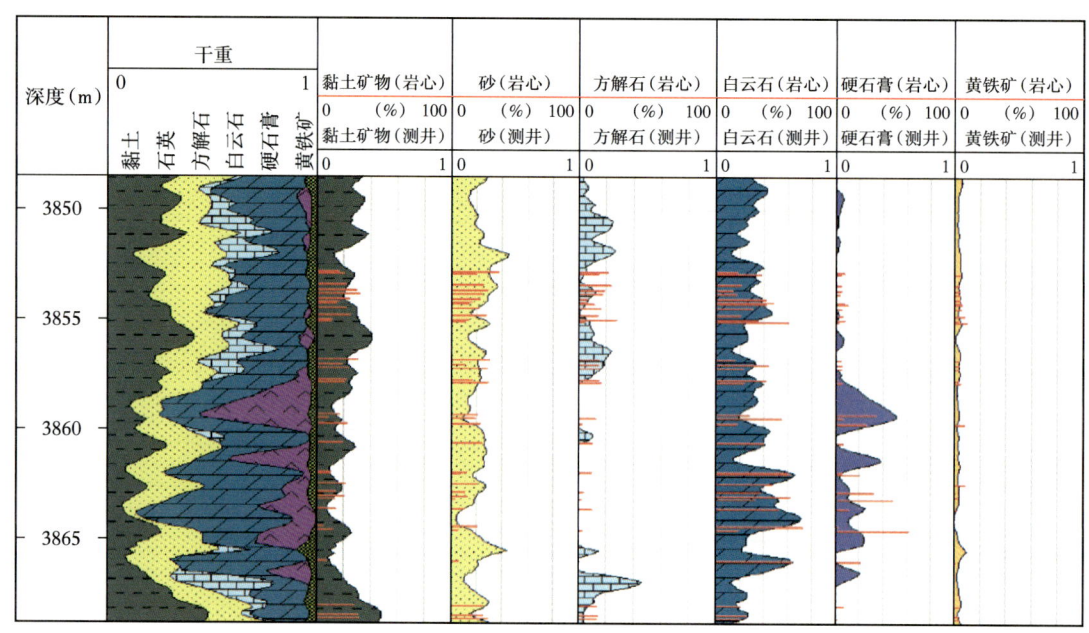

图 4-5-7　元素测井矿物含量与岩心分析结果对比（据张审琴，2019）

贝克休斯公司通过归纳一般岩性与氧化物组合的对应关系，利用常见元素氧化物的三元交会图进行岩性识别，如图 4-5-8 所示。一般常用 CaO、MgO 和 SiO_2 交会来识别地层岩性，除此之外，还可以利用 CaO、S 及 Fe_2O_3 等组合进行岩性识别；利用非弹性散射伽马能谱谱求取 C 含量可以识别煤层。

斯伦贝谢公司利用总泥质含量、总石英—长石—云母含量、总碳酸盐含量三元交会进行复杂岩性识别，如图 4-5-9 所示。地层元素能谱测井在火山岩、页岩等复杂岩性的识别方面起到了重要作用。

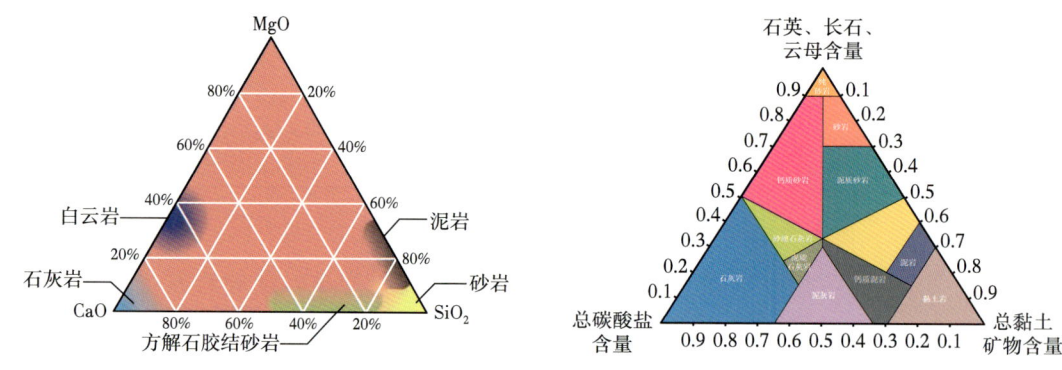

图 4-5-8　贝克休斯公司岩性识别图版　　图 4-5-9　斯伦贝谢公司岩性识别图版

4. 地层有机碳含量确定

地层有机碳含量指单位质量岩石中有机碳元素的质量，其值的大小指示烃源岩的有机质丰度，可反映烃源岩的生烃潜力。

由非弹性散射伽马能谱解析得到的 C 元素含量，结合与无机碳相关的元素 Ca（方解石 $CaCO_3$）、Mg[白云石 $CaMg(CO_3)_2$]、Na（苏打石 $NaHCO_3$）、Fe（菱铁矿

FeCO$_3$）等相关关系，可以计算地层总有机碳含量，应用实例如图 4-5-10 所示。图中黑线表示测井获得的元素含量，红点表示岩心分析数据。第 2 道显示的是矿物分析。测井结果与岩心分析数据吻合好，特别是有机碳含量的测量，从接近于 0（B 区和 D 区）到大于 12%（A 区和 C 区）。

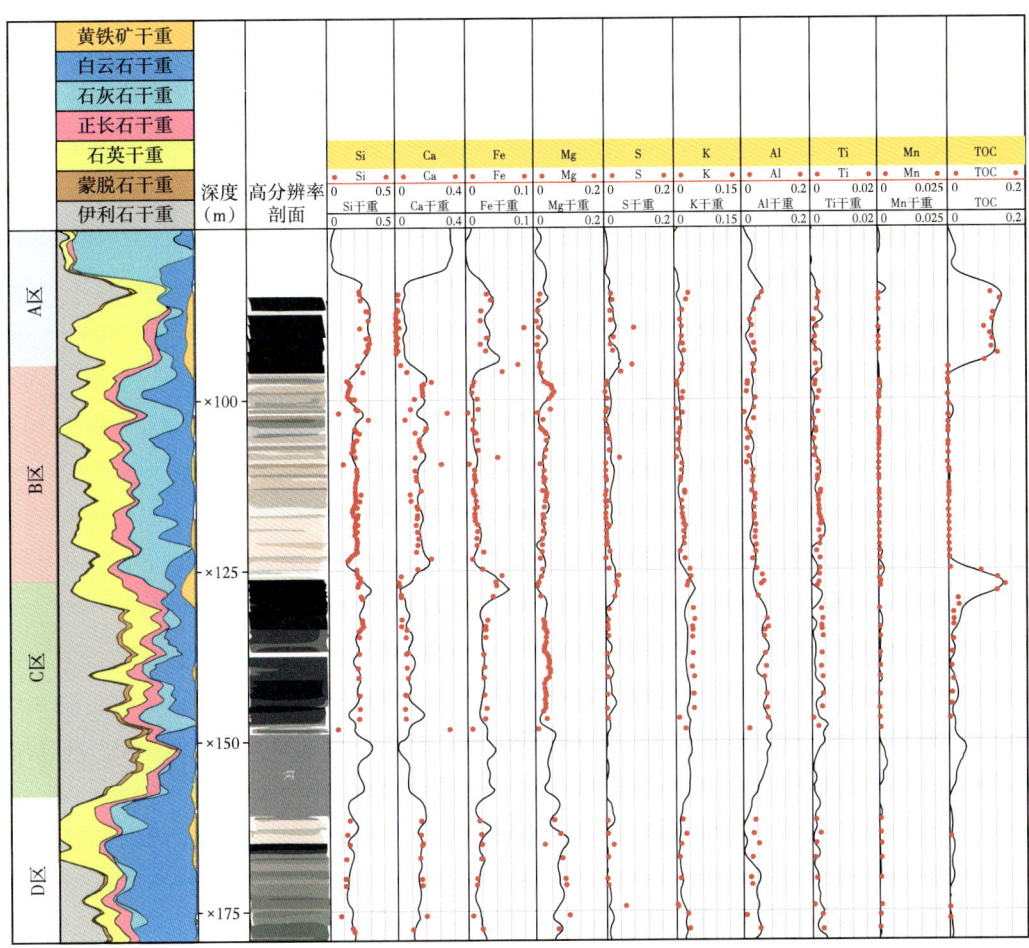

图 4-5-10　矿物及 TOC 的计算

第五章 脉冲中子测井

中子诱发伽马射线，都可依据各自的强度、空间、能量和时间特征在井眼中进行测量和识别，形成多种测井方法，分别适用于不同的条件解决特定的地质或工程问题。在套管井中，常用脉冲中子测井技术来进行剩余油气饱和度和水流测量。与地层元素能谱测井一样，脉冲中子测井主要采用以 D-T 中子发生器为代表的中子测井技术，包括碳氧比能谱测井、中子寿命测井和氧活化水流测井等。

在脉冲中子测井发展过程中，每一种方法都是单独研发的，有专用的仪器和资料处理解释技术，而目前通用的方案是用同一套多探测器仪器，分别用不同的模式实现特定的数据采集和处理，即用一套硬件完成多种单一或组合测井。

第一节 中子和伽马射线通量的空间和时间分布

脉冲中子源以一定的脉冲宽度和重复周期向地层发射中子束，能量为 14MeV 的中子进入地层，首先与地层中某些核素的原子核发生非弹性散射，并发射"非弹性散射"伽马射线。在中子发射后的 $10^{-8}\sim10^{-6}$s 时间间隔里，非弹性散射是中子损失能量的主要方式。可以认为：非弹性散射和由此引发的光子发射主要是在发射中子的持续期内进行的，并且当中子发射停止时这一过程也立即终止。在随后的脉冲间隔里，即在中子发射后 $10^{-6}\sim10^{-3}$s 的时间内，主要作用过程是弹性散射，快中子慢化为热中子并通过辐射俘获核反应发射"俘获"伽马射线。快中子和热中子都可能将地层中的某些靶核元素活化，生成放射性核素。这些放射性核素将以一定的半衰期衰变，并发射特定能量的伽马射线。在中子停止发射后，经过 3~5 倍中子寿命时间间隔，测到的就是这种"活化"伽马射线。因此必须对中子在空间中的分布规律及在地层中的扩散过程了解清楚才能更好地掌握各种测井方法。

一、脉冲中子源在地层中激发的伽马射线

1. 快中子非弹性散射伽马射线

当射入地层的中子能量 E_n 满足式（5-1-1）时，就能与 ^{12}C、^{16}O、^{28}Si 和 ^{40}Ca 等核素的原子核发生非弹性散射，产生非弹性散射伽马射线：

$$E_n \geq E_\gamma \frac{m_A + m_n}{m_A} \quad (5-1-1)$$

式中：E_γ 为靶核最低激发能级的能量，MeV；m_A 和 m_n 分别为靶核和入射中子的静止质量。

^{16}O 的最低激发能级的能量 E_γ 为 6.13MeV，激发（n，n'）反应的中子能量应等于或大于 6.51MeV；而对于 ^{12}C，最低激发能级的能量 E_γ 为 4.43MeV，中子能量应等于或大于 4.8MeV。

元素能谱测井中已经给出部分原子核与快中子发生非弹性散射放出的伽马射线，表 5-1-1 给出地层常见四种核素的非弹性散射伽马的能量和反应截面，并示于图 5-1-1。

表 5-1-1　^{12}C、^{16}O、^{28}Si 和 ^{40}Ca 的数据表

靶核	核反应	能级跃迁（MeV）	球面度 90°处核反应截面（mb）	伽马射线能量 E_γ（MeV）
^{12}C	^{12}C（n，n'）^{12}C^m	4.43→0	13.1±1.3	4.43
^{14}N	^{14}N（n，n'）^{14}N^m	—	—	2.30
^{16}O	^{16}O（n，n'）^{16}O^m	7.12→0	5.0±1.0	7.12
^{16}O	^{16}O（n，n'）^{16}O^m	6.92→0	3.8±0.9	6.92
^{16}O	^{16}O（n，n'）^{16}O^m	6.13→0	12.2±1.2	6.13
^{24}Mg	^{24}Mg（n，n'）^{24}Mg^m	—	—	1.39
^{27}Al	^{27}Al（n，n'）^{27}Al^m	—	—	0.17
^{28}Si	^{28}Si（n，n'）^{28}Si^m	8.33→1.78	2.2±0.8①	6.55
^{28}Si	^{28}Si（n，n'）^{28}Si^m	6.89→1.78	3.9±0.8②	5.10
^{28}Si	^{28}Si（n，n'）^{28}Si^m	6.27→1.78	1.2±0.4③	4.50
^{28}Si	^{28}Si（n，n'）^{28}Si^m	4.62→1.78	1.2±0.4④	2.84
^{28}Si	^{28}Si（n，n'）^{28}Si^m	1.78→0	①+②+③+④	1.78
^{32}S	^{38}S（n，n'）^{38}S^m	—	—	2.23
^{40}Ca	^{40}Ca（n，n'）^{40}Ca^m	3.90→0	3.8±1.3	3.90
^{40}Ca	^{40}Ca（n，n'）^{40}Ca^m	3.73→0	9.0±1.8	3.73
^{56}Fe	^{56}Fe（n，n'）^{56}Fe^m	—	—	0.84，1.25，1.70

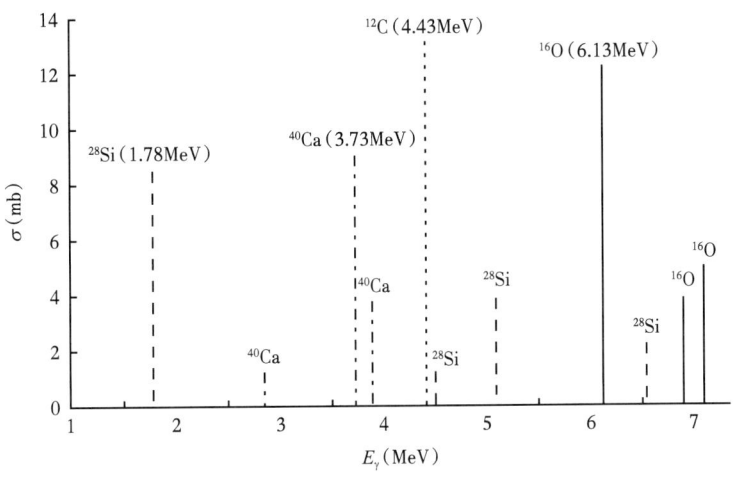

图 5-1-1　非弹性散射伽马谱

从表5-1-1和图5-1-1中可以看出，油气储层中最显著的谱线能量为6.13MeV、4.43MeV、3.73MeV和1.78MeV，它们分别是^{12}C、^{16}O、^{40}Ca和^{28}Si的特征谱线。在测井中选用这四种核素分别作为碳、氧、钙和硅元素的指示核素，因而这四条谱线也就是对应的几种指示元素的特征谱线。^{28}Si的反应阈能低，4组谱线能量分布范围较宽，对其他3种核素的伽马能窗计数都会有影响。

碳和氧分别是原油和水的指示元素，这两种元素的非弹性散射伽马计数是脉冲中子能谱测井采集的最重要的数据，是估算含油饱和度的依据。但含碳的物质不一定是原油，含氧的物质更不一定是水，靠单一元素识别一种化合物显然具有很高的不确定性。

2. 快中子活化伽马射线

快中子与地层、井液、套管和水泥环中的一些核素的原子核能发生活化反应，生成放射性核素，而后按一定半衰期衰变并发射特征伽马射线。

能量为14MeV的中子与^{16}O原子核通过（n，p）核反应生成放射性核素^{16}N，反应截面为41mb，核反应式为：

$$^{16}O+n \longrightarrow ^{16}N+p \tag{5-1-2}$$

随后^{16}N通过β$^-$衰变转变为^{16}O，并发射伽马射线，能量和强度分别为2.74MeV（0.82%）、6.13MeV（67%）和7.12MeV（4.9%），半衰期为7.13s，核反应式为：

$$^{16}N \longrightarrow ^{16}O+e^{-1}+\bar{\nu}+\gamma \tag{5-1-3}$$

氧活化测井就是一种测定水流的有效手段，在采油井眼和管外空间中流动着的高含氧的物质只有水，氧元素是水流的唯一确定的指示元素。

3. 热中子俘获伽马射线

地层中的快中子逐步慢化为热中子，通过（n，γ）反应发射伽马射线。热中子俘获截面大、对俘获伽马计数贡献较大的核素主要有^{1}H、^{28}Si、^{35}Cl、^{40}Ca和^{56}Fe，它们的特征峰对应的能量和强度见表5-1-2。在流体中，氢是油和水的共有组分，而氯只存在于地层水中，地层水的氯氢比与矿化度成正比，在矿化度足够高且保持稳定的条件下，氯氢比能指示含水饱和度，这两种元素的俘获伽马计数率是脉冲中子测井采集的重要数据。

表5-1-2 俘获伽马射线能量及强度（发射光子数/100次辐射俘获）

核素	俘获截面（10^{-24}cm^2）	E_γ（MeV）及强度（%）
^{1}H	0.33	2.23（100）
^{28}Si	0.16	3.54（47），4.93（60），5.11（6），6.11（2），6.4（9），7.18（6），8.47（2），6.67（2），7.36（1），10.59（0.2）
^{35}Cl	33.2	0.51（26），0.79（23），1.17（36），1.95（29），2.88（9.5），4.98（6），5.72（5.6），6.11（21），6.62（14.4），7.42（14），7.79（7.8）
^{40}Ca	0.43	1.94（39），2.0（12.7），4.42（12.3），5.9（3.8），6.42（22）
^{56}Fe	3.1	1.63（6.1），1.72（6.4），5.92（8.7），6.03（7.9），7.28（5.3），7.64（31.5）

4. 热中子活化伽马射线

前面介绍热中子活化测井时已列出地层、井眼流体、套管和水泥环中主要靶核和活化核的相关数据，现将快中子（n，p）反应的靶核和活化核的数据合并，见表 5-1-3。

表 5-1-3 热中子和快中子活化伽马射线

靶 核	核反应	活化核	半衰期	活化核发射光子能量（MeV）及强度（%）
^{23}Na	（n，γ）	^{24}Na	14.96h	1.37（99.99），2.75（99.88）
^{26}Mg	（n，γ）	^{27}Mg	9.458min	0.84（71.8），1.01（28.0）
^{27}Al	（n，γ）	^{28}Al	2.32min	1.78（100）
^{36}S	（n，γ）	^{37}S	5.05min	3.10（94）
^{37}Cl	（n，γ）	^{38}Cl	37.24min	1.64（31.9），2.17（42.4）
^{41}K	（n，γ）	^{42}K	12.36h	1.52（18.08）
^{48}Ca	（n，γ）	^{49}Ca	8.8min	3.084（90），4.071（10）
^{55}Mn	（n，γ）	^{56}Mn	2.58h	0.85（98.8），1.81（27.6）
^{136}Ba	（n，γ）	^{137}Ba	2.6min	0.662（90）
^{16}O	（n，p）	^{16}N	7.13s	2.74（0.82），6.13（67），7.12（4.9）
^{27}Al	（n，p）	^{27}Mg	9.5min	0.17（0.7），0.842（69），1.013（30.3）
^{28}Si	（n，p）	^{28}Al	2.24min	1.782（100）

活化反应阈能高的核素只有在中子发射期内才能活化，而能被热中子活化的核素在整个热中子存在的时间内均能被活化，有较长的活化时间。表 5-1-3 中列出的活化核半衰期从几秒到十几个小时，只要中子脉冲的间隔时间与其半衰期相比足够短，活化核就能缓慢地积累和衰变，活化伽马射线计数就会叠加到非弹性散射和俘获伽马时间谱和能量谱上。图 5-1-2 给出中子活化伽马能谱，图中标出的元素是靶核元素，能量是活化核衰变伽马能量。从图中可以看出，活化伽马射线能量分布很宽，按能谱扣除本底比较困难。

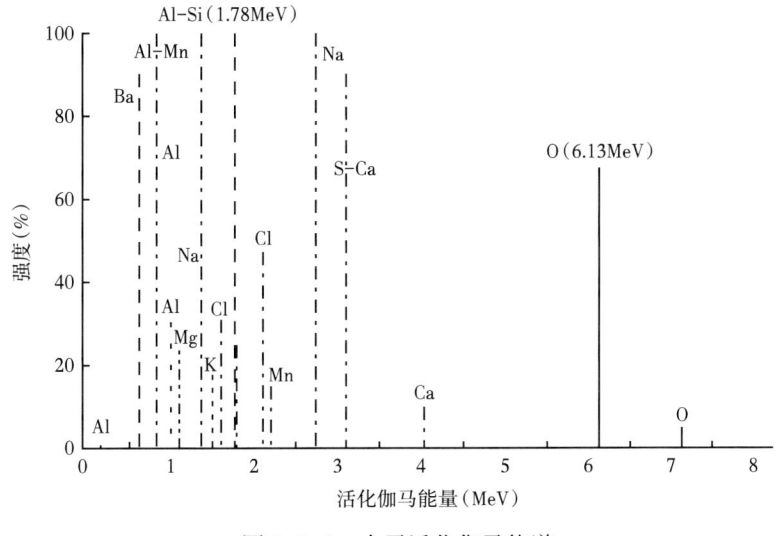

图 5-1-2 中子活化伽马能谱

二、脉冲中子和伽马射线通量的时间和空间分布

1. 快中子和非弹伽马通量的时间和空间分布

图 5-1-3 表示脉冲中子发生器每次点火发射中子的持续时间为 8~10μs, 脉冲间隔 5000μs, 组成一个中子发射—测量周期。按中子核反应发生的时间顺序,将一个周期划分为三个时段,即三个时间门,分别命名为非弹门、俘获门和本底门。

1) 中子发射与非弹性散射伽马射线的产生

14MeV 中子飞离中子源大约在 50cm 的范围内与地层或井眼介质的原子核发生非弹性散射,飞行时间大约为 0.01μs。考虑到测量仪器的时间分辨率,可将中子发射和激发出非弹伽马看成是"同时"发生的事件,源中子发射率的时间分布与非弹伽马发射率的时间分布相同。即使中子发生器离子源阳极脉冲为理想矩形脉冲,氘离子生成和中子发射率的增减也会略有滞后,测量非弹伽马的时间门也应适当后延。

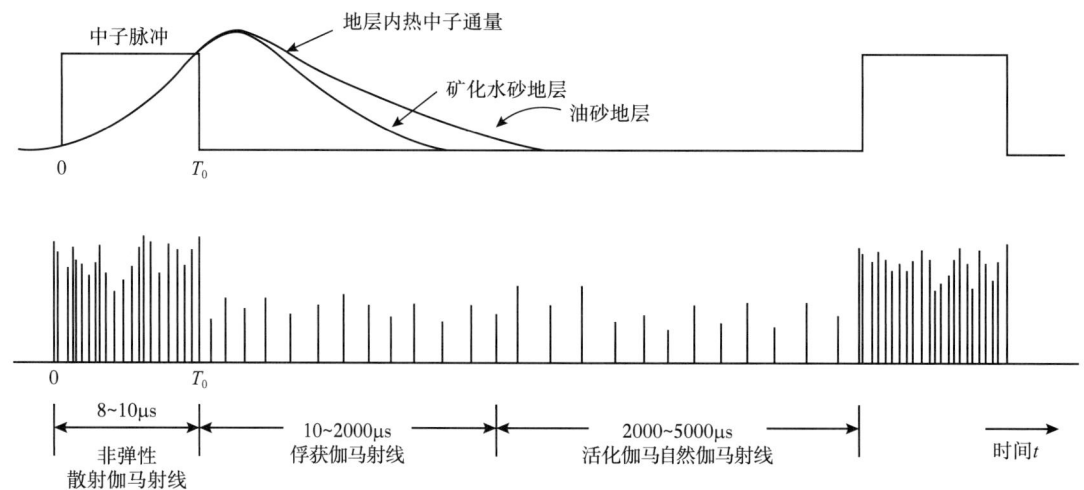

图 5-1-3 脉冲中子伽马时间分布示意图

14MeV 中子只能经历 1~2 次非弹性散射,而后的慢化过程弹性散射起主导作用。中子在水层和油层中的慢化时间一般为 10μs 左右,中子发射脉冲时间门宽度若限制在 10μs 以内就能限制俘获伽马的影响。在非弹门里采集到的主要是非弹计数,但前几个周期和本周期的俘获、活化和自然伽马对非弹门总计数都有贡献,并影响其能谱特性。

2) 热中子的衰减与俘获伽马射线的产生

热中子通量从中子发射开始随时间先上升到最高点,而后再按指数下降,高点出现在大约 30μs 处。热中子寿命比快中子慢化时间长几倍至几十倍,一般为几十到几百微秒。俘获门的宽度通常约为地层中子寿命的 3~5 倍,约 1000~2000μs。在俘获门里采集到的主要是俘获计数,但前几个周期和本周期的活化和自然伽马对俘获总计数也有贡献,同样会影响其能谱特性。

本底门中观测到的主要是活化和自然伽马计数,活化核的半衰期长达几秒钟到十几小时。对非弹和俘获伽马计数有影响的主要是短寿命的活化核,本底门应设置在非弹门之后 2000~5000μs。脉冲中子源激发的这三种伽马射线时间特性有很大差别,所以适当

设置测量时间门就能大致把它们分开。

3）中子分布

脉冲中子源在周围生成的中子场，在均匀介质中大体上呈同心圆分布。在中子发射期间，14MeV 中子主要分布在靠源比较近的球体内，而热中子逐渐增多并向外扩散。在中子停止发射后，地层中源能量中子也立即消失，非弹伽马也不再产生。非弹伽马通量随源距增加大致呈指数衰减，而探测深度却随之增加。为实现双源距井眼补偿，短源距探测器应主要反映井眼条件，一般可在 25~35cm 之间；而长源距探测器应主要反映地层性质，可在 50~65cm 之间选择。

2. 热中子和俘获伽马通量的时间和空间分布

在脉冲间隔期，热中子总数按指数减少，通量峰值逐渐向外移动。图 5-1-4a 为孔隙度为零的无限大石灰岩脉冲中子源激发的热中子通量时空分布，方解石的热中子寿命理论值为 623μs，含氢指数为零。图 5-1-4b 为体积无限大淡水脉冲中子源激发的热中子通量时空分布，淡水的中子寿命为 205μs，含氢指数为 1。

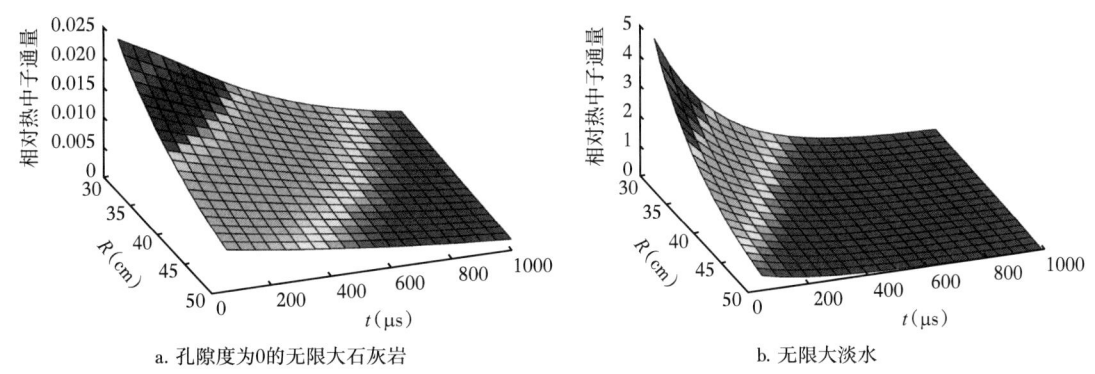

a. 孔隙度为0的无限大石灰岩　　　　b. 无限大淡水

图 5-1-4　热中子通量时空分布

比较图 5-1-4a 与图 5-1-4b 可见：在源距相同的条件下，中子寿命长的地层热中子通量随时间（T）下降得慢；而在同一时刻，含氢指数小的地层热中子通量随源距（R）增大下降得慢。在测量俘获伽马计数时，探测器能探测到的区域中的热中子通量分布确定的伽马体积源决定可能对计数有贡献的伽马发射率。在孔隙度为零的石灰岩中，中子测井探测范围大；而含氢指数高的地层中，中子测井探测范围较小，水是其下限。还需注意，两种介质中热中子通量变化有一共同的特点，当源距较小时，中子通量随时间的下降比源距较大时快。

图 5-1-5 是 6in 井眼盐水井石灰岩地层热中子通量时空分布。在中子发射期内和刚结束时，快中子由源向地层深处迁移。由于井眼流体氧和氢含量都高，快中子慢化和热中子增长都比地层里快，热中子通量在井眼里比地层里高，热中子从井眼向地层里扩散，测到的伽马计数率主要是井眼介质的贡献。中子发射停止后，因井眼内氢和氯含量都高，宏观俘获截面大，中子比在地层里被俘获得快，到 100μs 时通量高峰已移到靠近井壁附近的地层，测到的俘获伽马计数包含了较多地层信息。此后井眼中的中子密度继续以高于地层中的速率下降，通量高峰继续在地层中扩大，到 300μs 时测到的伽马计数几乎完全来自地层。到 500μs 和 900μs 时，继续按这一趋势变化。

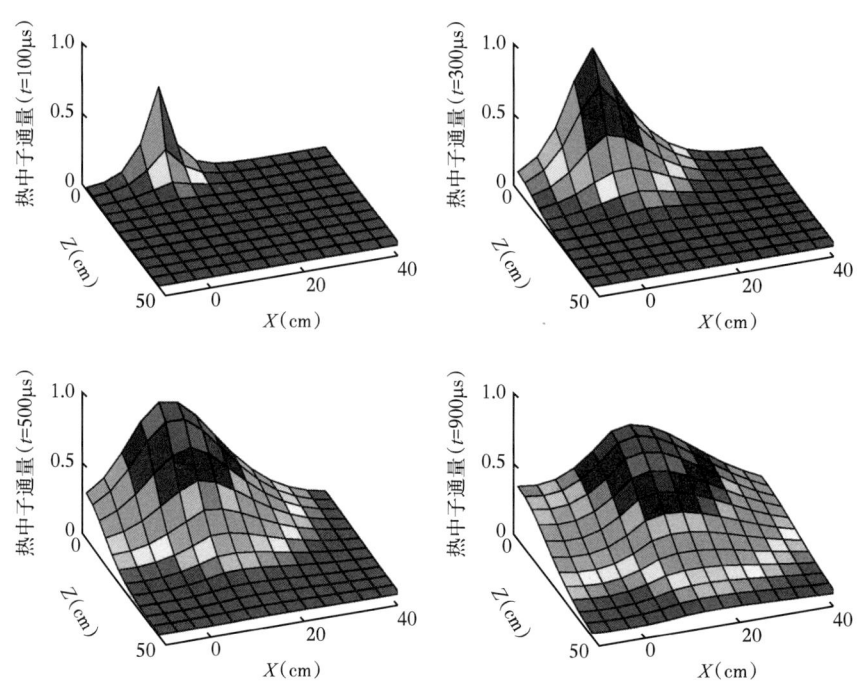

图 5-1-5　6in 井眼盐水井石灰岩地层热中子通量时空分布

第二节　碳氧比能谱测井

与地层元素能谱测井一样，利用 D-T 中子源产生的快中子与地层元素原子核发生非弹性散射和辐射俘获，测量非弹性散射伽马能谱和俘获伽马能谱，就可以得到 C、O、Si 和 Ca 等元素产额，用来确定地层含油饱和度和识别岩性等。碳氧比伽马能谱测井是基于地层油气含碳元素和水中含氧元素，通过探测伽马能谱获取碳氧比值的大小来定量评价储层的剩余油饱和度。利用碳氧比值评价剩余油饱和度可以消除中子产额的影响，同时提高油水层的识别灵敏度。碳氧比测井仪器由原来的单探测器结构发展成双探测器碳氧比测井仪器，目前探测器测井仪器朝着多探测器结构发展，测量精度更高，测量模式及功能更加丰富。

一、地质基础

地层骨架和孔隙流体中含有碳和氧的原子数与孔隙度、含油饱和度等参数有关。为了建立原子数与地层参数关系，假定纯岩石和孔隙流体组成的地层介质，分析其原子数随孔隙度和含油饱和度的变化规律。

1. 碳氧原子数及比值

设 a 为每立方厘米原油中碳原子的数目，b 为每立方厘米岩石骨架中碳原子的数目，c 为每立方厘米淡水中氧原子的数目，d 为每立方厘米岩石骨架中氧原子的数目，若纯岩石的孔隙度为 ϕ，含油饱和度为 S_o，则每立方厘米岩石的碳原子数为：

$$N_C = a\phi S_o + b(1-\phi) \tag{5-2-1}$$

每立方厘米岩石的氧原子数为：

$$N_O = c\phi(1-S_o) + d(1-\phi) \tag{5-2-2}$$

碳氧原子数之比为：

$$C/O = \frac{N_C}{N_O} = \frac{a\phi S_o + b(1-\phi)}{c\phi(1-S_o) + d(1-\phi)} \tag{5-2-3}$$

显然，岩石中的碳氧原子数比与孔隙度 ϕ 和含油饱和度 S_o 有关，同时还和岩石的类型有关，如石灰岩和白云岩骨架矿物中本身含有碳元素，而砂岩骨架矿物却不含碳元素；另外，一些黏土矿物中氧元素的量也不同，这些都会对利用碳氧原子数比来确定含油饱和度产生影响。

2. 纯砂岩和纯石灰岩的碳氧比与饱和度的关系

若原油密度为 0.87g/cm³，分子式为 C_nH_{2n}，可以算得：

$$a = 3.74 \times 10^{22} \text{ 原子}/cm^3 \tag{5-2-4}$$

每立方厘米淡水中氧原子的数目为：

$$c = 3.35 \times 10^{22} \text{ 原子}/cm^3 \tag{5-2-5}$$

1）纯砂岩地层

岩石骨架中不含碳，$b=0$，而每立方厘米岩石骨架中氧原子的数目为：

$$d = 5.32 \times 10^{22} \text{ 原子}/cm^3 \tag{5-2-6}$$

则岩石中的碳原子数目为：

$$N_C = a\phi S_o = 3.74\phi S_o \times 10^{22} \text{ 原子}/cm^3 \tag{5-2-7}$$

氧原子数目为：

$$N_O = c\phi(1-S_o) + d(1-\phi) = [3.35\phi(1-S_o) + 5.32(1-\phi)] \times 10^{22} \text{原子}/cm^3 \tag{5-2-8}$$

碳氧原子数比为：

$$C/O = \frac{N_C}{N_O} = \frac{3.74 S_o \phi}{3.35\phi(1-S_o) + 5.32(1-\phi)} \tag{5-2-9}$$

由式（5-2-3）可见，给定岩性和孔隙度，碳氧原子数比 C/O 与含油饱和度 S_o 有单值关系，依此绘制出的关系曲线如图 5-2-1 所示。

从式（5-2-3）和图 5-2-1 可以看出：当孔隙度大时，曲线的斜率大，测定含油饱和度的灵敏度高；对孔隙度相同的地层，含油饱和度高时，灵敏度高；孔隙度高、含油饱和度也高的地层对碳氧比测井有利，可达到较高的精度；低孔隙度的高含水地层对碳氧比测井不利，得不到理想的效果。

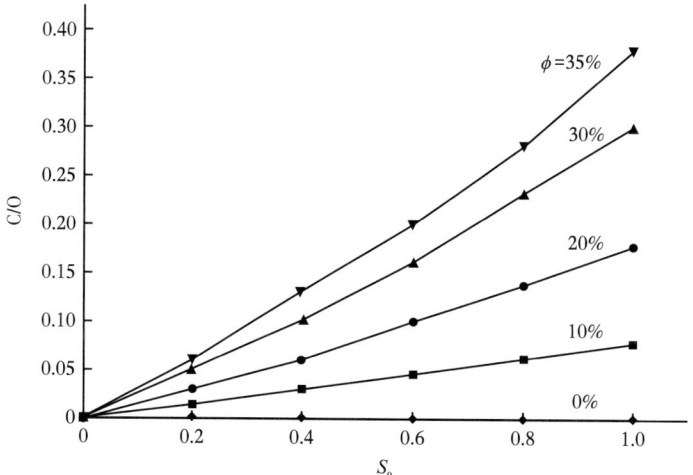

图 5-2-1　纯砂岩碳氧原子数比与含油饱和度的关系

2）石灰岩地层

每立方厘米石灰岩骨架中碳原子的数目为：

$$b = 1.63 \times 10^{22} 原子/cm^3 \qquad (5-2-10)$$

每立方厘米石灰岩骨架中氧原子的数目为：

$$d = 4.89 \times 10^{22} 原子/cm^3 \qquad (5-2-11)$$

则岩石的碳原子数目为：

$$N_C = a\phi S_o + b(1-\phi) = [3.74\phi S_o + 1.63(1-\phi)] \times 10^{22} 原子/cm^3 \qquad (5-2-12)$$

岩石的氧原子数目为：

$$N_O = c\phi(1-S_o) + d(1-\phi)$$
$$= [3.35\phi(1-S_o) + 4.89(1-\phi)] \times 10^{22} 原子/cm^3 \qquad (5-2-13)$$

纯石灰岩的碳氧原子数比为：

$$\frac{N_C}{N_O} = \frac{3.74\phi S_o + 1.63(1-\phi)}{3.35\phi(1-S_o) + 4.89(1-\phi)} \qquad (5-2-14)$$

同样可绘制出石灰岩地层 C/O 与含油饱和度的变化关系，如图 5-2-2 所示。

与图 5-2-1 相比，图 5-2-2 的不同之处有：当含油饱和度为零时，碳氧原子数比为 0.333，比孔隙度为 35% 和含油饱和度高达 90% 的纯砂岩还要高；当含油饱和度达到 20% 时，孔隙度不同的各条曲线交于一点，将曲线簇分成两部分；当含油饱和度小于 20% 时，对应于同一含油饱和度，孔隙度大的地层碳氧原子数比值低；当含油饱和度大于 20% 时，对应于同一含油饱和度，孔隙度大的地层碳氧原子数比值高。由两图对比可知，识别岩性对碳氧比能谱测井定量解释非常重要。

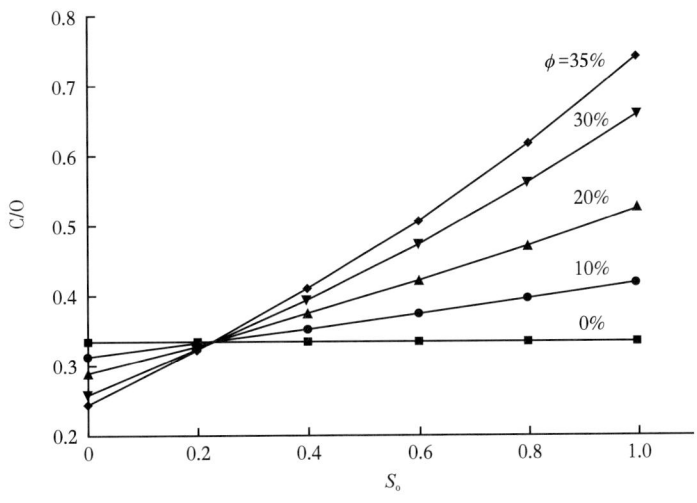

图 5-2-2 纯石灰岩 C/O 与 S_o 的关系

二、碳氧比能谱测井原理

1. 测井原理

D-T 中子源产生 14MeV 的高能快中子进入地层，与地层元素原子核发生非弹性散射、弹性散射和俘获反应，放出非弹和俘获伽马射线。利用伽马探测器在脉冲门和俘获门分别测量非弹性散射伽马射线和俘获伽马射线能谱，得到 C/O 和 Si/Ca 等比值，进而确定含油饱和度等。

2. 脉冲和测量时序分析

碳氧比能谱测井中子源发射中子的脉冲宽度和测量时序是保证采集伽马能谱、确定地层参数结果可靠性的关键。而实现井下地层参数确定，设置最优的脉冲宽度和测量时序是非弹性散射伽马射线和俘获伽马射线能谱测量的基础。

1）时序分析

图 5-2-3 为 RPM 双源距碳氧比模式时序图，一次完整的中子发射—数据采集周期共需 100ms，由三个时间段组成。

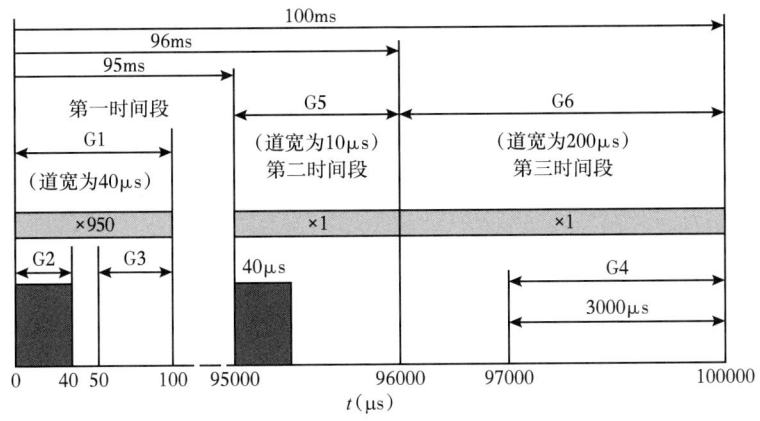

图 5-2-3 双源距碳氧比模式时序图

（1）第一时间段：包括950个重复工作的短周期（G1），每个周期工作时间均为0~100μs，共计95000μs，即95ms。在每个短周期的前40μs内，中子源发射中子，并用三个时间门采集一个时间谱和两个幅度谱。第一时间门（G1）置于0~100μs，在整个周期中采集总计数率时间谱，道宽1μs，共100道；第二个时间门（G2）置于0~40μs，采集250道总幅度谱，主要反映非弹伽马能量分布，但也包括俘获和本底谱的贡献；第三个时间门（G3）置于50~100μs，主要采集250道俘获伽马幅度谱，其中包括本底谱的影响。采集总幅度谱和俘获伽马能谱的累积时间分别为38000μs和47500μs，而采集时间谱的总时间是95000μs。

（2）第二时间段：短周期重复950次之后，有一个中长周期时间门（G5），开门时间为95000~96000μs，门宽1000μs，只测道宽10μs的时间谱。在此周期的起始段，中子发射门宽也为40μs。G5时间门仅占中子发射—数据采集周期总时间的1%，而每个时间道仅占总时间的万分之一，道计数统计精度低，不能用于定量时间分析，仅供参考。这段时间可使热中子数衰减到很低的数值，以便于测量本底。

（3）第三时间段：96000μs之后有一不发射中子的4000μs长周期。G6门宽4000μs，测本底时间谱，每道200μs，共20道；G4门记录本底能量谱，采集时间3000μs，有256道。G4门与最后一次中子发射开始时间相隔2000μs，可避开俘获伽马的影响。

G2时间门中的非弹幅度谱是本模式中采集的核心数据，碳和氧能窗计数的统计精度决定碳氧比确定的含油饱和度的不确定度。时序设计和其他技术措施要达到的根本目的都是尽可能提高非弹性散射伽马能谱的质量。

2）脉冲宽度的设计

非弹时间门的宽度设计需考虑三个因素：（1）为采集到足够高的非弹计数，门不能太窄；（2）为减少俘获伽马对非弹性散射伽马能谱的影响，门不能太宽；（3）为限制中子活化伽马射线的影响，中子照射时间应尽可能缩短。图5-2-4为脉冲中子源在淡水中热中子数的增减曲线。淡水的快中子慢化时间为10μs，热中子寿命为205μs，热中子数大约在中子寿命1/4即41μs处达到最大值。为便于从非弹总谱中扣除俘获伽马能谱的影响，非弹窗不应大于40μs。综合考虑这些要求，非弹窗设定为40μs是合理的。中子发射脉冲重复周期（G1）不宜过长，否则在一个完整的数据采集周期内，因中子注入地层的总数少而导致非弹性散射伽马计数率低，不确定度高；但脉冲间隔也不能太小，否则俘获和活化辐射伽马计数会累积加强，会降低非弹性散射伽马能谱的信噪比。实践证明，采用100μs较为有利。

3. 非弹和俘获时间门内测得的仪器谱

中子在地层中激发出的伽马射线，经过地层的散射和吸收，在到达探测器灵敏元件之前已具有复杂的能谱，并且只有仍保持初始能量和经过康普顿散射而未被吸收的一小部分光子能到达探测器。进入探测器灵敏元件的光子再经光电效应、康普顿效应和生成电子对，能量足够高的光子束输出的仪器谱中会显示出全能峰、单逃逸、双逃逸峰和康普顿坪。

1）非弹门内的仪器能谱

地层快中子非弹性散射伽马射线计数，主要包括碳、氧、硅、钙的贡献。

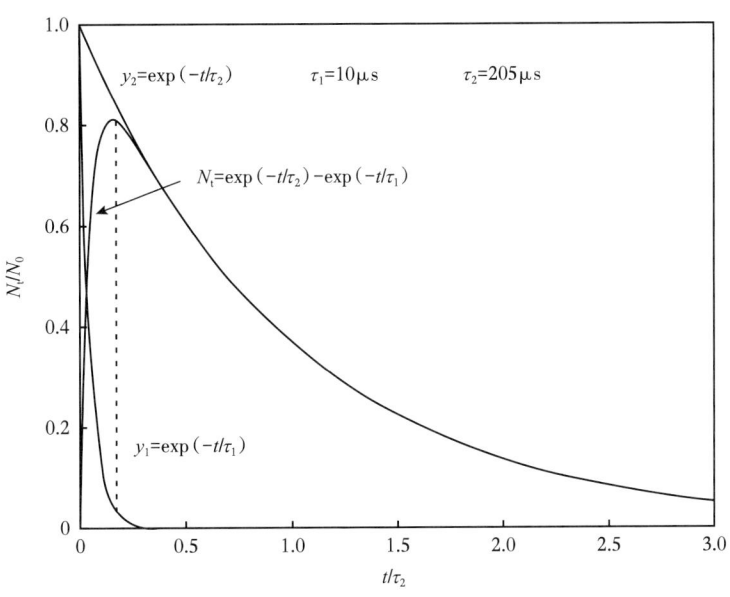

图 5-2-4 脉冲源淡水热中子数增减曲线

图 5-2-5a 至图 5-2-5d 分别给出能量为 14MeV 的中子与 ^{12}C、^{16}O、^{28}Si 和 ^{40}Ca 发生非弹性散射产生的伽马射线谱,谱图是用 NaI(Tl)闪烁伽马谱仪测定的。

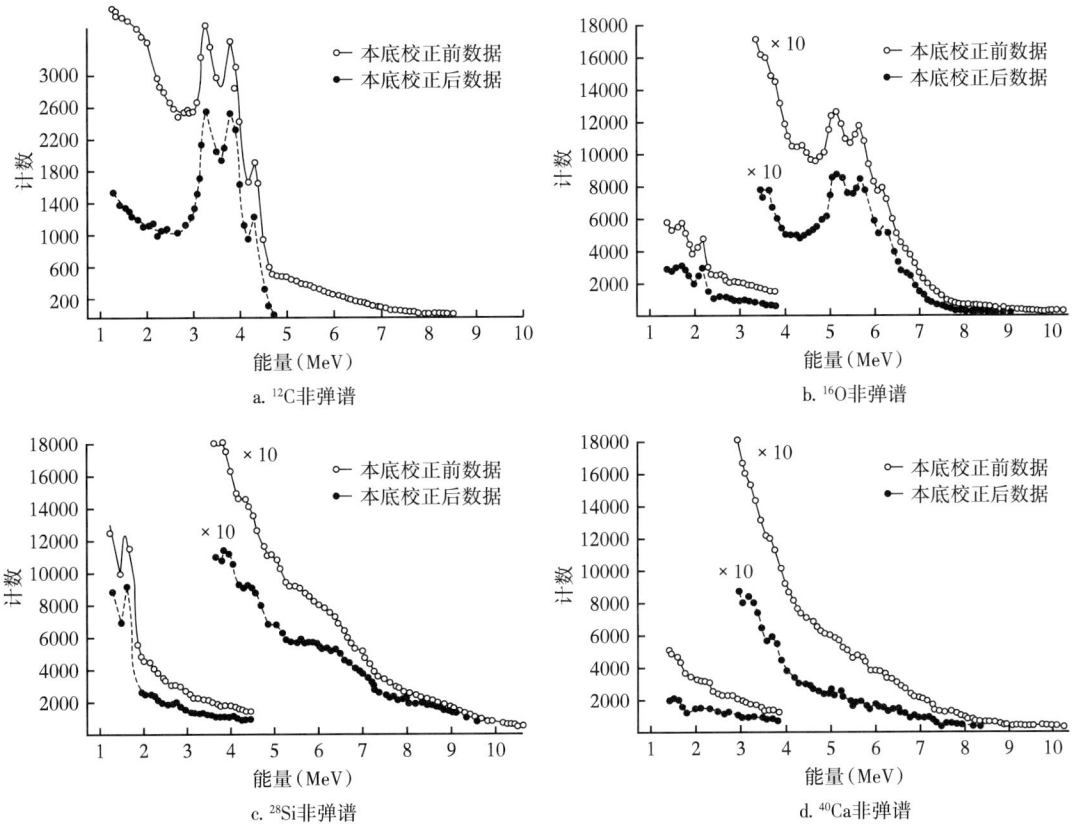

a. ^{12}C 非弹谱

b. ^{16}O 非弹谱

c. ^{28}Si 非弹谱

d. ^{40}Ca 非弹谱

图 5-2-5 快中子非弹性散射伽马射线能谱

由图 5-2-5a、b 中可明显地看到各自的全能峰、单逃逸峰和双逃逸峰，而硅和钙的谱图特征峰不够显著。表 5-2-1 列出地层四种指示核素的全能峰、单逃逸峰和双逃逸峰对应的能量。

表 5-2-1 指示核素散射伽马谱主要全能峰及逃逸峰

核素	^{28}Si	^{40}Ca	^{12}C	^{16}O
全能峰（MeV）	1.78	3.73	4.43	6.13
单逃逸峰（MeV）	1.27	3.22	3.92	5.62
双逃逸峰（MeV）	0.76	2.71	3.41	5.11

在一个采样点上测到的非弹性散射伽马能谱，是由地层中能产生非弹核反应的所有元素的伽马谱组成的混合谱。图 5-2-6 给出了 6 种元素的分谱，通常只考虑碳、氧、硅、钙四种元素。在非弹混合谱中，仅有硅、碳和氧的特征峰较易识别。

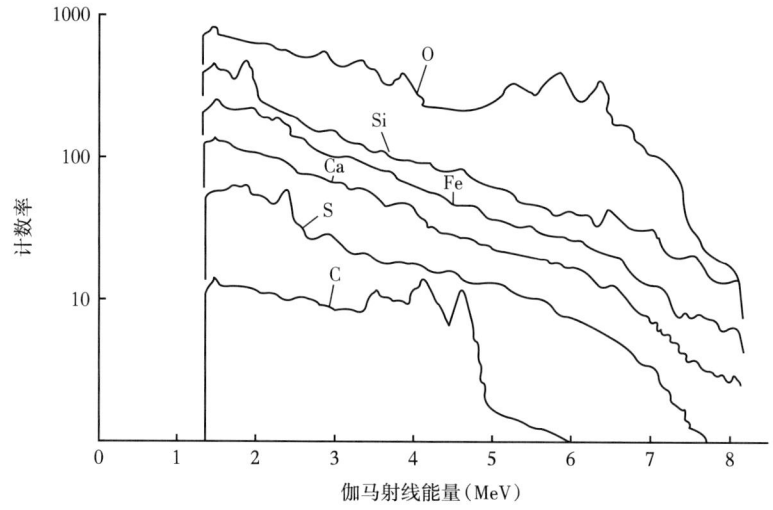

图 5-2-6 快中子非弹性散射伽马射线能谱分量

根据图 5-2-7 和表 5-2-1，可选取四个特征谱段（能窗），使每个谱段的计数尽可能多地反映其中一种核素的贡献，以便于识别和处理。从低能到高能可以将非弹性散射伽马能谱对硅、钙、碳、氧连续分割成四个能窗：第一能窗中包含硅的全能峰；第二能窗包含钙的第一和第二逃逸峰而不含全能峰；第三能窗中包含碳的全能峰和两个逃逸峰（钙的全能峰也在这一能量段，但此峰计数较低）；第四能窗中包含氧的全能峰和两个逃逸峰。

仪器谱的特征与探测器的类型有关，新型仪器多采用探测效率比 NaI（Tl）高得多的 BGO 晶体或探测效率高、能量分辨率好的 $LaBr_3$（Ce）晶体，测到的全能峰和逃逸峰贡献及高斯分布有很大差别，在处理时能窗的选择成为重要的问题。图 5-2-7 是用 BGO 闪烁晶体测到的非弹性散射伽马谱。测量条件为：谱数据采集时间 200s，数据经过平滑并扣除本底计数，每道计数均除以能谱中能量在 1.5~8.5MeV 的总计数，以便于对比；7in 套管，10in 井径，水泥固井，井眼中为淡水。曲线：（1）油砂，孔隙度 36%；（2）盐水砂，孔隙度 35%，矿化度 130×10^3mg/L；（3）淡水石灰岩，孔隙度 26%。

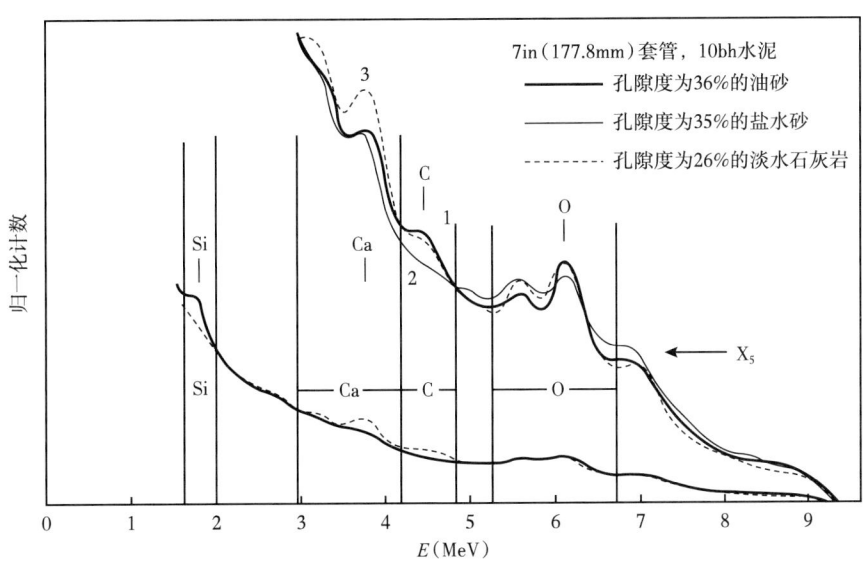

图 5-2-7 BGO 非弹性散射伽马谱

图 5-2-7 中上面的一组是放大曲线，即将下部曲线的数据乘以 5，以使谱的结构在高能段更清晰。图中纵线分出 Si、Ca、C 和 O 的计数窗，其中硅和碳只包含了 1.78MeV 和 4.44MeV 全能峰的计数；而氧能窗包含了 6.13MeV 全能峰和 5.62MeV 单逃逸峰的计数；钙能窗包含了 3.73MeV 全能峰和 3.22MeV 单逃逸峰的计数。从图可以看出：水砂和油砂相比，氧的全能峰高而碳全能峰低，碳氧比应能反映含油饱和度；石灰岩与砂岩相比，钙和碳的全能峰高而硅的全能峰低，钙硅比应能区分碳酸盐岩和砂岩。这是识别岩性和区分油水层的基本依据。三种地层的氧峰虽有差别但不明显，是比较稳定的成分，可作为公共参照值。采用碳氧比，可压低环境影响和扩大油水层的差别。

2）俘获门内测量的伽马能谱

表 5-2-2 列出俘获伽马谱主要全能峰及逃逸峰。

表 5-2-2 俘获伽马谱主要全能峰及逃逸峰

核素	^1H	^{28}Si	^{35}Cl	^{40}Ca	^{56}Fe
全能峰（MeV）	2.23	3.54，4.93	1.94，6.11，6.64，7.42	1.94，4.42，6.42	7.64
单逃逸峰（MeV）	1.72	3.03，4.42	1.43，5.60，6.13，6.91	1.43，3.91，5.91	7.13
双逃逸峰（MeV）	1.21	2.52，3.91	0.92，5.09，5.62，6.40	0.92，3.40，5.40	6.62

俘获伽马能谱是在俘获门中采集的，在前述时序中一个短周期只有 100μs，地层中的热中子在本周期远未衰减到可忽略的程度，而剩余热中子将与后续周期中子发射相叠加。图 5-2-8 绘出井眼和地层热中子数双指数衰减曲线，设井眼物质中子寿命为 100μs，而地层中子寿命为 400μs。图中显示：衰减到 100μs 时，地层中的热中子还有 80% 未被俘获，大约在 10 个周期即 1000μs 内，每次中子发射对当前地层中的热中子数都有贡献。

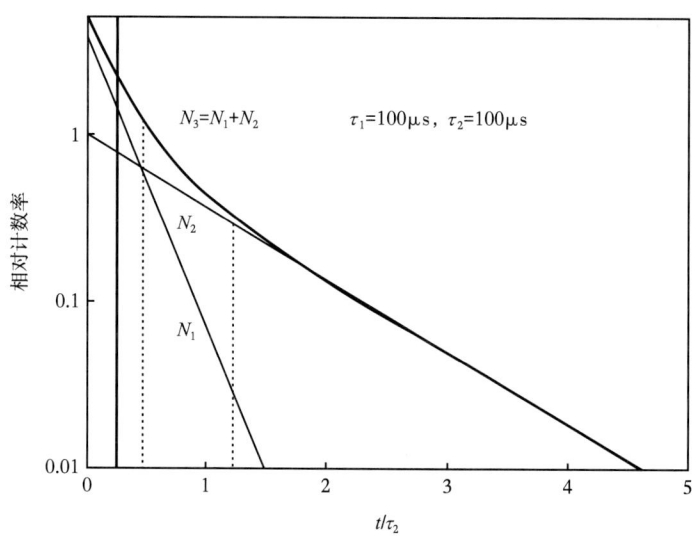

图 5-2-8　井眼地层双指数衰减

图 5-2-9 给出碳氧比模式测量的俘获伽马谱分量,包括氢、钙、硅、氯、铁和硫的俘获伽马谱。用碘化钠晶体测谱,对氢、硅、氯和钙可取下列谱段:(1)氢 2.014~2.431MeV;(2)硅 3.195~4.65MeV;(3)氯 4.654~6.599MeV;(4)钙 4.862~6.633MeV;(5)铁 7.07~7.85MeV。氯和钙的计数窗基本重叠,当地层水矿化度很低时,可忽略氯的影响,用硅钙俘获计数比确定岩性比用钙硅非弹计数比不确定度低;当遇到高矿化度地层水时,必须注意氯的影响,此时由硅钙俘获计数比判断岩性会遇到困难,要采用非弹计数比。

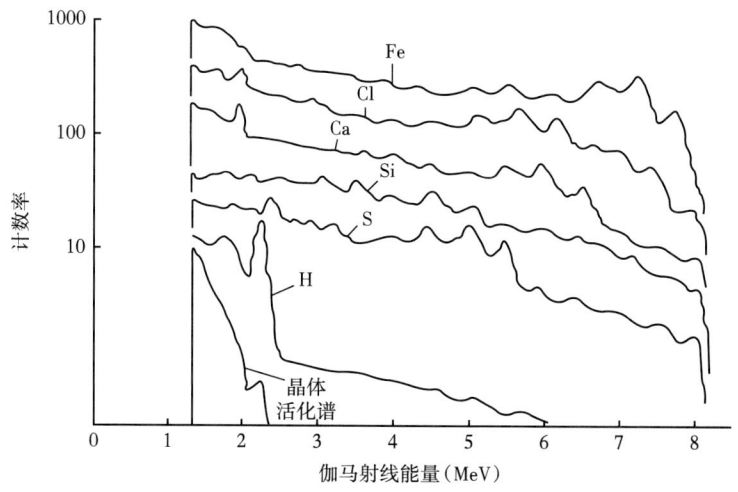

图 5-2-9　碳氧比模式俘获伽马谱分量

图 5-2-9 是用 BGO 闪烁晶体测到的俘获伽马能谱,测量条件与图 5-2-6 一致。图 5-2-10 中纵线分出 H、Si、Ca、Cl 和 Fe 的计数窗,氢的特征峰在 2.23MeV 处显示清楚,硅的两个全能峰峰位分别在 3.54MeV 和 4.93MeV,钙在 6.42MeV 和 4.42MeV 处的两个峰也较明显。如地层水为盐水,则氯的最明显的全能峰在 6.11MeV,强烈影响钙能窗计数,从而干扰用硅钙比区分砂岩和石灰岩。

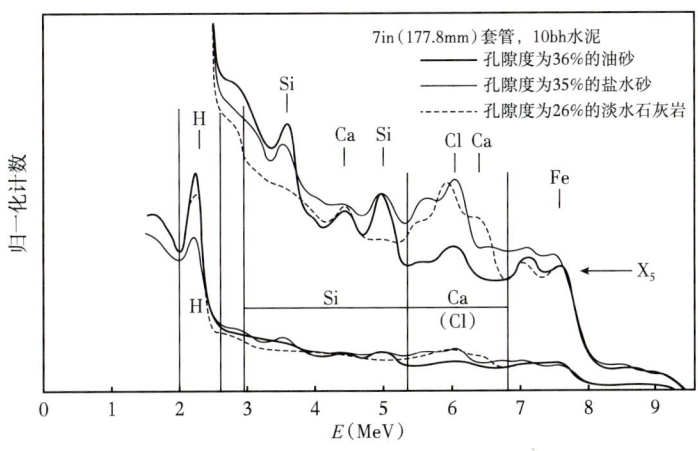

图 5-2-10　BGO 碳氧比模式俘获伽马谱

三、谱数据处理方法

碳氧比能谱数据处理要包括能谱滤波、寻峰、谱漂移校正、非弹净谱及本底扣除和能谱解析等过程，伽马能谱的滤波方法与自然伽马能谱测井一样，下面介绍寻峰、谱漂移校正、非弹净谱等数据处理方法。

1. 寻峰

碳氧比能谱测井利用测量的非弹性散射伽马能谱和俘获伽马能谱来获取地层信息，每种元素的特征伽马射线能量是一定的，因此在实际能谱处理中首先要进行寻峰。确定特征峰峰位的方法有一阶导数法、相关系数法等。

1）一阶导数法

采用一阶导数法进行能谱寻峰就是在一定能量范围内对伽马能谱进行牛顿多项式插值，得到较为密集的计数点，然后利用一阶导数的变化作为寻峰依据，在峰值处一阶导数为 0。该法寻峰速度快，且寻峰准确，如图 5-2-11 所示。

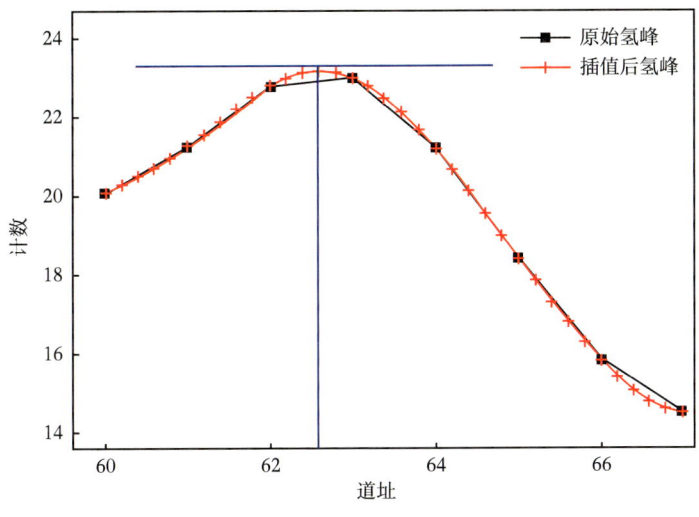

图 5-2-11　H 峰差值寻峰示意图

2）相关系数法

通过在刻度井标准能谱上选定特征能段，利用特征峰的标准谱，采用相关对比法，在测量谱上逐道计算相关系数，相关系数最大的地方就认为是峰位最有可能的位置，其中相关系数的计算式为：

$$R(\tau)=\frac{\sum_{i=0}^{N-1}(A_i-\overline{A})(B_{i+\tau}-\overline{B}_\tau)}{\sqrt{\sum_{i=0}^{N-1}(A_i-\overline{A})^2\sum_{i=0}^{N-1}(B_{i+\tau}-\overline{B}_\tau)^2}} \qquad (5\text{-}2\text{-}15)$$

式中：A_i 为特征能窗内第 i 道的计数；$B_{i+\tau}$ 为实际测量俘获伽马能谱的第 $i+\tau$ 道的计数；τ 为对比时现场记录的俘获伽马能谱移动的道址号；$\overline{A}$ 为特征能窗内 N 个对比道中的平均值；$\overline{B}_\tau$ 为现场记录的俘获伽马能谱自 τ 开始取 N 个对比道所求的平均值。

根据仪器刻度井数据，所选特征能段应包含待寻峰铁峰及其逃逸峰，利用砂岩和石灰岩刻度井数据组合成为标准谱能够使得能谱特征峰位更明显，更易于后续确定峰位。

2. 谱漂移校正

碳氧比能谱测井探测器尤其 BGO 晶体受温度影响大，随着温度增加，探测器将产生能道漂移，导致后续提取窗计数比存在较大误差，因此在窗计数提取之前必须进行谱漂移校正。大量的现场经验显示，能谱漂移中能量与道址的对应关系并不是线性关系，所以需要至少两种元素的特征峰来对谱漂移进行非线性校正。为了能反映整个计数能谱范围的漂移情况，用以标定的元素应尽量分别选在低能段和高能段。

设标准条件下能谱的道址和能量的对应关系为：

$$i=Z+E/G \qquad (5\text{-}2\text{-}16)$$

式中：i 为能量道址；E 为对应于 i 道的能量，MeV；Z 为零截；G 为增益。

当能谱发生漂移时，表示道址和能量的对应关系发生了变化，也就是 Z 和 G 发生了变化。假设 Z 和 G 的变化量分别为 ΔZ 和 ΔG，则道址 i 的变化量 Δi 为：

$$\Delta i=\Delta Z+\Delta(1/G)E=\Delta Z+(-\Delta G/G^2)E \qquad (5\text{-}2\text{-}17)$$

记 $g=-\dfrac{\Delta G}{G}$ 为增益变化的百分比，$z=\Delta Z$ 为零截的变化量，代入式（5-2-17）得：

$$\Delta i=\Delta Z+\frac{\Delta G}{G}Z-\frac{\Delta G}{G}i=z+gi-gZ \qquad (5\text{-}2\text{-}18)$$

则得到漂移后道址：

$$i'=i+\Delta i=(1+g)i+z-gZ \qquad (5\text{-}2\text{-}19)$$

下面确定谱漂移参数 g 和 z。

设 H 和 Fe 的俘获伽马射线能量的标准峰位为 X_{p1} 和 X_{p2}，漂移之后峰位为 X'_{p1} 和 X'_{p2}，则有：

$$\begin{cases} \Delta X_{p1} = X'_{p1} - X_{p1} \\ \Delta X_{p2} = X'_{p2} - X_{p2} \end{cases} \quad (5\text{-}2\text{-}20)$$

采用式（5-2-19）得：

$$\begin{cases} \Delta X_{p1} = z + gX_{p1} - gZ \\ \Delta X_{p2} = z + gX_{p2} - gZ \end{cases} \quad (5\text{-}2\text{-}21)$$

可以解出：

$$g = \frac{\Delta X_{p2} - \Delta X_{p1}}{X_{p2} - X_{p1}} \quad (5\text{-}2\text{-}22)$$

$$z = \frac{(X_{p2} - Z)\Delta X_{p1} - (X_{p1} - Z)\Delta X_{p2}}{X_{p2} - X_{p1}} \quad (5\text{-}2\text{-}23)$$

由标准谱和测量谱的特征峰确定了能谱漂移的参数 g 和 z 后，就可以用式（5-2-23）计算得到当前计算的测量谱在标准谱下的能量与道址对应关系。

3. 非弹净谱

在脉冲中子爆发时间记录的非弹能谱，不仅记录了快中子与地层原子核发生非弹性散射放出的非弹性散射伽马射线，而且也记录了同时发生的俘获辐射反应产生的伽马射线。由于脉冲中子源的连续工作，俘获辐射以及中子活化都对非弹能谱记录造成了很大的伽马本底。实际在非弹门测到的总谱是非弹性散射伽马能谱、俘获伽马能谱和本底谱的叠加，如图 5-2-12 所示。要从总谱中扣除俘获伽马能谱和本底谱，才能得到净非弹性散射伽马能谱；同样，在俘获门里测得的俘获伽马能谱也包含着本底谱的贡献，需要扣除本底的影响才能得到净俘获伽马能谱。在非弹门里无法实时测得俘获伽马能谱和本底谱，在俘获门里也不可能测得实时本底谱，且在俘获门里测得的俘获和本底谱，不可能与叠加在非弹性散射伽马能谱上的这两个谱完全一致。因此需要进行净谱才能获得只与快中子非弹性散射相关的净非弹性散射伽马能谱和只与热中子辐射俘获相关的净俘获伽马能谱。

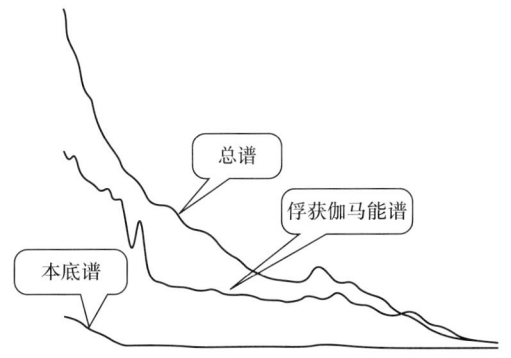

图 5-2-12　总谱、俘获伽马能谱和本底谱示意图

1）基于时间谱的净谱方法

通过伽马射线的对数衰减计算出脉冲区内的俘获组分，然后利用混合伽马能谱减去其中的俘获组分得到纯净的非弹伽马能谱。在多循环过程中，脉冲区测量的伽马能谱主要由纯净非弹伽马能谱和俘获伽马能谱两部分构成：

$$N_\gamma = \alpha N_{in\gamma} + \beta N_{cap\gamma} \quad (5\text{-}2\text{-}24)$$

式中：N_γ 为脉冲区测量的混合伽马能谱计数；$N_{in\gamma}$ 和 $N_{cap\gamma}$ 分别为脉冲区内的非弹性散射伽马

能谱和俘获伽马能谱组分；α 和 β 为混合谱中非弹性散射伽马和俘获伽马所占的比重。

在实际测量过程中，俘获伽马能谱可以通过脉冲发射停止后测量获得，故纯净非弹伽马能谱剥离的关键是求取脉冲区内俘获伽马所占的比重。测量的俘获伽马能谱随着时间由式（5-2-25）确定：

$$N_{\text{cap}}(t) = A_{\text{BH}}\exp(-(t-t_2)/\tau_{\text{BH}}) + A_{\text{F}}\exp(-(t-t_2)/\tau_{\text{F}}) \quad (5\text{-}2\text{-}25)$$

式中：A_{BH} 和 A_{F} 分别是与井眼、地层有关的常数；τ_{BH} 和 τ_{F} 分别为井眼和地层区介质的热中子寿命值。

式（5-2-25）的前半部分为井眼贡献，后半部分为地层贡献，如图 5-2-13 所示。分别计算脉冲区内井眼和地层的俘获伽马生成量，进而求取净谱系数。

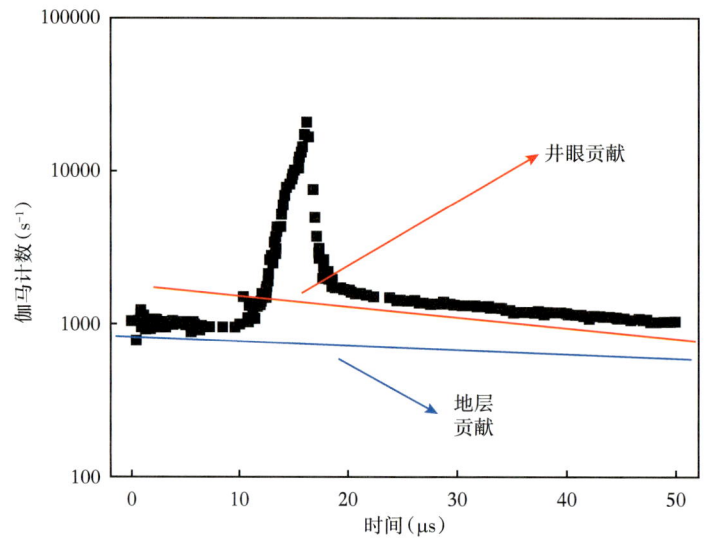

图 5-2-13 时间谱井眼和地层贡献示意图

2）减氢峰净谱

减氢峰净谱利用插值方法，通过复合梯形积分计算总峰面积计数与本底面积计数，进而得到氢峰面积，如图 5-2-14 所示。通过计算总谱及俘获伽马能谱中的氢峰面积，分别得到 H 峰本征谱和散射本底谱。

净谱系数 C 用下式来确定：

$$C = (S_{\text{HI}} - S_{\text{BKI}})/(S_{\text{HC}} - S_{\text{BKC}}) \quad (5\text{-}2\text{-}26)$$

式中：S_{HI} 为总谱中 H 峰总面积；S_{BKI} 为总谱中 H 峰本底总面积；S_{HC} 为俘获伽马能谱中 H 峰总面积；S_{BKC} 为俘获中 H 峰本底总面积。

要从俘获伽马能谱中扣除本底谱，从总谱中扣除俘获伽马能谱和本底谱，三个谱的峰位务必对齐。

四、碳氧比等参数确定

碳氧比能谱测井得到的中子非弹性散射伽马谱和俘获伽马谱都是由多种核素生成的

混合谱，解析就是从混合谱中将每种核素的贡献分离出来，方法和自然伽马能谱及元素伽马能谱处理类似，在此不再赘述。实际处理时，常根据探测器测量的能谱特点，不同元素选取相应的能量窗，利用窗计数率计算比值方法来获取地层参数。如采用C和O的窗伽马计数比及Si和Ca的窗伽马计数比来确定含油饱和度、识别岩性。

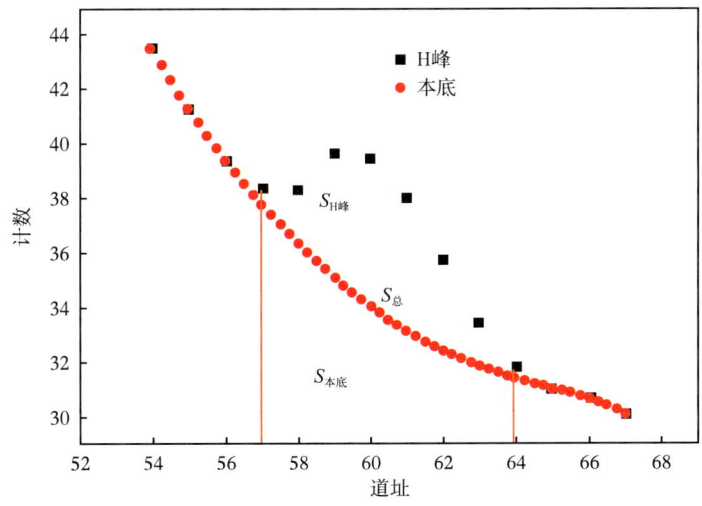

图 5-2-14　氢峰面积计算示意图

不论是对总谱还是能窗净计数，均可定义碳氧比和硅钙比分别为：

$$F_{\mathrm{C/O}} = \frac{Y_{\mathrm{C}}}{Y_{\mathrm{OX}}} \text{ 和 } F_{\mathrm{Si/Ca}} = \frac{Y_{\mathrm{Si}}}{Y_{\mathrm{Ca}}} \qquad (5\text{-}2\text{-}27)$$

而后再将这些比值与储层参数联系起来，以解决油田开发中的具体问题。

用同样的方法对俘获伽马谱进行解析，可获得 X_{H}、X_{Cl}、X_{Si}、X_{Ca}、X_{Fe}、X_{S} 和 X_{Ti} 等参数，它们都是相应元素的俘获辐射产额系数。

用上述方法对全谱进行解析，可充分利用已获取的信息，但会遇到两点困难：一是道计数率低，统计精度不高；二是元素的标准谱难以获得。如在原油中测得碳谱，但原油对伽马射线的散射和吸收与地层不同，同样钙和硅元素的标准谱也不易测定。若从总谱中选定几个特征道域（能窗），其积分计数率将会有较好的统计精度，再用矿物的标准谱代替元素的标准谱对仪器进行刻度，会更接近地层的实际。

五、碳氧比能谱测井的主要应用

碳氧比能谱测井在孔隙水的矿化度低、不稳定或未知的条件下，在套管井中测定地层的含油饱和度，特别是测定注水开发油层的剩余油饱和度。在其他条件相同的情况下，含油饱和度高时，单位体积地层中碳原子数较多而氧原子数较少，或者说碳氧原子数比值较高。单位体积中的前述每对元素原子数之比都有特定的地质意义，这是此研究方法的应用基础。

1. 确定含油饱和度

由式（5-2-3）和式（5-2-14）可知，在均匀介质中，碳和氧元素非弹性散射伽马射线净计数率或产额为：

$$Y_C = n_C \sigma_C \sum_{i=1}^{m} a_{iC} = A_C n_C \qquad (5\text{-}2\text{-}28)$$

$$Y_O = n_O \sigma_O \sum_{i=1}^{m} a_{iO} = A_O n_O \qquad (5\text{-}2\text{-}29)$$

其比值为：

$$F_{C/O} = \frac{Y_C}{Y_O} = \frac{A_C n_C}{A_O n_O} \qquad (5\text{-}2\text{-}30)$$

式中：A_C、A_O 为系数，反映两种元素的核反应截面、伽马射线衰减及计数效率的比值。

1）双探测器组合确定含油饱和度

设在井眼条件下有：

$$N_C = n_{C1} + n_{C2} + n_{C3} \qquad (5\text{-}2\text{-}31)$$

$$N_O = n_{O1} + n_{O2} + n_{O3} \qquad (5\text{-}2\text{-}32)$$

式中：n_{C1}、n_{C2} 为单位体积岩石中骨架和孔隙流体中的碳原子数；n_{O1}、n_{O2} 为单位体积岩石中骨架和孔隙流体中的氧原子数；n_{C3}、n_{O3} 为井内流体对碳和氧测量结果的影响。

显然，式（5-2-31）和式（5-2-32）中的量分别与岩石中骨架、油和水的相对体积以及井液中的持油率或持水率成正比，故式（5-2-30）可写为：

$$F_{C/O} = \frac{K_{C1}(1-\phi) + K_{C2}\phi(1-S_w) + K_{C3}(1-Y_w)}{K_{O1}(1-\phi) + K_{O2}\phi S_w + K_{O3} Y_w} \qquad (5\text{-}2\text{-}33)$$

式中：K_{C1}、K_{C2} 为对岩石骨架和对油中碳的灵敏度，即单位体积相应物质的非弹性散射伽马产额；K_{O1}、K_{O2} 为对岩石骨架和对孔隙水中的氧的灵敏度；Y_w 为井液持水率；K_{C3}、K_{O3} 为对井眼中持油或持水率的灵敏度。

在岩性和孔隙度已知的情况下，对双探测器仪器，可利用长、短源距探测器探测范围的差别同时求得 S_o 或 $\phi \times S_o$ 和 Y_w 并补偿井液的影响。长、短源距探测器的产额比方程分别为：

$$F_{C/O}^f = \frac{K_{C1}^f(1-\phi) + K_{C2}^f\phi(1-S_w) + K_{C3}^f(1-Y_w)}{K_{O1}^f(1-\phi) + K_{O2}^f\phi S_w + K_{O3}^f Y_w} \qquad (5\text{-}2\text{-}34)$$

$$F_{C/O}^n = \frac{K_{C1}^n(1-\phi) + K_{C2}^n\phi(1-S_w) + K_{C3}^n(1-Y_w)}{K_{O1}^n(1-\phi) + K_{O2}^n\phi S_w + K_{O3}^n Y_w} \qquad (5\text{-}2\text{-}35)$$

联立式（5-2-34）和式（5-2-35）并求解可确定两个未知数。

2）油水线法确定含油饱和度

可利用碳氧原子比与含油饱和度的关系直接确定含油饱和度。碳窗计数包含碳的特征峰计数和氧非弹伽马在碳窗中的康普顿散射计数：

$$N_C = N_{CC} + N_{CO} \qquad (5\text{-}2\text{-}36)$$

式中：N_{CC} 为碳元素在碳窗的计数；N_{CO} 为氧元素在碳窗的计数。

窗计数比为：

$$\frac{N_C}{N_O} = \frac{N_{CO} + N_{CC}}{N_O} = \frac{N_{CO}}{N_O} + \frac{N_{CC}}{N_O} = A + B\frac{n_C}{n_O} \quad (5-2-37)$$

式中：N_O 为氧元素在氧能窗中的计数；A 为碳窗对氧窗的康峰比；B 为与反应截面和计数效率有关的系数；n_C/n_O 为碳氧原子数比。

可以看出，式（5-2-37）与式（5-2-9）、式（5-2-14）有内在联系，其图形应与图 5-2-1 和图 5-2-2 有相同特征，即构成"扇形图"。

单探测器"扇形图"简洁明了地反映出碳氧比能谱测井响应的基本特点。碳氧比可以指碳氧窗计数比、总谱解析得到的碳氧谱总计数比、碳氧原子数比或碳氧伽马产额比，这些比值与地层参数、井眼参数的基本关系是相同的。图 5-2-15 是一幅简化的示意"扇形图"，纵坐标是碳氧比，横坐标是孔隙度，油线和水线分别代表含油饱和度为 100% 和含水饱和度为 100% 的扇形边界线，而孔隙度为零时的碳氧比是两线的公共起点，它包括骨架参数和井眼持率的贡献。

对指定孔隙度两线之间的比值差为 ΔC/O，记为 Δ，而 x 是测量点到水线的距离，则含油饱和度为：

$$S_o = 1 - S_w = \frac{x}{\Delta} \quad (5-2-38)$$

饱和度（S_w，S_o）中的标准偏差为：

$$\sigma_{S_w}^2 = \left(\frac{\sigma}{\Delta}\right)^2 \quad (5-2-39)$$

水线是计算 x 和 Δ 的起始点，而图 5-2-15 中水线是倾斜曲线，很不方便。若将水线上的数据点坐标上移，都落到纵坐标为始点碳氧比的水平线上，而 x 和 Δ 保持不变，如图 5-2-16 所示，这样水线就转换成直线，油线和测量点的碳氧比也相应上移。变换过的数据称为经过孔隙度校正的碳氧比、硅钙比（或钙硅比）。

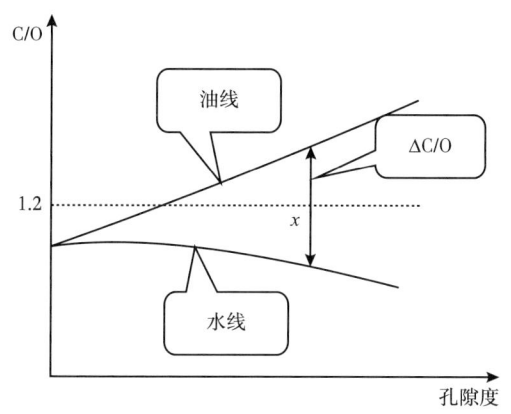

图 5-2-15　C/O 扇形图

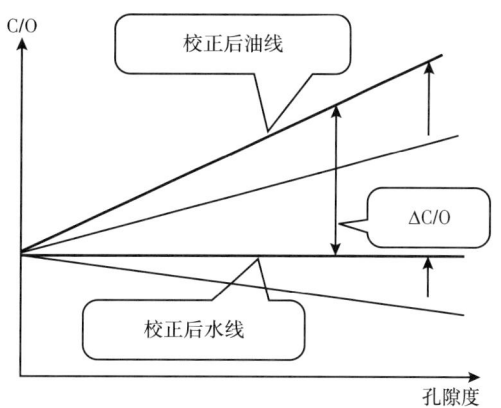

图 5-2-16　孔隙度校正的 C/O 扇形图

水线、油线和扇形图始点碳氧比，都与地层的岩性、完井结构和井眼流体持率有关，而油线还与原油密度有关。在给定地层和井眼条件下，生成特定的扇形图，已知或测出有效孔隙度，就可确定 Δ；再由测到的碳氧比求出 x，用式（5-2-38）则可求出饱和度。可见，生成扇形图是碳氧比测井解释的关键技术。

3）C/O-Si/Ca 或 C/O-Ca/Si 交会图求含油饱和度

以扇形图为基础的单探测器碳氧比测井解释方法中，直观易行的是 C/O 和 Si/Ca 或 Ca/Si 交会图法，称为模型刻度法。此法以大量实验数据为基础，采用数据库技术按具体条件生成扇形图求解饱和度。扇形图中的油线和水线分别用式（5-2-40）和式（5-2-41）进行拟合。

油线：

$$C/O_{oil} = a\phi + b\phi^2 + c \tag{5-2-40}$$

水线：

$$C/O_{water} = d\phi + e\phi^2 + f \tag{5-2-41}$$

式中：常数 a、b、c、d、e、f 都与井眼和地层参数相关。

利用数据库技术建立动态模型发生器，可在不同井眼流体持率、井眼尺寸（裸眼井）、完井方式、孔隙度、岩性、原油密度、水泥环厚度、水泥环组成等不同条件下，生成实用的扇形图。选定井眼尺寸、持率、烃密度、岩性和地层孔隙度各个参数，即可给出水线碳氧比和 ΔC/O 计算地层含油饱和度的公式为：

$$S_o = \frac{C/O_c - C/O_{min}(D,H,\phi,L)}{\Delta C/O(D,H,\phi,L)} \tag{5-2-42}$$

$$\Delta C/O = C/O_{max} - C/O_{min} \tag{5-2-43}$$

式中：S_o 为地层含油饱和度；C/O_c 为经过孔隙度校正的 C/O；C/O_{min} 为 C/O 的最小值（水线碳氧比），是井眼或套管直径（D）、井眼持率（H）、地层孔隙度（L）和岩性（L）的函数；C/O_{max} 为 C/O 最大值（含油饱和度为 100%）。

地层的碳氧比主要反映含油饱和度，所以也可称为碳氧比能谱测井的含油饱和度响应，简称为饱和度响应或含油饱和度指数。

2. 利用比值判断岩性、孔隙度、泥质和矿化度

1）岩性指数

利用非弹钙硅比、俘获硅钙比、窗计数比和产额比都可区分砂岩和石灰岩，而用式（5-2-44）表示的比值称为岩性指数：

$$F_{lith} = \frac{硅产额}{钙产额 + 硅产额} = \frac{Y_{Si}}{Y_{Ca} + Y_{Si}} \tag{5-2-44}$$

纯碳酸盐岩岩性指数近于 0；纯砂岩岩性指数近于 1。但因受套管外水泥环的影响，即使是纯砂岩，测出的岩性指数也小于 1。用钙硅非弹伽马产额或硅钙俘获伽马产额比

都能指示岩性。前者统计精度较差，但几乎不受地层水矿化度的影响；后者统计精度较高，但当地层水矿化度高时受氯的影响大。

2）孔隙度指数

俘获氢钙或氢硅原子比、伽马产额比和窗计数比都与孔隙度相关。孔隙度指数是指：

$$F_\phi = \frac{氢产额}{钙产额+硅产额} = \frac{Y_H}{Y_{Ca}+Y_{Si}} \quad (5-2-45)$$

式中各个元素的产额是由俘获伽马谱求出的。孔隙度指数可定性指示孔隙度的大小。

3）泥质指数

$$F_{sh} = \frac{铁产额}{钙产额+硅产额} = \frac{Y_{Fe}}{Y_{Ca}+Y_{Si}} \quad (5-2-46)$$

式中各个元素的产额是由俘获伽马谱求出的。

在裸眼井中，泥质指数从零到大于 1；而对套管井，该指数可达 1.5~2.5。

4）矿化度指数

$$F_{sal} = \frac{氯产额}{氢产额} = \frac{Y_{Cl}}{Y_H} \quad (5-2-47)$$

在有利条件下，俘获伽马产额比可定性指示地层水矿化度。

不论是总谱处理还是窗计数处理，推出的两种元素特征道域净计数率比（产额比）、产额系数比、原子数密度比或其他组合，都没有实质上的差别，关键在于将这些测量或导出的物理量与储层的流体饱和度建立起正确的关系。

3. 应用实例

图 5-2-17 是一个油组 RPM 碳氧比模式测井处理解释成果图，测量井段 1296~1360m。从第 2 道可知，1325.7~1331.6m 井段的 C/O 值高，第 5 道 1325.7~1331.6m 碳氧比计算出的当前剩余油饱和度 S_{or} 与原始含油饱和度 S_o 接近，说明该井段仍为油层；1331.6m 以下 C/O 值较上部低，其中 1331.6~1335.5m 井段 C/O 值相对下部地层的 C/O 值高，剩余油饱和度约 20%，远远低于原始含油饱和度（约 80%），显示为残余油。由此判定当前的油水界面在 1331.6m，较原始油水界面（1375.3m）上升了 43.5m（斜深），油水界面实际上升了 21.8m。

图 5-2-18 是某井的元素产额曲线图，该井钻遇地层为石灰岩地层，深度点 A—B 为油层，B 以下为水层，裸眼完井，井径为 16cm，井中充原油，井眼内油水界面在深度点 D 处。从 X_C、X_O、X_{Cl} 和 X_H 四条曲线上，都能将这两个界面分出来；钙的非弹和俘获伽马产额 X_{Ca} 均与零线接近，而非弹钙产额高，正确地指示出岩性为石灰岩；受地层和井筒中氯的影响，C—D 和 D 以下井段 X_{Cl} 升高，X_H 和钙俘获产额 X_{Ca} 降低；铁的非弹和俘获产额都近于零。对元素产额曲线的变化特点有深刻理解之后，对各种比值曲线和由比值导出的饱和度曲线的变化规律和解释方法也就不难理解了。

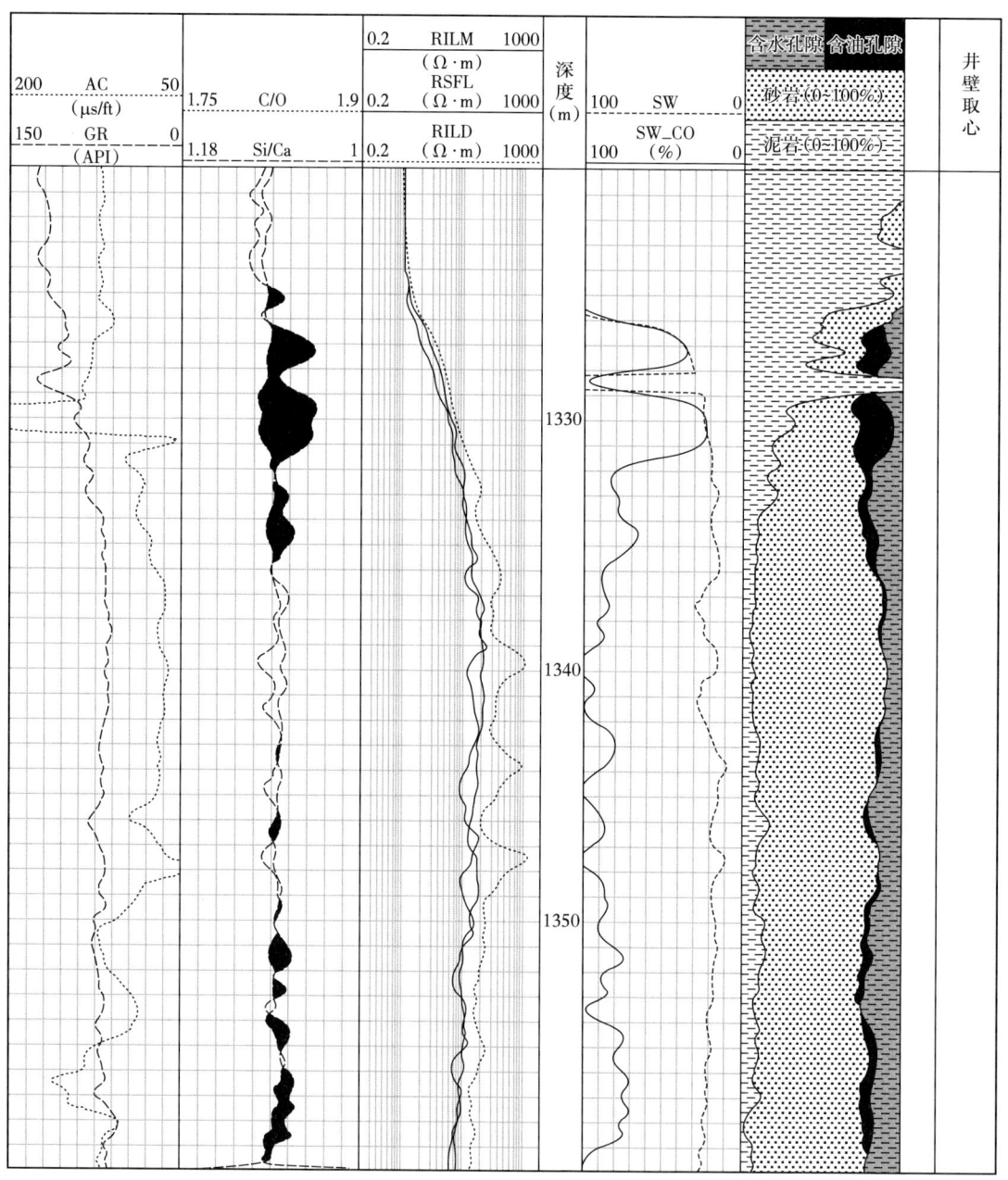

图 5-2-17 RPM 碳氧比模式测井处理解释成果图

若用 S_{o1} 和 S_{o2} 分别表示在裸眼井用电测井确定的原始含油饱和度和用碳氧比测井测出的剩余油饱和度，比较这两条曲线就可观察到原油采出的程度和油水界面的变化。

在解释碳氧比能谱测井时，应注意环境影响。仪器的源距不同，井眼和地层条件不同，探测深度也不尽相同，但一般不超过 30cm。国内外模型实验都证明了这一点。若水侵入油层深度超过 20cm，用碳氧比已很难将油层和水层区别开。在裸眼井中，侵入带一般都超过这一范围，故得不到可靠的资料；已射孔的套管井，除侵入影响外还有套管和水泥环的影响，情况更为复杂；对未射孔的套管井，为使侵入带消失，需要等适当的时间，此时井眼中流体的类型仍直接影响测得的碳氧比值，而水泥环对碳氧比及硅钙比都有影响。

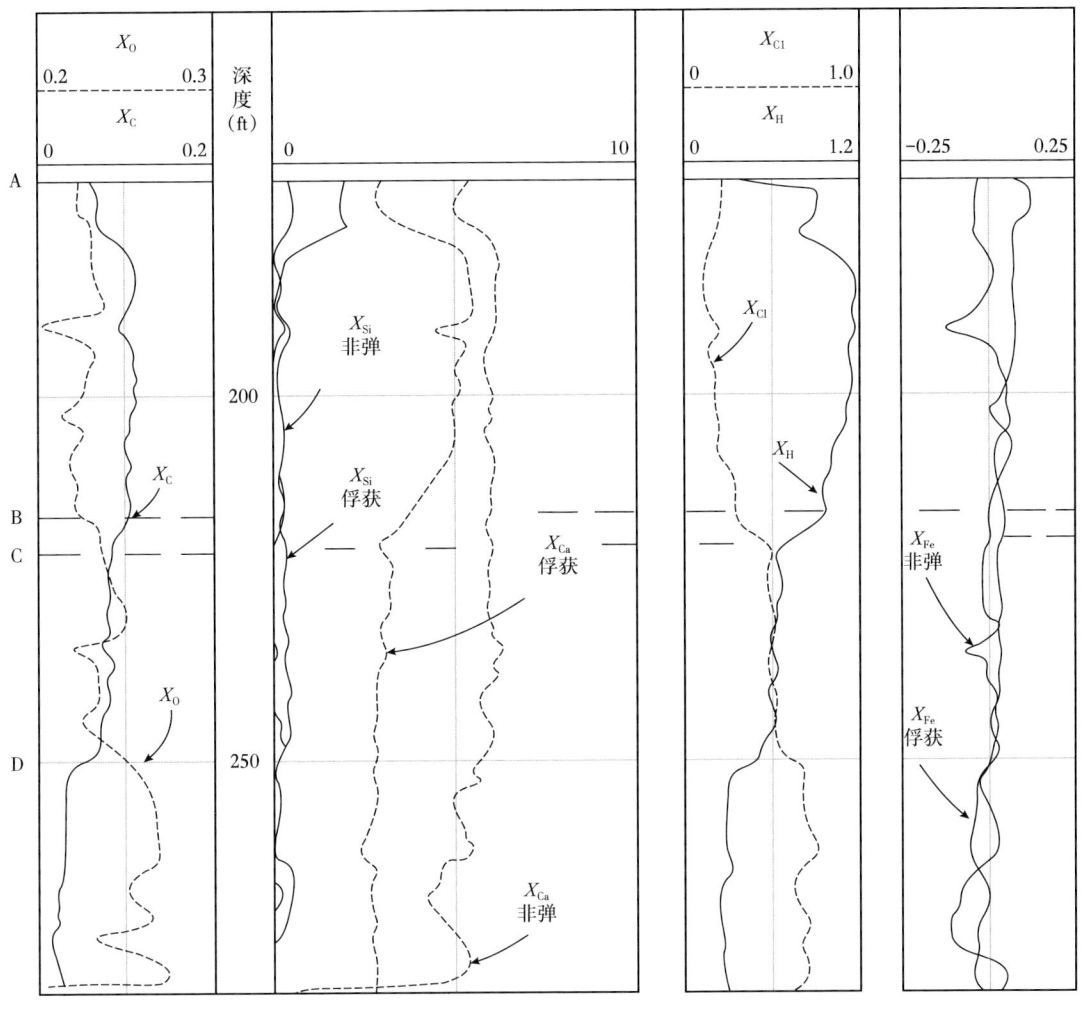

图 5-2-18　元素产额曲线图

第三节　中子寿命测井

热中子寿命测井（Neutron Lifetime Log）又称热中子衰减时间测井（Thermal Decay Time Log），是最早投入市场的一种脉冲测井方法。测井时，用脉冲中子源向地层发射能量为 14MeV 的中子，然后用一个源距或两个源距的伽马射线探测器测量经地层慢化而又返回测井眼内的热中子或俘获伽马射线，根据计数率随时间的衰减，算出地层的热中子宏观俘获截面 Σ。当岩石骨架中不包含热中子俘获截面大的矿物，地层水矿化度高且稳定时，利用这一测井方法，可在裸眼井特别是套管井中求出地层的含水饱和度。它是在套管井中代替电阻率测井，用来区分油气和研究开发动态的一种常规测井方法。

一、介质的热中子宏观俘获截面

中子寿命测井利用脉冲中子源产生的中子与地层介质作用来测量热中子俘获截面。每种元素都有特定的热中子俘获截面，因此，在不同井眼和地层条件下都有其特定的热中子俘获截面，且不同的地层流体俘获截面差异很大，中子寿命测井正是利用这一点来评价含油饱和度。

1. 宏观俘获截面及单位

前面中子在地层的慢化和扩散过程部分已经讨论了岩石的宏观截面，包括宏观散射截面和宏观俘获截面。为了更好了解不同地层介质的热中子俘获特性与地层参数的关系，现在再对岩石的热中子宏观俘获截面和寿命进行具体讨论。

1）宏观俘获截面与热中子寿命

单一化合物的宏观俘获截面 Σ 可用下式计算：

$$\Sigma = N_A \frac{\rho}{M} \Sigma n_i \sigma_i \quad (5\text{-}3\text{-}1)$$

式中：Σ 为宏观俘获截面，cm^{-1}；N_A 为阿伏加德罗常数，其值为 $6.02486 \times 10^{23} mol^{-1}$；$\rho$ 为密度，g/cm^3；n_i 为化合物分子中第 i 种原子的个数；σ_i 为第 i 种原子核的微观俘获截面，$10^{-24} cm^2$；M 为分子的摩尔质量，g/mol。

表 5-3-1 给出一些常见元素原子核的热中子微观俘获截面。显然，地层中 C 和 O 元素原子核不易发生热中子俘获反应，而 Cl、Fe、K 和 H 元素原子核热中子俘获截面较强，Gd、B、Cd 和 Sm 俘获热中子能力非常强，常用作示踪元素或者吸收热中子的屏蔽材料。

表 5-3-1 常见元素的微观俘获截面

元素	相对原子质量	$\sigma(b)$	元素	相对原子质量	$\sigma(b)$
Gd	157	49000	Cs	133	29.0
B	10.8	759	K	39.1	2.10
Sm	150	5800	Fe	55.9	2.55
Eu	152	4600	Na	23.0	0.53
Cd	112	2450	S	32.1	0.52
Li	6.94	70.7	Ca	40.1	0.43
Dy	163	930	Al	27.0	0.23
Ir	192	426	Si	28.1	0.16
Cl	35.45	33.2	Mg	24.3	0.063
Ag	108	63.6	C	12.0	0.0034
H	1.008	0.332	O	16.0	0.00027

对测井常遇的大多数天然化合物来说，式（5-3-1）中宏观俘获截面选用的单位太大。核测井中定义一个宏观俘获截面的基本单位为 $10^{-3} cm^{-1}$，称为俘获单位并记作 cu 或 su，此时式（5-3-1）可改写为：

$$\Sigma = \rho \frac{602}{M} \Sigma n_i \sigma_i \quad (5\text{-}3\text{-}2)$$

从核物理手册中查得 σ_i 的值，用式（5-3-2）则可算出 Σ。例如，淡水分子式为 H_2O，则 Σ_w=22.1cu，石英（SiO_2）的宏观俘获截面为 Σ_{SiO_2}=4.25cu。

热中子寿命 τ 是指热中子从产生的瞬时起到被俘获的时刻止所经过的平均时间。由计算可知，它等于热中子已有63.2%被俘获而剩下的还有原来热中子数的36.8%所经过的时间。热中子寿命 τ 与宏观俘获截面 Σ 有下述关系：

$$\tau = \frac{1}{v\Sigma} \tag{5-3-3}$$

式中：τ 为热中子寿命，μs；Σ 为宏观俘获截面，cm^{-1}；v 为热中子速度，cm/s。

热中子速度与地层的绝对温度 T 有如下关系：

$$v = 1.28 \times 10^4 \sqrt{T} \tag{5-3-4}$$

式中：T 为温度，K。

T 与摄氏温度 t 的关系为 T=273.15+t。当温度为25℃时，热中子速度为 2.2×10^5 cm/s。

考虑到岩石中热中子寿命的数值范围，τ 的单位选微秒（μs），Σ 的单位取 $10^{-3}cm^{-1}$ 时，则有：

$$\tau = \frac{4545}{\Sigma} \tag{5-3-5}$$

用式（5-3-5）和前面得到的淡水和石英的 Σ 值，可计算出它们的热中子寿命分别为205μs 和 1070μs。

2）常见矿物的宏观俘获截面

常见矿物的 Σ 和 τ 值见表5-3-2。

表5-3-2 常见矿物的 Σ 和 τ 值

矿物	分子式	Σ（cu）	τ（μs）	矿物	分子式	Σ（cu）	τ（μs）
石英	SiO_2	4.25	1070	褐煤	—	30	152
方解石	$CaCO_3$	7.3	623	烟煤		35	130
白云石	$CaMg(CO_3)_2$	4.8	948	无烟煤	—	22	207
淡水	H_2O	22.1	205	铁	Fe	220	21
地层水（NaCl 100g/L）	H_2O+NaCl	58	78.5	针铁矿	FeO(OH)	89	51
地层水（NaCl 250g/L）		123	37	赤铁矿	Fe_2O_3	104	44
钠长石	$NaAlSi_3O_8$	7.6	599	磁铁矿	Fe_3O_4	107	43
钙长石	$CaAl_2Si_2O_8$	7.4	615	褐铁矿	$FeO(OH) \cdot 3H_2O$	80	57
钾长石	$KAlSi_3O_8$	15	303	黄铁矿	FeS_2	90	51
硬石膏	$CaSO_4$	13	350	菱铁矿	$FeCO_3$	52	58
石膏	$CaSO_4 \cdot 2H_2O$	19	240	海绿石	—	25±5	152~228
岩盐	NaCl	770	6	绿泥石	—	25±10	114~455
钾盐	KCl	580	8	黑云母	—	35±10	101~182
光卤石	$KCl \cdot MgCl_2 \cdot 6H_2O$	370	12	软锰矿	MnO_2	440	10
硼砂	$Na_2B_4O_7 \cdot 10H_2O$	9000	0.5	水锰矿	MnO(OH)	400	11
贫水硼砂	$Na_2B_4O_7 \cdot 4H_2O$	10500	0.4	朱砂	HgS	7800	0.6

从表 5-3-2 中可以看出:(1)储油岩石的主要骨架矿物,如石英、方解石、白云石的热中子宏观俘获截面 Σ 都很小,而热中子寿命都很长;(2)由于氯原子的热中子俘获截面为 $31.6 \times 10^{-24} cm^2$,比硅、钙、镁、氢、氧等高一到几个数量级,所以岩盐和高矿化度地层水的热中子宏观俘获截面 Σ 很大,热中子寿命都很短,在一般情况下,Σ 增大主要反映岩石含氯量增高;(3)孔隙流体的热中子俘获截面比大部分骨架矿物大很多,所以 Σ 将受到孔隙度的影响;(4)矿物中含硼、汞和钆等元素时,热中子宏观俘获截面特别大,在岩石骨架或孔隙流体中,微量的硼、汞、钆就能使 Σ 明显增大,尤其是钆应给以特别关注,质量相同的钆热中子俘获截面是淡水的 8456 倍,而其光子产额是淡水的 25368 倍。

岩石通常不是由纯矿物组成的,而是含有某些杂质,这些杂质使岩石骨架的热中子宏观俘获截面比表 5-3-2 中的矿物要大。表 5-3-3 中列出几种岩石骨架 Σ 值的范围。

表 5-3-3 骨架参数 Σ_{ma}

岩石	常见 Σ_{ma} 值范围(cu)	曾经观测到的 Σ_{ma} 值范围(cu)
砂岩	8~13	5~19
石灰岩	8~10	8~12
白云岩	8~12	8~12
岩浆岩	15~18.6	—
页岩	25.2~66.2	—

3)孔隙流体的宏观俘获截面

孔隙流体包括地层水、原油和天然气,它们的物理性质差别很大。

(1)地层水。纯水在常温下 Σ=22.1cu,但地层水中总是含有氯,有时还有硼、锂或其他强中子吸收剂。若计算出将各种离子浓度转换为俘获截面与其相等的氯化钠等效浓度的转换系数,就可将含有多种离子的地层水转换为截面相等的等效氯化钠质量浓度,或称总矿化度。表 5-3-4 给出每微克离子和氯化钠的宏观俘获截面及各种离子浓度转换成等效氯化钠质量浓度的转换系数。

表 5-3-4 中子截面等效氯化钠质量浓度转换系数

溶质	截面(cu)	转换系数	溶质	截面(cu)	转换系数
NaCl	3.343×10^{-4}	1	B^{3+}	416×10^{-4}	124
Mg^{2+}	—	0.004	Cl^-	5.4×10^{-4}	1.62
K^+	—	0.050	Li^+	60.9×10^{-4}	18.2
Ca^{2+}	—	0.020	Gd^{3+}	1868.8×10^{-4}	558
S^{2-}	—	0.028	Cd^{2+}	—	23.7
I^-	—	0.094	Br^-	—	0.14
CO_3^{2-}	—	忽略不计	HCO_3^-	—	0.01
SO_4^{2-}	—	0.01	Na^+	0.128×10^{-4}	—

地层水的等效 NaCl 浓度与热中子宏观俘获截面 Σ_w 的关系近似为:

$$\Sigma_w = 22.1 + 0.34C \tag{5-3-6}$$

式中：C 为溶质的浓度，10^3mg/L。通常 Σ_w 为 22.1~120cu。

（2）原油。热中子宏观俘获截面 Σ_h 与气油比有关，脱气原油的宏观俘获截面平均为 22cu，原油中溶解气越多，Σ_h 越小。通常 Σ_h 在 18~22cu，但有些重质油可大于 22cu。气油比和 Σ_h 的关系如图 5-3-1 所示。

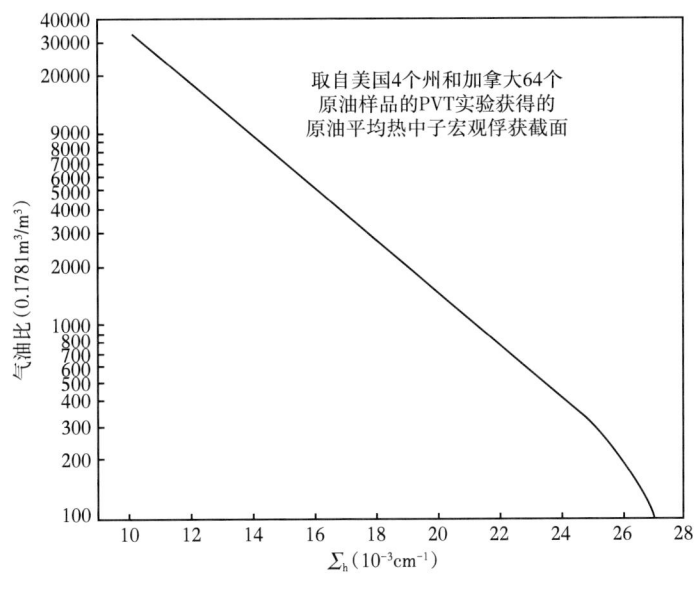

图 5-3-1　气油比与 Σ_h 的关系

（3）天然气。热中子宏观俘获截面 Σ_g 与它的组分、地层压力和温度有关。若天然气为纯甲烷气（干气），它的宏观俘获截面 Σ_m 可根据地层压力和温度用图 5-3-2 求得。天然气的宏观俘获截面一般为 0~12cu。若天然气为湿气（甲烷和其他轻烃的混合物），则还需知道它的相对密度（空气相对密度为 1）或凝析油的含量。先用图 5-3-2 求出甲烷的宏观俘获截面 Σ_m，再分别用图 5-3-3 或图 5-3-4 将它校正到 Σ_h。用相对密度求湿气的宏观俘获截面 Σ_h 的近似公式为：

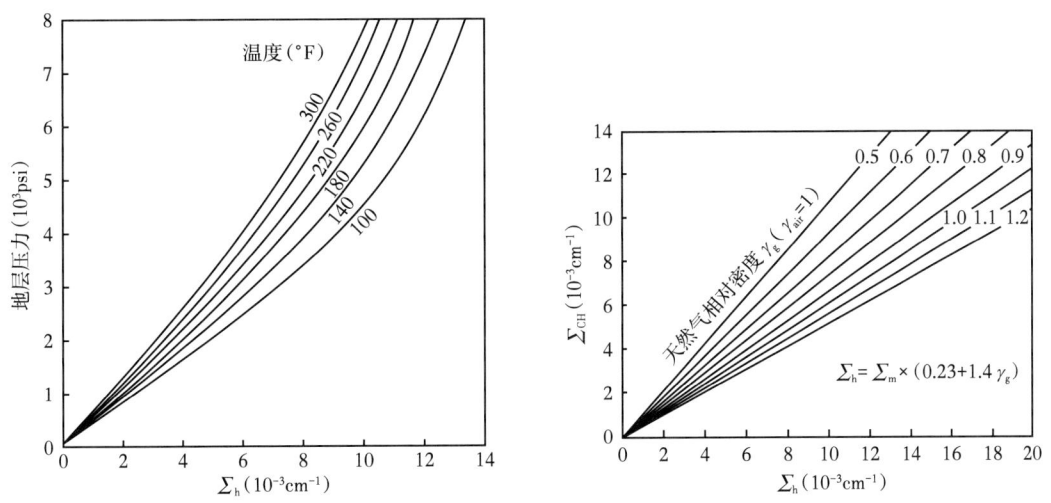

图 5-3-2　甲烷宏观俘获截面与压力和温度的关系　　图 5-3-3　已知湿气的相对密度求宏观俘获截面 Σ_h

$$\Sigma_\text{h} = \Sigma_\text{m} \times \left(0.23 + 1.4\gamma_\text{g}\right) \quad (5\text{-}3\text{-}7)$$

式中：γ_g 为天然气的相对密度（空气的相对密度 $\gamma_\text{air}=1$）。

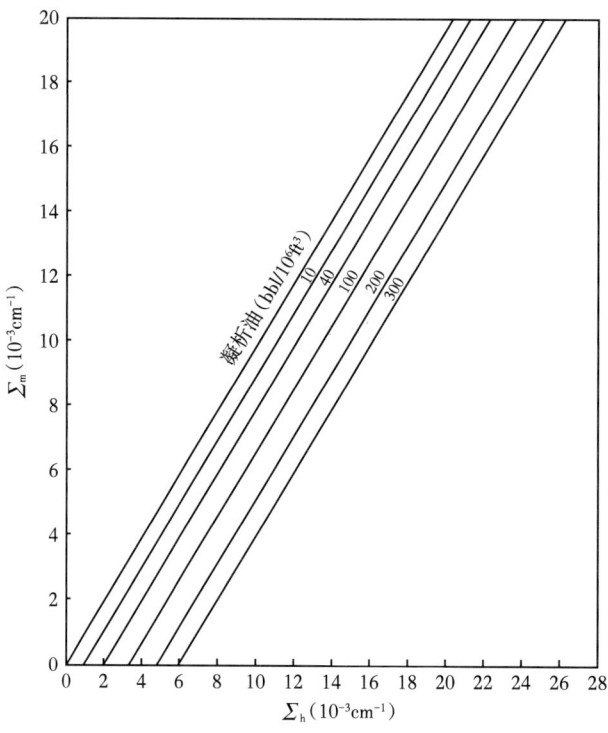

图 5-3-4　用凝析油含量求湿气的宏观俘获截面 Σ_m

4）混合流体的宏观俘获截面

单位体积中各种组分宏观截面与相对体积乘积的总和为混合流体的宏观俘获截面，计算公式为：

$$\Sigma_\text{f} = \Sigma_\text{w}\phi\left(1 - S_\text{o} - S_\text{g}\right) + \Sigma_\text{o}\phi S_\text{o} + \Sigma_\text{g}\phi S_\text{g} \quad (5\text{-}3\text{-}8)$$

式中：$\phi(1-S_\text{o}-S_\text{g})$、$\phi S_\text{o}$ 和 ϕS_g 分别为水、油和气的相对体积。

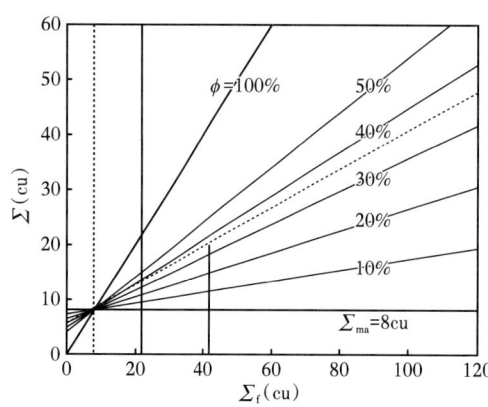

图 5-3-5　地层 Σ 与流体 Σ_f 的关系

如图 5-3-5 所示，地层骨架宏观截面 $\Sigma_\text{ma}=8\text{cu}$ 的直线以混合流体与骨架宏观截面相等的一点为界，在左下角，孔隙度越大，地层 Σ 越小，是气层尤其是低压气层的响应特征；在右上角，孔隙度越大，地层 Σ 越大。若为含矿化水的油层，则越靠近 22cu 的直线含油饱和度越高；若为纯水层，则越靠近 22cu 的直线地层水矿化度越低。设 $\Sigma_\text{ma}=8\text{cu}$，$\Sigma_\text{o}=22\text{cu}$，$\Sigma_\text{w}=70\text{cu}$，含油饱和度为 60%，则有 $\Sigma_\text{f}=22\text{cu}\times0.6+70\text{cu}\times0.4=41.2\text{cu}$。若孔隙度为 35%，地层 $\Sigma=8\text{cu}\times0.65+41.2\text{cu}\times0.35=19.62\text{cu}$。

由此可以定性判断：$13cu \leqslant \Sigma \leqslant 20cu$ 的地层是油层。

5）泥质的宏观俘获截面

黏土岩的宏观俘获截面主要是硼的贡献，其次是氯、氢、铝、硅、钾、铁和钆等元素的贡献。黏土岩和储层中的泥质宏观俘获截面 Σ_{sh} 变化范围为 25~66cu，但常见范围为 35~55cu。

现将前面讨论过的几种物质的热中子宏观俘获截面的典型数值列于表 5-3-5。

表 5-3-5 热中子宏观俘获截面的典型数值

物质	宏观俘获截面典型值（cu）	物质	宏观俘获截面典型值（cu）
泥质	35~55	地层水	22~120
砂岩骨架	8~12	天然气	0~12
淡水	22.1	原油	18~22

综上所述，常见矿物、孔隙流体和黏土矿物等的宏观俘获截面存在比较大的差异，图 5-3-6 给出了相应宏观俘获截面的范围，为后续利用中子寿命测井确定含油饱和度奠定基础。

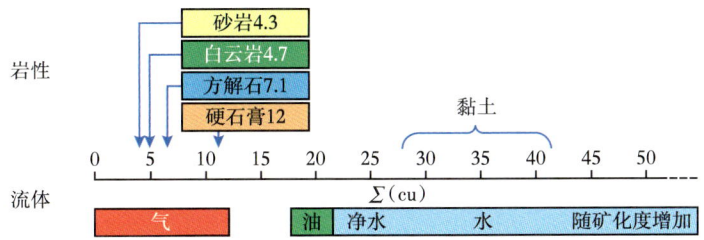

图 5-3-6 常见矿物和流体的宏观俘获截面

2. 地层的热中子宏观俘获截面

纯岩石的热中子宏观俘获截面为：

$$\Sigma = \Sigma_{ma}(1-\phi) + \Sigma_w \phi + \Sigma_h \phi (1-S_w) \quad (5-3-9)$$

式中：Σ_{ma}、Σ_w、Σ_h 为岩石骨架、地层水和烃的热中子宏观俘获截面。

当地层含有泥质时，式（5-3-9）变成：

$$\Sigma = \Sigma_{ma}(1-\phi-V_{sh}) + \Sigma_w S_w \phi + \Sigma_h (1-S_w)\phi + \Sigma_{sh} V_{sh} \quad (5-3-10)$$

式中：V_{sh}、Σ_{sh} 为泥质的相对体积和热中子宏观俘获截面。

讨论：（1）高矿化度地层水热中子宏观俘获截面比石英、白云石和方解石等孔隙性岩石骨架矿物大一个数量级，是淡水或原油截面的 2~5 倍，因而一般储层的宏观俘获截面主要取决于高矿化度地层水的相对体积。

（2）高矿化度地层水的热中子宏观俘获截面和寿命与原油有明显区别，因而用中子寿命测井可测定含水饱和度。

（3）天然气的热中子宏观俘获截面很小，利用寿命测井可识别气层。

（4）硼和钆的热中子俘获截面非常大，岩石骨架或孔隙流体中若含硼或钆对中子寿命测井有严重影响。若将含硼或钆的水溶液注入或渗入地层，根据Σ的变化可研究地层的吸水能力、可动流体相对体积、剩余或残余油饱和度。

（5）地层骨架矿物俘获截面与孔隙流体有明显区别，中子寿命测井将对孔隙度敏感。

（6）黏土矿物的俘获截面大，泥质含量对中子寿命测井有较大影响。

二、热中子扩散与测井原理

1. 热中子扩散方程

测量热中子宏观俘获截面和寿命的基础，是热中子密度在地层中的时间和空间分布规律。脉冲中子源产生的快中子经过地层快速慢化变成热中子，然后会被原子核俘获，随着时间的推移，热中子密度降低，且降低的快慢取决于地层对热中子的俘获能力。热中子通量在靠近中子源的地方最大，并且随着源距的增加而减小。确实，中子在扩散过程中，当区域内中子通量很高时，碰撞的概率也会增加。结果中子会更频繁地碰撞分散到密度较低的区域，使得中子从高通量区域向低通量区域移动。发生扩散的速率取决于扩散系数和中子通量的梯度。

1）热中子密度分布

在任意观察点，由于中子的扩散和俘获，原来位置的热中子密度会减少，且扩散过程会影响原始地层对热中子俘获对着时间衰减的变化规律，因此用动态条件下的扩散方程描述中子数量守恒定律。热中子密度扩散方程可写为：

$$\frac{1}{v}\frac{\mathrm{d}\Phi}{\mathrm{d}t}=S\delta(0,0)+D\nabla^2\Phi-\Sigma\Phi \quad (5\text{-}3\text{-}11)$$

式中：Φ为中子通量；v为中子平均速度；D为中子的扩散系数；Σ为宏观俘获截面；S为中子源强。

函数$\delta(0,0)$只有在空间坐标和时间都是0时才等于1，这意味着假定脉冲中子源在坐标原点且只有当$t=0$时才产生中子。

若用双组扩散法处理，则有：

$$\frac{1}{v_1}\frac{\mathrm{d}\Phi_1}{\mathrm{d}t}=S\delta(0,0)+D_1\nabla^2\Phi_1-\Sigma_1\Phi_1 \quad (5\text{-}3\text{-}12)$$

$$\frac{1}{v_2}\frac{\mathrm{d}\Phi_2}{\mathrm{d}t}=\Sigma_{1\text{-}2}\Phi_1+D_2\nabla^2\Phi_2-\Sigma_2\Phi_2 \quad (5\text{-}3\text{-}13)$$

式中：角码1、2为相应参数所属的组别，1为快组中子，2为慢组中子；$\Sigma_{1\text{-}2}$为由快组转移到慢组中子的截面，$\Sigma_{1\text{-}2}\leqslant\Sigma_1$；$\Sigma_{1\text{-}2}\Phi_1$为慢组中子的产生项。

假设$S=1$，中子源发射的快中子可立即慢化，则有：

$$\Phi_1(r)=\frac{1}{4\pi D_1 r}\mathrm{e}^{-r/L_1} \quad (5\text{-}3\text{-}14)$$

式中：r 为观察点到中子源的距离。

将 Φ_1 代入式（5-3-13），得慢组中（热中子）的公式：

$$\frac{1}{v_2}\frac{d\Phi_2}{dt} - D_2\nabla^2\Phi_2 + \Sigma_2\Phi_2 = \Sigma_{1-2}\frac{e^{-r/L_1}}{4\pi D_1 r} \quad (t=1) \tag{5-3-15}$$

$$\frac{1}{v_2}\frac{d\Phi_2}{dt} - D_2\nabla^2\Phi_2 + \Sigma_2\Phi_2 = 0 \quad (t>0) \tag{5-3-16}$$

用傅里叶转换解公式得：

$$\Phi_2 = \frac{\Sigma_{1-2}}{8\pi D_1\Sigma_1 r}e^{-\Sigma_2 v_2 t}e^{D_2 vt/L_1^2}\left[e^{-r/L_1}\mathrm{erfc}\left(\frac{\sqrt{D_2 vt}}{L_1} - \frac{r}{2\sqrt{D_2 vt}}\right) - e^{r/L_1}\mathrm{erfc}\left(\frac{\sqrt{D_2 vt}}{L_1} - \frac{r}{2\sqrt{D_2 vt}}\right)\right] \tag{5-3-17}$$

式中：erfc（）为补余误差函数。

式（5-3-16）可改写为：

$$\Phi_2(r,t) = A_n e^{-t/\tau_2} F(D_2, t, r, L_1) \tag{5-3-18}$$

式（5-3-17）表明，热中子通量的衰减不仅与热中子寿命 τ_2 有关，而且还受热中子扩散系数 D_2、测量时间 t、源距 r 和慢化长度 L_1 的影响。

2）伽马光子通量分布

离源 r 处的光子通量为：

$$\Phi_\gamma(r_0, t) = 4\pi i\Sigma_2 \int_0^\infty \Phi_2(r,t) e^{-\Sigma_\gamma|r-r_0|} r_2 dr \tag{5-3-19}$$

或

$$\Phi_\gamma(r_0, t) = A e^{-\Sigma_2 v_2 t} f(r_0, t, D_2, L_1) \tag{5-3-20}$$

式中：i 为每俘获一个中子平均发射的光子数；Σ_γ 为伽马衰减截面；A 为常数；r_0 为源距。当 $D_2=0$ 时，f 为常数。

图 5-3-7 是俘获伽马通量衰减曲线。石灰岩固有热中子宏观俘获截面 Σ 为 7.1cu；源距分别为 30cm 和 55cm 时，视俘获截面为 10cu 和 8cu，即源距短时热中子视俘获截面偏大而视寿命偏短。

2. 扩散效应

井筒—地层介质性质差异会导致中子扩散，中子发生器周围的中子密度最高，随着源距的增加，中子密度逐渐降低，扩散的影响发生改变，探测器计数信息受到影响。因此探测器记录的伽马光子计数的衰减速率不仅与地层介质对中子的吸收能力有关，中子的扩散过程也会加速或减缓计数变化。扩散效应的存在使得通过计数衰减速度估算地层宏观俘获截面的方法存在偏差，消除扩散效应成为影响准确确定地层宏观俘获截面的关键因素。

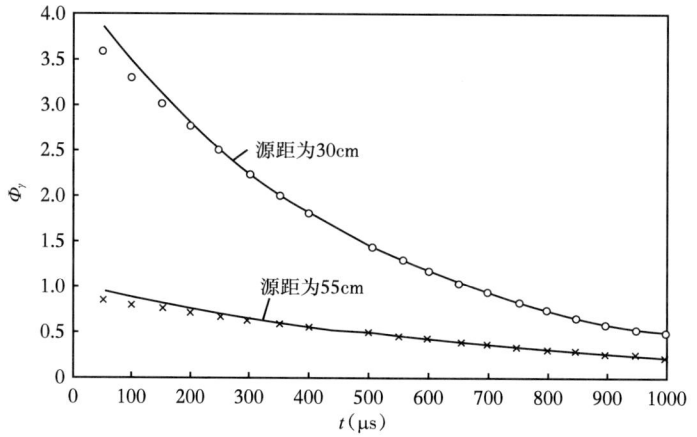

图 5-3-7 不同源距光子通量随时间的衰减曲线

1）扩散效应对热中子寿命的影响

式（5-3-14）可改写为：

$$-\frac{1}{n}\frac{dn}{dt} = -\frac{1}{n}D_0\nabla^2 n + v\Sigma \qquad (5\text{-}3\text{-}21)$$

式中：左端为在 r 点附近中子密度在 t 时刻的相对衰减率，它是可以测量的；右边第一项为相对泄漏率，是由热中子扩散引起的，是时间和位置的函数；右边第二项为相对吸收率，和时间无关，在均匀介质中与位置也无关，它的倒数即为热中子寿命或称热中子衰减时间 τ。

若用 $\tau_m(r,t)$ 和 $\tau_d(r,t)$ 分别表示式（5-3-20）等号左侧和右侧第一项的倒数，则热中子寿命的测量值可变为：

$$\frac{1}{\tau_m(r,t)} = \frac{1}{\tau_d(r,t)} + \frac{1}{\tau_{\text{int}}} \qquad (5\text{-}3\text{-}22)$$

其中地层介质的本征热中子寿命表示为：

$$\frac{1}{\tau_{\text{int}}} = v\Sigma \qquad (5\text{-}3\text{-}23)$$

扩散效应引起的热中子寿命表示为：

$$\frac{1}{\tau_d(r,t)} = -Dv\frac{\nabla^2 n}{n} \qquad (5\text{-}3\text{-}24)$$

式（5-3-21）至式（5-3-23）中：$\tau_m(r, t)$ 为热中子寿命的测量值；$\tau_d(r, t)$ 为扩散对热中子寿命测量值的影响；τ_{int} 为被测介质的热中子寿命，是本征值；D 为热中子扩散系数。

图 5-3-8 为 7.78 in 充满淡水的井眼，地层分别为孔隙度为 0 的纯砂岩、淡水和孔隙度 30% 饱含水砂岩地层三种条件下的扩散效应引起的截面随着源距的变化规律。

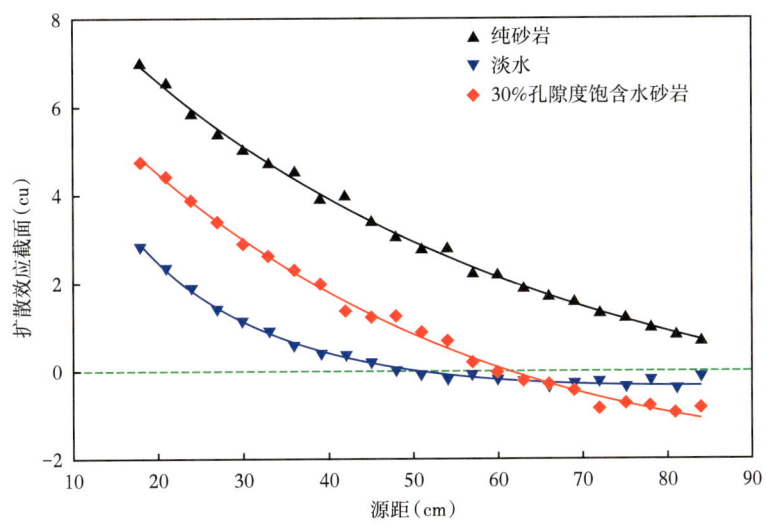

图 5-3-8 扩散效应引起的截面与源距关系

在井筒—地层条件下，孔隙度为零的纯砂岩地层相对于井筒来说含氢指数极低，地层减速能力极差，导致热中子主要集中在井眼里，不同源距处热中子往外扩散，导致地层宏观俘获截面测量值大于地层本征值，且由于介质减速能力差异太大，扩散效应太强，导致随着源距增大扩散截面虽在减小却始终大于零。对于淡水和孔隙度 30% 的饱含淡水纯砂岩，离源较近的探测器周围热中子密度大，热中子不断向外扩散，导致地层宏观俘获截面测量值大于本征值，为正扩散；随着源距增大，中子密度减小，导致扩散效应减弱，地层宏观俘获截面测量值向本征值靠近；当源距超过一定范围时，探测器周围热中子密度小于周围介质，此时扩散效应会减弱计数衰减速度，造成地层宏观俘获截面测量值小于本征值，为负扩散。

2）扩散效应的消除方法

从测量技术上看，问题的核心在于如何从中子寿命的测量值求得其本征值，或者说如何优化硬件和软件设计从测量值中消除扩散的影响。式（5-3-23）中的 $D_0\nabla^2 n$ 可以取正、负或零值。当测量时间门选定后，在一维问题中，它的取值的性质决定于函数 $n(r)$ 的曲率。当 $n(r)$ 曲线为凹曲线时，$D_0\nabla^2 n<0$；当 $n(r)$ 曲线为凸曲线时，$D_0\nabla^2 n>0$；当 $n(r)$ 曲线为直线或位于拐点时，$D_0\nabla^2 n=0$。通过选择合适的源距，能使探测器计数受到热中子的扩散效应为零，但在不同井眼与地层介质中，扩散效应为零的源距不尽相同。

3. 热中子寿命测井原理

1）热中子密度分布

通过理论计算或实际测量，定量研究扩散影响，设计一种适当的算法来消除扩散影响。式（5-3-20）进一步简化为：

$$\frac{\mathrm{d}n}{\mathrm{d}t}=-v\Sigma n \tag{5-3-25}$$

积分得：

$$n = n_0 e^{-\nu t} = n_0 e^{-t/\tau} \qquad (5\text{-}3\text{-}26)$$

式中：τ 为热中子寿命，μs；n_0 为热中子密度初值。

测量时记录俘获伽马射线，包含探测范围内分布的所有热中子的贡献比较接近，但由于测井的环境不是均匀无限介质，井眼、套管和地层之间的扩散影响总是难以完全消除。在井眼—地层介质系统中，由中子源发射的中子的历程可分为三种：（1）部分中子整个历程在井眼中度过，中子寿命完全取决于井眼介质；（2）部分中子主要历程在地层中度过，井眼影响可忽略，中子寿命几乎完全决定于地层的性质；（3）部分中子在地层和井眼中的历程都不能忽视，中子寿命综合反映两种不同介质的性质。测量到的伽马计数率时间谱必然反映这三种经历不同的中子衰减过程，即使再简化仍是双指数曲线。这是设计俘获伽马Σ模式工作时序的理论基础。

2）工作原理

D-T 中子源以一定脉冲宽度和重复周期发射能量为 14MeV 的快中子，中子与井眼和地层物质原子核发生非弹性散射、弹性散射和俘获反应，并相应放出伽马射线。利用伽马或热中子探测器记录伽马射线或热中子的时间谱，通过时间谱解析获取地层宏观俘获截面参数，进而确定含水饱和度的测井方法。

三、中子寿命测井时序与数据采集

当地层水矿化度高且较稳定时，可选用俘获伽马 Σ 模式求含水饱和度，现以 RPM 系统 PNC 模式为例进行讨论。用源距不同的两个伽马射线探测器同时采集俘获伽马计数时间谱，处理这两个时间谱，就可得到井眼和地层的热中子宏观俘获截面 Σ，进而可识别地层中的油、气和水并估算其饱和度。PNC 模式的谱数据采集、处理和储层参数的提取、校正及应用均有独到之处。

1. 测井时序

图 5-3-9 表示 PNC 模式一个完整的时间序列，共需 32ms，分以下两个时间段。

（1）第一时间段：包括重复 28 次的中子发射—伽马全谱测量时间门 G1，门宽均为 1000μs，共占 28ms。在 G1 时间门内，0~60μs 发射中子；0~1000μs 内每 10μs 为一道，采集 100 道伽马时间谱。G2 时间门设在 200~1000μs，采集 64 道俘获伽马幅度谱。G1 门采集的时间谱，可用于热中子衰减时间分析，是 PNC 测

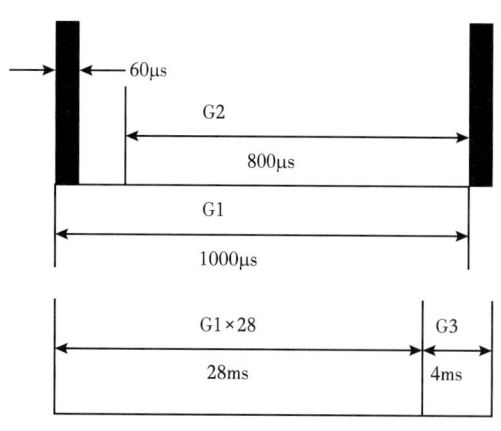

图 5-3-9 PNC 模式时序示意图

量得到的最重要的数据，重复累积 28 次可提高统计精度。在采集到的道计数中需要扣除本底的贡献。

（2）第二时间段：G3 为本底测量时间门，门宽 4000μs，200μs 为一道，共 20 道。

测得的本底计数经过折算从衰减时间谱中扣除。

短源距探测器测到的数据（SSD），包括100道时间谱计数率、20道本底计数率、64道PHA能谱数据；长源距数据（LSD）组成与短源距相同。两个探测器在一个完整的测量周期中共得到368个数据。

2. 时间谱特征及热中子寿命确定方法

1）时间谱

以RPM仪器的PNC模式为例，采集0~1000μs内100道时间全谱，经死时间校正和扣除本底后，就得到只包括"非弹"和俘获计数的净时间谱，其特征如图5-3-10所示。图中的时间谱大致可分为A、B和C三个谱段，每个谱段中包含的信息不同。

（1）谱段A：1~10道，衰减时间0~100μs，包含"非弹"和"俘获"伽马计数。

（2）谱段B：11~40道，衰减时间100~400μs，其上限约为淡水或原油中子寿命的两倍，是矿化度为55×10^3mg/L盐水中子寿命的4倍。这一谱段的道计数主要是由井眼区的俘获辐射产生的，但也包含地层的部分贡献。

（3）谱段C：41~100道，衰减时间410~1000μs。此段的下限约为淡水或原油中子寿命的两倍，是矿化度为50×10^3mg/L盐水中子寿命的4倍，井眼影响已不明显；其上限约为当含水饱和度为40%时热中子寿命（320μs）的3倍（图5-3-11），再往后地层的计数也可忽略。这一谱段主要反映地层的特性，可称为地层区或长寿命区。又因这一谱段位于时间谱的后部，故也称后门区（Late Gate），其衰减率主要取决于地层的热中子宏观俘获截面。此段60道计数的统计精度，对测井最终解释成果的可信度起决定性作用。

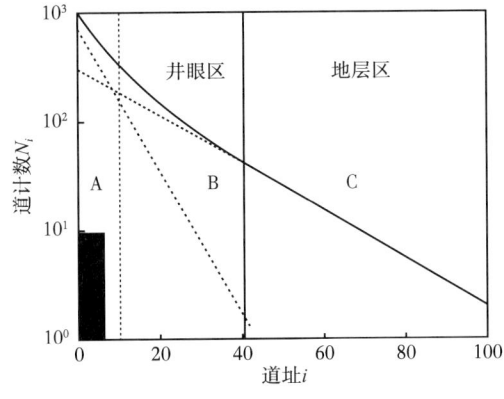

图5-3-10　时间谱分区示意图

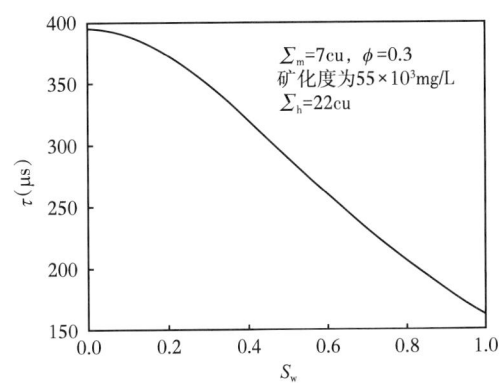

图5-3-11　地层中子寿命τ和含水饱和度的关系

2）热中子寿命确定方法

图5-3-10表示的是纯计数曲线，只包含井眼和地层的非弹性散射和俘获伽马计数而未考虑本底的贡献，比测得的计数随时间变化的较完整的表达式应为：

$$N_t = N_{01}e^{-t/\tau_1} + N_{02}e^{-t/\tau_2} + N_3 \tag{5-3-27}$$

式中：N_{01}、N_{02}都是常数；井眼和地层计数都按指数律衰减，而本底N_3可看作常数。

本底是在图5-3-9中所示的G3时间门中测得的，需从总计数中扣除。

早期的中子寿命仪器一般在地层区开两个时窗，在本底区开一个时窗，用地层区两个时窗扣除本底后的计数率确定衰减曲线的斜率，以求得中子寿命。设第一个时窗对应的时刻是 t_1，俘获伽马净计数率为 N_1；而第二个时窗对应的时刻是 t_2，俘获伽马净计数率为 N_2，则有：

$$\begin{cases} N_1 = N_0 \mathrm{e}^{-t_1/\tau} \\ N_2 = N_0 \mathrm{e}^{-t_2/\tau} \end{cases} \quad (5\text{-}3\text{-}28)$$

式（5-3-28）取对数，合并后经整理可得热中子寿命：

$$\tau = \frac{t_2 - t_1}{\ln N_1 - \ln N_2} \quad (5\text{-}3\text{-}29)$$

由此可以得到地层的宏观俘获截面为：

$$\Sigma = \frac{1}{v\tau} \quad (5\text{-}3\text{-}30)$$

较新的技术是对计数率衰减曲线做时间分析，采用双指数拟合得出井眼和地层的 Σ，也可舍弃井眼区的数据，利用地层区数据进行单指数拟合只求出地层的 Σ。

四、影响因素

1. 扩散效应的影响

中子扩散是指中子从中子密度高的区域流向密度低的区域。源距越小，测量范围越靠近源区，中子扩散主要从测量范围内流出，Σ 本征值越小，其测量值比本征值越大；源距增大时，测量范围增大，中子扩散从测量范围内流出量降低，Σ 测量值逐渐接近本征值。图 5-3-12 给出无限大石灰岩地层源距分别为 30cm 和 55cm 时 Σ 测量值与本征值的关系。当地层 Σ 本征值增大时，中子密度随源距增大而降低的速度加大，在靠近源距为 55cm 的探测器周围由扩散生成的中子密度增量是正值，测出的 Σ 比本征值小。在均匀无限介质中，若俘获截面等于或大于 20cu，对任何源距扩散效应均可忽略。

图 5-3-13 给出在实际井筒—地层条件下，由 D-T 中子发生器和源距分别为 36cm、55cm 和 76cm 三个伽马探测器组成测井仪，在不同岩性、孔隙度、矿化度、泥质含量地层条件下记录相应伽马时间谱，得到三个探测器的地层宏观俘获截面测量值与本征值的关系。

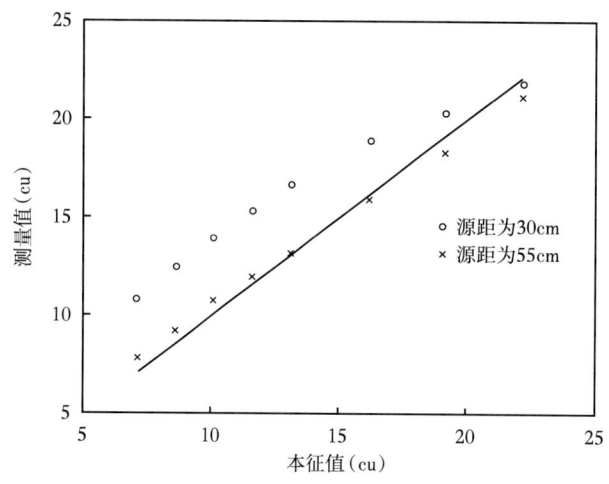

图 5-3-12　无限大地层的 Σ 测量值与本征值的关系

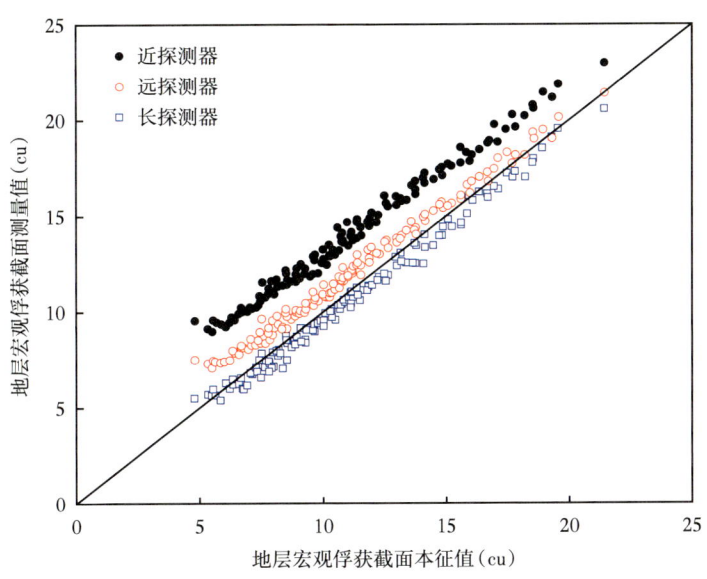

图 5-3-13 井筒—地层模型的 Σ 测量值与本征值的关系

由图 5-3-13 可以看出，近探测器的 Σ 测量值始终大于本征值，说明扩散效应使热中子密度减少要比地层介质本身对热中子俘获得快；而远探测器在地层截面较小时其 Σ 测量值要比本征值大，但随着地层 Σ 的增加逐渐接近本征值；长源距探测器的 Σ 测量值与本征值的差异小。实际处理时，可以采用不同源距探测器组合来消除扩散效应的影响。

2. 井眼的影响

若井眼和地层之间的热中子扩散和俘获过程相互独立，测到的计数率曲线应是两个指数衰减曲线的叠加。当井眼流体中子寿命 τ_1 比地层寿命 τ_2 小很多时，井眼计数衰减很快，对时间谱地层区计数的影响可忽略；而 τ_1 增大时，井眼计数对地层区计数影响增大。

由于井眼与地层之间有中子扩散，井眼和地层参数均会影响扩散过程。在不同时间，井眼与地层之间的扩散效应对探测器响应的贡献不同，即在时间谱不同谱段道计数中造成的误差方向和大小都不同，所以井眼对地层参数测量值的影响是复杂的。通常井眼 Σ 比地层高，开始时井内中子密度高，中子由井眼向外扩散；但密度梯度很快逆转，中子由地层向井眼反向扩散，地层计数衰减率偏大，致使 Σ 测量值偏高。井眼 Σ 增高，梯度逆转的时间提前，在逆转点附近扩散影响降低。井径增大，扩散效应加强。当地层 Σ 高于井眼 Σ 时，衰减曲线后段反映的是井眼 Σ 而不是地层 Σ，这对 PNC 测量非常不利。

3. 井内流体的影响

图 5-3-14 显示，井内水的矿化度会影响扩散效应。

（1）井内水的矿化度为零时，宏观俘获截面为 22.2cu。当地层 Σ_f 大约为 25cu 时，Σ 的测量值与本征值近似相等；当地层 Σ_f < 25cu 时，Σ 的测量值大于本征值；当地层 Σ_f > 25cu 时，Σ 的测量值小于本征值；当地层 Σ_f > 40cu 时，Σ 的测量值大约仅为 32cu，比本征值小很多。

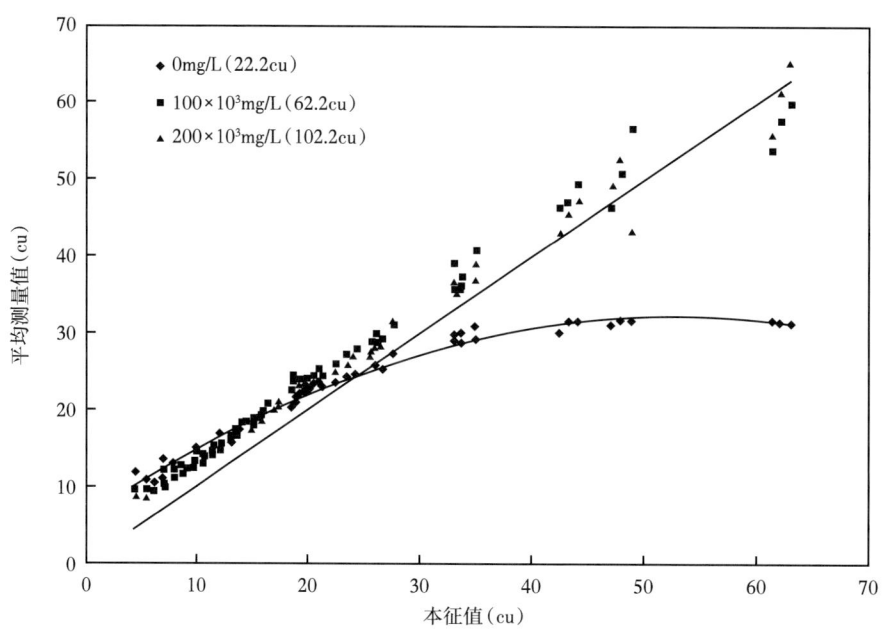

图 5-3-14 井内流体对地层 Σ 测量值的影响

（2）井内水的矿化度为 100×10^3mg/L 时，宏观俘获截面为 62.2cu。当地层 Σ_I 大约为 60cu 时，Σ 的测量值与本征值相等；当地层 $\Sigma_\mathrm{I}\leqslant 60$cu 时，$\Sigma$ 的测量值大于本征值；当地层 $\Sigma_\mathrm{I}>60$cu 时，Σ 的测量值小于本征值。

（3）井内水的矿化度为 200×10^3mg/L 时，井液宏观俘获截面为 102.2cu。在图示范围内地层 Σ 的测量值均大于本征值。

通过实验和计算建立起地层 Σ 本征值与测量值、井眼和套管直径、井眼俘获截面等参数的函数关系，可用计算机对井眼—扩散影响进行实时和测后校正。

五、热中子寿命测井的应用

1. 定性识别油水气

早期的中子寿命测井仪器只有一个伽马射线探测器，在计数率衰减曲线的地层区开两个时间门，能给出门Ⅰ、门Ⅱ净计数率曲线和 Σ 或 τ 曲线。而后，发展为双源距或三源距中子寿命测井仪。例如 TDT-K 就是一种双探测器仪器，可输出下列曲线：（1）短源距探测器地层门Ⅰ、门Ⅱ和本底门Ⅲ计数率 N_1、N_2、N_3，以及算出的 Σ 或 τ 曲线；（2）长源距探测器地层门Ⅰ、门Ⅱ和本底门Ⅲ计数率 F_1、F_2 和 F_3；（3）两个探测器门Ⅰ净计数率的比值 $R=N_1/F_1$。

中子寿命测井 Σ 测量值的可信度 C 可由下式计算：

$$C=\left(1-\frac{\Sigma_{S_\mathrm{w}=0}}{\Sigma_{S_\mathrm{w}=100\%}}\right)\times 1.33 \qquad (5\text{-}3\text{-}31)$$

C 和孔隙度、孔隙水 Σ_w 的关系如图 5-3-15 和图 5-3-16 所示。在有利条件下，即 $C>0.5$ 时，才能进行定量解释，否则只进行定性解释。

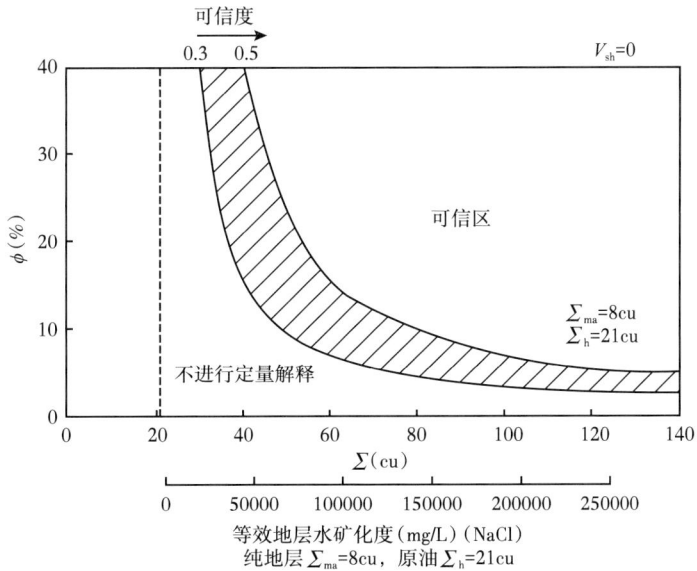

图 5-3-15 纯砂岩中子寿命测井可信度示意图

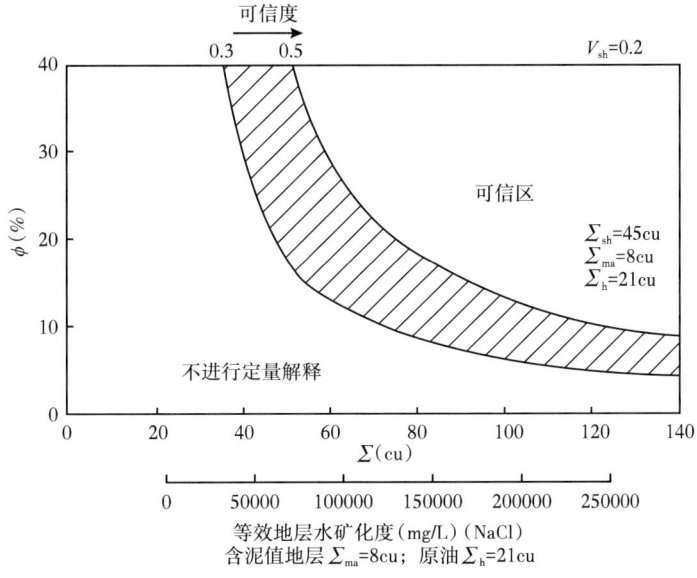

图 5-3-16 泥质砂岩中子寿命测井可信度示意图

图 5-3-17 给出计数率衰减曲线与地层中子寿命的关系，最上部为 100% 含油时地层热中子寿命为 $\tau_1=\tau$ 的 N_1 衰减线，当衰减时间为 $t=5\tau_1$ 时已降低到初始值的 0.7%。当含油饱和度降低时，部分油被矿化水替代，导致地层热中子寿命 $\tau_1\sim\tau_6$ 逐一减小，衰减线的斜率逐一加大。在孔隙度和饱和度相同的条件下，地层水矿化度越高，地层中子寿命越短，与饱含油的地层差别越大，分辨能力越好。若地层水矿化度低，中子寿命与饱含油时差别小，分辨率差。从图中还可看出，时窗越靠后，中子寿命不同的地层窗计数率差别越大，分辨率越好，但这受到不确定度的限制，此时测热中子可忽略本底影响，比测伽马更有利。这就是脉冲中子—中子（PNN）测井的设计思想。

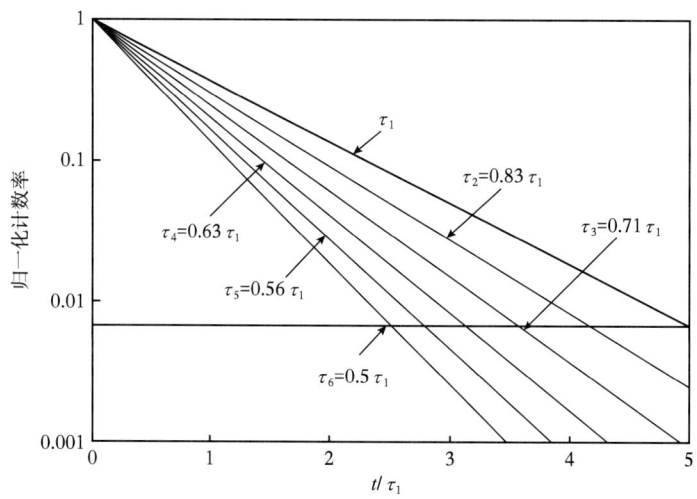

图 5-3-17 计数率衰减曲线与地层中子寿命的关系

2. 定量确定含水饱和度

利用双指数衰减曲线求出井眼和地层的热中子寿命 τ 或宏观俘获截面 Σ，再由地层 Σ 求得含水饱和度。

地层 Σ 本征值只与地层本身的热中子俘获特性有关，而与扩散过程和井眼影响无关。只有在纯地层中才有下述关系：

$$\Sigma = \Sigma_m(1-\phi) + \Sigma_w S_w \phi + \Sigma_h(1-S_w)\phi \tag{5-3-32}$$

$$S_w = \frac{\Sigma - \Sigma_m(1-\phi)1 - \phi\Sigma_h\phi}{(\Sigma_w - \Sigma_h)\phi} \tag{5-3-33}$$

式中：Σ、Σ_m、Σ_w 和 Σ_h 为分别地层、骨架、孔隙水和烃类的热中子宏观俘获截面，cu；ϕ 为孔隙度。

3. 利用时间谱道计数评价含气

用 N_i 和 F_i 分别表示短源距和长源距探测器第 i 道的计数率，由它们组成的主要时窗计数比值与地层参数有关。短、长源距探测器第 1~10 道的总计数率及其比值 RIN，包括"非弹"和"俘获"伽马计数。比值 RIN 与井眼气持率及地层含气饱和度关系密切，如图 5-3-18 和图 5-3-19 所示（井眼流体为水，地层孔隙度 0~30%）。

短源距探测器俘获门第 11 至第 15 道的总计数率与第 16 至第 20 道的总计数率之比，主要反映井眼环境热中子衰减特性，对井液含盐量和天然气持率敏感。

4. 应用实例

图 5-3-20 为一厚层砂岩双探测器寿命测井综合图。第 1 道中给出本底计数率（F_3）和自然电位（SP）曲线；第 2 道标出深度；第 3 道中给出比值（$R=N_1/F_1$）和 Σ 曲线，比值大说明衰减快，与 Σ 结合可求出孔隙度 ϕ；第 4 道中绘出 F_1 和 N_1 曲线的重叠图，选择 F_1 和 N_1 曲线的比例尺，使两条曲线在水层或泥岩段大体重合，在含油段有差异，而在含气段有明显的差异。

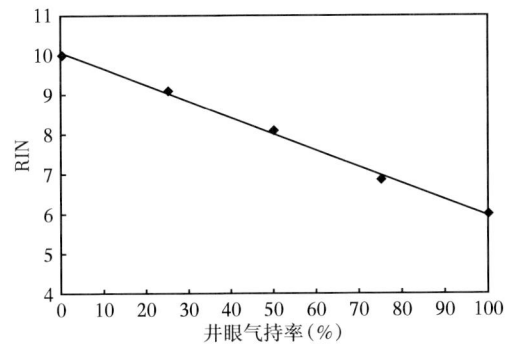

图 5-3-18 RIN 与井眼气持率的关系

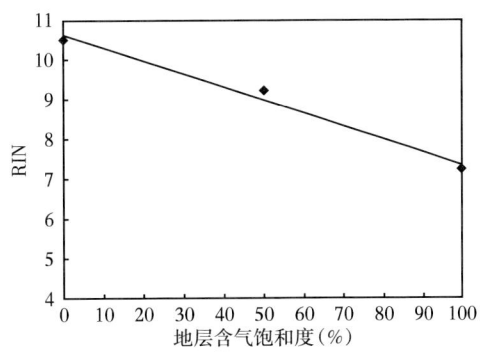

图 5-3-19 RIN 和地层含气饱和度的关系

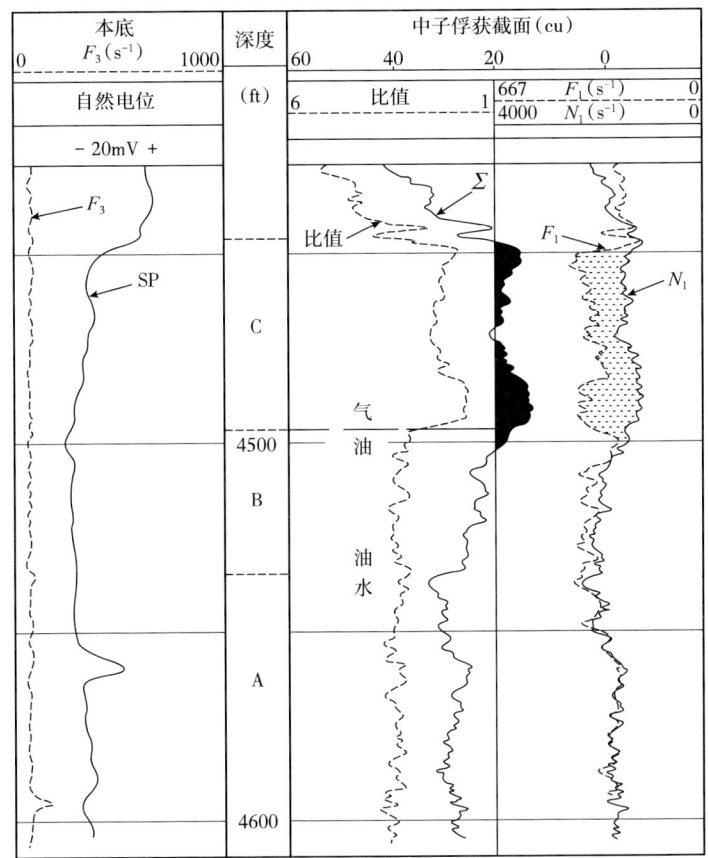

图 5-3-20 厚砂岩地层双探测器寿命测井综合图

图 5-3-20 中 A、B 和 C 分别为该层的水层、油层和气层，可看出如下响应特征：

水层（A），$\Sigma=28\sim32\mathrm{cu}$。比值中等，由比值和 Σ 求出的孔隙度 $\phi=28\%\sim32\%$；F_1 和 N_1 曲线重叠。油层（B），$\Sigma=18\sim26\mathrm{cu}$，比水层低；比值中等，与水层相同；由比值和 Σ 求出的孔隙度 $\phi=28\%\sim32\%$，与水层相同；F_1 和 N_1 曲线不重叠，F_1 向左偏移，即有较小的正差异。气层（C），$\Sigma=14\sim18\mathrm{cu}$，比水层和油层都低；比值小，与水层和油层明显不同；由比值和 Σ 求出的孔隙度 $\phi=10\%\sim20\%$，比水层和油层都低；F_1 和 N_1 曲线不重叠，F_1 向左偏移，有明显的正差异。

当砂岩地层孔隙度较大，地层水矿化度稳定在100000mg/L以上，则会具有上述特征。具体解释时，还要注意各种影响因素引起的变化。

在油田开发过程中，按计划多次延时测量Σ和τ曲线，可在套管井中监视油水界面和油气界面的变化。如图5-3-21所示的双探测器中子寿命测井图中有三条曲线：TDT-1是在完井后不久测得的；TDT-2是在该井投产三年后测得的，当时采出的油含水率为7%；TDT-3是在该井关井后四个月测得的。比较这三条曲线可以看出：（1）原始油水界面在270ft（82.296m）处，采油三年后，底水上升至205ft（62.48m）。地层纯含水段τ值约为150μs，而未水淹产油段热中子寿命为350μs，油水界面清楚。水淹部分因有残余油，热中子寿命介于两者之间。（2）TDT-3曲线显示的油水界面在230ft（69.92m）处，较TDT-2上显示的低40ft（12.19m）。这说明采油时底水在井中形成水锥，关井后油层得以恢复，油水界面下降。

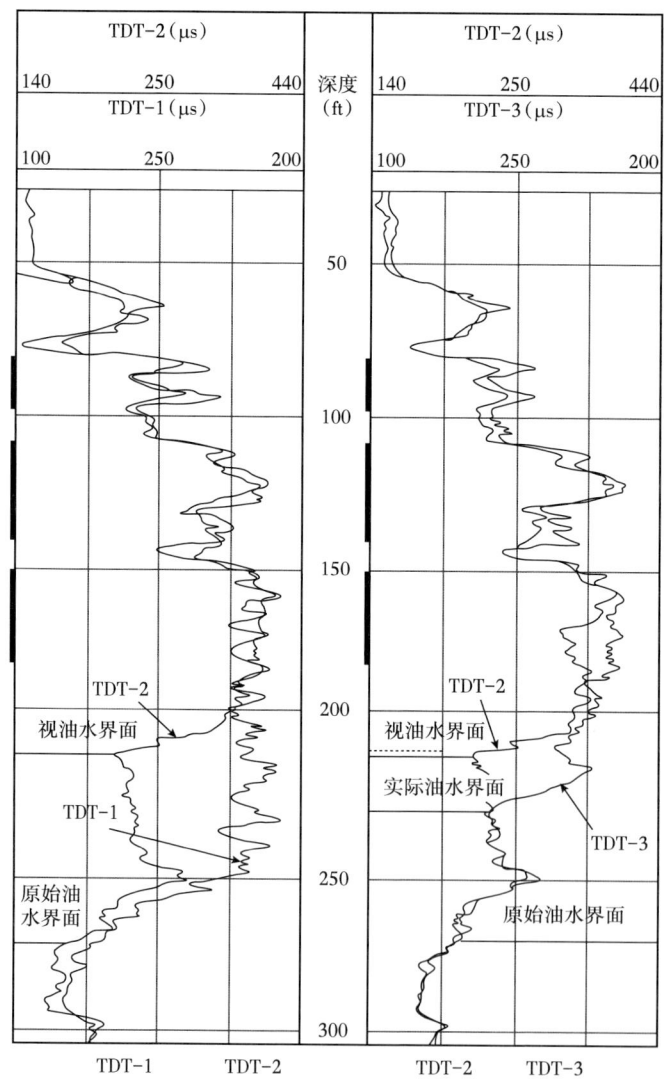

图5-3-21 中子寿命测井监测油水界面

图 5-3-22 为俘获—Σ 测井监测气水界面成果图，第 4 道绘出 1997 年 1 月测得的裸眼井测井含水饱和度和同年 7 月用 Σ 测井求出的含水饱和度，比较这两条曲线则可看到含气饱和度的变化和气水界面上升的高度。

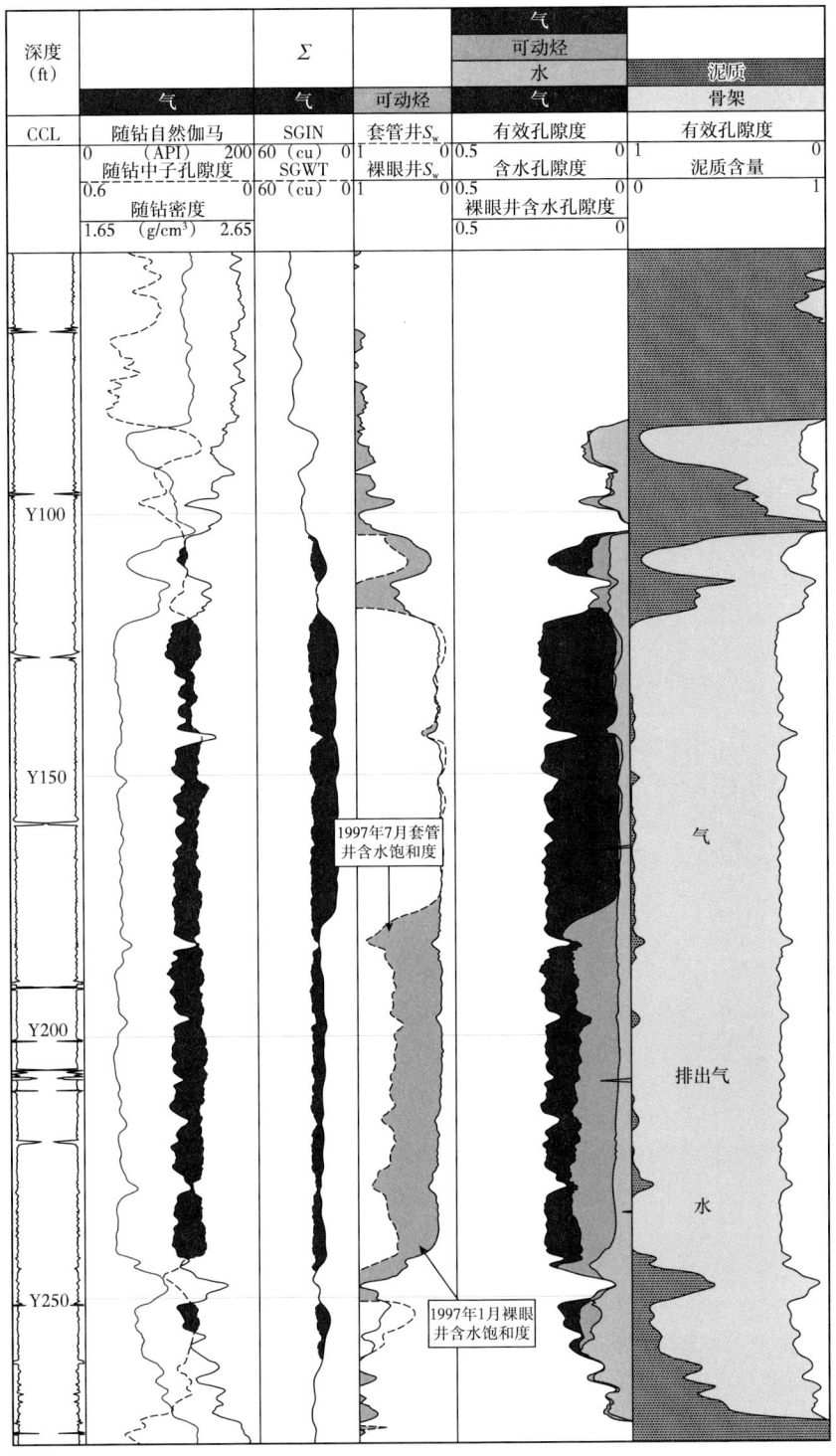

图 5-3-22　俘获—Σ 测井监测气水界面成果图

第四节 脉冲中子孔隙度测井

第四章详细介绍了 Am-Be 放射性同位素中子源中子孔隙度测井方法，利用 ^{3}He 正比计数管直接探测超热中子或者热中子，通过超热中子计数和近远探测器热中子计数比值来确定。由于同位素中子源自身的辐射特性，可控中子源取代化学源的核测井技术越来越受到重视，因此 D-T 和 D-D 中子发生器在 20 世纪 80 年代就被考虑用于中子孔隙度测井。近年来在裸眼井和随钻测井中也逐步发展了相应脉冲中子源中子孔隙度测井技术。脉冲中子源孔隙度测井原理与放射性同位素中子源相同，只是源的类型不同，中子发射和能量不同，反映地层介质减速能力和孔隙度灵敏度不同。本节主要介绍以 D-T 中子发生器为代表的脉冲中子孔隙度测井技术。

一、不同中子源时的中子作用过程

1. 中子源的对比

如第二章所述，目前常见的中子源主要有 ^{241}Am-Be 和 ^{238}Pu-Be、^{252}Cf 自发裂变中子源、D-T 中子发生器和 D-D 中子发生器等，几种源的区别主要是中子的产生方式和能量不同。

^{241}Am-Be 中子源平均中子能量为 4.2~5 MeV，中子发射率为每居里（2.22~2.74）× 10^6n/s，是中子测井中常用的中子源。一般补偿中子孔隙度测井采用的中子源活度为 18 Ci，其中子产额约为 $4×10^7$ n/s。D-T 中子源是一种小型加速器中子源，产生的快中子能量为 14MeV，中子产额可以达到 10^8n/s。D-D 中子发生器产生的中子能量为 2.45MeV，其中子管的靶寿命比 D-T 中子管更长，产额可以达到 $5×10^6$n/s。三种源能量分布对比如图 5-4-1 所示。

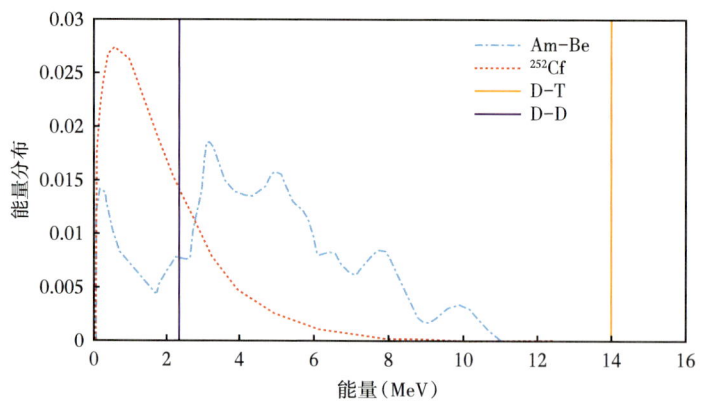

图 5-4-1 四种源能量分布对比

2003 年以后，国际上 ^{241}Am 的生产量太低，^{241}Am 原料供应严重不足，从而制约了测井行业的发展；再加上同位素中子源存在辐射风险，在随钻井下钻杆上装有放射源风险更为严重，因此采用脉冲中子源替代同位素中子源进行补偿热中子孔隙度测井成为核测井发展的重要方向。

相对于Am-Be中子源，脉冲中子源具有避免环境污染和安全性高的特点。中子孔隙度测井的超热中子探测器响应和地层含氢指数成正比，但是受地层吸收中子的影响。实际测量过程中会发生仪器偏心的状况，此时脉冲中子孔隙度测井仪利用自身信息对测量结果进行自动校正；此外脉冲中子孔隙度测井仪可在套管井中测量地层含氢指数。

2. Am-Be和D-T中子源的地层介质中子参数

D-T中子源产生中子的能量为14MeV，远高于Am-Be中子源的4~5MeV，两种不同能量的中子与地层介质发生作用会存在差异，利用蒙特卡罗数值模拟与中子减速参数计算方法，得到饱含淡水纯砂岩地层的中子减少长度和扩散长度的关系，如图5-4-2所示。

由图可以看出，在相同地层介质条件下，D-T中子源的中子减速长度要比Am-Be中子源大，且随着孔隙度增加。由于D-T中子源的中子减速长度下降变缓，与Am-Be中子源的差异更大，也说明D-T中子源在高孔隙度地层区分孔隙度能力变差。当中子减速变成热中子时，两种源的热中子扩散长度曲线重合，说明源的类型不同，只会造成中子的减速能力不同，不会引起热中子扩散能力的变化。这就进一步说明采用D-T中子源进行孔隙度测井时，其反映介质的中子慢化能力比Am-Be中子源差，需要重新设计源和探测器组合，以提高孔隙度灵敏度。

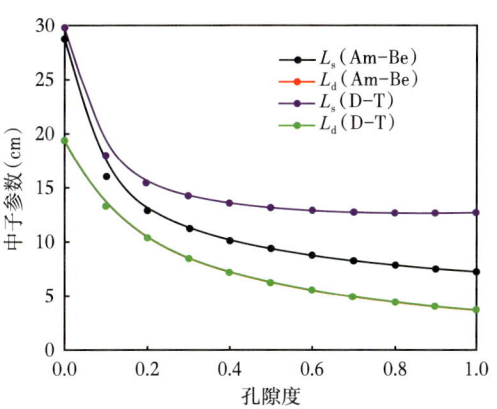

图5-4-2 两种中子源的饱含水砂岩中子参数对比

二、脉冲中子孔隙度测井仪及响应特性

1. 热中子时间谱

图5-4-3为脉冲中子时间谱，中子脉宽为10μs，井眼为8in，通过时间谱得到的衰减时间与地层含氢指数成反比；时间谱与地层含氢指数有关，含氢指数由0变化到1，利用时间谱开始衰减部分的斜率可以反映地层的含氢指数。图5-4-4显示利用时间谱衰减的斜率结合其他参数能够反映仪器偏心，图中曲线由上至下分别表示仪器偏心距离为0、0.5cm、1.0cm、1.5cm、2.0cm和2.5cm。

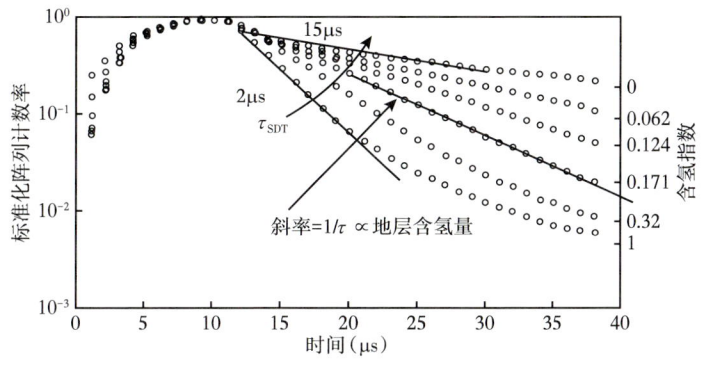

图5-4-3 不同含氢指数条件下的热中子时间谱

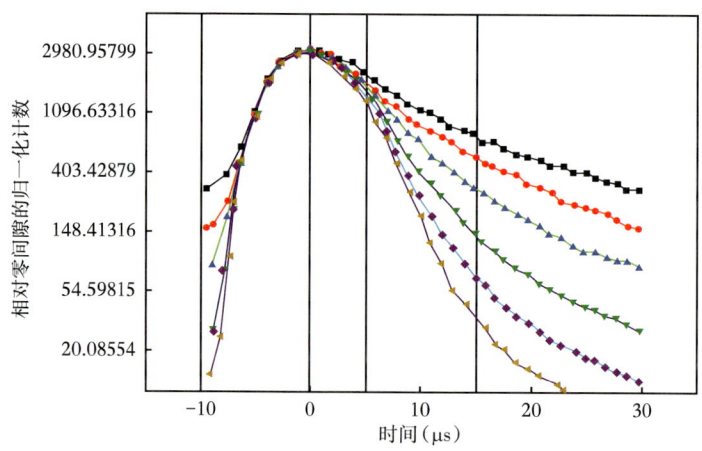

图 5-4-4 不同仪器偏心条件下的热中子时间谱

2. 阵列脉冲中子孔隙度测井仪组成

1993 年推出的脉冲中子孔隙度测井（APS）如图 5-4-5 所示，采用 D-T 脉冲中子发生器，仪器包括多个探测器，如近超热中子探测器、阵列超热中子探测器、阵列热中子探测器和远超热中子探测器。D-T 脉冲中子发生器发射能量为 14MeV 的快中子，经过与地层介质发生非弹性散射、弹性散射和辐射俘获反应，探测器可相应记录超热中子和热中子时间谱及计数，采用不同的探测器组合可以确定孔隙度；同时根据热中子时间谱可以确定地层热中子寿命。APS 经进一步集成和完善后于 20 世纪 90 年代后期推出了核孔隙度岩性组合测井仪。这种阵列探测器组成的脉冲中子测井仪可以探测不同时间段的超热中子和热中子信息，因此也可以采用自身记录的信息来消除井眼的影响等。

3. 孔隙度测井响应

1）三种源的中子孔隙度响应灵敏度对比

补偿中子孔隙度测井的近远探测器计数比值 R 和孔隙度 ϕ 的关系为补偿中子孔隙度测井的响应函数，其响应曲线的斜率 $\dfrac{\partial R}{\partial \phi}$ 为孔隙度灵敏度。实际工作中常用相对孔隙度灵敏度 S 来表示，其定义公式为：

$$S = \frac{1}{R}\frac{\partial R}{\partial \phi} \qquad (5-4-1)$$

在饱含水石灰岩地层中，地层孔隙度分别为 5%、8%、10%、12%、15%、18%、20%、23%、25%、28%、30%、32%、35%、38% 和 40%。利用蒙特卡罗模拟 D-D 中子管、D-T 中子管和 Am-Be 中子源探测远近探测器处热中子计数，近探测器源距都为 22.5cm，远探测器源距为 50cm，模拟远近探测器处

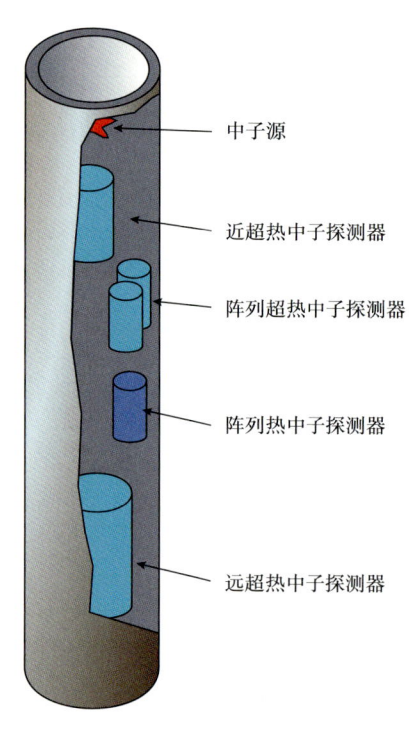

图 5-4-5 脉冲中子孔隙度测井仪示意图

相应的热中子计数，得到孔隙度对比值影响，如图 5-4-6 所示。通过对比发现，利用 D-D 脉冲中子源进行补偿中子孔隙度测井时的响应灵敏度高。

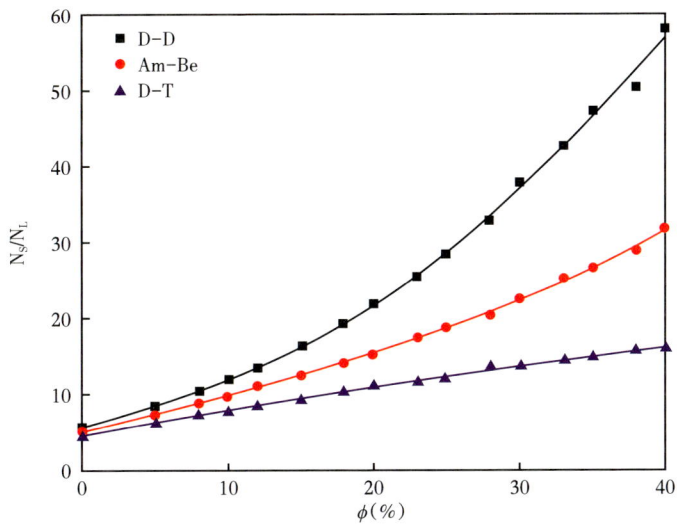

图 5-4-6 两种中子源热中子计数比随孔隙度变化规律

根据式（5-4-1）及相应数据，分别计算采用三种中子源时不同孔隙度地层的中子孔隙度测井相对灵敏度，结果列于表 5-4-1。

表 5-4-1 三种中子源的孔隙度灵敏度对比

孔隙度（%）	R			$\partial R/\partial \phi$			S（%）		
	Am-Be	D-T	D-D	Am-Be	D-T	D-D	Am-Be	D-T	D-D
0	9.727	7.888	12.078	0.5018	0.336	0.7937	5.16	4.26	6.57
20	15.238	11.151	22.082	0.6464	0.3212	1.2665	4.24	2.88	5.74
30	22.568	13.696	37.933	0.7910	0.3064	1.7393	3.51	2.24	4.59
40	31.906	16.134	57.924	0.9356	0.2916	2.2121	2.93	1.81	3.82

由表 5-4-1 可知，采用相同的源距时，D-D 中子管的近远探测器计数比值大，且其孔隙度灵敏度和相对灵敏度都要高于 ^{241}Am-Be 中子源和 D-T 中子源；随着地层孔隙度的增加，Am-Be 中子源和 D-D 中子源的孔隙度灵敏度都要增加，D-T 中子源孔隙度灵敏度略微下降，而相对灵敏度都下降。相比于 ^{241}Am-Be 中子源，为了提高 D-T 脉冲中子源的地层孔隙度的灵敏度，需通过增加探测器间距等手段。

2）探测深度

为了对比补偿中子孔隙度测井的探测深度，根据以上结果计算得到的近探测器和远探测器热中子计数比值如图 5-4-7 所示，以孔隙度为 10% 饱含水砂岩地层为基准，随着径向厚度的增加而变化的比值进行归一化，得到两种中子源的探测深度特性关系，结果示于图 5-4-8。

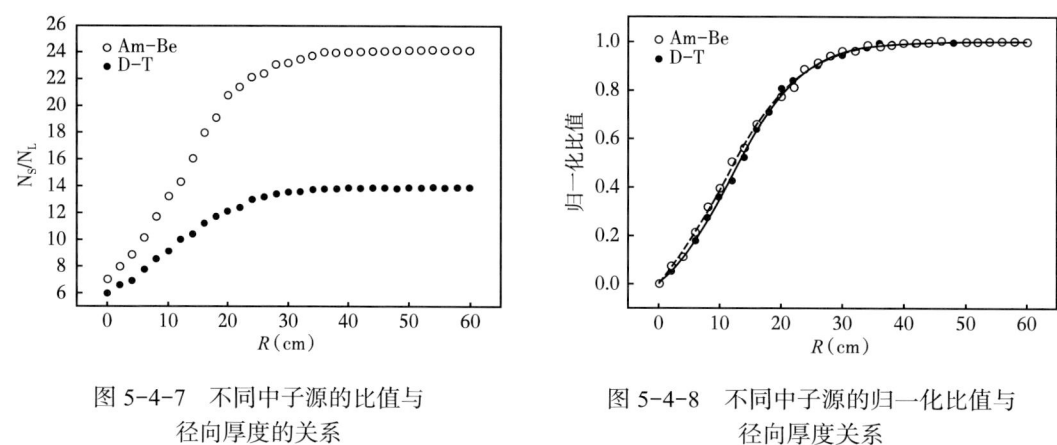

图 5-4-7　不同中子源的比值与
径向厚度的关系

图 5-4-8　不同中子源的归一化比值与
径向厚度关系

从图 5-4-6 可以发现，当地层孔隙度较小时，两种中子源得到的热中子计数比值相差不大，随着径向厚度的增加，地层孔隙度增大，比值都要增加，但 D-T 中子管对应的比值上升慢，然后达到饱和比值。而图 5-4-8 中反映出两种中子源的探测深度几乎相同，D-T 中子管和 Am-Be 中子源的探测深度都约为 25cm，因探测深度受源距的影响很大，由于 D-T 中子管的中子产额高，可以通过增加源距的方法进行中子孔隙度测井，从而增加其探测深度。

三、脉冲中子孔隙度测井的应用

脉冲中子孔隙度测井采用可控中子源，降低了辐射危害及环境污染，而且能够保证孔隙度测量值与常规化学源中子孔隙度测井仪器测量值保持一致。图 5-4-9 为 APS 测井与常规孔隙度测井值对比。同样利用可控中子孔隙度测井与密度测井交会识别气层，如图 5-4-10 所示。

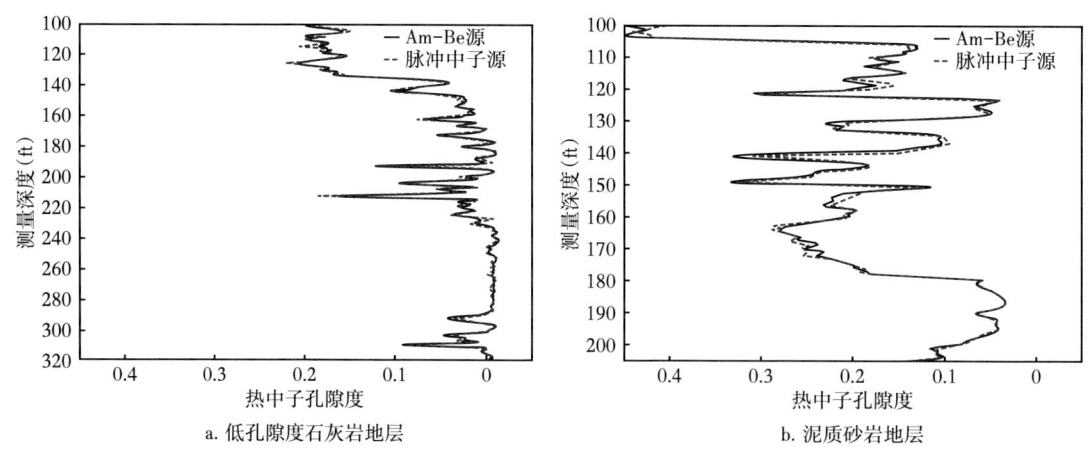

a. 低孔隙度石灰岩地层　　　　　　　　　　b. 泥质砂岩地层

图 5-4-9　不同地层 APS 与常规补偿中子孔隙度测井对比

由图 5-4-9 可以看出，二者在不同地层条件下，测量热中子孔隙度具有很好的吻合性。由图 5-4-10 可以看出，第 5 道 APS 测量得到的热中子孔隙度与第 4 道化学源中子孔隙度测量值能够很好地吻合。在 XX30~XX50ft 处，利用 APS 孔隙度与体积密度重叠能够很好识别气层，识别灵敏度与常规补偿中子孔隙度测井识别灵敏度相当。

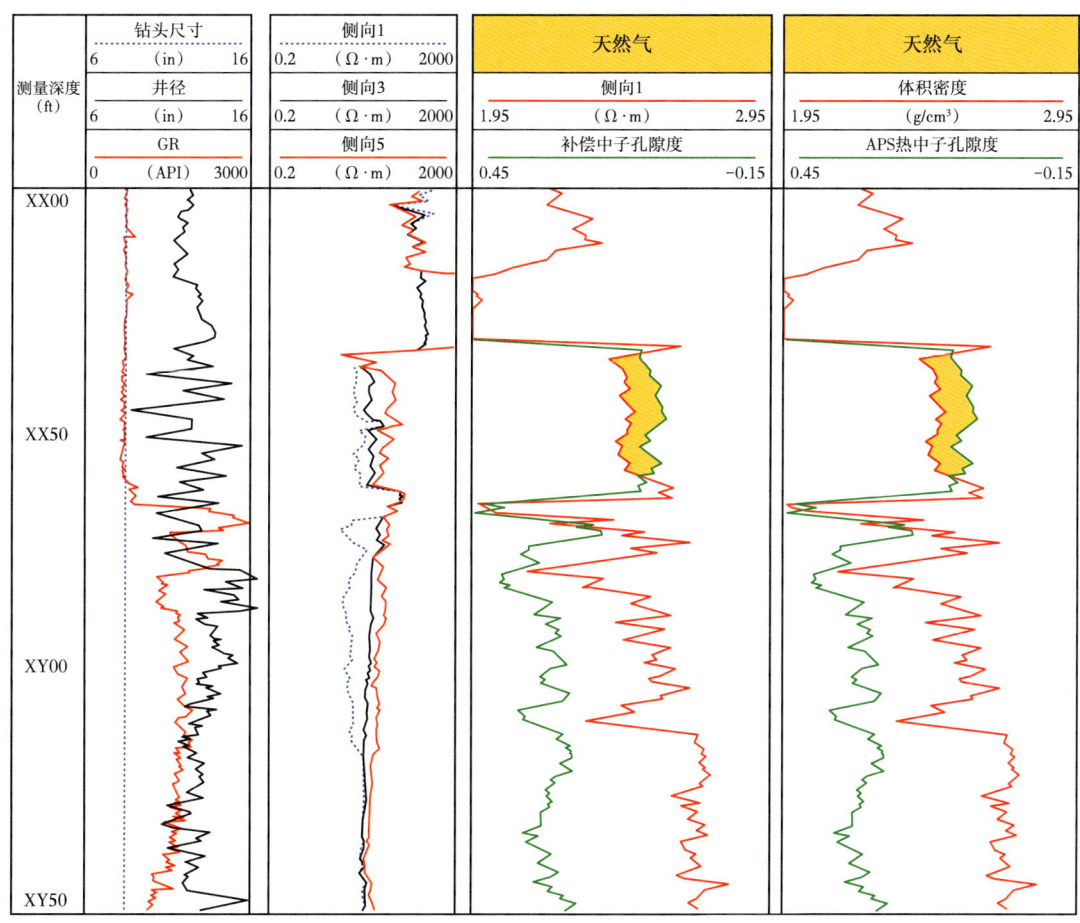

图 5-4-10 APS 孔隙度测井值与补偿中子孔隙度测井对比及气层识别

第五节 快中子散射截面测井

脉冲中子测井常利用多个伽马探测器记录伽马能谱和时间谱信息，提取不同源距探测器的非弹性散射伽马射线计数比、俘获伽马射线计数比或计数比差值，建立与地层孔隙度和含气饱和度的响应关系，实现储层评价。近年来出现了一个新的物理参数——快中子散射截面，利用非弹性散射伽马射线计数来表征这个参数，根据气和油水对快中子散射能力的差异进行含气饱和度的定量评价。

一、介质的快中子散射截面

如前面碳氧比能谱测井所述，脉冲中子源产生能量为 14MeV 的快中子进入地层，与介质发生非弹性散射和弹性散射，中子能量降低，变成超热中子和热中子，热中子被地层介质的俘获能力用宏观俘获截面（$\varSigma$）来表示，根据油和水的俘获能力差异来确定含水饱和度。而快中子与地层介质发生弹性散射的能力和哪些因素有关，下面从作用过程对比快中子散射截面，根据油水和气的散射过程差异进行含气性评价。

1. 快中子散射截面及单位

快中子宏观散射截面与宏观俘获截面一样,仍是单位体积内所有原子核对快中子发生弹性散射的总概率。为了更好了解不同地层介质的快中子散射特性与地层参数的关系,下面对快中子散射截面的计算进行具体讨论。

1) 快中子散射截面定义

与元素原子核与热中子发生俘获反应不同,快中子与原子核发生弹性散射的能力既与原子核有关,又和入射快中子能量有关。图 5-5-1 为几种原子核的弹性散射截面与中子能量关系。

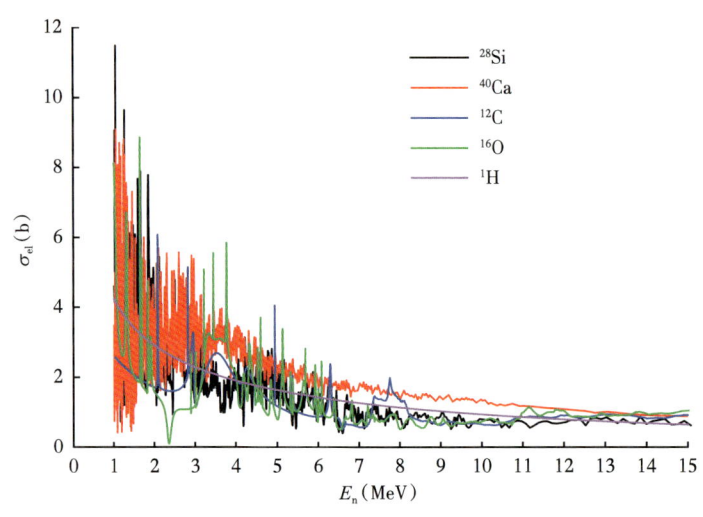

图 5-5-1 不同元素弹性散射截面与中子能量关系

从图 5-5-1 可以看出,不同元素原子核发生中子弹性散射的微观截面与中子能量有关,且能量在几兆电子伏附近会出现共振截面,能量高于 10MeV 的快中子弹性散射微观截面相差不大。

表 5-3-1 给出一些常见元素原子核在中子能量分别为 1MeV 和 14MeV 时的微观弹性散射截面。显然,能量为 1MeV 的快中子与元素原子核发生弹性散射截面差异较大,其中 ^{16}O 的弹性散射截面大约是 ^{32}S 的弹性散射截面 5 倍;但对于能量 14MeV 的快中子弹性散射截面,除了 ^{138}Ba 接近 3b 之外,其他元素原子核弹性散射截面都在 1b 附近,地层常见矿物和油水中主要组成元素弹性散射截面差异小,因而以下主要讨论能量为 14MeV 的快中子弹性散射截面。

表 5-5-1 常见元素的快中子弹性散射截面

核素	σ(b) (E_n=1MeV)	σ(b) (E_n=14MeV)	核素	σ(b) (E_n=1MeV)	σ(b) (E_n=14MeV)
^{28}Si	4.59936	0.658967	^{27}Al	2.31878	0.779181
^{40}Ca	3.4807	0.912488	^{39}K	2.19776	0.955326
^{24}Mg	2.38572	0.524689	^{56}Fe	1.32983	1.18453
^{12}C	2.56312	0.819214	^{32}S	1.77807	0.764287

续表

核素	σ(b) (E_n=1MeV)	σ(b) (E_n=14MeV)	核素	σ(b) (E_n=1MeV)	σ(b) (E_n=14MeV)
^{16}O	8.12579	0.956582	^{55}Mn	2.3256	1.1542
^{1}H	4.24951	0.687562	^{58}Ni	4.96105	1.20344
^{35}Cl	3.60561	0.888642	^{138}Ba	7.11781	2.93548
^{23}Na	2.73262	0.74569	^{40}Ti	2.87084	1.02412

已知单一化合物的能量为14MeV快中子散射截面（为了方便起见，用FNXS来表示）可用下式计算，即：

$$\text{FNXS} = N_A \frac{\rho}{M} \sum_i n_i \sigma_i \tag{5-5-1}$$

式中：N_A为阿伏加德罗常数；ρ为密度，g/cm³；n_i为化合物分子中第i种原子的个数；σ_i为第i种原子核对能量为14MeV的快中子微观散射截面，10^{-24}cm²；M为分子的摩尔质量，g/mol。在实际应用过程中，常用m⁻¹作为快中子散射截面的单位。

2）常见矿物的快中子散射截面

地层常见矿物主要包括石英、长石、方解石、白云石、石膏、黄铁矿等类型及高岭石、蒙脱石、伊利石和绿泥石等黏土矿物。根据快中子与原子核发生弹性散射的微观截面，计算相应矿物的快中子散射截面FNXS值，见表5-5-2。

表5-5-2 常见矿物的14MeV快中子散射截面

名称	分子式	密度(g/cm³)	FNXS(m⁻¹)	名称	分子式	密度(g/cm³)	FNXS(m⁻¹)
石英	SiO_2	2.65	6.84	黄铁矿	FeS_2	4.99	6.79
方解石	$CaCO_3$	2.71	7.51	高岭石	$Al_4Si_4O_{10}(OH)_2$	2.41	5.6
白云石	$CaMg(CO_3)_2$	2.87	8.1	蒙脱石	$KAl_2(Si_3AlO_{10})(OH)_2$	2.82	7.69
菱铁矿	$FeCO_3$	3.89	9.84	绿泥石	$(Mg,Fe,Al)_6(Si,Al)_4O_{10}(OH)_8$	2.76	8.26
赤铁矿	Fe_2O_3	5.18	10.21	伊利石	$K_{1,1.5}Al_4(Si_{6.5,7}Al_{1,1.5})O_{20}(OH)_4$	2.52	6.71
磁铁矿	Fe_3O_4	5.08	9.73	硬石膏	$CaSO_4$	2.98	7.26
钾长石	$KAlSi_3O_8$	2.52	6.20	石膏	$CaSO_4(H_2O)_2$	2.35	8.36
钠长石	$NaAlSi_3O_8$	2.59	6.64	重晶石	$BaSO_4$	4.09	7.3
钙长石	$CaAl_2Si_2O_8$	2.74	6.79	钾盐	KCl	1.86	2.79
岩盐	$NaCl$	2.04	3.46	沥青	$CH_{0.79}N_{0.02}O_{0.08}$	1.24	7.63

从表 5-5-2 中数据可以得到以下结论：(1) 石英、长石、方解石和白云石等几种地层常见骨架矿物的快中子散射截面差异小，都在 $7.0\ m^{-1}$ 左右，说明利用该参数进行地层流体评价时受岩性的影响小；(2) 四种常见黏土矿物中只有高岭石的快中子散射截面略微偏低，其他黏土矿物和骨架矿物快中子散射截面值相当；(3) NaCl 和 KCl 这两种蒸发岩矿物的快中子散射截面要远低于其他矿物，主要是其原子密度偏小的原因。

3) 孔隙流体的快中子散射截面

地层孔隙中流体主要包括油、水（盐水）、天然气、二氧化碳，以及近期引起关注的氦气和氢气等。它们的物理性质差别很大，热中子宏观俘获截面差别也大，尤其是盐水宏观俘获截面随着矿化度增加而增加。

(1) 地层水。纯水的快中子散射截面为 $7.8m^{-1}$，地层水中含有氯对热中子俘获能力增强，但对快中子散射截面影响不大。例如矿化度为 100g/L 含 NaCl 的盐水，密度为 $1.066g/cm^3$，根据式（5-5-1）计算可以得到其快中子散射截面为 $7.7m^{-1}$，显然矿化度对盐水的快中子散射截面影响很小，这在地层水矿化度变化或未知情况下利用快中子散射截面是有利的。

(2) 原油。热中子宏观俘获截面与气油比有关，快中子散射截面也与气油比有关。对于密度为 $0.85g/cm^3$ 的原油，其分子式为 $C_{22}H_{46}$，则计算快中子散射截面为 $8.2m^{-1}$，与水的快中子散射截面相当，因此若地层孔隙中充满液体，其快中子散射截面对油和水不敏感。原油中溶解气越多，体积密度越小，如密度为 $0.7g/cm^3$ 的轻质油，快中子散射截面为 $6.61m^{-1}$，即快中子散射截面会减小。从前面分析还可以看出，油和水与骨架矿物的快中子散射截面值相差小，快中子散射截面不能用来评价油，同样快中子散射截面对致密地层的变化也不灵敏。

(3) 天然气和二氧化碳。快中子散射截面与热中子宏观俘获截面一样，也与它的组分、地层压力和温度有关。若天然气为纯甲烷气（干气），它的快中子散射截面可根据地层压力和温度求得。如天然气的密度为 $0.1g/cm^3$，其快中子散射截面为 $1.34m^{-1}$；若天然气密度为 $0.25g/cm^3$，其快中子散射截面为 $3.36m^{-1}$。天然气的快中子散射截面远小于油和水，也就是说，只要地层含气，其快中子散射截面会显著降低，这对识别气层是有利的，且很容易与致密地层区分开。

与热中子宏观俘获截面一样，若天然气为湿气（甲烷和其他轻烃的混合物），则还需知道它的相对密度（空气相对密度为 1）或凝析油的含量，快中子散射截面随着相对密度的增加而增加。

二氧化碳在地层条件下会有气态和超临界状态，与地层温度和压力有关。密度为 $0.6g/cm^3$ 的 CO_2，其快中子散射截面为 $2.24m^{-1}$，仍然远小于油和水，但与天然气的快中子散射截面差异小，因此利用快中子散射截面可以识别 CO_2，但与天然气仍不易区分。

4) 混合流体的快中子散射截面

地层混合流体的快中子散射截面实际上是单位体积内各种流体组分快中子散射截面与相对体积乘积的总和，计算公式为：

$$FNXS_f = FNXS_w(1-S_o-S_g) + FNXS_o S_o + FNXS_g S_g \quad (5\text{-}5\text{-}2)$$

式中：$(1-S_o-S_g)$、S_o 和 S_g 分别为水、油和气的饱和度。

5）泥质的快中子散射截面

黏土岩的快中子散射截面仍然是常见氢、铝、硅、钾和铁等元素的贡献，其快中子散射截面与骨架矿物的值差异小，只有高岭石的快中子散射截面值略低，这与热中子宏观俘获截面有很大不同，利用快中子散射截面参数含气评价时受泥质含量的影响相对也小。

综上所述，孔隙流体中只有气的快中子散射截面与常见矿物、黏土矿物、油和水等的快中子散射截面存在比较大的差异，可以根据地层常见物质组成来测气。

2. 地层的快中子散射截面

基于甲烷、水和重油对快中子散射能力的差异，利用快中子散射截面（FNXS）可以实现含气饱和度的定量评价。

由于油和水的快中子散射截面相差不大，气与油水的差别大，因此在一定孔隙地层，快中子散射截面 FNXS 满足岩石体积物理模型，对于纯岩石地层有：

$$\text{FNXS} = \text{FNXS}_{\text{ma}}(1-\phi) + \text{FNXS}_{\text{g}}\phi S_{\text{g}} + \text{FNXS}_{\text{L}}\phi(1-S_{\text{g}}) \qquad (5-5-3)$$

式中：FNXS_{ma} 为地层骨架的快中子散射截面，m^{-1}；FNXS_{g} 为气体的快中子散射截面，m^{-1}；FNXS_{L} 为孔隙中液体部分的快中子散射截面，m^{-1}；S_{g} 为地层含气饱和度，小数。

实际应用过程中，若考虑不同黏土矿物组成的泥质的快中子散射截面与骨架矿物不同，基于岩石体积物理模型，含泥质地层的含气饱和度计算公式有：

$$S_{\text{g}} = \frac{\text{FNXS} - \text{FNXS}_{\text{ma}} + (\text{FNXS}_{\text{ma}} - \text{FNXS}_{\text{L}})\phi + [\text{FNXS}_{\text{ma}} - \text{FNXS}_{\text{sh}}]V_{\text{sh}}}{(\text{FNXS}_{\text{g}} - \text{FNXS}_{\text{L}})\phi} \qquad (5-5-4)$$

式中：FNXS_{sh} 为泥质的快中子散射截面，m^{-1}；V_{sh} 为泥质含量，小数。

讨论：（1）天然气的快中子散射截面比石英、白云石和方解石等孔隙性岩石骨架矿物小得多，而水和原油的快中子散射截面与骨架矿物相当，因而一般储层的快中子散射截面主要决定于含气的相对体积，这与地层宏观俘获截面主要取决于高矿化度地层水完全不同。

（2）天然气的快中子散射截面与原油和水有明显区别，因而用快中子散射截面测井可测定含气饱和度。同样，天然气的热中子宏观俘获截面很小，中子寿命测井可识别气层，但会受地层水矿化度影响。

（3）地层骨架矿物快中子散射截面与孔隙液体区别小，快中子散射截面测井对孔隙度不敏感。

（4）地层水的快中子散射截面随矿化度变化小，地层水矿化度对快中子散射截面测井影响小。

二、快中子散射截面测井

热中子寿命测井反映地层介质对热中子的俘获能力，其热中子或者伽马射线计数随时间衰减，可以利用探测到的热中子或伽马射线计数的时间谱衰减快慢来确定热中子寿命，进而确定地层宏观俘获截面。而快中子与地层介质的弹性散射过程，也就是快中子与原子核碰撞损失能量的过程，其发生概率无法直接测量。

1. 快中子散射截面表征

快中子与地层介质发生弹性散射的同时，还有部分快中子会与原子核发生非弹性散射，会放出相应非弹性散射特征伽马射线，因而通过间接探测非弹性散射伽马射线来确定快中子散射截面。

1）非弹性伽马射线计数与快中子散射过程关系

非弹性伽马射线计数率应强烈依赖于快中子非弹性散射截面、弹性散射截面和体积密度。图 5-5-2 至图 5-5-4 展

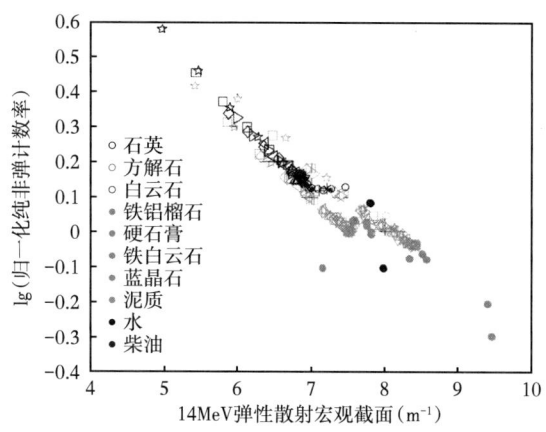

图 5-5-2 非弹性散射伽马射线计数率与 14MeV 弹性截面的响应关系

示了非弹性散射伽马射线计数与 14MeV 中子弹性散射截面、14MeV 中子非弹性散射截面及体积密度与 14MeV 中子非弹性散射截面的响应关系。

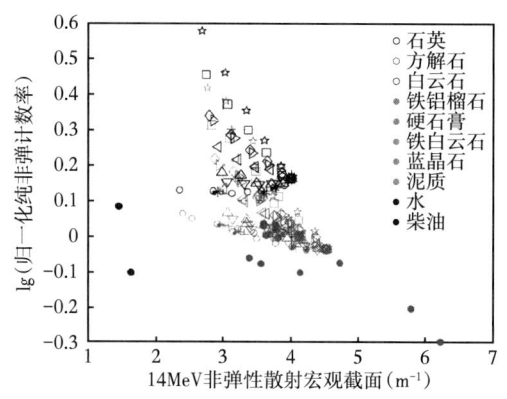

图 5-5-3 非弹性散射伽马射线计数与 14MeV 非弹性散射截面的响应关系

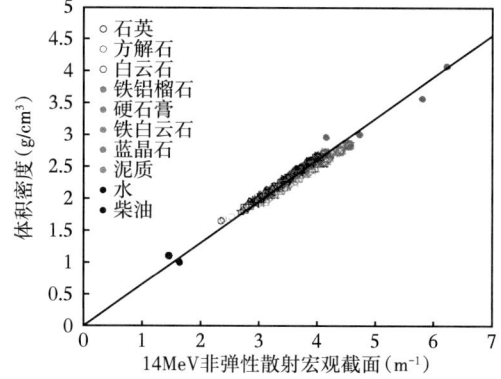

图 5-5-4 非弹性散射截面与体积密度的响应关系

非弹性伽马射线计数率与 14MeV 弹性截面有明显的强相关性，与非弹性散射截面关系较差，且受不同矿物影响较大；非弹性散射截面与密度呈正相关，表示非弹性散射伽马射线的产生与密度对伽马射线的衰减相互竞争而抵消，与弹性散射截面相关性好。

2）利用非弹性散射伽马射线确定快中子散射截面

国外近年推出的三探测器脉冲中子测井技术，采用超长源距的伽马探测器记录非弹性散射伽马射线和中子探测器记录快中子数来表征地层快中子散射截面，即：

$$\text{FNXS} = \frac{1}{a_1 \log(\text{GRAT}) + a_2} + a_3 \quad (5-5-5)$$

式中：FNXS 为地层快中子散射截面，m^{-1}；a_1、a_2、a_3 为常数，是快中子散射截面的刻度系数；GRAT 为气体比率，与长探测器测得的净非弹性伽马射线计数率相关。

2. 测井原理

1）非弹性散射伽马通量分布

D-T中子源向地层发射14MeV快中子,能量高于1MeV的快中子会与地层原子核发生非弹性碰撞,产生次生非弹性散射伽马射线,同时非弹性散射伽马射线又会与地层介质发生吸收作用而衰减,非弹性散射伽马射线通量分布由快中子散射和伽马衰减两个过程决定的。采用快中子散射理论来描述脉冲中子源产生的快中子与地层介质作用后产生的非弹性散射伽马射线分布,如图5-5-5所示。

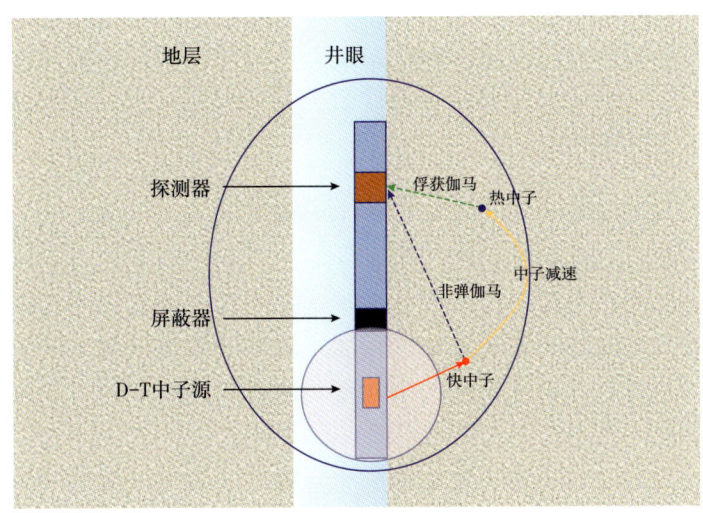

图5-5-5 次生非弹性散射伽马射线的产生与输运过程

根据快中子散射理论,发生非弹性散射的快中子通量分布与快中子散射截面的关系近似为:

$$\Phi_\mathrm{f} = \frac{S_0}{4\pi r^2} \mathrm{e}^{-r\Sigma_\mathrm{s}} \quad (5\text{-}5\text{-}6)$$

式中:Σ_s为快中子平均散射截面,cm^{-1};S_0为中子源强度;r为源距。

基于中子—伽马耦合场理论,在源距为r处的无限大均匀介质产生的次生非弹性散射伽马射线通量Φ_ine可表示为:

$$\Phi_\mathrm{ine} = \frac{i\Sigma_\mathrm{in}S_0}{4\pi r^2}\left(\frac{\mathrm{e}^{-r\Sigma_\mathrm{s}} - \mathrm{e}^{-\rho\mu_\mathrm{m}r}}{\rho\mu_\mathrm{m} - \Sigma_\mathrm{s}}\right) = \frac{i\Sigma_\mathrm{in}S_0}{4\pi r^2} \mathrm{e}^{-r[(1-\alpha)\Sigma_\mathrm{s} + \alpha\rho\mu_\mathrm{m}]} \quad (5\text{-}5\text{-}7)$$

式中:Σ_in为非弹性散射截面,cm^{-1};μ_m为质量衰减系数,cm^2/g;α为比例系数,与源距和地层孔隙度相关。

由式(5-5-7)可以看出,非弹性散射伽马射线通量分布与地层密度ρ、非弹性散射截面Σ_in和位置r等因素有关。

前述能量为14MeV的快中子弹性散射截面FNXS,可近似表示为:

$$\mathrm{FNXS} = \frac{1}{(\alpha-1)r}\ln[\Phi_\mathrm{ine}(r)] + \frac{\alpha\rho\mu_\mathrm{m}}{\alpha-1} - \frac{1}{\alpha-1}\ln\frac{i\Sigma_\mathrm{in}S_0}{4\pi r^2} \quad (5\text{-}5\text{-}8)$$

可以看到，利用非弹性散射伽马射线来表征快中子散射截面FNXS时，源距和地层密度均有影响。由于非弹性伽马射线的产生和伽马射线的衰减过程是相互竞争的，在源距合适时，公式中的α值受到密度影响小，此时不同孔隙流体地层快中子散射截面与非弹性散射伽马射线计数关系将会呈现对数线性关系，显然利用非弹性散射伽马射线计数表征快中子散射截面时需要源距大于一定数值，这在仪器设计过程中需要考虑。

2）工作原理

D-T中子源以一定脉冲宽度和重复周期发射能量为14MeV的快中子，中子与井眼和地层物质原子核发生非弹性散射、弹性散射和俘获反应，并相应放出伽马射线。利用超长源距伽马探测器在脉冲门和俘获门内记录总伽马能谱和俘获伽马能谱，通过从总伽马能谱中扣除俘获伽马射线成分得到非弹性散射伽马射线计数，获取地层快中子散射截面参数，进而确定含气饱和度。

三、快中子散射截面确定方法及影响因素

1. 非弹性散射伽马能谱采集方法

当进行地层含气性进行评价时，可选用测量非弹性散射伽马射线确定快中子散射截面来求含气饱和度，现以斯伦贝谢公司的PNX（脉冲中子散射测井仪）系统GSH（gas-sigma-HI）模式为例进行讨论。用超长源距伽马射线探测器同时采集总伽马能谱和俘获伽马能谱，处理后就可得到快中子散射截面，进而可识别地层中的气并估算其饱和度。

图5-5-6表示PNX系统GSH模式中用于非弹性散射伽马射线测量气时间序列，其中总伽马计数率用时间门A来计算，包括0~10μs、50~60μs和75~85μs等脉冲时间；时间门B用来计算每个脉冲后的早俘获伽马射线，即22~50μs、122~150μs和172~200μs。时间门A内的总伽马射线计数率的俘获伽马射线本底，可以利用与时间门B内的俘获伽马射线计数率成比例来估算。

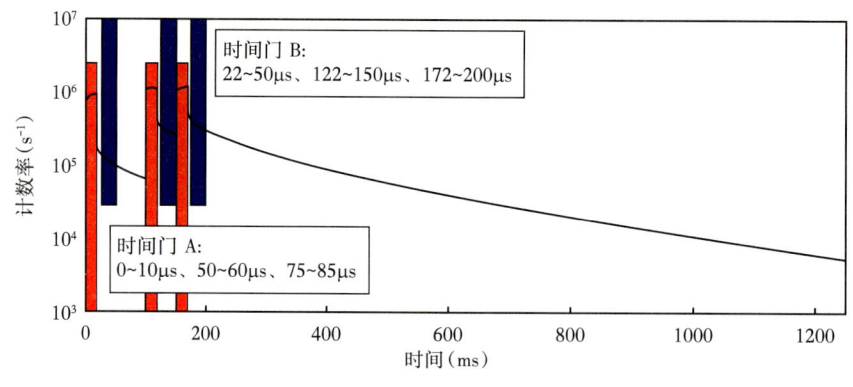

图5-5-6 GSH模式时序示意图

2. 快中子散射截面确定

定义GRAT为俘获伽马本底校正后的脉冲伽马射线计数率与中子探测器计数率归一化后的含气比：

$$\mathrm{GRAT} = \frac{N_\mathrm{A} - aN_\mathrm{B}}{\mathrm{NMTCR}} \quad (5\text{-}5\text{-}9)$$

式中：N_A 为超长源距探测器脉冲门记录的总伽马射线计数率；N_B 为超长源距探测器俘获门记录的俘获伽马射线计数率；a 为俘获伽马能谱剥离比例系数；NMTCR 为中子监测探测器的计数率。

当扣除俘获伽马本底后，计算得到 GRAT，可根据式（5-5-5）计算快中子散射截面。在此过程中，俘获伽马能谱剥离系数与井眼条件有关，所有井眼条件下俘获伽马本底扣除并不容易得到，需要经过大量硬件设计和软件处理优化来进行准确俘获伽马本底剥离。首先通过短衰减时间来分离短脉冲远好于一个连续长脉冲进行俘获本底扣除，然后是超长源距探测器，选择 YAP 晶体探测器，原因是 YAP 的热中子俘获截面小，探测器的俘获伽马本底非常低，这相比其他具有相对高俘获截面的 GSO、NaI（Tl）和 LaBr$_3$（Ce）晶体，超热中子和热中子将显著引起总计数率变化。最后是设置一个快中子产额监测器，与中子计数归一化后比值消除了中子发生器产额波动引起快中子散射截面变化。

下面利用蒙特卡罗方法模拟验证非弹性散射伽马射线计数与快中子散射截面的表征关系。设置井眼直径为 200mm，套管外径为 139.7mm，壁厚为 7mm，套管中充满淡水，地层为纯砂岩，孔隙度处于 0~20%，含气饱和度分别为 0%、25%、50%、75% 和 100%，模拟源距为 75cm 处脉冲时间门的纯非弹性散射伽马射线计数，得到的 FNXS 与 GRAT 的关系如图 5-5-7 所示。

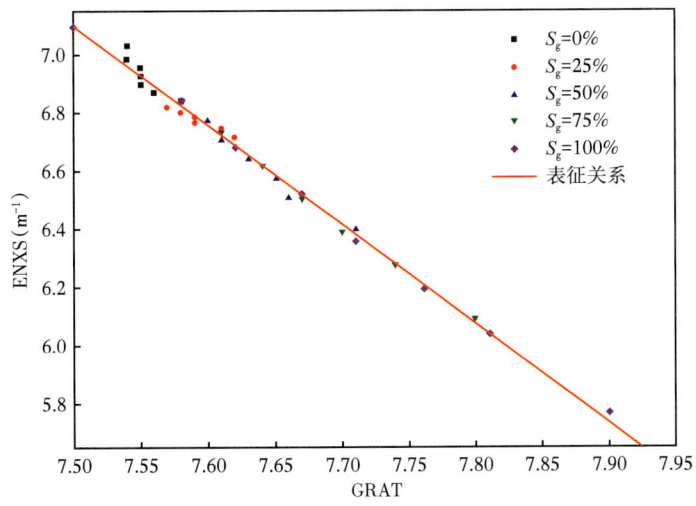

图 5-5-7 砂岩地层快中子散射截面与 GRAT 的关系

显然，在不同孔隙度和含气饱和度条件下，快中子散射截面与 GRAT 呈现很好的线性关系，由此建立快中子散射截面计算公式为：

$$\text{FNXS} = -3.41\text{GRAT} + 32.682 \quad (5\text{-}5\text{-}10)$$

3. 影响因素

1）泥质的影响

泥质中黏土矿物除高岭石快中子散射截面略微偏小外，其他黏土矿物的快中子散射截面与石英、方解石等骨架矿物的快中子散射截面相差不大，但是在利用非弹性散射伽马射线计数来表征快中子散射截面时会受地层密度和源距影响。采用蒙特卡罗方法建立如图 5-5-7 所示的计算模型，地层矿物为砂泥岩组合，其中黏土矿物为伊利石和蒙脱石混合，泥质含量分别为 20%、40%、50% 和 80%，地层孔隙度分别为 0.1%、6%、12% 和 20%，分别饱含水和气，模拟非弹性散射伽马射线计数与快中子散射截面的关系，如图 5-5-8 所示。

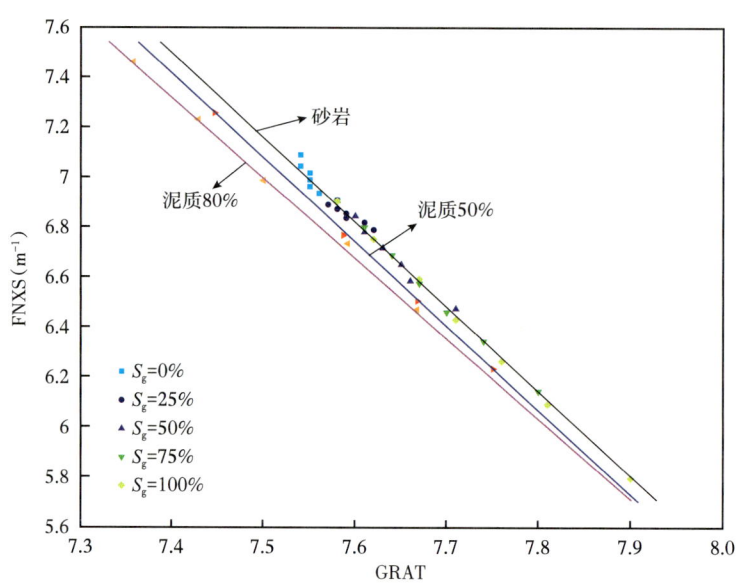

图 5-5-8　砂泥岩地层快中子散射截面与 GRAT 的关系

从图中可以看出，泥质含量对快中子散射截面与 GRAT 之间关系有影响，当泥质含量较高时，与纯砂岩相比发生非弹性散射放出的伽马射线会有所不同，导致快中子散射截面相同时 GRAT 减小，利用纯砂岩公式［式（5-5-10）］计算的快中子散射截面要高于其本征值，但总体上这种影响相对较小，对泥质进行相应校正即可。

2）井眼环境的影响

快中子与井眼和地层介质作用产生非弹性散射伽马射线的过程，实际上是井眼中流体、油管、套管、水泥环和地层物质共同作用的结果。不同井眼尺寸和地层物质组成会引起非弹性散射伽马场分布的变化，必然会对确定快中子散射截面产生影响。

以中海油田服务股份有限公司的储层评价测井仪 RET 为例，利用蒙特卡罗方法模拟井眼结构参数变化时快中子与井眼和地层发生非弹性散射放出的伽马射线分布。D-T 中子源放出能量 14MeV 的快中子，井眼直径为 8.5in，套管外径为 7in，筛管外径为 5.5in，油管外径分别为 3.5in 和 2.875in，油管和环空内充满淡水，地层为饱含淡水砂岩，孔隙度为 35% 模拟得到的非弹性散射伽马射线空间分布示于图 5-5-9。显然，仪器贴油管测量，中子源放出的快中子先与油管和油套环空内流体发生作用，导致大部分非弹性散射伽马射线主要分布中子源附近，且油管尺寸增加，井眼中流体的非弹性散射贡献增加，导致总非弹性散射伽马计数略微减少，但由于油管内流体增加导致介质对中子作用后产生的非弹性散射伽马射线的吸收能力减弱，超长源距探测器记录的非弹性散射伽马计数增加。

为了进一步了解井眼结构对快中子散射截面测量的影响，设置不同井眼、套管、筛管和油管组成的管柱结构，参数如表 5-5-3 所示，孔隙度从 0 到 40%，依次增加 5%，

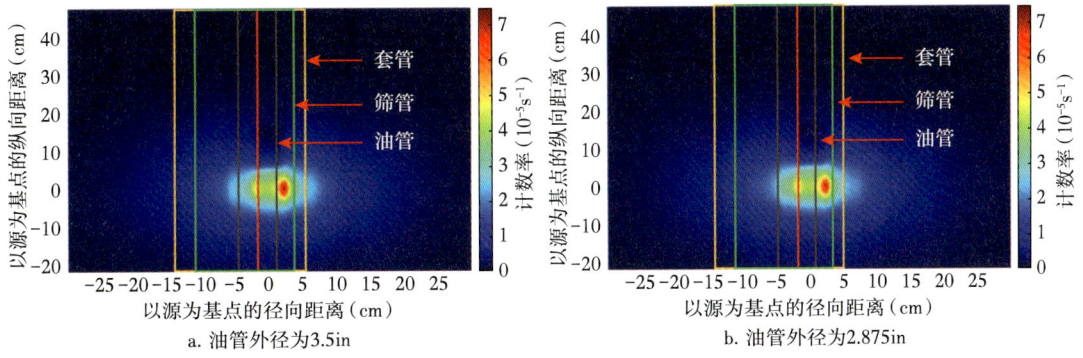

图 5-5-9　不同尺寸油管时非弹性散射伽马场分布

表 5-5-3　不同管柱组合参数表

管柱组合方式	井眼尺寸（in）	套管尺寸（in）	筛管尺寸（in）	油管尺寸（in）
1	8.5	7（6.184）	5.5（4.892）	3.5（2.992）
2	8.5	7（6.184）	5.5（4.892）	2.875（2.441）
3	8.5	7（6.184）	—	2.875（2.441）
4	8.5	7（6.184）	—	—
5	12.25	9.625（8.681）	7（6.184）	3.5（2.992）
6	12.25	9.625（8.681）	5.5（4.892）	3.5（2.992）
7	12.25	9.625（8.681）	—	3.5（2.992）
8	12.25	9.625（8.681）	—	2.875（2.441）
9	12.25	9.625（8.681）	—	—

地层充满含气饱和度分别为 0%、50% 和 100% 砂岩地层，模拟长源距探测器处相应非弹性散射伽马射线计数，以 8.5in 井眼和 7in 套管作为基准建立快中子散射截面和非弹性散射伽马射线计数归一化比值关系，得到不同井眼条件下的快中子散射截面计算值和本征值的关系，如图 5-5-10 所示。

由图 5-5-10 可以看出，12.25in 井径和 9.625in 套管条件下，快中子散射截面计算值要比本征值低，且孔隙度越大的含水地层偏离本征值越严重，而孔隙度越大的饱含气地层受到井眼和套管影响相对要小一些。原因是井眼尺寸越大，套管内水的体积越多，探测区域内井眼中氧的非弹性散射作用的贡献增加，而地层中氧的非弹性散射贡献减少，产生的总非弹性散射伽马射线计数减少，但是井眼体积增加，介质对伽马射线的衰减作用大于非弹性散射伽马射线产生的量，总体上非弹性散射伽马计数增加，导致快中子散射截面测量值增加。孔隙度越大的饱含水地层，地层介质和井眼水发生非弹性散射贡献相差小，井眼水的体积增加，引起总非弹性散射伽马射线减少量越小，而介质对伽马射线的衰减作用更小，所以总非弹性散射伽马射线计数越高，快中子散射截面测量值与本征值差别越大。

同种井径和套管尺寸条件下，增加油管或者油管和筛管都存在时，快中子散射截面测量值要大于本征值；管柱层数越多，快中子散射截面偏离本征值越大。原因是非弹性散射伽马射线被吸收越多，到达探测器处的计数越少，相应快中子散射截面测量值越大。

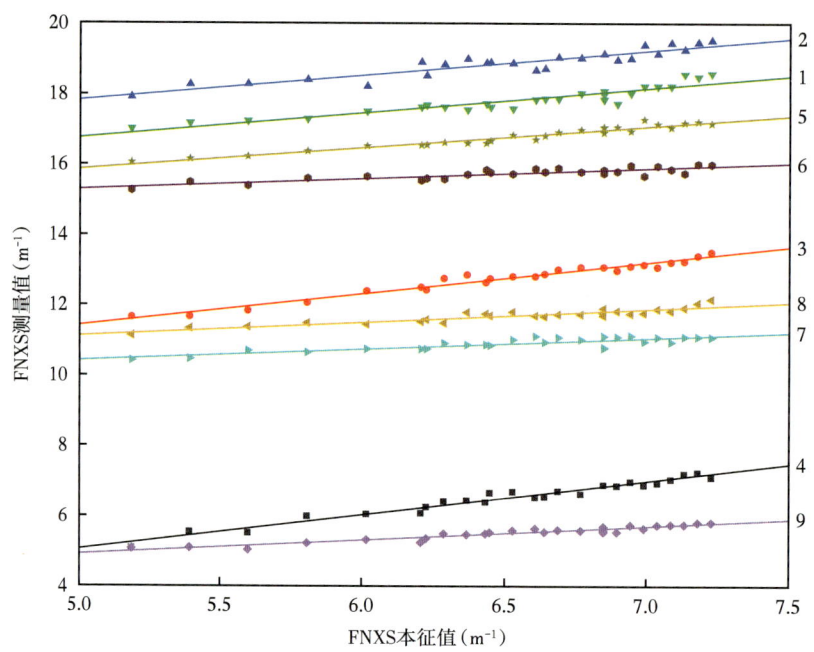

图 5-5-10　不同井眼条件下的快中子散射截面计算值和本征值的关系

图中 1~9 为管柱组合方式，见表 5-5-3

四、应用

1. 定性识别气

快中子散射截面对饱含气地层的孔隙度变化敏感，而对饱含液体地层孔隙度变化不敏感。图 5-5-11 为饱含气和水砂岩地层快中子散射截面随孔隙度变化的关系，从中可以看出，含气饱和度越高，孔隙度越大，快中子散射截面越低，但饱含水地层快中子散射截面随孔隙度增加而变化缓慢，因此可以利用快中子散射截面和孔隙度交会来定性识别

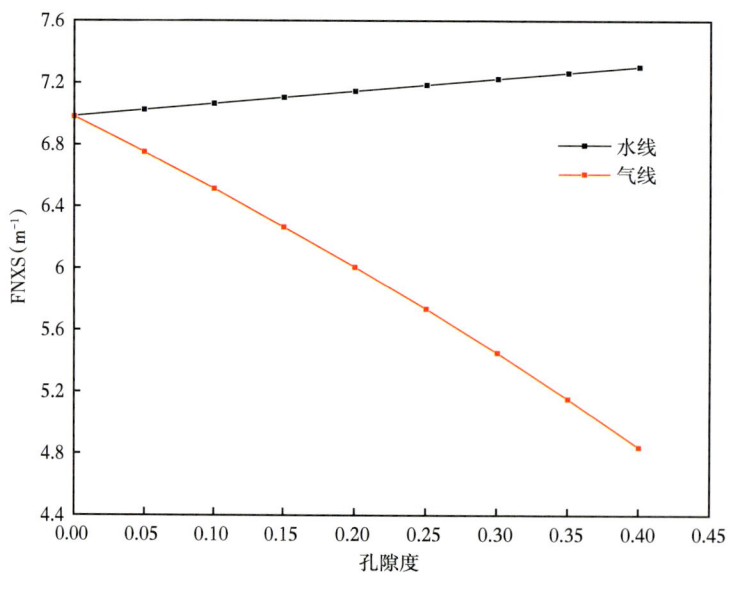

图 5-5-11　砂岩地层快中子散射截面定性识别图版

气。实际上，三探测器脉冲中子测井仪还可以利用近远探测器记录的俘获伽马计数比值来确定地层含氢指数，如 PNX 测井仪在快中子散射截面测量的同时，还能输出 TPHI 曲线，反映地层减速能力，这两条曲线重叠可以定性识别气层。

2. 定量确定含气饱和度

通过对实测数据进行调整，非储层段气水线以及实测 FNXS 数值对应，进而分析储层段含气性质，其含气饱和度可以表示为：

$$S_g = \frac{FNXS_w - FNXS_m}{FNXS_w - FNXS_g} \qquad (5\text{-}5\text{-}11)$$

式中：$FNXS_w$、$FNXS_g$ 分别为饱含水和饱含气地层快中子散射截面；$FNXS_m$ 为实测的散射截面。

3. 应用实例

图 5-5-12 是为某区块气井实例，井径为 6.5in，井眼含水。整个井段为砂泥岩剖面，孔隙度范围为 0%~15%，储层均为气水同层。基于 C/O 模式测量含气饱和度，除深度

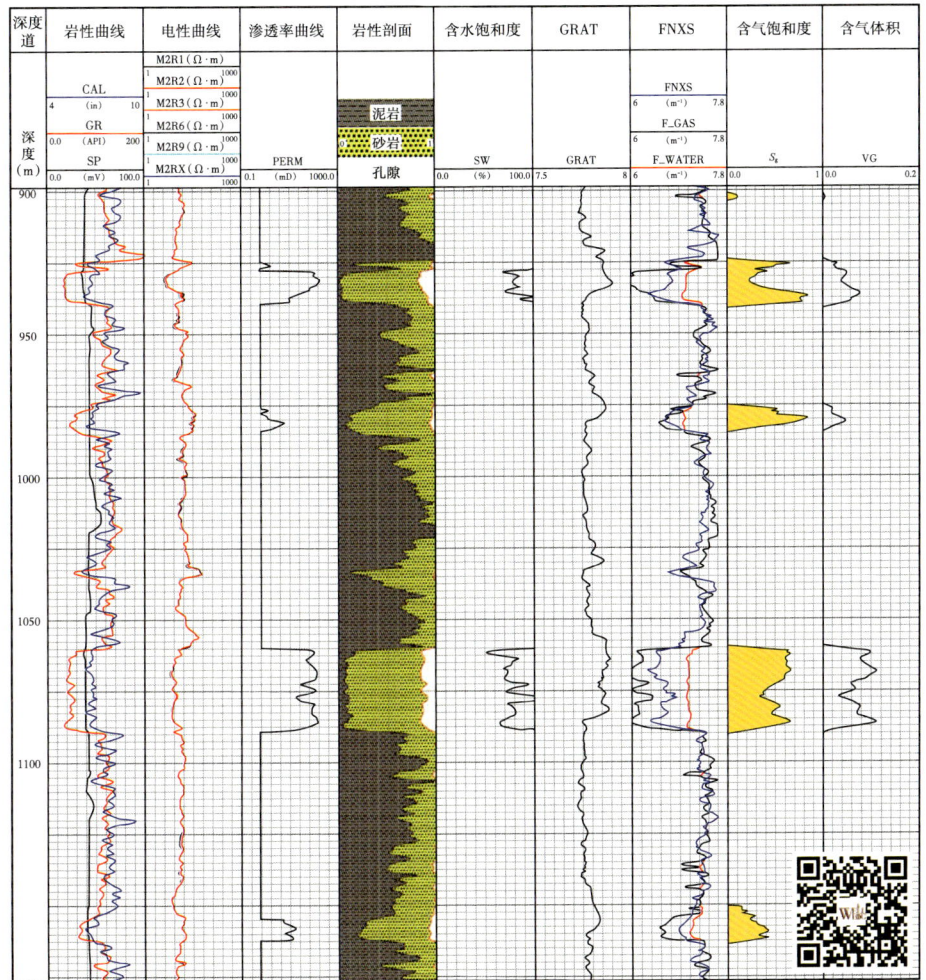

图 5-5-12 伽马计数比测量储层含气性实例

道外，第2道为岩性曲线，第3道为电性曲线，第4道为渗透率曲线，第5道为岩性剖面，第6道为含水饱和度，第7至第10道为利用长探测器测量的GRAT值计算含气饱和度的指示。根据体积模型计算地层含气饱和度，其中1035~1065m段解释平均含气饱和度为50%，与试气结论相符，验证了FNXS在致密气层含气饱和度评价的有效性。

图5-5-13为某地区生产井实例，测量井段主要为砂泥岩剖面，孔隙度范围为0%~30%，井径为6.5in，井眼含水，在1609~1612m井段GRAT值远大于下部泥岩层，为明显含气指示，通过实测的GRAT曲线计算相应FNXS，基于气水线法确定含气饱和度为50%。试气结果显示该井段为油气混层，储层含气饱和度解释结果符合地区认识。下部1650~1660m井段，GRAT值低于1609~1612m井段，FNXS曲线值略高于1609~1612m段，该段解释含气饱和度为30%左右。

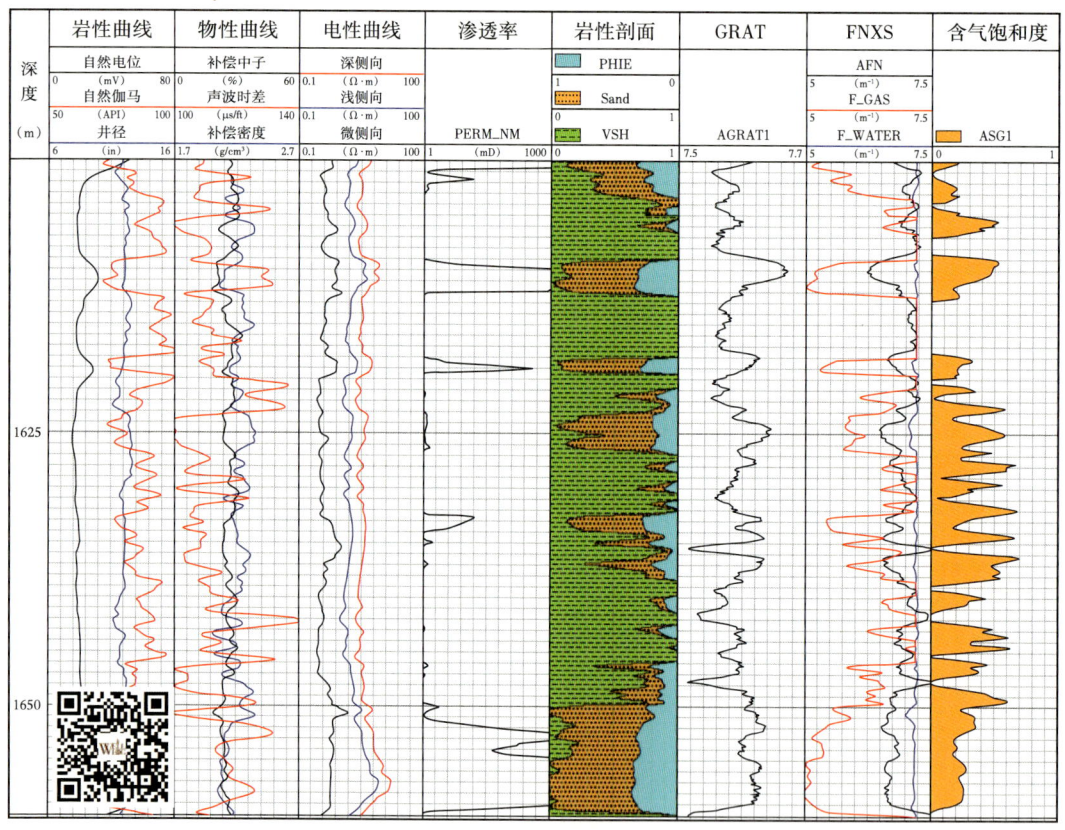

图5-5-13　快中子散射截面测量储层含气性实例

参考文献

陈达，贾文宝，2015. 应用中子物理学 [M]. 北京：科学出版社.

楚泽涵，黄隆基，高杰，等，2007. 地球物理测井方法与原理：上册 [M]. 北京：石油工业出版社.

高杰，张锋，车小花，等，2022. 地球物理测井方法与原理 [M].2 版. 北京：石油工业出版社.

黄隆基，1985. 放射性测井原理 [M]. 北京：石油工业出版社.

汲长松，2014. 中子探测 [M]. 北京：中国原子能出版社.

卢希庭，2000. 原子核物理 [M]. 修订版. 北京：原子能出版社.

美国斯伦贝谢测井公司，1998. 测井解释常用岩石矿物手册 [M]. 吴庆岩，张爱军，译. 北京：石油工业出版社.

吴治华，齐卉荃，沈能学，等，1997. 原子核物理实验方法 [M]. 北京：原子能出版社.

张锋，2015. 核地球物理基础 [M]. 北京：石油工业出版社.

张锋，刘军涛，冀秀文，等，2011. 地层元素测井技术最新进展及其应用 [J]. 同位素，24（z1）：21-28.

张泉滢，2019. 基于 D-T 中子源的脉冲中子双谱密度测井方法研究 [D]. 青岛：中国石油大学（华东）.

张审琴，李亚锋，郭正权，等，2019. 英西湖相碳酸盐岩储层测井解释新方法 [J]. 测井技术，43（6）：620-625.

郑华，2000. сгдт 水泥密度—套管壁厚测井解释新模型 [J]. 测井技术，24（4）：243-252.

Badruzzaman A, Schmidt A, Antolak A, 2019. Neutron generators as alternatives to Am-Be sources in well logging: An assessment of fundamentals[J]. Petrophysics, 60（1）: 136-170.

Baker P E, 1957. Density logging with gamma rays[J]. Transactions of the AIME, 210（1）: 289-294.

Ellis, 2007. Well Logging for Earth Scientists[M]. Press: Springer Netherlands.

Lemrani R, Robinson M, Kudryavtsev V A, et al., 2006. Low-energy neutron propagation in MCNPX and GEANT4[J]. Nuclear Instruments and Methods in Physics Research A, 560: 454-459.

Michael E, David B, Kyel H, 1999. A novel approach for compensating neutron porosity logs for norehole effects[C]. SPWLA Annual Logging Symposium.

Moake G L, 1991. A new approach to determining compensated density and Pe values with a spectral-density tool[C]. SPWLA 32nd Annual Logging Symposium.

Moake G L, 1998. Design of a cased-hole-density logging tool using laboratory measurements[C]. SPE Annual Technical Conference and Exhibition.

Nicolini R, Camera F, Blasi N, et al., 2007. Investigation of the properties of a $1''\times 1''$ $LaBr_3$: Ce scintillator [J]. Nuclear Instruments and Methods in Physics Research A, 582: 554-561.

Vishwanath P S, Medhat M E, Badiger N M, 2014. Photon attenuation coefficients of thermoluminescent dosimetric materials by Geant4 toolkit, XCOM program and experimental data: A comparison study[J]. Annals of Nuclear Energy, 68: 96-100.

Wahl J S, Tittman J, Johnstone C W, 1964. The dual spacing formation density log[J]. Journal of Petroleum Technology, 16（12）: 1411-1416.

Zhang F, Zhang Q, Liu J, et al., 2017. A method to describe inelastic gamma field distribution in neutron gamma density logging[J]. Applied Radiation and Isotopes, 129: 189-195.

《地球物理测井学》

编辑出版组

- **总策划**：雷　平　庞奇伟
- **组　长**：庞奇伟
- **副组长**：李　中　金平阳　潘玉全
- **责任编辑**：葛智军　林庆咸　沈瞳瞳　刘俊妍　钟思源
　　　　　　　张　贺　王长会　王鹤楠　王　瑞　陈子丹
　　　　　　　孙　宇　邹杨格　王金凤　何丽萍　冉毅凤
　　　　　　　常泽军　张旭东　吴英敏　马晓萱　张　瑞
　　　　　　　崔　悦　白云雪　饶　远　陈　苍